移动与嵌入式开发技术

iPhone SDK 编程入门经典：使用 Objective-C

(美) Wei-Meng Lee 著
张 龙 译

清华大学出版社
北 京

Wei-Meng Lee
Beginning iPhone SDK Programming with Objective-C
EISBN：978-0-470-50097-2

北京市版权局著作权合同登记号 图字：01-2010-5686

图书在版编目(CIP)数据
iPhone SDK 编程入门经典：使用 Objective-C/(美) 李伟梦 著；张龙 译.—北京：清华大学出版社，2011.3

书名原文：Beginning iPhone SDK Programming with Objective-C

(移动与嵌入式开发技术)

ISBN 978-7-302-24808-8

Ⅰ. i… Ⅱ. ①李… ②张… Ⅲ. ①移动通信—携带电话机—应用程序—程序设计 Ⅳ. TN929.53

中国版本图书馆 CIP 数据核字(2011)第 019531 号

责任编辑：王　军　谢晓芳
装帧设计：孔祥丰
责任校对：胡雁翎
责任印制：王秀菊
出版发行：清华大学出版社　　**地　址**：北京清华大学学研大厦 A 座
http://www.tup.com.cn　　**邮　编**：100084
社 总 机：010-62770175　　**邮　购**：010-62786544
投稿与读者服务：010-62776969，c-service@tup.tsinghua.edu.cn
质 量 反 馈：010-62772015，zhiliang@tup.tsinghua.edu.cn
印 刷 者：清华大学印刷厂
装 订 者：三河市新茂装订有限公司
经　销：全国新华书店
开　本：185×260　**印　张**：27.75　**字　数**：675 千字
版　次：2011 年 3 月第 1 版　　**印　次**：2011 年 3 月第1次印刷
印　数：1～3000
定　价：58.00 元

产品编号：038092-01

译　者　序

苹果公司的 iPhone 的出现掀起了智能手机的新篇章。iPhone 凭借其强大的操作系统、完美的用户体验以及智能的触摸屏设计征服了广大用户，此外 App Store 也为广大开发人员提供了大展身手的完美平台，这让人不禁感叹：个人英雄主义时代又回来了。苹果制定的公司与开发人员之间三七分成的模式大获成功，每天在 App Store 上架的新应用程序不胜枚举：iShoot、植物大战僵尸、愤怒的小鸟等诸多游戏与应用程序深深吸引了广大用户，也为开发人员提供了另一条创业途径。

目前，国内希望学习 iPhone 开发的用户数量持续攀升，iPhone 开发的相关书籍也如雨后春笋般涌现出来。值得一提的是，很多初学者都希望能有一本 iPhone 开发的实例教程，这样才能最快速地迈入 iPhone 开发的大门。本书就是为这些初学者量身打造的。全书共分为 17 章，每一章都提供了大量的示例用以演示 iPhone 开发所需的技术，每一个完整的示例都是可运行的，读者只需根据示例说明即可轻松、快速掌握 iPhone 开发的基础知识。

与其他充斥着大量理论化讲解的书籍不同的是，本书完全从初学者的角度讲解 iPhone 开发所需的方方面面的技术。读者面对的不再是枯燥无味的理论知识，而是一个个具体的演示示例，每一个示例都专门讲解了若干个知识点，这对于初学者是不可多得的参考资料。

iPhone 开发主要使用的编程语言是 Objective-C，开发环境是 Xcode 与 Interface Builder。本书对这几个方面也都进行了详细的介绍，因此不需要读者具备这些基础。你所要做的只是打开本书，从第一章开始逐章阅读即可轻松掌握 iPhone 开发所需的一切。

翻译技术书籍是一项艰苦的劳动，在这里我要将我最真挚的谢意送给我的妻子张明辉。在翻译期间，是她无微不至的关怀让我忘却了生活中的琐事，她也是这本书的第一个读者。感谢我的父母，没有你们的养育之恩就没有今天的我。

感谢清华大学出版社的李阳编辑，认识你是我的荣幸，你的专业与认真都给我留下了深刻的印象。感谢本书的责任编辑谢晓芳，每一次与你讨论译稿时我都能感受到你的敬业。

我从事 iPhone 的相关开发工作已经有两年多的时间，期间积累了不少的经验，深谙移动开发的精髓。我曾翻译过《Dojo 构建 Ajax 应用程序程序》、《Spring 高级程序设计》、《编程人生：15 位软件先驱访谈录》等著作。我还是国内高端技术站点 InfoQ 中文站翻译团队的主编、满江红开放技术研究组织的成员，参与了 Spring 2.5 官方文档的翻译工作，同时拥有 5 年以上的 Java EE 培训师经历。

对于译者，能将英文转换为中文并给读者带来切实的帮助是我最大的荣幸。因此，你在阅读过程中所发现的问题欢迎及时反馈，也真诚希望各位读者不吝赐教。由于本人水平有限，失误和遗漏之处在所难免，希望读者批评指正。敬请广大读者提供反馈意见，读者可以将意见发到 wkservice@vip.163.com 和 zhanglong217@yahoo.com.cn，我们会仔细查阅读者发来的每一封邮件，以求进一步提高今后译著的质量。译者的博客是：http://blog.csdn.net/ricohzhanglong，新浪微博是：http://t.sina.com.cn/fengzhongye，欢迎访问。

张　龙

前　言

Apple 于 2008 年 3 月 6 日在 Town Hall 大会上发布了 iPhone SDK。在 SDK 发布之初，iPhone 开发人员总是犹抱琵琶半遮面，因为 Apple 要求下载 SDK 的开发人员签署一份保密协议(NDA)，不允许人们公开讨论 SDK 以及随之发布的各种 API。可能 Apple 这么做是为了保持 SDK 的稳定性。这个举动导致开发人员一片哗然，因为他们无法在公共论坛上提出问题并快速得到帮助。书籍也不允许涉及 iPhone SDK，培训课程也一样。事实上，这门语言对于那些学习过 Java、C++、C#与 VB.NET 等主流语言的开发人员有一条比较陡峭的学习曲线。

由于来自公众的压力，Apple 最后在 2008 年末收回了 NDA 协议。虽说晚了点，但这对于开发人员是个好消息。一夜之间，讨论论坛与致力于 iPhone 开发的站点犹如雨后春笋般出现了。

虽然讨论 iPhone 开发的 Web 站点与讨论论坛很多，但还有一个障碍——入门的学习曲线还是太陡峭了。很多开发人员都是从 Xcode 与 Interface Builder 开始学习的。与此同时，他们还不得不学习 Objective-C 晦涩的语法，还要记住哪些对象需要释放，哪些不需要。

本书就是为了弥补这个缺陷而编写的。

在开始学习 iPhone 开发时，作者与大多数 iPhone 开发人员所走的路是一样的：编写 Hello World 应用程序、学习 Interface Builder、理解代码的行为并重复这个过程。作者还被视图控制器的概念迷惑了，想知道如果只希望显示一个视图为何还需要视图控制器呢。作者关于 Windows Mobile 与 Android 的开发背景也没帮上多少忙，只能从头开始学习这个概念。

本书面向 iPhone 开发初学者，涵盖了 iPhone 开发的各个主题，本书的编写方式是渐进式的，这样读者就不会拘泥于细节。作者认为最好的学习方式就是去实践，因此全书大量的“试一试”首先会介绍如何构建某个应用，然后解释原理。

虽然 iPhone 编程是个庞大的主题，但本书的目标在于让读者掌握基本原理、理解 SDK 底层的架构，知道为什么要这么做。面面俱到地介绍 iPhone 编程已经超出了本书的范围，但作者还是相信读者在学习完本书后(并做完练习)能够迎接接下来的 iPhone 编程挑战。

本书读者对象

本书面向希望使用 Apple iPhone SDK 进行 iPhone 应用程序开发的初学者。要想充分利用本书的价值，你应该具有一定的编程背景并且熟悉面向对象编程的概念。如果你是Objective-C 语言的新手，就可以直接跳到附录 D，那里概述了这门语言。此外，在学习时还可以将附录 D 当做快速参考，做练习时可以查询其中讲到的语法。根据学习方式的不同，这些方法总归有一个适合你。

本书内容

本书涵盖了使用 iPhone SDK 进行 iPhone 编程的基本原理，全书共分为 17 章外加 5 个附录。

第 1 章介绍了 iPhone SDK 中的各种工具并解释了它们在 iPhone 开发中的用途。

第 2 章介绍了如何使用 Xcode 与 Interface Builder 来构建 Hello World 应用程序。重点在于快速起步，随后的章节则详细介绍了应用程序的各个组成部分与组件。

第 3 章介绍了 iPhone 编程的基本概念：插座变量与动作。你将学习到如何借助于插座变量和动作使代码与 Interface Builder 中的可视化元素进行交互，以及为什么它们是每个iPhone 应用程序不可或缺的组成部分。

第 4 章介绍了构成 iPhone 应用程序用户界面(UI)的各种视图。你将学习到操纵应用程序 UI 的技术以及视图在内部的存储方式。

第 5 章介绍了如何处理 iPhone 中的虚拟键盘。你将学习到如何根据需要隐藏键盘以及当键盘显示时如何确保视图不会被键盘遮挡。

第 6 章介绍了当设备旋转时如何调整应用程序的 UI。你将学习到当设备旋转时所触发的各种事件，还将学习到如何强制应用程序在某一方向上显示。

第 7 章介绍了如何创建拥有多个视图的应用程序。你将学习到如何使用 Window-based Application 模板构建 iPhone 应用程序。

第 8 章介绍了如何使用 SDK 提供的模板构建页签栏应用程序与导航应用程序。借助于这两类模板，可以创建复杂的多视图应用程序。

第 9 章介绍了如何构建 iPhone 中另一种类型的应用程序——实用应用程序。

第 10 章介绍了 iPhone SDK 中的一种强大的视图——表视图。表视图通常用于显示数据行。该章将会介绍如何在表视图中实现搜索功能。

第 11 章介绍了如何通过应用程序设置持久化应用程序首选项。借助于应用程序设置，你可以通过 iPhone 与 iPod Touch 上的 Settings 应用程序访问与应用程序相关的首选项。

第 12 章介绍了如何使用嵌入式数据库 SQLite3 程序库存储数据。

第 13 章介绍了如何通过将数据保存到应用程序的沙箱目录的文件中来持久化应用程序数据。你还将学习到如何访问应用程序沙箱中的各个文件夹。

第 14 章介绍了如何在 iPhone 应用程序中实现多点触摸功能。你将学习到如何实现著名的“捏拉”等手势。

第 15 章概述了可在 iPhone 上实现简单动画的各种技术。你还将学习到 iPhone SDK 所支持的各种仿射变换。

第 16 章介绍了用于访问 iPhone 的内置应用程序(如照片库、联系人等)的各种方式。你还将学习到如何在自己的应用程序中调用内置应用程序(如 Mail 与 Safari 等)。

第 17 章介绍了如何访问 iPhone 的硬件(如加速计)，你还将学习到如何通过 Core Location 获取自己的地理位置信息。

附录 A 提供了每章末尾的习题答案，除了第 1 章之外。

附录 B 快速介绍了 Xcode 中的众多功能。

附录 C 快速介绍了 Interface Builder 中的众多功能。

附录 D 提供了关于 Objective-C 的快速教程。不熟悉这门语言的读者应该在开始前阅读这一章的内容。

附录 E 介绍了如何在实际的设备上测试应用程序。

本书结构

本书将 iPhone 编程开发的学习任务划分为几部分，这样就能在深入高阶主题前消化掉每一部分内容。此外，还有几章再一次谈到了之前章节所讲主题。这是因为在 Xcode 与 Interface Builder 中解决问题的方式通常不止一种，因此通过这种方式你可以学习到开发 iPhone 应用程序的不同技术。

如果你完全是个 iPhone 编程新手，那么对第 1 章与第 2 章将会很感兴趣。一旦掌握了这两章，请转到附录部分来了解关于所用工具与语言的更多信息。之后就可以继续学习第 3 章并不断进入到高阶主题。

本书的一大特点是每章的所有代码示例都独立于前一章。这样你就可以灵活地研究感兴趣的主题并动手完成“试一试”。

阅读本书之前的准备

本书的大多数示例都能运行在 iPhone Simulator(iPhone SDK 的一部分)上。对于需要访问硬件(如照相机与加速计)的练习，你需要一部真正的 iPhone 或 iPod Touch。附录 E 介绍了如何在真实的设备上测试应用程序。对于需要访问电话功能的应用程序，你需要一部真正的 iPhone(iPod Touch 没有内置电话)。

一般来说，要想充分利用这本书并不一定需要真正的 iPhone 或 iPod Touch(如果你打算将应用程序部署到 AppStore 上绝对就需要它)。

目　　录

第 I 部分　入　　门

第 I 部分

入　门

第 1 章 iPhone 编程快速入门

本章提要

- 如何获取 iPhone SDK
- 了解 iPhone SDK 中的组件
- 开发工具 Xcode、Interface Builder 与 iPhone Simulator 功能简介
- iPhone Simulator 功能简介
- iPhone OS 架构概述
- iPhone SDK 框架概述
- iPhone 的局限性与特征分析

欢迎来到iPhone编程世界!既然拿着这本书,这就说明你已经着迷于开发自己的iPhone应用程序了，并且希望自己能够成为成千上万的 iPhone 开发人员中的一员，将开发出的应用程序部署到 AppStore 上。

有句古老的中国谚语：“工欲善其事，必先利其器”。要想编写出优秀的程序，首先需要了解所用的工具，这对于 iPhone 编程尤为重要——在开始前需要了解所用的一些工具。因此，本章的目标就是在你走上 iPhone 开发之路前对必要的工具与信息加以介绍。

1.1 获取 iPhone SDK

要想开发 iPhone 或 iPod Touch 应用程序，首先得注册成为一名 iPhone 开发人员，注册网址为 http://developer.apple.com/iphone/program/start/register/。注册是免费的，之后就可以访问 iPhone SDK 和其他一些有用的资源了。

注册完毕后可以下载 iPhone SDK(如图 1-1 所示)。

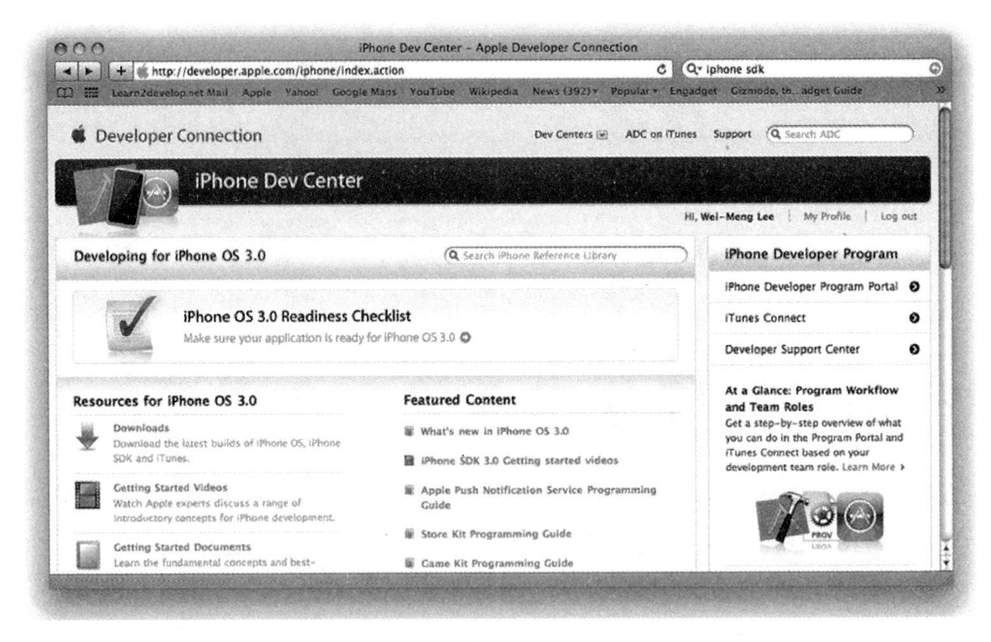

图　1-1

安装 iPhone SDK 前请确保满足如下系统需求：

- iPhone SDK 只支持 Intel Macs，如果是其他类型的处理器(如古老的 G4 或 G5 Macs)就不支持。
- 系统已经更新为最新的 Mac OS X 版本。

尽管并非完全必要，但我们还是极力推荐使用 iPhone/iPod Touch 设备。虽说可以使用 iPhone SDK 自带的 iPhone Simulator 测试应用程序，但如果想测试某些硬件相关的功能，如照相机、加速计等就必须使用真正的设备。

下载完 SDK 后就可以安装它(如图 1-2 所示)。安装过程中需要接受一些协议，接下来选择安装 SDK 的目录就行了。

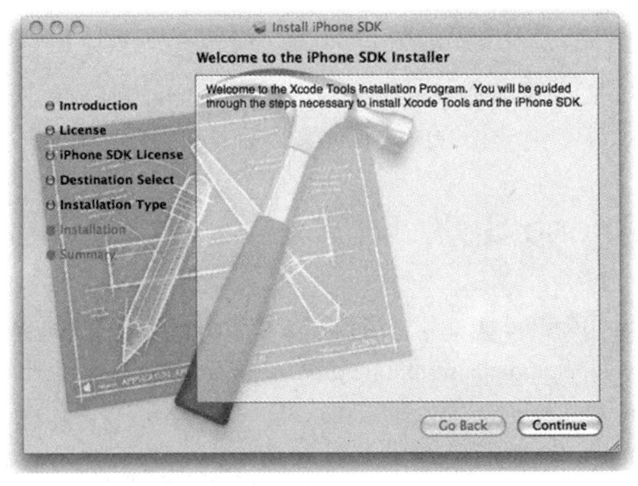

图　1-2

如果在安装过程中使用了默认的设置，那么各种工具会安装到/Developer/Applications 文件夹中(如图 1-3 所示)。

图　1-3

1.2　iPhone SDK 的组件

iPhone SDK 包含了用于开发 iPhone 和 iPod Touch 应用程序的一整套开发工具，主要有：

- Xcode——该集成开发环境(IDE)用于管理、编辑与调试项目。
- Dashcode——该集成开发环境(IDE)用于开发基于 Web 的 iPhone 应用程序与 Dashboard Widget。Dashcode 超出了本书的讨论范围。
- iPhone Simulator——这是一个软件模拟器，用于在 Mac 上模拟 iPhone。
- Interface Builder——提供了一个可视化编辑器，用于设计 iPhone 应用程序的界面。
- Instruments——这是一个分析工具，可以实时优化应用程序。

下面几节将详细介绍这些工具。

1.2.1　Xcode

如前所述，如果使用默认设置，那么 iPhone SDK 中的所有工具都将安装到/Developer/Applications 文件夹中。Xcode 是其中一个工具。

双击 Xcode 图标就可以启动 Xcode(如图 1-3 所示)。还有一个更快的办法——使用 Spotlight：在搜索框中输入 Xcode，Xcode 就会出现在第一个提示位置。

Xcode 启动后会出现一个欢迎界面，如图 1-4 所示。

图　1-4

可以在 Xcode 中开发各种 iPhone 与 Mac OS X 应用程序(如图 1-5 所示)。

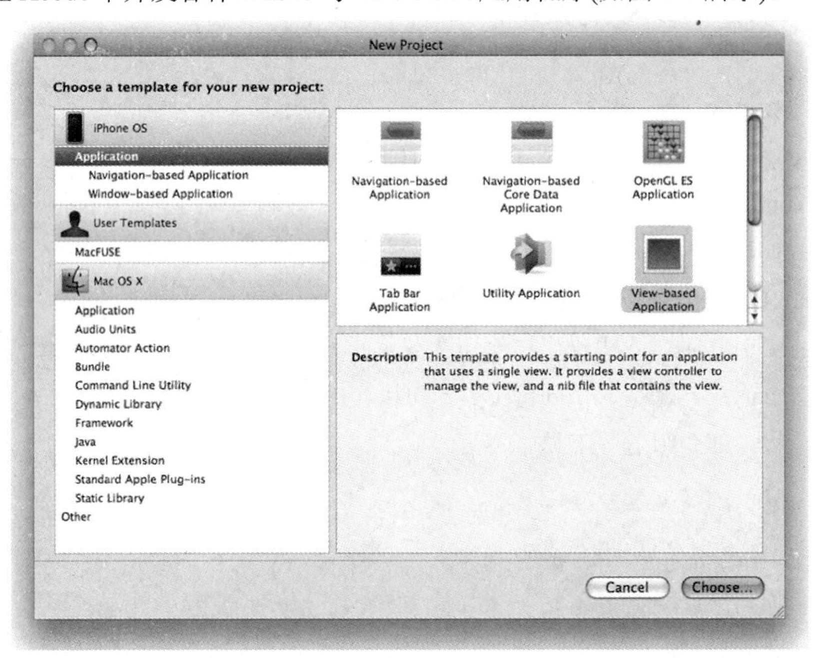

图　1-5

Xcode 中的 IDE 提供了大量的工具与功能，能极大减轻开发工作量。其中一个功能是 Code Completion(代码完成)，如图 1-6 所示，它会显示一个弹出列表，里面有可用的类与成员(如方法、属性等)。

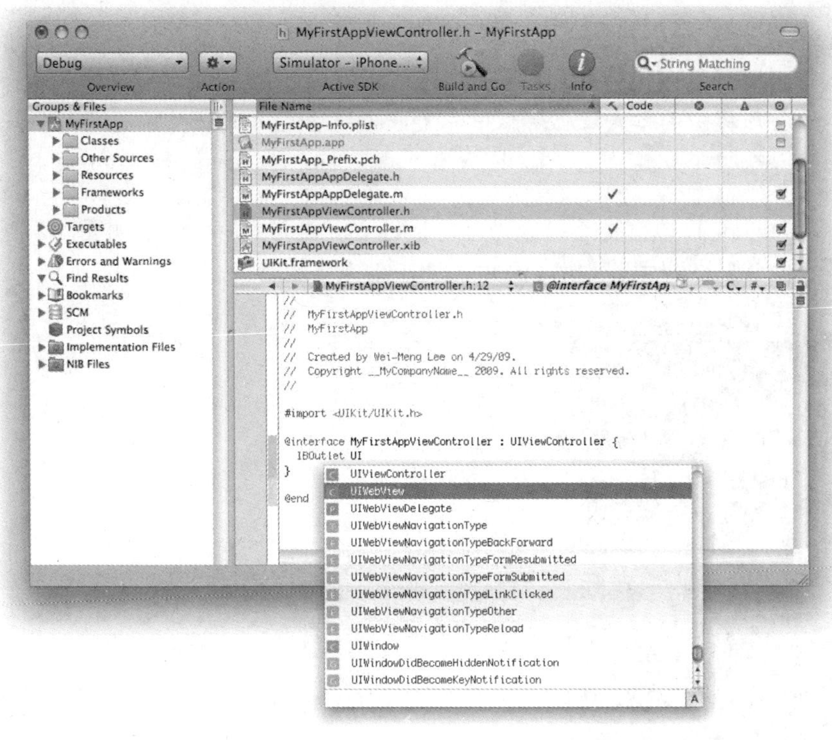

图 1-6

注意：请参考附录 B 以深入了解 Xcode 所提供的一些常见功能。

1.2.2 iPhone Simulator

iPhone Simulator(如图 1-7 所示)是 iPhone SDK 中颇为有用的一个工具，无需使用实际的 iPhone/iPod Touch 就可以测试应用程序。iPhone Simulator 位于/Developer/iPhone OS <version>/Platforms/iPhoneSimulator.platform/Developer/Applications/文件夹中。通常不需要直接启动 iPhone Simulator——它在 Xcode 运行(或是调试)应用程序时会自动启动。Xcode 会自动将应用程序安装到 iPhone Simulator 上。

iPhone Simulator 并非仿真器

iPhone Simulator 是个模拟器，但并非仿真器。这两者的区别是什么呢？模拟器会模仿实际设备的行为。iPhone Simulator 会模仿实际的 iPhone 设备的真实行为。但模拟器本身却使用了 Mac 上的各种库(如 QuickTime)进行渲染以便效果与实际的 iPhone 保持一致。此外，在模拟器上测试的应用程序会编译为 x86 代码，这是模拟器所能理解的字节码。

与之相反，仿真器会模仿真实设备的工作方式。在仿真器上测试的应用程序会编译为真实设备所用的实际的字节码。仿真器会把字节码转换为运行仿真器的宿主计算机所能执行的代码形式。

下面这个比喻有助于理解模拟与仿真之间的细小差别：假设你要说服一个小孩玩刀子很危险。如果采用模拟的方式，你会假装用刀子划伤自己并痛苦地呻吟；如果采用仿真的方式，你真的会用刀子划伤自己。

iPhone Simulator 可以模拟不同版本的 iPhone OS(如图 1-8 所示)。如果需要支持旧版本的平台以及测试并调试特定版本的 OS 上的应用程序所报告的错误，该功能就很有用。

图　1-7

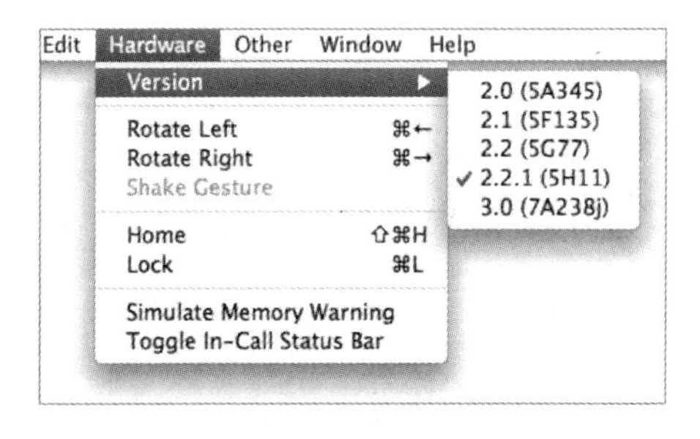

图　1-8

1. iPhone Simulator 功能概述

iPhone Simulator 可以模拟真实 iPhone 或 iPod Touch 设备的各种功能。可在 iPhone Simulator 上测试的功能有：

- 屏幕旋转——左、上和右
- 手势支持
  - 轻拍
  - 触摸与按下
  - 轻拍两次
  - 猛击
  - 轻弹
  - 拖
  - 捏
- 模拟低内存警告

然而，iPhone Simulator 作为对真实设备的软件模拟器，确实有其局限性。IPhone Simulator 不支持的功能有：

- 获取位置数据——它只会返回固定的坐标，如北纬 37.3317°，西经 122.0307°
- 打电话
- 访问加速计
- 发送与接收 SMS 消息
- 安装 App Store 中的应用程序
- 照相机
- 麦克风
- OpenGL ES 的一些功能

值得注意的是，iPhone Simulator 的速度与 Mac 的性能紧密相关，而与实际设备的执行方式并没有什么关系。因此，需要在真实的设备上测试应用程序而不能仅仅依靠 iPhoneSimulator 进行测试。

虽然 iPhone Simulator 有这么多的局限性，但毫无疑问，它依然是测试应用程序的利器。也就是说，在把应用程序部署到 AppStore 前需要在真实的 iPhone 或 TPod Touch 设备上进行测试。

注意：请参考附录 E 来深入了解如何在真实的设备上测试应用程序。

2. 从 iPhone Simulator 中卸载应用程序

iPhone OS 文件系统上 iPhone Simulator 的用户信息存储在~/Library/ApplicationSupport/iPhone Simulator/User/文件夹中。

注意：~/Library/Application Support/iPhone Simulator/User/文件夹也叫做<iPhoneUserDomain>。

所有第三方应用程序都存储在<iPhoneUserDomain>/Applications/文件夹中。在将应用程序部署到 iPhone Simulator 中时，系统会在主界面上创建一个图标(如图 1-9 左边所示)，同时会在 Applications 文件夹中创建一个文件和一个文件夹(如图 1-9 右边所示)。

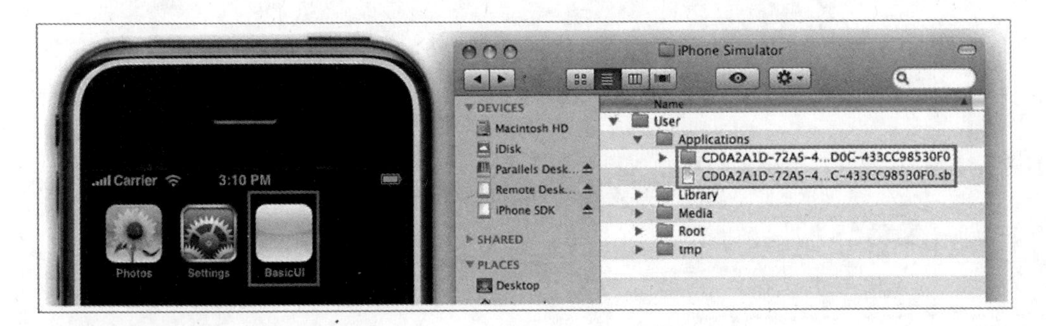

图 1-9

卸载(删除)应用程序请遵循如下步骤。

(1) 单击并按住主界面上的应用程序图标直到所有图标都开始晃动。这时所有图标的左上角会出现一个“x”按钮。

(2) 单击想要卸载的应用程序图标旁边的 x 按钮(如图 1-10 所示)。

(3) 这时会出现一个警告窗口，询问是否要删除该图标。单击 Delete 确认删除。

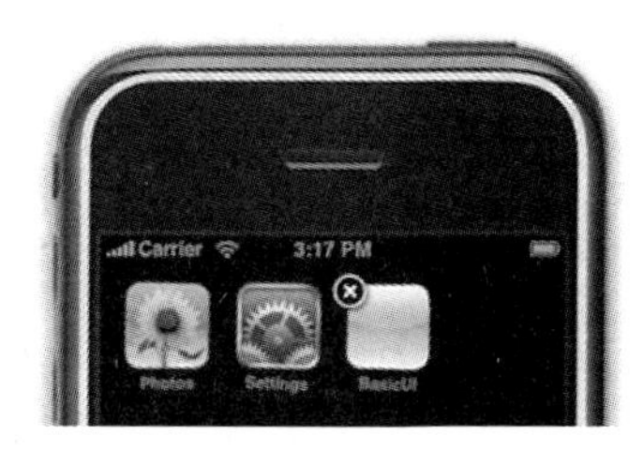

图　1-10

警告：在卸载应用程序时，位于 Applications 文件夹中的相应文件与文件夹也会自动删除。

要想将 iPhone Simulator 重置为初始状态，最简单的方法就是选择 iPhone Simulator | Reset Content and Settings 菜单项。

1.2.3　Interface Builder

Interface Builder 是一个可视化工具，用于设计 iPhone 应用程序的用户界面。可以在 Interface Builder 中将视图拖拽到窗口上并将各种视图连接到插座变量和动作上，这样它们就能以编程的方式与代码交互。

注意：第 3 章将详细介绍插座变量与动作。

图 1-11 展示了 Interface Builder 中的各种窗口。

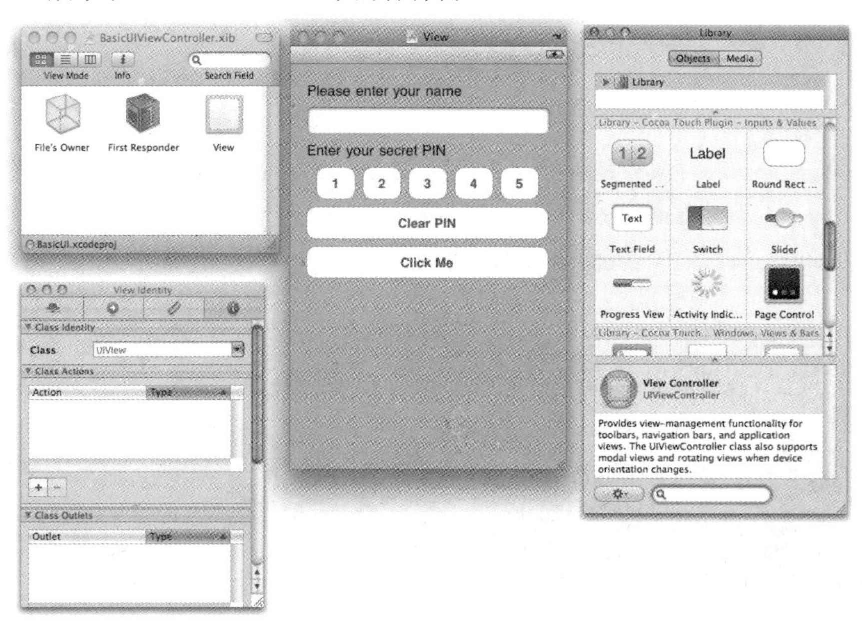

图　1-11

附录 C 将详细介绍 Interface Builder。

1.2.4 Instruments

Instruments(如图 1-12 所示)用于动态跟踪与分析 Mac OS X 和 iPhone 应用程序的性能。

图 1-12

借助于 Instruments，可以：

- 对应用程序进行压力测试
- 跟踪应用程序的内存泄漏问题
- 更深入地理解应用程序的执行行为
- 跟踪应用程序中难以重现的问题

注意：对 Instruments 应用的介绍超出了本书的讨论范围，感兴趣的读者可以参考 Apple 的文档了解更多信息。

1.3 iPhone OS 架构概述

虽然本书并不会探讨 iPhone OS 的内部结构，但了解 iPhone OS 的一些关键点还是有必要的。图 1-13 展示了构成 Mac OS X 与 iPhone OS 的不同抽象层。

图　1-13

注意：iPhone OS 的架构与 Mac OS X 非常相像，只不过 iPhone 的最上层是 Cocoa Touch，而 Mac OS X 则是 Cocoa Framework。

底层是 Core OS，这是整个操作系统的基础，它负责内存管理、文件系统、网络等 OS 相关的任务，它直接与硬件交互。Core OS 层包含如下一些组件：

- OS X 内核
- Mach 3.0
- BSD
- 套接字
- 安全性
- 电源管理
- Keychain
- 证书
- 文件系统
- Bonjour

Core Services 层提供了对 iPhone OS 服务的基本访问功能。它所提供的抽象层位于 Core OS 层所提供的服务之上。Core Services 层包含如下一些组件：

- 集合
- 地址簿
- 网络
- 文件访问
- SQLite
- Core Location
- 网络服务
- 线程
- 首选项
- URL 实用程序

Media 层提供了可在 iPhone 应用程序中使用的多媒体服务，该层包含如下一些组件：

- Core Audio
- OpenGL
- 音频混合
- 音频录制
- 视频回放
- JPG、PNG 和 TIFF
- PDF
- Quartz
- Core Animation
- OpenGL ES

Cocoa Touch 层提供了一个抽象层，该层提供了可用于 iPhone 与 iPod Touch 编程的各种库，比如：

- 多点触摸事件
- 多点触摸控件
- 加速计
- 视图层次结构
- 本地化
- 警告
- Web 视图
- 联系人选取器
- 图像选取器
- 控制器

iPhone SDK 所包含的框架如表 1-1 所示，该表格按照功能分组。

注意：所谓框架，就是可以提供特定功能的软件库。

表 1-1　iPhone SDK 中的框架

框 架 名 称	说　　明
AddressBook.framework	提供对中央数据库的访问，用于存储用户的联系方式
AddressBookUI.framework	提供 UI，用于显示存储在 Address Book 数据库中的联系方式
AudioToolbox.framework	提供底层的 C API，用于音频录制与回放，还可以管理音频硬件
AudioUnit.framework	可以在应用程序中使用该框架提供的接口访问 iPhone OS 的音频处理插件

(续表)

框 架 名 称	说　明
AVFoundation.framework	提供底层的 C API，用于音频录制与回放，还可以管理音频硬件
CFNetwork.framework	提供对网络服务与配置的访问，如 HTTP、FTP 和 Bonjour 服务
CoreAudio.framework	声明其他 Core Audio 接口所用的数据类型与常量
CoreAudio.framework	提供一种通用的解决方案，用于管理应用程序中的对象图
CoreFoundation.framework	提供对常见数据类型、Unicode 字符串、XML、URI 资源等的抽象
CoreGraphics.framework	提供用于 2D 渲染的基于 C 的 API，该框架构建在 Quartz 绘图引擎之上
CoreLocation.framework	提供基于位置的信息，联合使用了 GPS、cell ID 和 Wi-Fi 网络
ExternalAccessory.framework	提供与附件的通信方式
Foundation.framework	提供 Objective C 的基础类，如 NSObject、基本数据类型、操作系统服务等
GameKit.framework	提供针对游戏的网络功能，常用于点对点的连接和游戏中的声音功能
IOKit.framework	提供驱动器开发功能
MapKit.framework	提供对应应用程序嵌入式的地图接口
MediaPlayer.framework	提供用于影片与音频文件播放的功能
MessageUI.framework	提供基于视图–控制器的接口，用于编写 E–mail 消息
MobileCoreServices.framework	提供对标准类型与常量的访问
OpenAL.framework	提供 OpenAL 规范的实现
OpenGLES.framework	提供 OpenGL API 的一个紧凑、高效的子集，用于绘制 2D 与 3D
QuartzCore.framework	提供了配置动画与特效的功能，接下来可以在硬件上渲染这些特效
Security.framework	用于保护数据和控制对软件的访问
StoreKit.framework	提供应用程序中的购买支持
SystemConfiguration.framework	可以检测设备上的网络可用性与状态
UIKit.framework	提供用于管理应用程序 UI 的基础对象

1.4　起步前需要了解的一些信息

现在应该了解了 iPhone 应用程序开发所涉及的各种工具。在开始前，下面几节介绍的一些有用信息让你的 iPhone 之旅更加绚烂。

1.4.1　iPhone OS 的版本

在撰写本书之际，iPhone OS 的版本号是 3.0。iPhone OS 经历了几次修订，主要版本列举如下。

- 1.0——iPhone 的初始版本。
- 1.1——在 1.0 的基础上增加了一些功能并修复了一些 bug。

- 2.0——随 iPhone 3G 发布，同时发布了 App Store。
- 2.1——在 2.0 的基础上增加了一些功能并修复了一些 bug。
- 2.2——在 2.1 的基础上增加了一些功能并修复了一些 bug。
- 3.0——iPhone OS 的第 3 个主版本，下节将介绍 iPhone OS 3.0 的新功能。

请参考 http://en.wikipedia.org/wiki/IPhone_OS_version_history 来详细了解每次发布的功能说明。

Iphone OS 3.0 的新功能

2009 年 6 月，Apple 发布了 iPhone OS 的第 3 个主修订版本，随之而来的还有一个已更新的设备——iPhone 3GS。S 代表速度(speed)：新的设备拥有一个更快的处理器(600 MHz)，重新优化过的 OS 使得 iPhone 各个方面的运行速度都提高了很多。

iPhone OS 3.0 一些重要的新功能有：

- 语音激活
- 改进的照相机(3M 像素，自动对焦)，支持视频捕获
- 通过 Find My iPhone 功能定位 iPhone(需要订阅 MobileMe 账号)
- 支持 MMS 与 tethering(需要提供商支持)
- 支持剪切、复制与粘贴
- 新的开发 API 有：
  - 向第三方应用程序推送通知
  - 蓝牙服务：A2DP、LDAP、P2P 及 Bonjour
  - API 的映射
  - 从应用程序中发送 E-mail

1.4.2　在真实设备上进行测试

iPhone 程序员抱怨最多的一件事就是无法在实际的设备上测试他们开发的 iPhone 应用程序。奇怪的是，即使是拥有设备的人也无法在上面测试应用程序。出于安全的考虑，Apple 要求所有应用程序都必须拥有合法的证书签名，即便是测试也需要开发人员证书才行。

要想在设备上测试应用程序，必须注册 iPhone 开发人员计划并将开发人员证书安装到设备上。这是一个漫长的过程，附录 E 对此进行了详细的说明。

1.4.3　屏幕分辨率

iPhone 非常漂亮，屏幕分辨率很高。屏幕对角线距离是 3.5 英寸，iPhone 屏幕支持多点触摸操作，其 ppi(Point Per Inch，即点/每英寸)达到 163，分辨率为 480×320 像素(如图 1-14 所示)。在设计应用程序时，要注意到虽然分辨率是 480×320 像素，但很多时候都局限在 460×320 个像素上，这是因为状态栏的存在。当然，可以通过编程的方式关闭状态栏，这样就能使用完整的 480×320 像素的分辨率了。

此外，要注意用户可能旋转设备，在 Landscape 模式下显示应用程序。如果打算支持

新的方向，就需要提前准备好 UI 以便应用程序在 Landscape 模式下依然能正常工作。

图　1-14

注意：第 6 章将介绍如何处理屏幕旋转。

1.4.4　单窗口应用程序

如果你是移动编程新手，就需要认识到有限的屏幕意味着大多数移动平台只支持单窗口应用程序，也就是说，应用程序窗口会占据整个屏幕，iPhone 也不例外。iPhone 并不支持桌面操作系统(如 Mac OS X 和 Windows)上常见的重叠窗口。

1.4.5　没有后台应用程序

移动设备编程中一个很大的挑战在于电源管理。粗制滥造的应用程序很可能成为资源漏洞，它会很快耗尽设备的电池。Apple 根据从其他平台获得的经验也认识到了这个问题，认为损害电池寿命和性能的罪魁祸首是后台应用程序。在其他平台上(如 Windows Mobile)，当应用程序脱离视图后(比如，有电话打进来)还会驻留在内存中，这些应用程序会继续消耗设备的性能和电池寿命。

Apple 对这个问题的解决方案非常简单：不允许应用程序在后台运行。虽说这个方案很有效，但却令开发人员感到愤怒。很多有用的应用都需要后台操作来实现某些功能。比如，聊天应用程序需要一直运行来接收其他用户的消息。为了克服这种局限性，Apple 开发出了它的 Push Notification Service，它会向应用程序提供数据，即使应用程序没在运行也可以。该服务随 iPhone 3.0 一同发布。借助于推技术，设备可以通过 IP 连接一直连接到 Apple 的服务器上。当设备需要处理某个任务时，Apple 服务器就会向该设备发送一条通知，告诉特定的应用程序响应这条通知。

注意：推送通知超出了本书的讨论范围。感兴趣的读者可以通过 Apple 的 iPhone 开发中心 http://developer.apple.com/iphone/index.action 了解更多信息。

1.4.6　调用第三方应用程序的限制

Apple 对 iPhone 开发人员施加的另一个限制是不允许在自己的应用程序中访问第三方应用程序。此外，还不能在应用程序中运行解释性代码。比如，为 iPhone 编写 Web 浏览器应用程序。由于 Web 应用程序通常使用 JavaScript 与客户端交互，因此 Apple 的这种限制意味着你不能在自己的应用程序中运行 JavaScript 代码。

1.5　小结

本章快速介绍了 iPhone 应用程序开发所涉及的工具，还讨论了 iPhone 的一些功能，比如，应用程序的局限性以及无法调用第三方应用程序等。第 2 章将开发第一个 iPhone 应用程序，不久之后你就将漫步在 iPhone 开发的康庄大道上。

本章小结

主　题	关 键 概 念
获取 iPhone SDK	首先通过 http://developer.apple.com 注册为一名 iPhone 开发人员，然后下载免费的 SDK
iPhone Simulator	大多数测试可以在 iPhone Simulator 上进行，但我们强烈推荐使用真实的设备进行测试
iPhone Simulator 的局限性	模拟器一般不支持硬件访问。比如，照相机、加速计、声音录制等都不支持
iPhone SDK 的框架	iPhone SDK 提供了一些框架在 iPhone 上执行特定的功能，可以使用这些框架编写 iPhone 应用程序
后台应用程序	iPhone 不支持第三方的后台应用程序
屏幕分辨率	480×320 像素(在隐藏状态栏的情况下)，460×320 像素(在显示状态栏的情况下)
单窗口应用程序	所有的 iPhone 应用程序都是单窗口的，也就是说，所有的窗口都填满了整个屏幕，不允许重叠窗口

第 2 章

编写第一个“Hello World!”应用程序

本章内容

- 创建新的 iPhone 项目
- 使用 Xcode 构建第一个 iPhone 应用程序
- 使用 Interface Builder 设计 iPhone 应用程序的用户界面(UI)
- 编写简单的代码，使应用程序可以根据设备的方向对内容进行旋转
- 为 iPhone 应用程序添加图标

既然已经安装了所有的工具与 SDK，下面就可以开发 iPhone 与 iPod Touch 应用程序了！对于编程书籍，通常的惯例都是从介绍如何开发简单的“Hello World!”应用程序开始，这样就能快速了解各种工具而不至于陷入细节的泥潭当中，同时很快就能获得满足感：应用程序真的就这么运行起来了，这会鼓舞你继续深入学习。

2.1 Xcode 快速起步

打开 Xcode，欢迎界面将映入眼帘，如图 2-1 所示。

注意： 启动 Xcode 最简单的方式是在 Spotlight 中输入 Xcode 并按 Enter 键启动它。

要想创建新的 iPhone 项目，请选择 File | New Project 命令。图 2-2 展示了使用 Xcode 可以创建的各种项目类型，主要有两大类，分别是 iPhone OS 应用程序与 Mac OS X 应用程序。显然，本书主要介绍 iPhone 应用程序。请单击 iPhone OS 下的 Application 项来查看

可用于 iPhone 应用开发的各种模板。

图　2-1

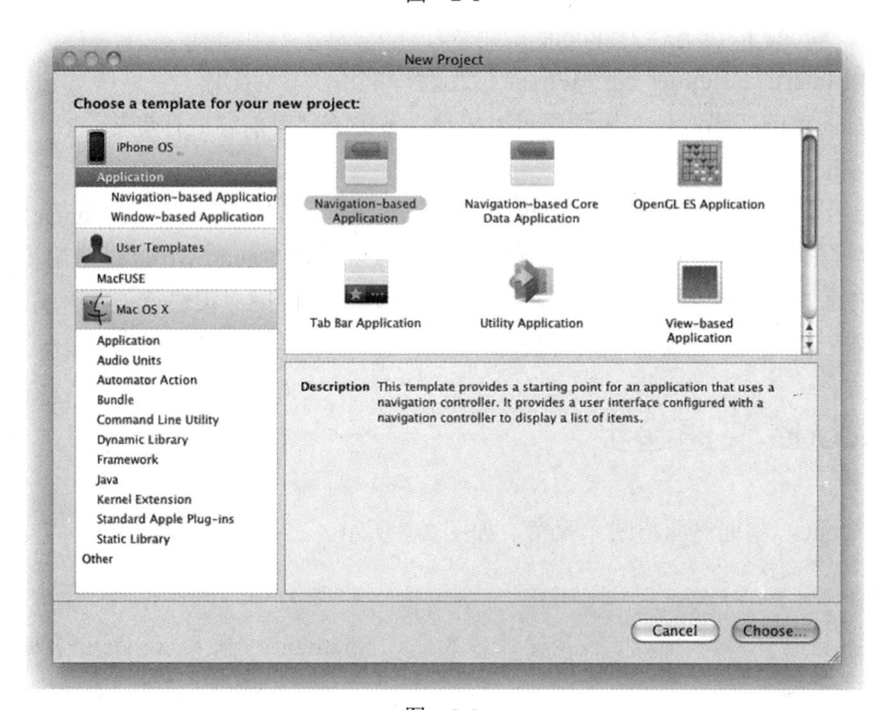

图　2-2

虽然可以创建多种类型的 iPhone 应用程序，但这里请选择 View-Based Application 模板并单击 Choose 按钮。

注意：后面的章节将介绍如何开发其他类型的 iPhone 应用程序，比如，Utility Application、Tab Bar Application 和 Navigation Application。

选择 View-Based Application 模板并单击 Choose 按钮。将项目命名为 HelloWorld 并单击 Save 按钮。接下来，Xcode 会根据所选择的模板创建项目。图 2-3 展示了项目所包含的各种文件与文件夹。

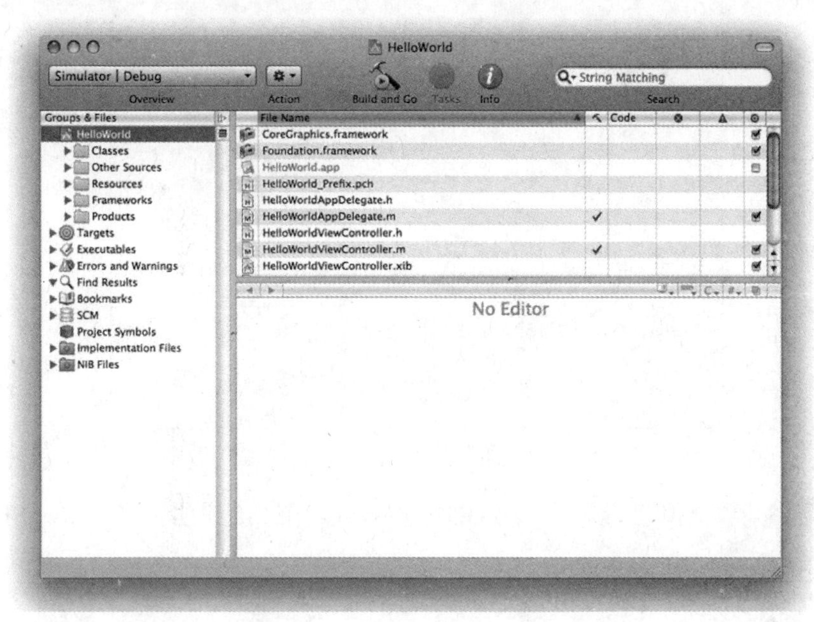

图　2-3

Xcode 左边的面板显示了项目中的各个分组。可以展开每个分组(和文件夹)查看其中包含的文件。当选择了左边的面板中的某个分组后，右边的面板就会显示出该组(或文件夹)所包含的文件。要想编辑某个特定文件，请先选中该文件，右下角的编辑器就会打开该文件以便编辑。如果想使用单独的编辑窗口，只需双击文件就会在新窗口中打开该文件。

下面的“试一试”练习会介绍如何定制 Xcode 工具栏区域以添加常用项。

试一试：　定制 Xcode 工具栏区域

代码文件[HelloWorld.zip]可从 Wrox.com 上下载

Xcode 的最上面是工具栏区域。该区域包含了开发过程中常用的所有工具栏菜单项，可以定制该工具栏区域以添加这些项。

(1) 选择 View | Customize Toolbar 命令，会出现一个下拉窗口(如图 2-4 所示)。

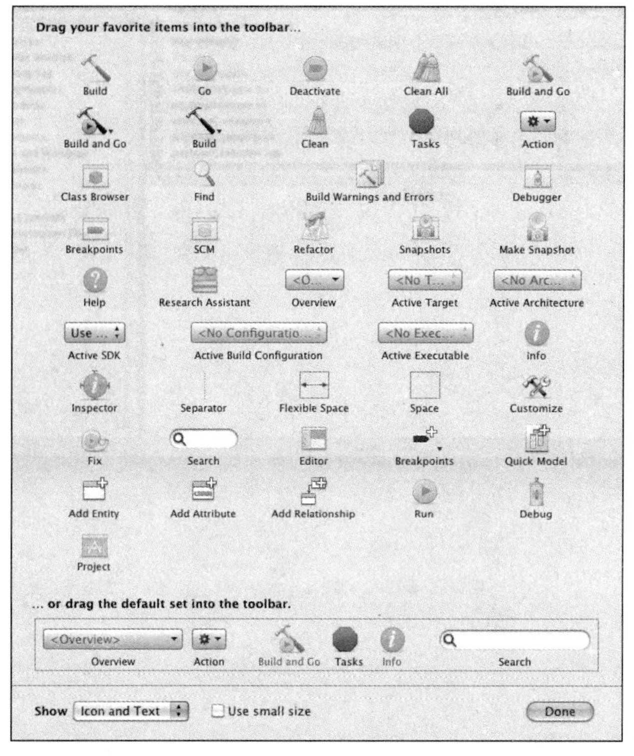

图　2-4

(2) 只需将某项拖拽到工具栏上就可以添加该项。图 2-5 说明了将 Active SDK 项添加到工具栏上。

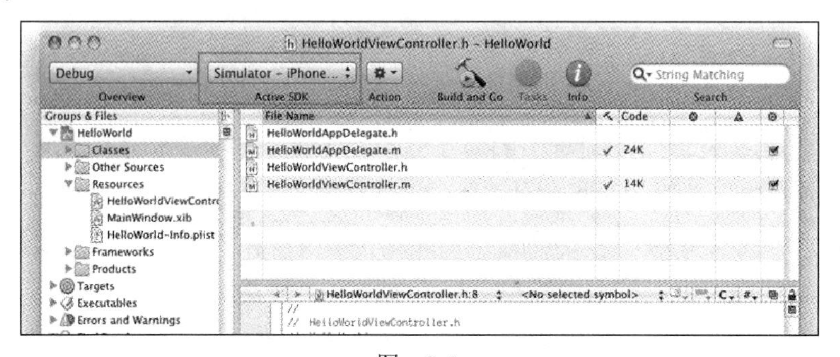

图　2-5

(3) Active SDK 项的作用是选择将应用程序部署到真实的设备或是 iPhone Simulator 中(如图 2-6 所示)。

图　2-6

示例说明

将常用项添加到 Xcode 工具栏区域可以提高开发过程的效率。本示例将 Active SDK

工具栏项添加到了工具栏区域，这样就可以通过选择工具栏上的 Active SDK 在 iPhone Simulator 和真实设备之间轻松切换来测试应用程序了。

2.1.1　使用 Interface Builder

现在，这个项目还没有 UI。为了证实这一点，请按 Command＋R 组合键(或是选择 Run | Run 命令)，这会把应用部署到 iPhone Simulator 中。图 2-7 显示了 iPhone Simulator 上的空白界面。现在能看到这个界面就行了，后面会逐步添加代码，你也会看到界面的不断变化。

图　2-7

显然，空白界面并没有什么用。现在开始向应用的 UI 添加一些控件。仔细检查项目中的文件列表，会看到两个以.xib 为扩展名的文件—— MainWindow.xib 与 HelloWorldViewController.xib。扩展名为.xib 的文件就是普通的 XML 文件，此类文件包含了应用程序的 UI 定义。可以通过修改 XML 内容来编辑.xib 文件，但更简单、更合理的方式是使用 Interface Builder。

Interface Builder 是 iPhone SDK 的一部分，可是使用它以拖拽的方式构建 iPhone 与 Mac 应用程序的 UI。

双击 HelloWorldViewController.xib 文件以启动 Interface Builder。图 2-8 展示了 Interface Builder，其中显示出了 HelloWorldViewController.xib 的内容(目前并没有任何内容)。如你所见，Library 窗口列出了可以添加到 iPhone 应用程序 UI 上的各种控件。View 窗口显示了 UI 的图形布局，不久之后还会用到其他窗口。

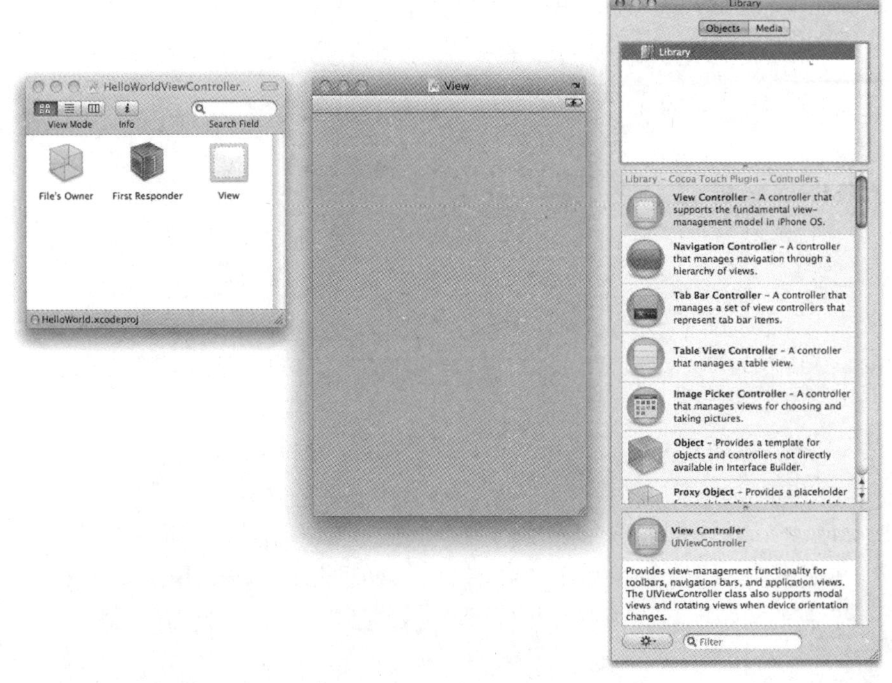

图　2-8

滚动 Library 窗格(“面板”一般用 panel，“窗格”一般用 pane)到 Label 控件，将 Label 视图拖拽到 View 窗口上。添加 Label 视图后，选择 Label 视图并选择 Tools | Attributes Inspector 命令。在 Text 输入框中输入“Hello World!”。接下来转到 Layout，单击中间的 Alignment 类型(如图 2-9 所示)。”’’ “ ”

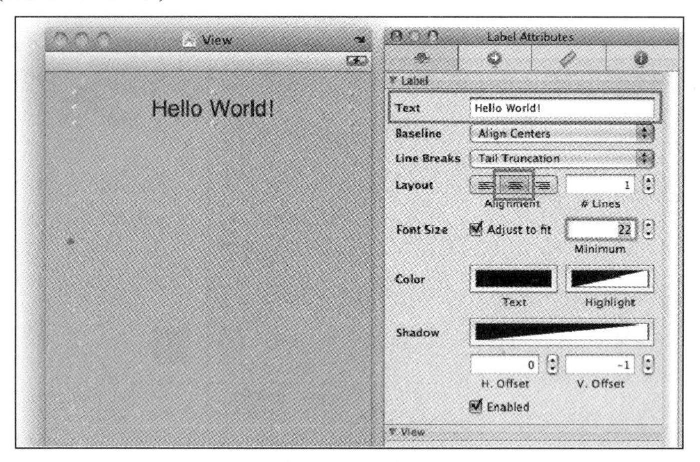

图　2-9

接下来，将 Library 窗口中的 Text Field 视图拖拽到 View 窗口上，然后将 Round Rect Button 视图也拖拽过来。修改 Round Rect Button 视图的属性，在 Title 输入框中输入“Click Me! ”(如图 2-10 所示)。

图　2-10

注意：除了指定视图的 Title 属性(比如，本例中的 Label 视图与 Round Rect Button 视图)外，还可以双击视图，然后直接输入文本。完成上述步骤后，可以重新排列控件并调整大小使之适合自己的需要。注意，Interface Builder 提供了关于对齐方面的指南以帮助大家更好地对控件进行排列。

按 Command+S 组合键保存 HelloWorldViewController.xib 文件。接下来，返回到 Xcode，按 Command+R 组合键再一次运行本应用程序。现在的 iPhone Simulator 显示了修改后的 UI(如图 2-11 所示)。

轻拍 Text Field 视图，键盘会自动出现(如图 2-12 所示)。

如果按下 iPhone Simulator 上的 Home 按钮，就会发现应用程序已经安装到了模拟器上(在主界面出现后需要将界面向右滑动到下一页才会看到)。要想回到本应用程序上，只需轻拍 HelloWorld 图标即可(如图 2-13 所示)。

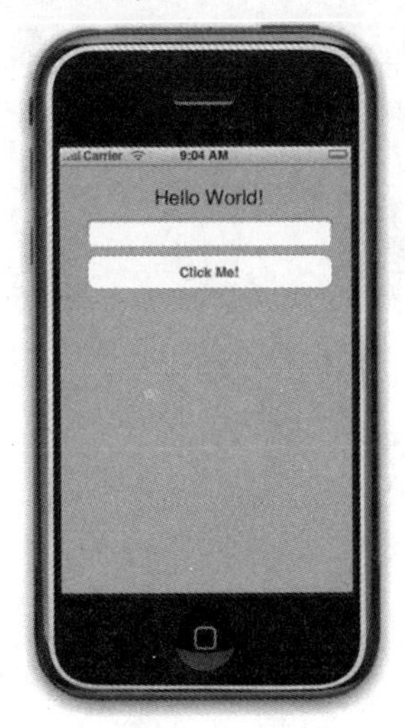

图　2-11

图　2-12

图　2-13

注意：任何时候，只会有一个应用程序运行在 iPhone 上(除了 Apple 内置的几个应用程序外)。这样，在按下 iPhone 上的 Home 键后，应用程序就会退出。轻拍应用程序图标会再一次启动应用程序。

2.1.2　改变屏幕方向

iPhone Simulator 还支持改变视图方向。要想将视图改为 Landscape 模式，请按 Command“-→”组合键。图 2-14 展示了应用程序在 Landscape 模式下的外观。按 Command“-←”组合键回到 Portrait 模式。

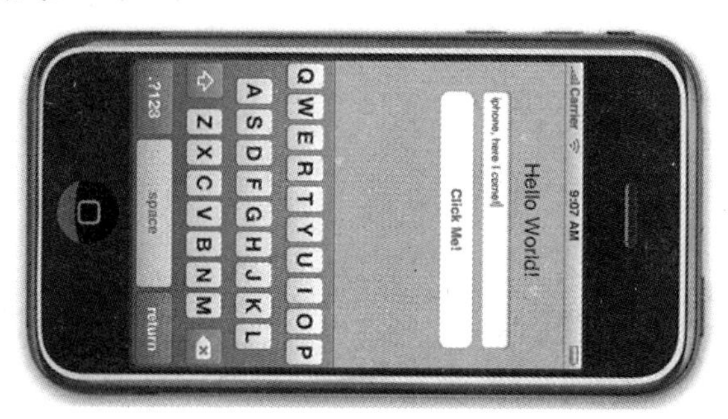

图　2-14

注意，现在的应用程序并不会对视图方向的变化作出任何响应。要想让应用程序恰当地响应视图方向的变化，需要修改代码。

在 Xcode 中，编辑 HelloWorldViewController.m 文件，寻找如下的代码段(默认情况下，这个代码块被注释掉了)：

```
- (BOOL)shouldAutorotateToInterfaceOrientation:(UIInterfaceOrientation)
interfaceOrientation {
   // Return YES for supported orientations
   return (interfaceOrientation == UIInterfaceOrientationPortrait);
}
```

注意：现在，先不要管其他文件，比如 HelloWorldAppDelegate.h 和 HelloWorldAppDelegate.m。后续章节将会详细介绍它们。

修改上述代码，返回 YES，如以下代码段所示：

```
- (BOOL)shouldAutorotateToInterfaceOrientation:(UIInterfaceOrientation)
interfaceOrientation {
   // Return YES for supported orientations
   return YES;
}
```

再次运行本应用程序。这次，应用程序会随着视图方向的变化而旋转(如图 2-15 所示)。

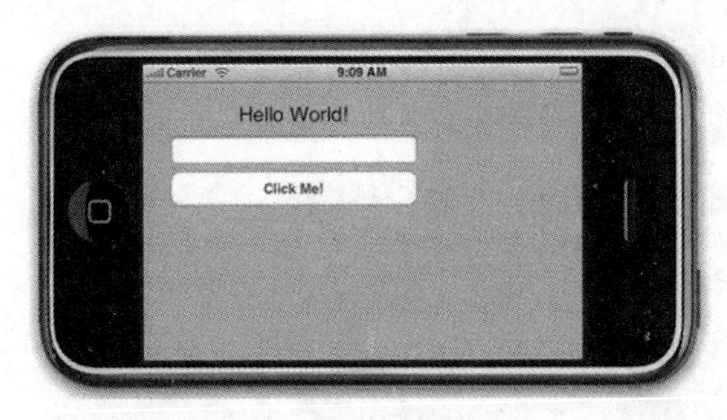

图　2-15

2.1.3　视图重定位

在前一节中，当方向发生了变化，视图的大小与位置依然不变。在现实世界中，这种做法是不可取的，因为用户体验太差。理想情况下，应该重新定位屏幕上的视图以便它们能随着视图方向的变化而变化。

要想重定位视图，请转到 Interface Builder，选择 Label 视图，然后选择 Tools | Size Inspector。修改视图的 Autosizing 属性，如图 2-16 所示(请注意 Autosizing 的各个转角)。这样，Label 视图就会随着视图方向的变化自动扩展或是收缩了。与此同时，视图会扩展到屏幕的左侧、上侧以及右侧。

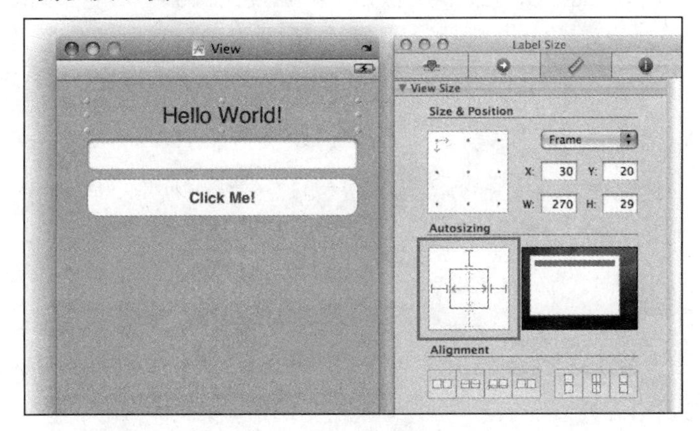

图　2-16

类似地，修改 Text Field 视图的 Autosizing 属性，如图 2-17 所示。注意不同的像素大小。

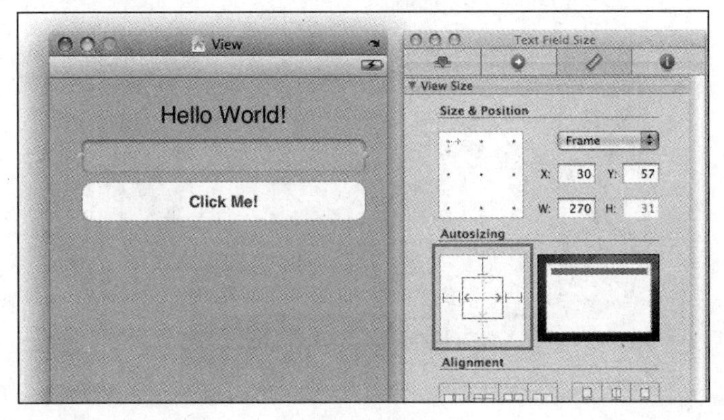

图　2-17

最后，修改 Round Rect Button 控件的 Autosizing 属性，如图 2-18 所示。这次在视图方向发生变化时就不必再重新调整视图大小了，只需将其固定到屏幕上方即可。

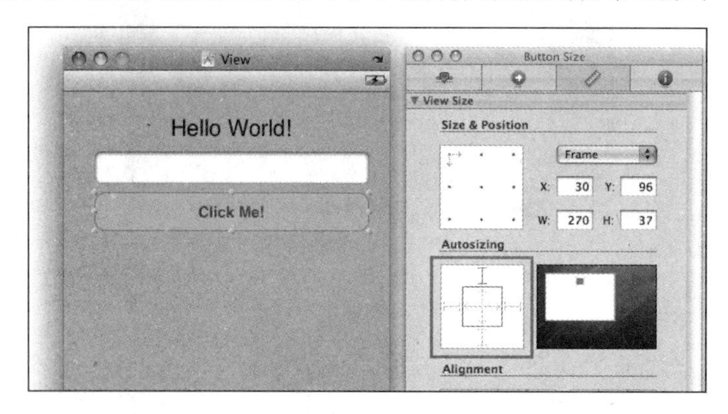

图　2-18

在 Interface Builder 中，可以单击屏幕右上角的箭头(如图 2-19 所示)来旋转屏幕，这样就可以立刻看到修改的效果。

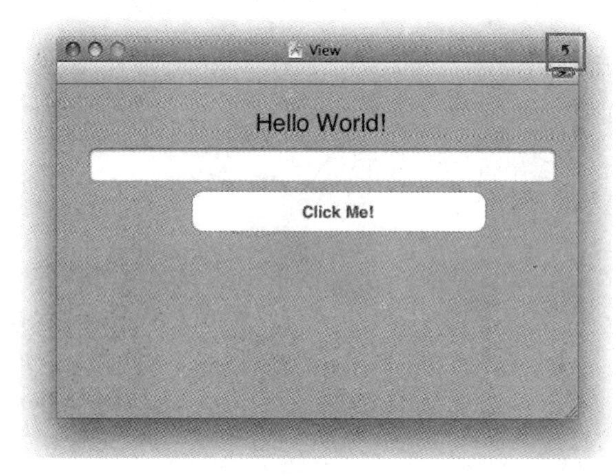

图　2-19

回到 Xcode 并再次运行应用。注意到当旋转屏幕时控件会重定位并重设自身大小(如图 2-20 所示)。

图　2-20

2.1.4　编写代码

到目前为止我们还没有编写过一行代码，这是因为在编写代码前需要熟悉 Xcode 与 Interface Builder。现在该编写代码了，这将逐步让我们找到 iPhone 编程的感觉。

回想一下上一节关于 Interface Builder 的介绍，其中展示过一个名为 HelloWorldViewController.xib 的窗口。这个窗口包含 3 个组件，分别是 File's Owner、First Responder 和 View。

选择 File's Owner，接下来从菜单中选择 Tools | Identity Inspector 命令。

在 Identity Inspector 窗口中，单击 Class Actions 下的“+”按钮(如图 2-21 所示)。在 action 名称字段处输入“btnClicked:”(记得包含冒号，因为这是动作名称的一部分)。这么做会创建一个名为“btnClicked:”的动作(也叫做事件处理器)：

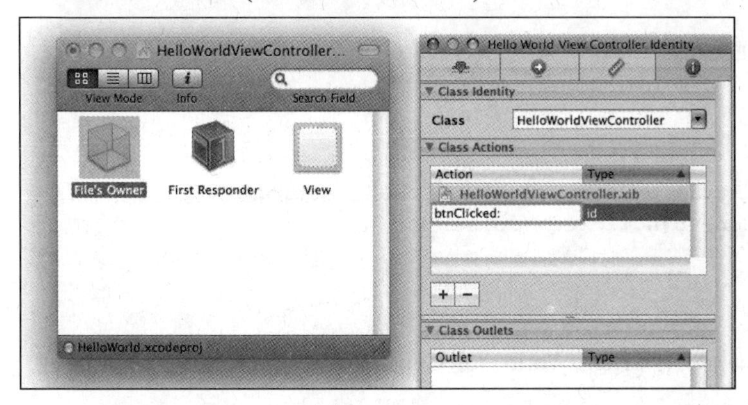

图　2-21

按住 Control 键并单击 View 窗口中的 Round Rect Button 视图，将其拖到 HelloWorldViewController.xib 窗口中的 File's Owner 项上(如图 2-22 所示)。这时会弹出一个包含了“btnClicked:”动作的弹出窗口。选择“btnClicked:”动作。这么做的目的是将 Round Rect Button 视图链接到“btnClicked:”动作上，这样用户单击该按钮时就会调用该动作。

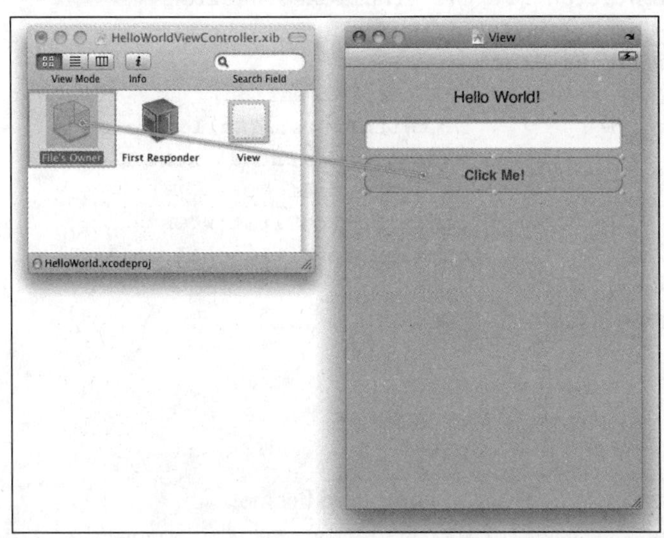

图　2-22

在 HelloWorldViewController.h 文件中，为“btnClicked:”动作添加一个头声明。

```
//
// HelloWorldViewController.h
// HelloWorld
//
// Created by Wei-Meng Lee on 3/30/09.
// Copyright __MyCompanyName__ 2009. All rights reserved.
//

#import <UIKit/UIKit.h>

@interface HelloWorldViewController :UIViewController {

}

//---declaration for the btnClicked: action---
-(IBAction) btnClicked:(id)sender;

@end
```

将如下代码添加到 HelloWorldViewController.m 文件中，这段代码实现了“btnClicked:”动作。

```
- (void)dealloc {
    [superdealloc];
}

//---implementation for the btnClicked: action---
-(IBAction) btnClicked:(id)sender {
   //---display an alert view---
   UIAlertView *alert = [[UIAlertViewalloc]
                        initWithTitle:@"Hello World!"
                        message: @"iPhone, here I come!"
                        delegate:self
                        cancelButtonTitle:@"OK"
                        otherButtonTitles:nil, nil];
   [alert show];
   [alert release];
}

@end
```

上面的代码会显示一个警告“iPhone, here I come! ”。

回到 Xcode 并再次运行应用程序。这次，当轻拍按钮视图时就会显示一个警告视图(如

图 2-23 所示)。

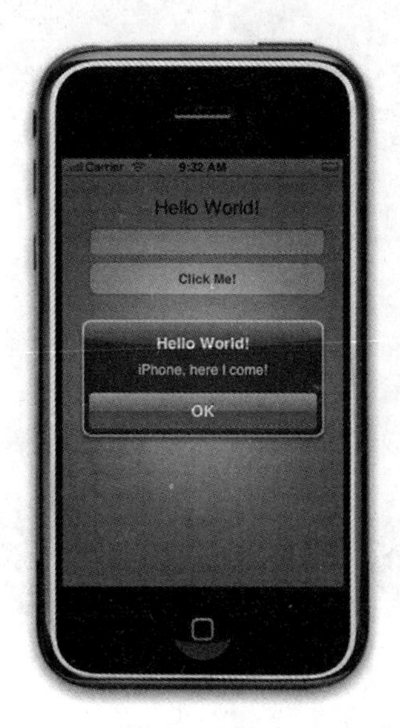

图　2-23

2.2　定制应用程序图标

如图 2-13 所示，安装在 iPhone Simulator 上的应用程序会将默认的白色图像作为应用程序图标，但我们还可以定制该图标。在设计 iPhone 应用程序的图标时，请牢记以下原则：

- 图标大小应为 57×57 像素。图标大一些也没问题，因为 iPhone 会自动调整自身大小。事实上，如果 Apple 发布了尺寸更大的新设备，就应该设计更大的图标。
- 要想通过 App Store 发布应用程序，需要准备一张 512×512 像素的图像。
- 图标图像的转角应该是直角，因为 iPhone 会自动将直角转换为圆角并添加有光泽的表面(但可以关闭这个功能)。

下面的“试一试”会介绍如何将图标添加到应用程序中，这样 iPhone Simulator 就会使用它来代替默认的白色图像。

试一试：　为应用程序添加图标

(1) 为了增强应用程序的趣味性，应该使用自己的图标。开始前，要注意 iPhone 的图标有两种尺寸，分别是用于主界面的 57×57 像素和用于 Settings 应用程序的 29×29 像素。图 2-24 展示了该图标的两种可能尺寸。

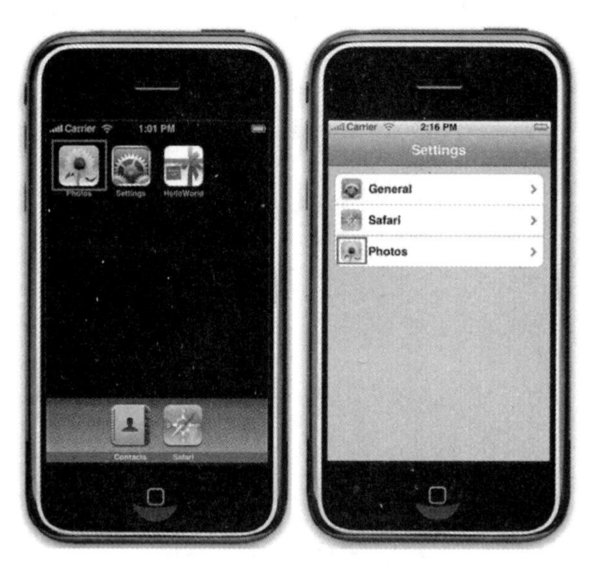

图 2-24

(2) 要想将图标添加到应用程序中，请将图像拖拽到项目的 Resources 文件夹中(如图 2-25 所示)。这时会询问你是否要为图像生成一个副本。选择生成，这样图像的副本就会存储到项目文件夹中。

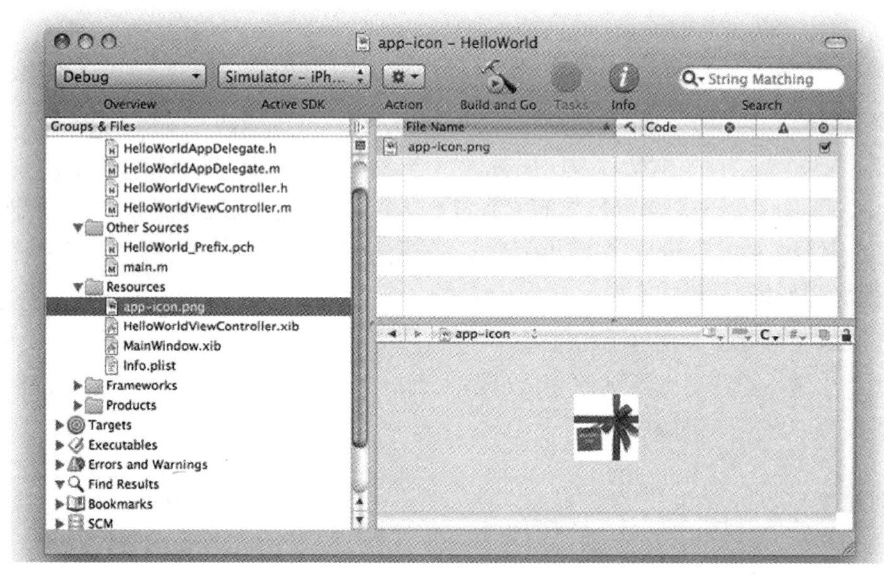

图 2-25

(3) 选择 Info.plist 项(同样位于 Resources 文件夹中)，然后再选择 Icon 文件项并将其值设为图标的名称(即 app-icon.png，如图 2-26 所示)。这指定了将要用作应用程序图标的图像的名称。

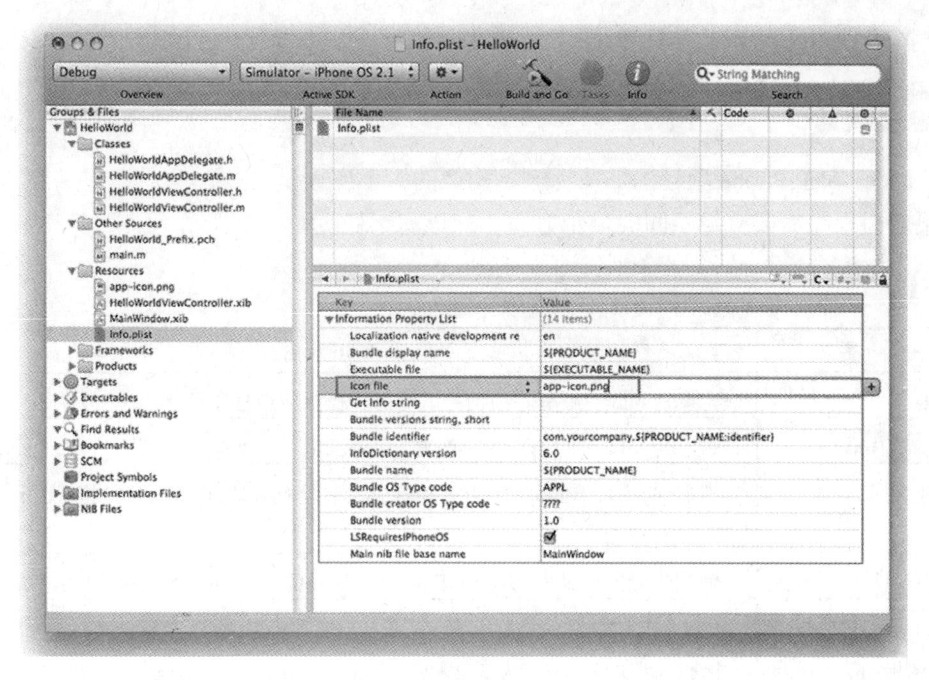

图 2-26

在 iPhone Simulator 上运行并测试应用程序。按 Home 键返回 iPhone 的主屏幕，这时将会看到新添加的图标(如图 2-27 所示)。

图 2-27

2.3 小结

本章快速介绍了开发第一个 iPhone 应用程序所涉及的方方面面。虽然你可能会有很多问题，但本章的主要目标是快速起步。接下来的几章将深入探讨 iPhone 编程的细节，同时会逐步揭露 iPhone 编程的各种秘密。

练习：

1. 在 Xcode 中向 iPhone 项目添加图标时，图像的大小应该是多少？
2. 如果应用程序需要支持不同的显示方向，应该怎么做呢？

本章小结

主　　题	关 键 概 念
Xcode	创建 iPhone 应用程序项目并编写用于操纵应用程序的代码
Interface Builder	使用 Library 中的各种视图构建 iPhone UI
重定位视图	使用 Interface Builder 中的 Autosizing 功能来确保当方向有变化时视图仍能重置大小
增加应用程序图标	为项目添加一张图像并为 info.plist 文件中的 Icon file 属性指定图像名
为 iPhone 应用程序创建图标	图标尺寸 57×57 像素(主屏幕)与 29×29 像素(Settings)。要想发布到 AppStore 宿主上，图像尺寸应该为 512×512 像素

第 3 章

插座变量、动作与视图控制器

本章内容

- 如何声明与定义插座变量
- 如何声明与定义动作
- 如何将插座变量与动作连接到视图窗口中的视图上
- 如何向应用程序中添加新的视图控制器

第 2 章谈到了如何构建一个简单的“Hello World!”iPhone 应用程序，但并没有介绍过多的底层细节。事实上，在学习 iPhone 编程时，最大的障碍之一就是要想让应用程序能够正常运行，我们需要学习大量的细节内容。本书的目标希望能做到寓教于乐，让枯燥的编程变得饶有趣味。因此，本章首先介绍创建 iPhone 应用程序的基础知识。你将了解到构成 iPhone 应用程序项目的各种文件以及代码是如何连接到 iPhone 应用程序中的图形小部件上的。

3.1 基本代码与 UI 交互

基于视图的应用程序项目是开发单视图应用程序很好的起点，可以从中了解到关于 iPhone 编程的一些重要概念，本节就将介绍这一内容。需要先把代码下载下来。

首先启动 Xcode 并创建一个新的 View-based Application 项目(如图 3-1 所示)，将该项目命名为 BasicUI。

代码文件[BasicUI.zip]可从 Wrox.com 下载

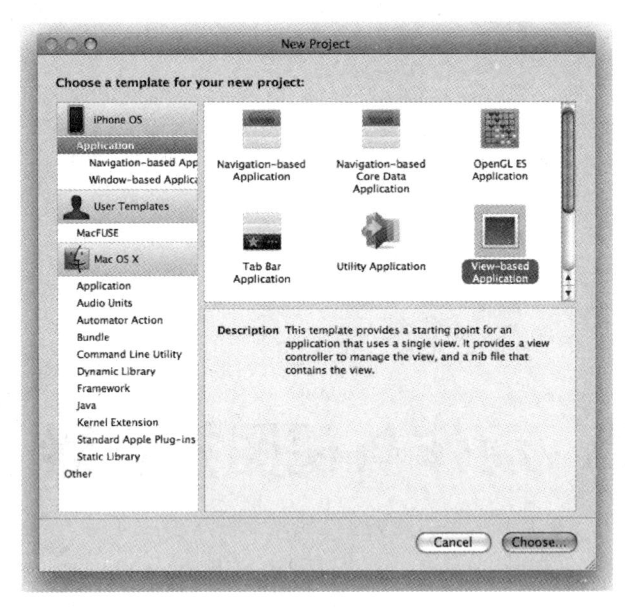

图　3-1

这时，Xcode 会列出项目的文件列表(如图 3-2 所示)。

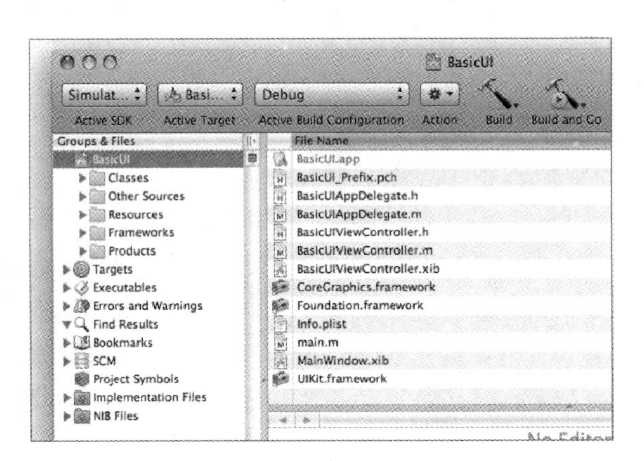

图　3-2

如你所见，在创建新项目时，Xcode 默认情况下会创建很多文件。在开发 iPhone 应用程序时，iPhone SDK 会创建经常要用到的一些文件，进而简化开发工作量。表 3-1 介绍了项目中所创建的各种文件的用途。

表 3-1　项目中所创建的各种文件

文　　件	说　　明
BasicUI.app	应用程序程序包(可执行文件)，其中包含可执行文件及与应用程序打包的数据
BasicUI_Prefix.pch	包含项目中所有文件的前缀头文件。默认情况下，前缀头文件包含在项目中的其他文件中

(续表)

文　件	说　明
BasicUIAppDelegate.h	应用程序委托的头文件
BasicUIAppDelegate.m	应用程序委托的实现文件
BasicUIViewController.h	视图控制器的头文件
BasicUIViewController.m	视图控制器的实现文件
BasicUIViewController.xib	包含视图 UI 的 XIB 文件
CoreGraphics.framework	用于底层 2D 渲染的 C API
Foundation.framework	用于提供基本系统服务(如数据类型、XML、URL 等)的 API
Info.plist	一个字典文件，其中包含关于项目的信息，如图标、应用程序名称等；信息以键/值对的形式存储
main.m	启动 iPhone 应用程序的主文件
MainWindow.xib	代表应用程序的主窗口的 XIB 文件
UIKit.framework	提供用于构造与管理应用程序的 UI 的基础对象

注意：所创建的文件数量与类型取决于选择的项目类型。View-based Application 模板是一个很好的起点，它有助于理解项目中所涉及的各种文件。

main.m 文件包含了启动应用程序的代码。其代码如下所示，大多数情况下并不需要修改它：

```
#import <UIKit/UIKit.h>

int main(int argc, char *argv[]) {
    NSAutoreleasePool * pool = [[NSAutoreleasePool alloc] init];
    int retVal = UIApplicationMain(argc, argv, nil, nil);
    [pool release];
    return retVal;
}
```

大多数复杂的工作都由 UIApplicationMain()函数完成，它会检查 Info.plist 文件以获得关于项目的更多信息。特别地，它会查看项目中使用的主 nib 文件。图 3-3 列出了 Info.plist 文件的内容。注意，Main nib file base name 键指向 MainWindow，在应用程序启动时会加载该 NIB 文件的名称。

XIB 与 NIB 代表什么？

在 iPhone 应用程序开发之旅中，经常会遇到扩展名为.xib 的文件(有时也叫做 NIB 文件)。那么，NIB 与.xib 到底代表什么呢？要想理解这一点，需要了解一些历史信息。目前的 Mac OS X 构建在名为 NeXTSTEP 的操作系统之上的，该系统来自于 NeXT 公司(由 Apple 的联合创始人 Steve Jobs 于 1985 年创建)。NIB 中的 N 表示 NeXTSTEP。对于.xib，推测起来，x 代表的是 XML，因为其内容是保存到 XML 文件中的。IB 代表 Interface Builder，可以使用该应用程序以可视化的形式构建应用程序的 UI。

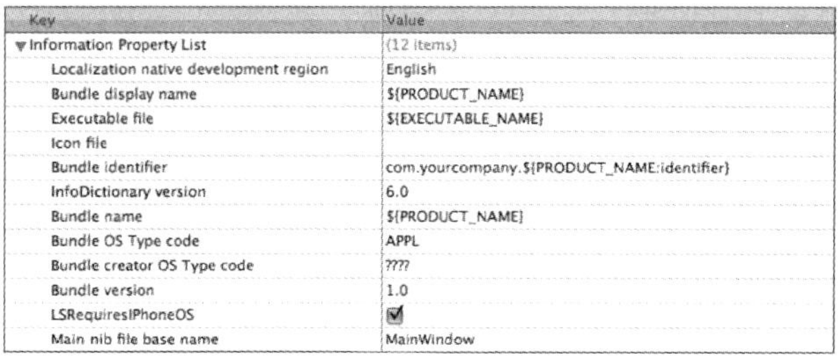

Key	Value
▼Information Property List	(12 items)
Localization native development region	English
Bundle display name	${PRODUCT_NAME}
Executable file	${EXECUTABLE_NAME}
Icon file	
Bundle identifier	com.yourcompany.${PRODUCT_NAME:identifier}
InfoDictionary version	6.0
Bundle name	${PRODUCT_NAME}
Bundle OS Type code	APPL
Bundle creator OS Type code	????
Bundle version	1.0
LSRequiresIPhoneOS	☑
Main nib file base name	MainWindow

图　3-3

3.1.1　编辑 XIB 文件

双击 MainWindow.xib 文件以使用 Interface Builder 来编辑它。如前所述，XIB 文件代表应用程序的 UI，它几乎是 Interface Builder 专用的文件类型。

注意：XIB 文件实际上是一个 XML 文件。可以使用 TextEdit 等应用程序查看并编辑它。然而大多数时候，都会使用 Interface Builder 以可视化的形式修改应用程序的 UI。

使用 Interface Builder 打开 MainWindow.xib 文件时，会看到一个与文件同名的窗口(如图 3-4 所示)。

该窗口包含如下 5 项：

- File's Owner 项代表被设置为用户界面拥有者的对象(也就是说，负责管理 XIB 文件内容的类)。
- First Responder 项代表用户当前与之交互的对象。第 4 章将会详细介绍 first responder 对象。
- BasicUI App Delegate 项指向 BasicUIAppDelegate 类(稍后将会对其进行详细介绍)。
- BasicUI View Controller 项指向视图控制器，需要使用视图控制器显示 UI。
- Window 项是加载应用程序后所看到的屏幕。

图　3-4

3.1.2　委托

BasicUIAppDelegate.m 文件所包含的代码通常在应用程序加载完毕后执行，或是在应用程序终止前执行。对于本示例，该类的内容如下所示：

```
#import "BasicUIAppDelegate.h"
#import "BasicUIViewController.h"

@implementation BasicUIAppDelegate

@synthesize window;
@synthesize viewController;

- (void)applicationDidFinishLaunching:(UIApplication *)application {
    // Override point for customization after app launch
    [window addSubview:viewController.view];
    [window makeKeyAndVisible];
}
```

当应用程序加载完毕后，它会将“applicationDidFinishLaunching:”消息发送给其委托。在之前的示例中，它使用视图控制器获取其视图，然后将其添加到当前窗口中以便它可以显示出来。

BasicUIAppDelegate.h 文件包含了 BasicUIAppDelegate 类的成员声明：

```
#import <UIKit/UIKit.h>

@class BasicUIViewController;

@interface BasicUIAppDelegate : NSObject <UIApplicationDelegate> {
    UIWindow *window;
    BasicUIViewController *viewController;
}

@property (nonatomic, retain) IBOutlet UIWindow *window;
@property (nonatomic, retain) IBOutlet BasicUIViewController *viewController;

@end
```

大家可能对下面这行代码感兴趣。

```
@interface BasicUIAppDelegate : NSObject <UIApplicationDelegate> {
```

<UIApplicationDelegate>语句表明该类实现了 UIApplicationDelegate 协议。简单来说，它意味着你现在可以处理在 UIApplicationDelegate 协议中的定义事件(或消息)。下面举例说明出 UIApplicationDelegate 协议中的事件：

- “applicationDidFinishLaunching:”(已经在 BasicUIAppDelegate.m 文件中看到它的实现方式)
- “applicationWillTerminate:”
- “applicationDidDidReceiveMemoryWarning:”

注意：附录 D 对协议进行了详细的介绍。

3.1.3　视图控制器

在 iPhone 编程中，通常会使用视图控制器管理视图并进行导航与内存管理。在 View-based Application 的项目模板中，Xcode 会自动使用视图控制器帮助管理视图。把视图(或者是窗口)看作 iPhone 上的屏幕。

注意：本节只简单介绍一下视图控制器的基本知识。第 7 章将会介绍关于视图控制器的高级主题，还会介绍关于多视图应用程序的一些知识。

在本章前面，可以看到 MainWindow.xib 窗口包含 BasicUI View Controller 项。双击它时，它会显示一个同名窗口(如图 3-5 所示)。

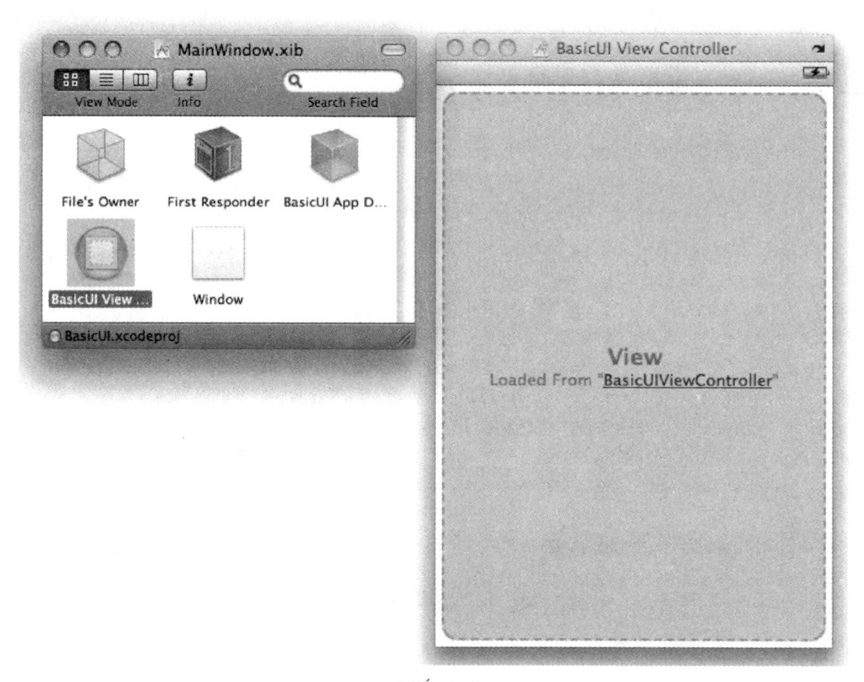

图　3-5

该窗口表明，视图是从 BasicUIViewController 中加载的。BasicUIViewController 引用 BasicUIViewController.xib 文件的名称，该文件也位于项目中。

现在，请双击 BasicUIViewController.xib 文件以在 Interface Builder 中编辑它(如图 3-6 所示)。

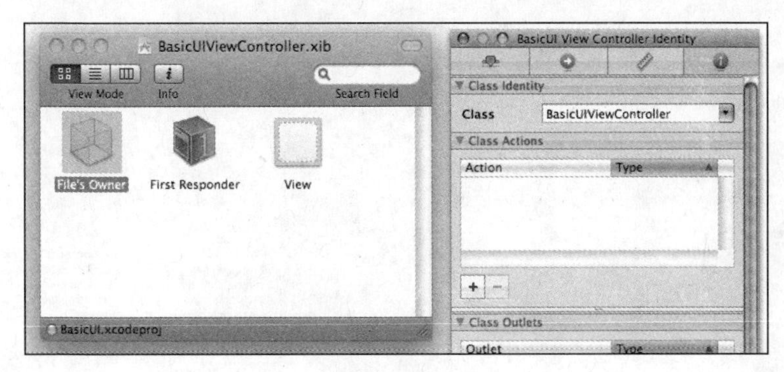

图　3-6

对于 MainWindow.xib 文件，BasicUIViewController.xib 窗口包含一些对象。对于本示例，该窗口包含 3 项：File's Owner、First Responder 以及 View。

可以右击(或是按住 Control 键并单击)File's Owner 项来查看其插座变量(如图 3-7 所示)。现在注意到，view 插座变量已经连接到了 View 项上。

View 项代表应用程序出现的屏幕。双击 View 会将其显示出来(如图 3-8 所示)。

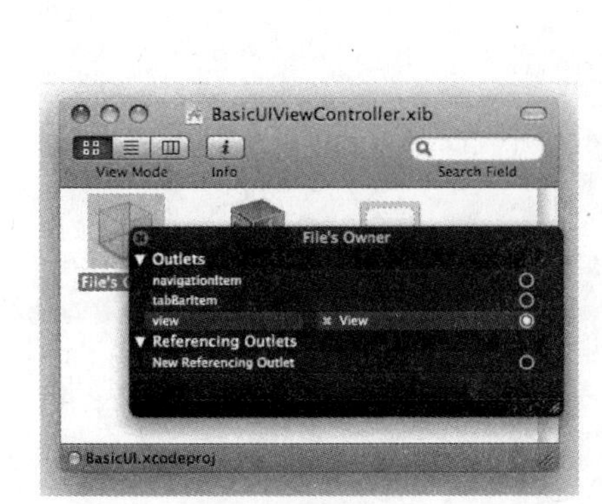

图　3-7

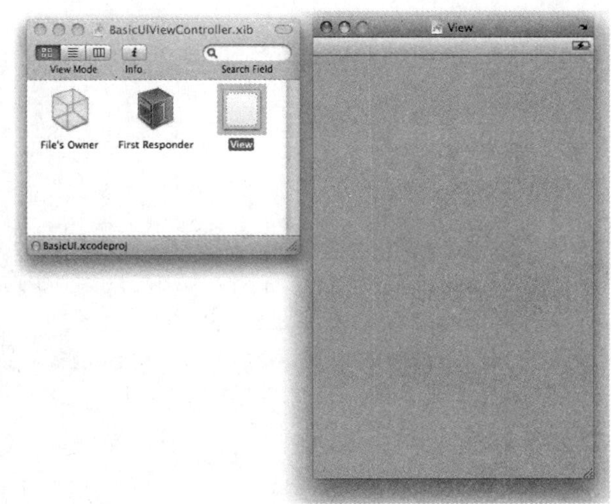

图　3-8

3.1.4　设计 View 窗口

可以从 Library 窗口(选择 Tools | Library 命令)中拖拽视图来设计 View 窗口。图 3-9 展示了 Library 窗口，其中包含了可以添加到 View 窗口中的各种视图。

如果是 iPhone 开发新手，那么你可能不知道其实最好以图标与标签的方式来展现 Library 窗口中的各种视图。要想做到这一点，请单击 Library 窗口下部像星号一样的图标并选择 View Icons and Labels 复选框(如图 3-10 所示)。

这么做会把视图名与图标显示在一起(如图 3-11 所示)。

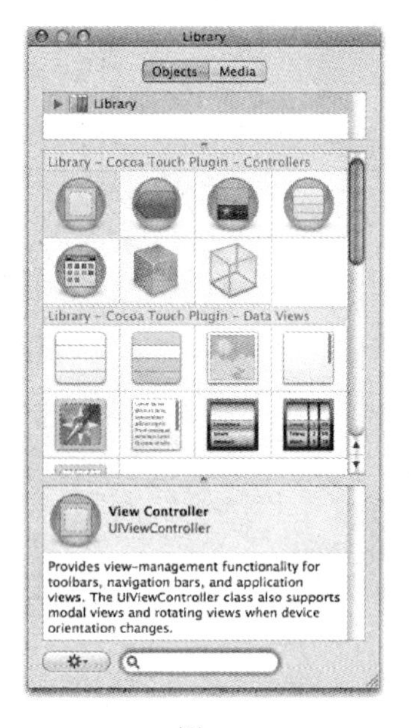

图　3-9

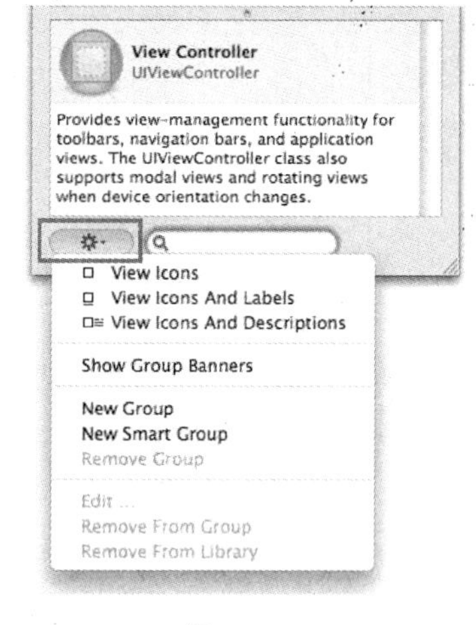

图　3-10

如图 3-12 所示填充 View 窗口。该 View 窗口使用了如下视图：

- Label
- Text Field
- Round Rect Button

应用程序所要执行的操作非常简单：当用户在文本框中输入了其名字并单击圆角按钮时，应用程序会显示一个警告视图，显示用户的名字。

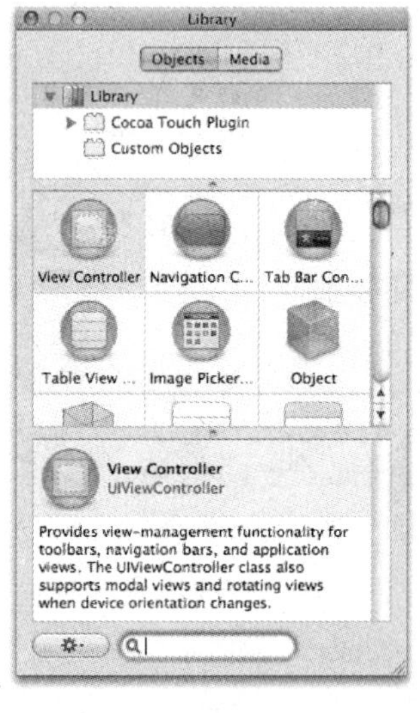

图　3-11

图　3-12

3.1.5　创建插座变量与动作

要想让应用程序与 View 窗口上的视图交互，需要一种机制来引用窗口上的视图，同时提供方法以便在窗口上发生某些事件时调用这些方法。在 iPhone 编程中，这两种机制分别叫做插座变量与动作。

在 BasicUIViewController.xib 窗口中(如图 3-13 所示)，选择 File's Owner 项并查看其 Identity Inspector 窗口(选择 Tool | Identity Inspector 命令)。在 Class Actions 部分下，单击加号(+)按钮来添加一个名为“btnClicked:”的动作。在 Class Outlets 部分下，单击加号按钮来添加一个名为 nameTextField 的插座变量，并将其类型设置为 UITextField。

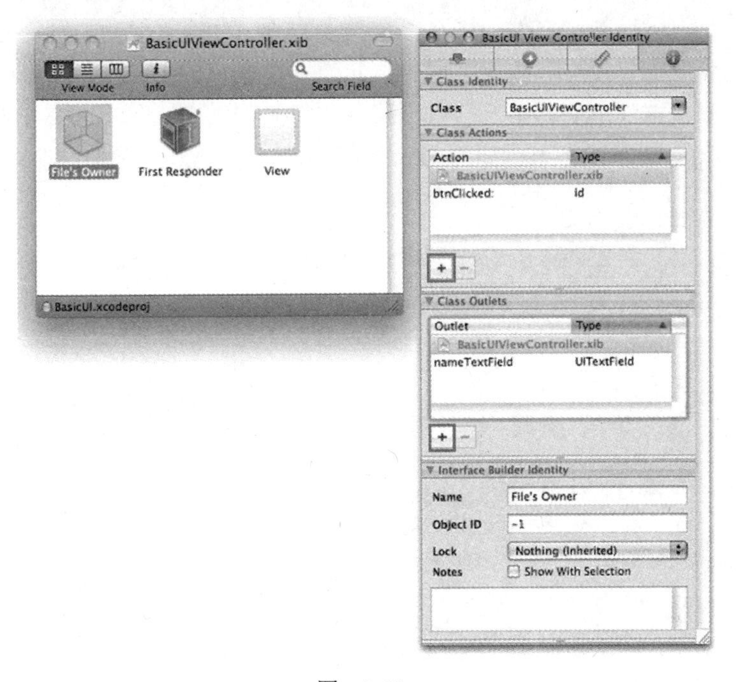

图 3-13

所谓动作，其实就是一个方法，该方法可以处理 View 窗口中的视图所触发的事件(比如，单击按钮)。另外，可以使用插座变量以编程的方式引用 View 窗口中的视图。

选择 File's Owner 项，然后选择 File | Write Class File 菜单项。Interface Builder 会生成代表刚添加的插座变量与动作的必要代码。由于项目模板已经包含了视图控制器所用的类文件，因此会看到如图 3-14 所示的提示。

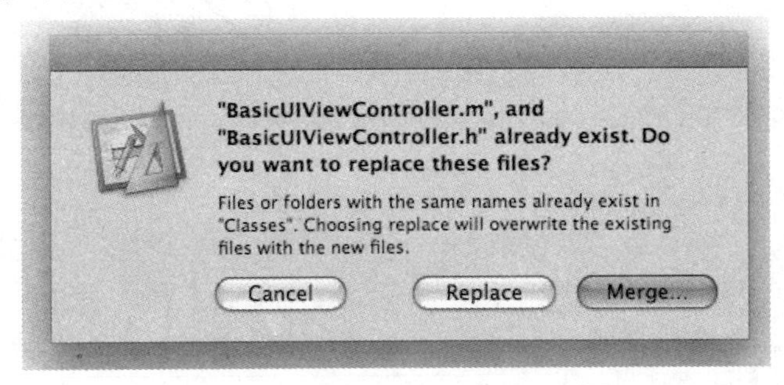

图 3-14

注意：还可以手动修改视图控制器文件(.h 与.m 文件)。但 Interface Builder 提供的功能有助于为插座变量与动作生成代码。

此时，有两个选择：

- 替换项目中已有的类文件。这么做会覆盖对现有类文件进行的所有修改。
- 合并新生成的代码与已有的类文件。此处推荐这种方式，这么做可以有选择地将语句插入到现有的类文件中。

单击 Merge 按钮。这时会看到如图 3-15 所示的窗口，该窗口显示了 BasicViewController.h 文件的内容。

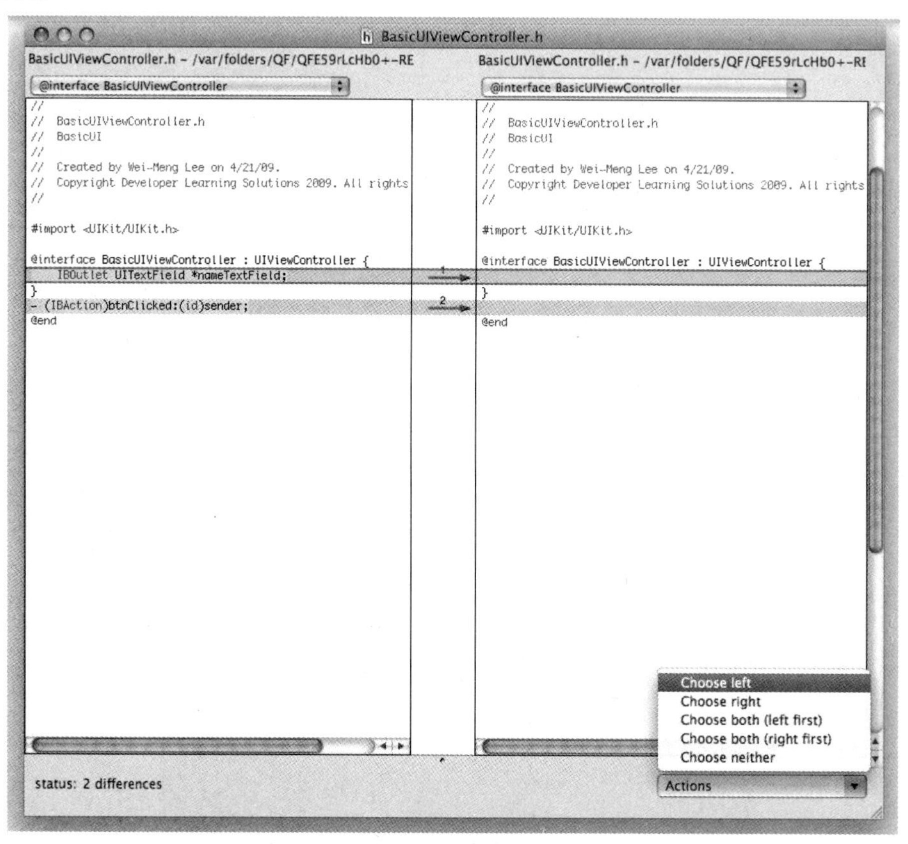

图　3-15

左边窗口显示了 Interface Builder 所生成的代码，右边窗口则显示出了原始文件的内容。灰色部分表示待插入的代码。由于希望将两条语句插入到原始文件中，因此选择每一部分代码，然后单击屏幕右下角的 Actions 列表并选择 Choose Left 选项。重复同样的步骤插入第二部分代码。

现在的窗口应该如图 3-16 所示。注意两个箭头的方向。

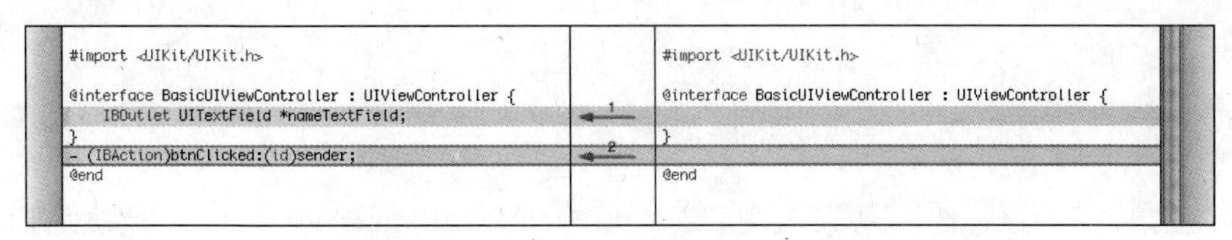

图　3-16

按 Command＋S 组合键保存该文件，然后按 Command＋W 组合键关闭该窗口。

现在会看到下一个文件 BasicViewController.m 的窗口。重复上述步骤(尽管第二块代码不包含任何内容，如图 3-17 所示)。保存对应文件并关闭该窗口。

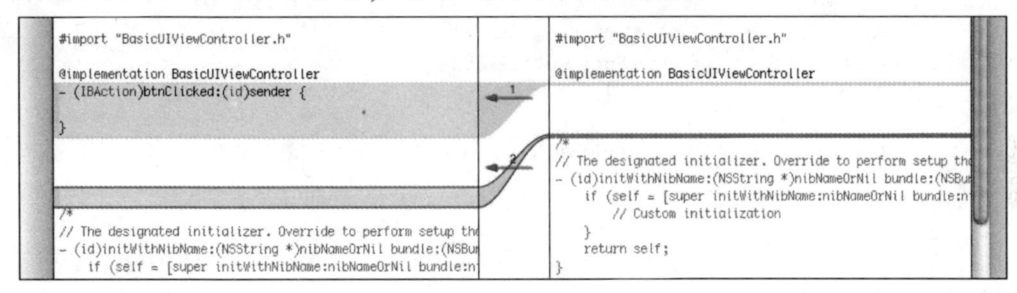

图　3-17

回到 Xcode，BasicViewController.h 文件的内容如下所示：

```
#import <UIKit/UIKit.h>

@interface BasicUIViewController : UIViewController {
    IBOutlet UITextField *nameTextField;
}

- (IBAction)btnClicked:(id)sender;

@end
```

IBOutlet 标识符用于为变量添加前缀，这样 Interface Builder 就能与 Xcode 同步插座变量的显示与连接。IBAction 标识符用于同步动作方法。

把如下语句会插入到 BasicViewController.m 文件中：

```
#import "BasicUIViewController.h"

@implementation BasicUIViewController

- (IBAction)btnClicked:(id)sender {
}

//...
```

既然已经知道插座变量是什么，它能做什么，那么现在该练习：一下如何添加插座变量，试一试吧。

试一试：　使用代码来添加插座变量

要想向视图控制器中添加插座变量或是动作，可以使用 Interface Builder 来添加它们，然后生成类文件，也可以自己编写代码。请根据以下步骤弄清楚如何添加插座变量。

(1) 手动将另一个 IBOutlet 对象添加到类(BasicUIViewController.h)中，如以下代码所示：

```
#import <UIKit/UIKit.h>

@interface BasicUIViewController : UIViewController {
    IBOutlet UITextField *nameTextField;
    IBOutlet UITextField *ageTextField;
}

- (IBAction)btnClicked:(id)sender;

@end
```

(2) 在本示例中，手动向视图控制器添加了一个名为 ageTextField 的插座变量。保存该文件并选择 BasicUIViewController.xib 文件中的 File's Owner 项。注意其 Identity Inspector 窗口，如图 3-18 右侧所示。

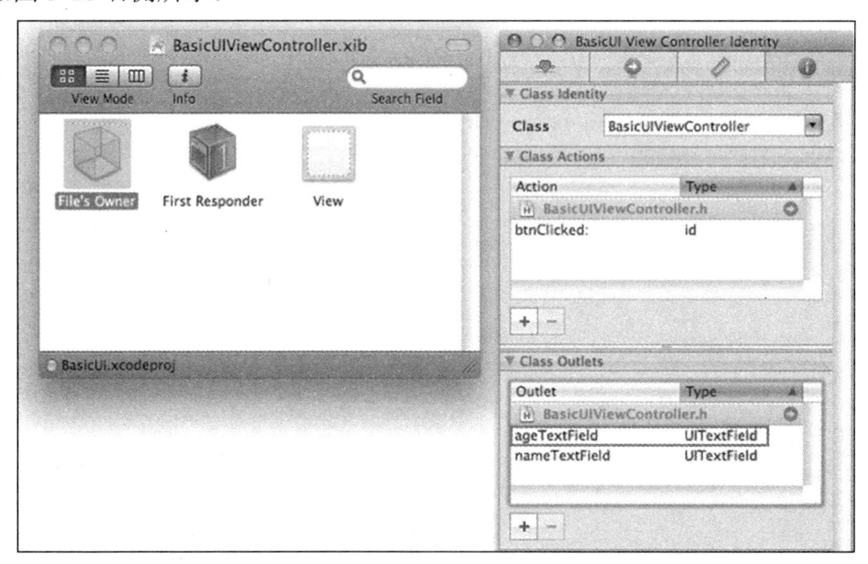

图　3-18

注意：注意到插座变量现在已经出现在 BasicUIViewController.h 文件中。回头看看图 3-13，你会发现在使用 Identity Inspector 窗口创建插座变量时，插座变量已经位于 BasicUIViewController.xib 文件中了。这是因为那时的插座变量还没有在.h 文件中声明。

ageTextField 插座变量位于 Class Outlets 部分中，这证明了.h 文件中的代码也正常运行。

> 注意：如果想移除 BasicUIViewcontroller.h 文件下列出的任何插座变量，就需要手动在.h 文件中将其移除。如果看到减号(-)按钮变成了灰色，就会明白这一点。

如果这时使用 Identity Inspector 窗口添加了另一个插座变量，所添加的插座变量就会在 BasicUIViewController.xib 文件中列出(如图 3-19 所示)。在.h 文件中声明该插座变量后，它就会出现在 BasicUIViewController.xib 文件下。

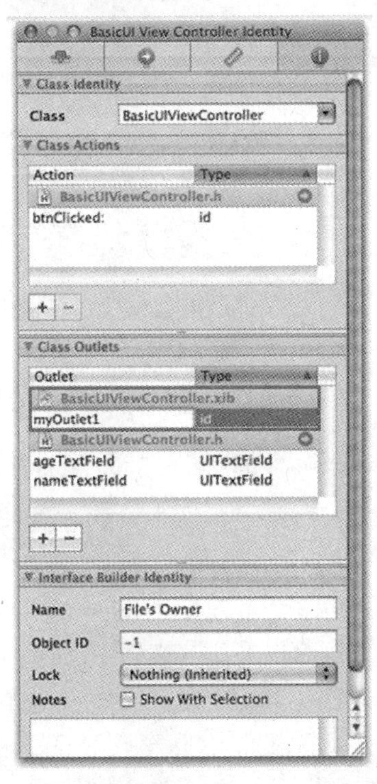

图　3-19

在何处声明插座变量与动作？

在 Apple 的示例应用程序及众多其他的新手指南中，动作与插座变量经常直接在.h 文件中声明，然后在 Interface Builder 中连接到视图上，因为对于程序员，这种将代码集成到 UI 的方式是最快、最常见的。在 Interface Builder 中添加动作与插座变量，然后在.h 文件中进行声明的方式有点乏味。

然而，直接在 Interface Builder 中添加动作与插座变量具有自己的优势。在这种情况下，可以由其他人而不是程序员自己来设计 UI。设计人员可以将精力放在 UI 设计上，创建动作与插座变量并将其连接到视图上而无需关心代码。在设计完毕后，程序员可以接管并定义在 Interface Builder 中声明的动作与插座变量。

3.1.6 将视图控制器连接到插座变量与动作上

在视图控制器中定义了动作与插座变量后，必须将其连接到 View 窗口中的视图上。为了将 View 窗口中视图的事件连接到在视图控制器中定义的动作上，需要按住 Control 键并单击，并将该视图拖拽到 File's Owner 项上。

对于本示例，请按住 Control 键并单击，并将 Click Me 按钮拖拽到 File's Owner 项上。在拖拽过程中，会看到一个橡皮筋。当鼠标悬停在 File's Owner 项上时，这个橡皮筋会突出显示(如图 3-20 所示)。当释放鼠标按钮时会出现一个弹出窗口。现在，“btnClicked:”动作会显示在 Events 部分下。

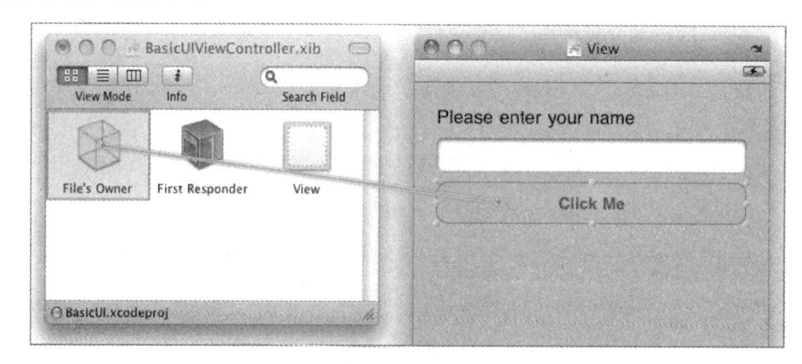

图 3-20

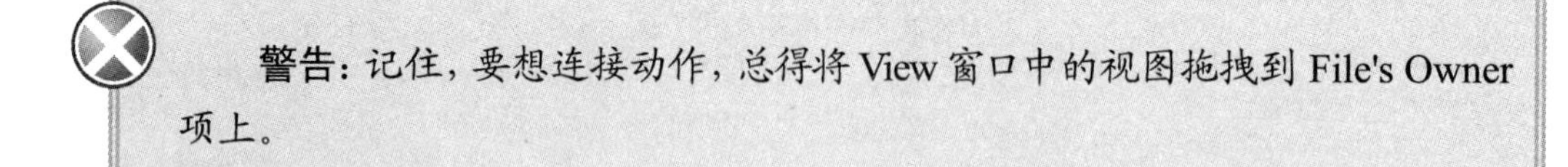

警告：记住，要想连接动作，总得将 View 窗口中的视图拖拽到 File's Owner 项上。

要想将视图控制器中定义的插座变量连接到 View 窗口中的视图上，请按住 Control 键并单击，并将 File's Owner 项拖拽到你想连接的视图上(如图 3-21 所示)。现在，你会在 Outlets 组中看到视图控制器中所定义的插座变量列表。选择 nameTextField 插座变量。

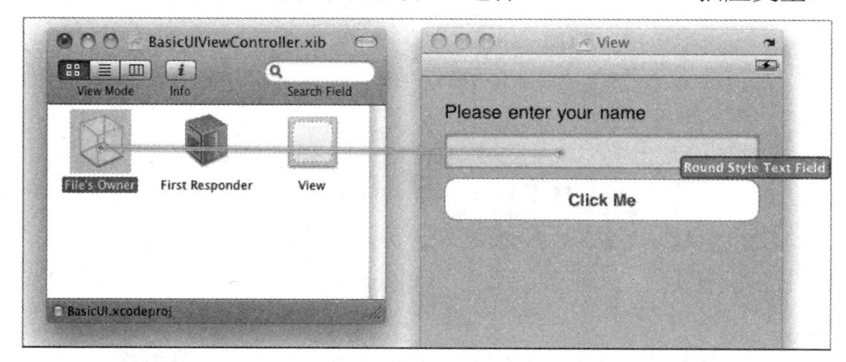

图 3-21

注意：本示例并没有使用到 ageTextField 插座变量，这里仅用于演示目的。

警告：记住，要想连接插座变量，总得将 File's Owner 项拖拽到视图控制器中待连接的视图上。这与连接动作正好相反。

当连接了动作与插座变量后，可以右击(或是按住 Control 键并单击)File's Owner 项来查看其连接(如图 3-22 所示)。如你所见，nameTextField 插座变量连接到 Round Style Text Field 视图上，“btnClicked:”动作连接到圆角按钮的 Touch Up Inside 事件上。

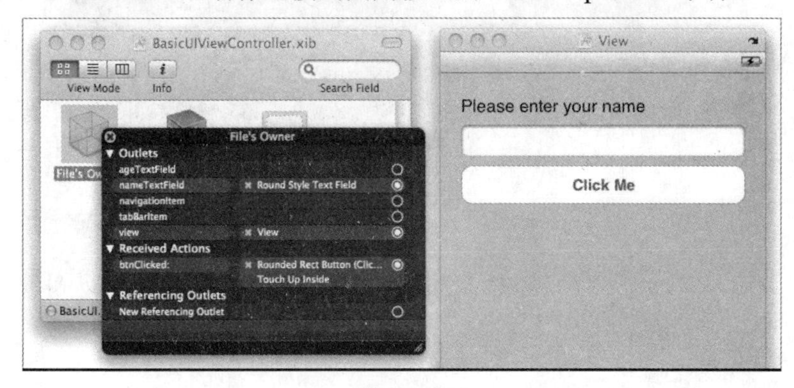

图　3-22

由于在 iPhone 应用程序中按按钮是一个非常常见的活动，因此当将按钮连接到动作上时，按钮的 Touched Up Inside 事件就会自动连接到该动作上。如果想将其他事件连接到在视图控制器中定义的动作上，请右击按钮视图并拖拽该事件(表示为一个圆圈)，然后将其连接到 File's Owner 项上(如图 3-23 所示)。

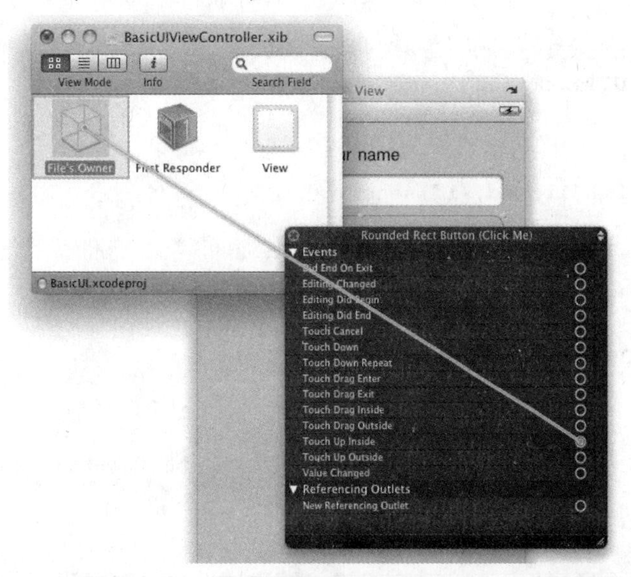

图　3-23

如果动作连接正确，就会在事件名旁边看到列出来的动作(如图 3-24 所示)。

图　3-24

3.1.7　将插座变量公开为属性

回忆一下，在 BasicUIViewController.h 文件中生成了一个插座变量与一个动作：

```
#import <UIKit/UIKit.h>

@interface BasicUIViewController : UIViewController {
    IBOutlet UITextField *nameTextField;
}

- (IBAction)btnClicked:(id)sender;
@end
```

nameTextField 是 UITextField 类型的一个 IBOutlet 实例成员。iPhone 编程中的一个最佳实践就是使用@property 标识符将成员变量公开为属性：

```
#import <UIKit/UIKit.h>

@interface BasicUIViewController : UIViewController {
    IBOutlet UITextField *nameTextField;
}

@property (nonatomic, retain) UITextField *nameTextField;

- (IBAction)btnClicked:(id)sender;
@end
```

注意： IBOutlet 标记还可以添加到@property 标识符中。这种语法在 Apple 文档中很常见，如下代码所示：

```
@property (nonatomic, retain) IBOutlet UITextField *nameTextField;
```

注意： 请参考附录 D 以了解关于 nonatomic 与 retain 标识符的使用方法，此外还介绍了 Objective-C 的入门知识。后面将会介绍的@synthesize 关键字也在附录 D 中有详细的讲解。

在把插座变量公开为属性时，需要为该属性定义 getters 与 setters。可以使用@synthesize 关键字在 BasicUIViewController.m 文件中快速而轻松地实现，如以下代码所示：

```
#import "BasicUIViewController.h"

@implementation BasicUIViewController

@synthesize nameTextField;
```

3.1.8　为动作编写代码

如前所述，已经将圆角按钮视图的 Touch Up Inside 事件连接到了视图控制器中定义的“btnClick:”动作上。要想实现“btnClick:”方法，请在 BasicUIViewController.m 文件中编写如下代码：

```
#import "BasicUIViewController.h"

@implementation BasicUIViewController

@synthesize nameTextField;
- (IBAction)btnClicked:(id)sender {

   NSString *str = [[NSString alloc]
        initWithFormat:@"Hello, %@", nameTextField.text ];
   UIAlertView *alert=[[UIAlertView alloc]
                        initWithTitle:@"Hello"
                        message: str
                        delegate:self
                        cancelButtonTitle:@"OK"
                        otherButtonTitles:nil, nil];
   [alert show];
   [alert release];
   [str release];
}
```

```
- (void)dealloc {
    [nameTextField release];
    [super dealloc];
}

@end
```

使用@synthesize 标识符让编译器为 nameTextField 属性生成 accessor 与 mutator(又叫做 getters 与 setters)。UIAlertView 类会显示出一个警告窗口，其中包含指定的内容。

请在 Xcode 中按 Command＋R 组合键来测试应用程序。如果当前选择激活的 SDK 是 iPhone Simulator (3.0)(如图 3-25 所示)，iPhone Simulator 就会启动。

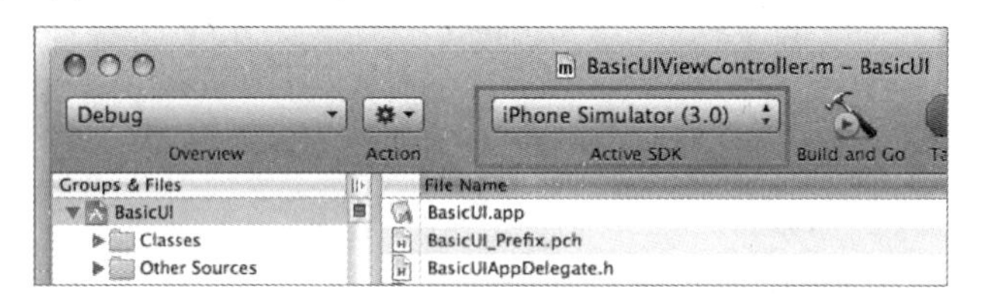

图　3-25

输入你的名字并单击 Click Me 按钮。图 3-26 显示出了警告视图，上面是你刚输入的名字。

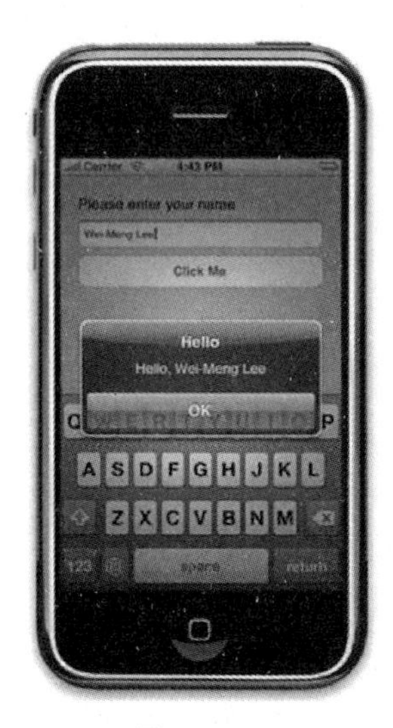

图　3-26

3.1.9　更复杂的示例

既然已经理解了如何定义插座变量与动作，然后将其连接到视图控制器上，现在看一个更复杂的示例。使用刚才所创建的相同项目，修改该程序以便在警告视图显示前用户还需要输入一个安全的 PIN。图 3-27 展示了需要添加到 View 窗口中的其他视图。

如图 3-27 所示，需要添加的视图有：

- Label

- Round Rect Button

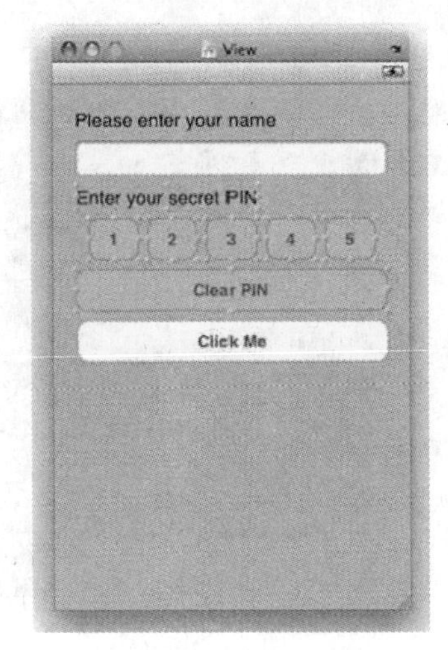

图　3-27

1. 定义插座变量与动作

在 BasicUIViewController.h 文件中，添加如下对象与动作：

```
#import <UIKit/UIKit.h>

@interface BasicUIViewController : UIViewController {
    IBOutlet UITextField *nameTextField;
    NSMutableString *secretPin;
}

@property (nonatomic, retain) UITextField *nameTextField;

- (IBAction)btnClicked:(id)sender;
- (IBAction)clearPinBtnClicked:(id)sender;
- (IBAction)pinBtnClicked:(id)sender;

@end
```

NSMutableString 类代表一个可变的字符串(即在初始化它之后内容会发生变化的字符串)。与之相反，NSString 类代表一个不变的字符串(即在初始化它之后内容不会发生变化的字符串)。

2. 连接插座变量与动作

在 Interface Builder 中，将 5 个圆角按钮连接到“pinBtnClicked:”动作上。这意味着单独一个动作会处理 5 个按钮的 TouchUp Inside 事件。此外，将 Clear PIN 按钮连接到“clearPinBtnClicked:”动作上。现在，File's Owner 项的连接情况如图 3-28 所示。

图　3-28

3. 实现动作

在 BasicUIViewController.m 文件中添加如下实现代码:

```
#import "BasicUIViewController.h"

@implementation BasicUIViewController

@synthesize nameTextField;

- (IBAction)clearPinBtnClicked:(id)sender {
    //---clears the secret pin---
    [secretPin setString:@""];
}

- (IBAction)pinBtnClicked:(id)sender {
    //---append the pin entered to the string---
    [secretPin appendString:[sender titleForState:UIControlStateNormal]];
}

- (IBAction)btnClicked:(id)sender {
    //---if the user has entered the pin correctly---
    if ([secretPin isEqualToString: @"2345"]) {
        NSString *str = [[NSString alloc]
            initWithFormat:@"Hello, %@", nameTextField.text ];
        UIAlertView *alert = [[UIAlertView alloc]
                              initWithTitle:@"Hello"
                              message: str
                              delegate:self
                              cancelButtonTitle:@"OK"
                              otherButtonTitles:nil, nil];
        [alert show];
        [alert release];
        [str release];
```

```
        }
    }

    - (void)viewDidLoad {
        //---init the string with an initial capacity of 1---
        secretPin = [[NSMutableString alloc] initWithCapacity:1];
       [super viewDidLoad];
    }

    - (void)dealloc {
        [nameTextField release];
        [secretPin release];
        [super dealloc];
    }
```

在上面的代码中，当该加载视图时，会使用初始容量 1 来初始化可变的字符串 secretPin。所谓可变的字符串就是其内容可以编辑的字符串。在该示例中，通过将其初始长度设置为 1 来初始化该字符串。无论何时，只要用户按下标记为 1~5 的按钮都会调用"pinBtnClicked:"方法。使用"titleForState:"方法与 UIControlStateNormal 常量来提取出按钮上的文本，然后将其追加到 secretPin 字符串上：

```
[secretPin appendString:[sender titleForState:
                                UIControlStateNormal]];
```

警告：UIControlStateNormal 常量代表视图(控件)的正常状态。其他一些可能的状态还有 UIControlStateHighlighted(视图突出显示时)与 UIControlStateDisabled(视图禁用时)。

按 Command＋R 组合键在 iPhone Simulator 上调试应用程序。只有当用户输入了正确的 pin 号码(如图 3-29 所示)后才会显示警告视图。

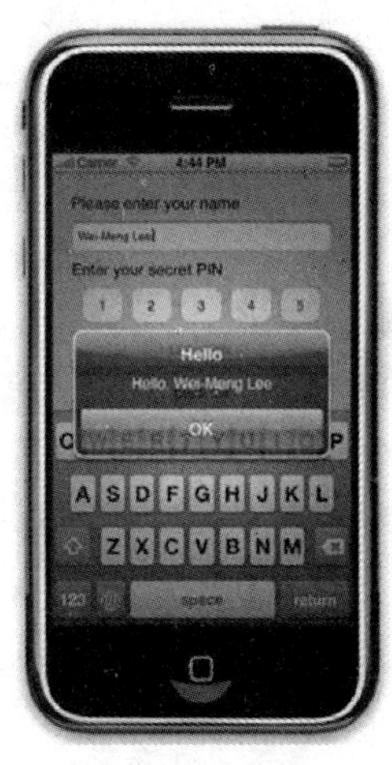

图　3-29

3.2　视图控制器

上一节介绍了基于视图的应用程序项目，该项目在默认情况下包含一个已配置好的视图控制器供应用程序使用。本节将介绍如何手动向应用程序添加视图控制器并将其设置为 XIB 文件。最好的实践方式就是创建一个基于窗口的应用程序项目。基于窗口的应用程序项目模板提供了一个骨架项目，其中包含了一个委托与一个窗口。该模板是开发任何类型的 iPhone 应用程序的一个起点。

现在使用 Xcode 创建一个新的基于窗口的应用程序项目(如图 3-30 所示)。

图　3-30

将新项目命名为 BasicUI2。当创建该项目时，你会看到如图 3-31 所示的文件列表。基于视图的应用程序与基于窗口的应用程序之间的主要差别在于后者不会创建默认的视图控制器，该应用程序只创建应用程序委托与主窗口。

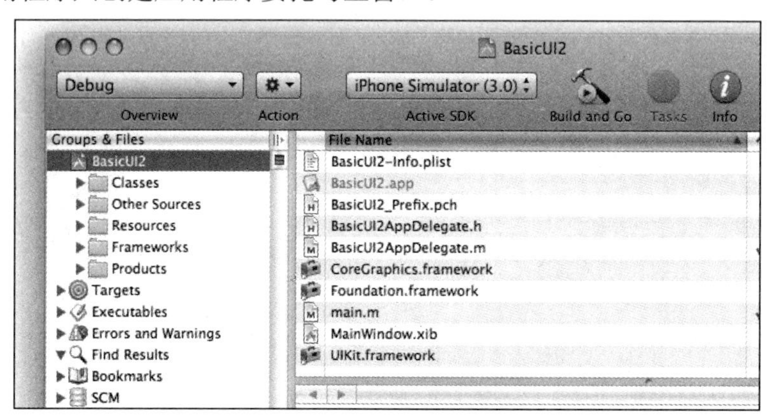

图　3-31

3.2.1　添加视图控制器

要想手动向项目中添加视图控制器类，请在 Xcode 中右击项目名(BasicUI2)并选择 Add | New File 命令。为此需要先下载代码。

会看到如图 3-32 所示的 New File 窗口。在左边的 iPhone OS 部分中请选择 Cocoa Touch Class，然后选择右边的 UIViewController subclass 模板。勾选 With XIB for User Interface 复选框，这样除了添加视图控制器类外，还会添加一个 XIB 文件，然后单击 Next 按钮。

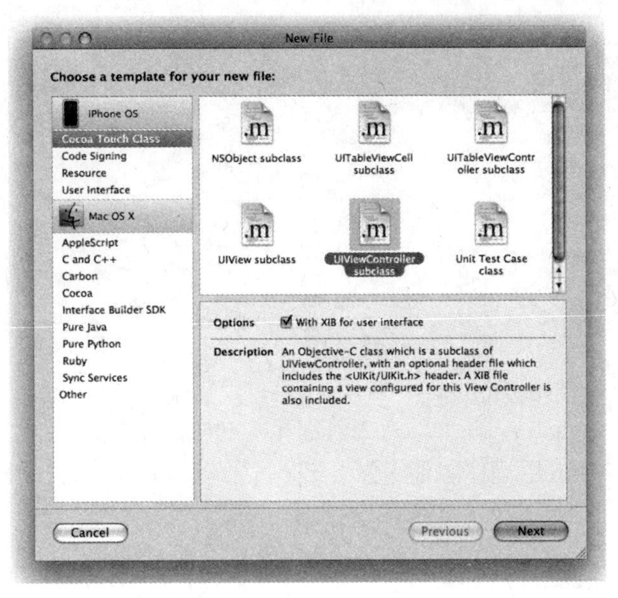

图　3-32

在接下来的窗口中给新的视图控制器类命名。将其命名为 MyViewController.m(如图 3-33 所示)。接下来会创建一个相应的.h 文件，单击 Finish 按钮。

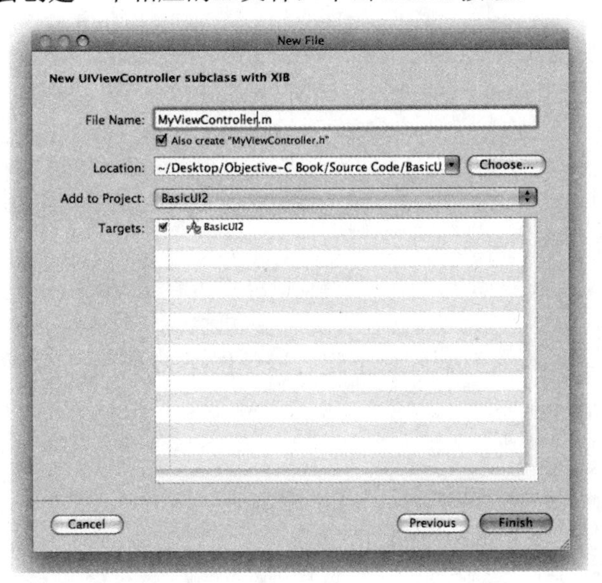

图　3-33

现在会创建好 3 个文件(如图 3-34 所示)。

- MyViewController.h
- MyViewController.m
- MyViewController.xib

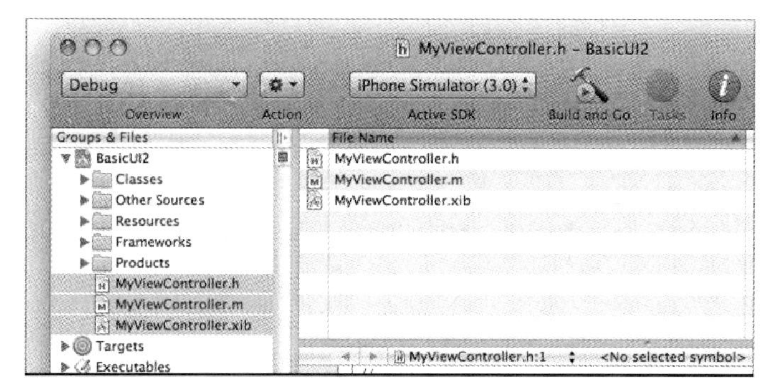

图　3-34

在 BasicUI2Delegate.h 文件中，为之前创建的视图控制器创建一个实例并将其公开为属性，这样就能在整个应用程序中使用它：

```
#import <UIKit/UIKit.h>

@class MyViewController;

@interface BasicUI2AppDelegate : NSObject <UIApplicationDelegate> {
    UIWindow *window;
    MyViewController *myViewController;
}

@property (nonatomic, retain) IBOutlet UIWindow *window;
@property (nonatomic, retain) MyViewController *myViewController;

@end
```

注意，这里使用了一个前置声明(参见附录 D)来通知编译器 MyViewController 类定义在项目的其他的地方：

```
@class MyViewController;
```

向 BasicUI2Delegate.m 文件添加如下代码以便创建 MyViewController 类的一个实例，然后将其视图设为当前窗口：

```
#import "BasicUI2AppDelegate.h"
#import "MyViewController.h"

@implementation BasicUI2AppDelegate

@synthesize window;
@synthesize myViewController;

- (void)applicationDidFinishLaunching:(UIApplication *)application {

    //---create an instance of the MyViewController---
    MyViewController *viewController = [[MyViewController alloc]
                                        initWithNibName:@"MyViewController"
                                        bundle:[NSBundle mainBundle]];

    //---set the instance to the property---
```

```
    self.myViewController = viewController;
    [viewController release];

    //---add the view of the view controller---
    [window addSubview:[myViewController view]];

    // Override point for customization after application launch
    [window makeKeyAndVisible];
}

- (void)dealloc {
    [myViewController release];
    [window release];
    [super dealloc];
}

@end
```

代码文件[BasicUI2.zip]

上述代码的作用是当应用程序运行时会加载新添加的视图控制器。

3.2.2　定制视图

恰当地连接视图控制器后，现在该定制新视图以便它可以完成一些有用的任务。为了增加一些趣味性，请双击 MyViewController.xib 文件，向 View 窗口添加一个 Web 视图(如图 3-35 所示)。所谓 Web 视图就是一个 Web 浏览器视图，用于显示 Web 内容。

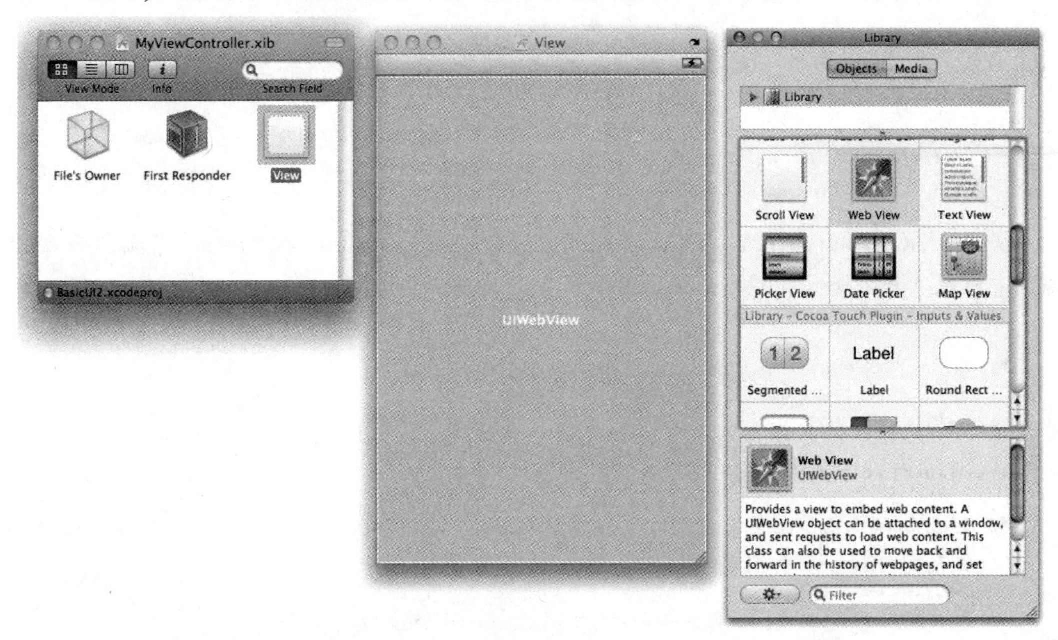

图　3-35

在 MyViewController.h 文件中，为 Web 视图创建一个插座变量并公开为属性：

```
#import <UIKit/UIKit.h>
```

```
@interface MyViewController : UIViewController {
    IBOutlet UIWebView *webView;
}

@property (retain, nonatomic) UIWebView *webView;

@end
```

回到 MyViewController.xib 文件中，将插座变量连接到 Web 视图上。为了验证连接是正确无误的，请右击 File's Owner 项，会看到如图 3-36 所示的连接。

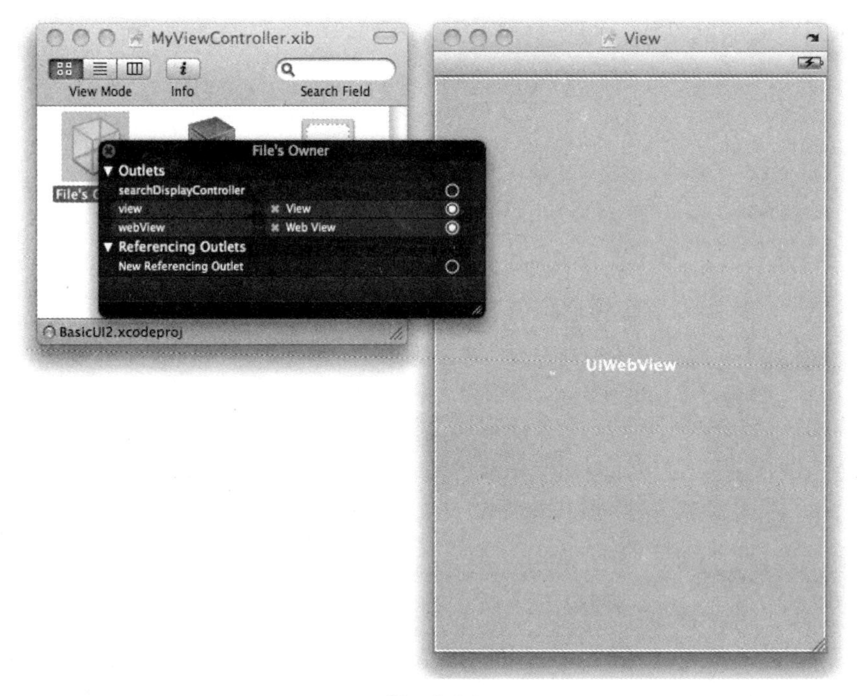

图　3-36

在 MyViewController.m 文件中添加如下代码，这样当加载该视图时，它就会在 Web 视图中显示 Apple.com 的网页。

```
#import "MyViewController.h"

@implementation MyViewController

@synthesize webView;

// Implement viewDidLoad to do additional setup after loading the view,
// typically from a nib.
- (void)viewDidLoad {
    NSString *strUrl = @"http://www.apple.com";

    //---create an URL object---
    NSURL *url = [NSURL URLWithString:strUrl];

    //---create an URL Request Object---
```

```
    NSURLRequest *request = [NSURLRequest requestWithURL:url];

    //---load the request in the UIWebView---
    [webView loadRequest:request];

    [super viewDidLoad];
}

- (void)dealloc {
    [webView release];
    [super dealloc];
}

@end
```

按 Command＋R 组合键在 iPhone Simulator 上测试应用程序。图 3-37 表明模拟器显示出了 Apple 的主页。

图　3-37

3.3　小结

本章介绍了 XIB 文件的用途以及视图控制器在 iPhone 应用程序中的作用。理解插座变量与动作的用途非常重要，因为这是 iPhone 开发的基础。你会经常在本书中遇到它们。

第 4 章将介绍如何控制虚拟键盘，它会在用户向应用程序输入数据时自动弹出来。

练习：

1. 使用代码为 UITextField 视图声明并定义一个插座变量。
2. 使用代码声明并定义一个动作。

本章小结

主　　题	关 键 概 念
委托文件	委托文件所包含的代码通常会在加载/卸载应用程序时执行
视图控制器	视图控制器管理视图并进行导航与内存管理
动作	动作实际上就是方法，它会处理视图窗口中的视图所触发的事件(比如，单击按钮等)
插座变量	可以使用插座变量以编程的方式引用视图窗口中的视图
使用代码添加插座变量	使用 IBOutlet 关键字： `IBOutlet UITextField *nameTextField;`
使用代码添加动作	使用 IBAction 关键字： `- (IBAction)btnClicked:(id)sender;`
连接动作	要想连接动作，必须将 View 窗口中的视图拖拽到 File's Owner 项上
连接插座变量	要想连接插座变量，必须将 File's Owner 项拖拽到视图控制器中待连接的视图上

第4章 探讨视图

本章内容

- 如何使用 UIAlertView 向用户显示警告视图
- 如何使用 UIActionSheet 向用户显示某些选项
- 如何使用 UIPageControl 控制分页
- 如何使用 UIImageView 显示图像
- 如何使用 UISegmentedControl 向用户显示一组按钮以使用户能从中进行选择
- 如何使用 UIWebView 在应用程序中显示 Web 内容
- 如何在运行期向应用程序动态添加视图
- 如何将视图连接到视图控制器上
- 如何在视图间进行切换

到目前为止，你已经知道如何使用 Xcode 与 Interface Builder 构建 iPhone 应用程序。本章将深入介绍各种视图，你可以使用这些视图来点缀应用程序。本章还将介绍如何使用 Interface Builder 添加视图以及如何在运行期动态创建视图。

4.1 使用视图

到目前为止，你已经在前几章中看到了不少视图——Round Rect Button、TextField 以及 Label。虽然所有这些视图都非常直接，但却可以从中了解到插座变量与动作背后的概念。

要想使用更多的视图，可以从 Interface Builder 中的 Library 窗口中看到它们(如图 4-1 所示)。

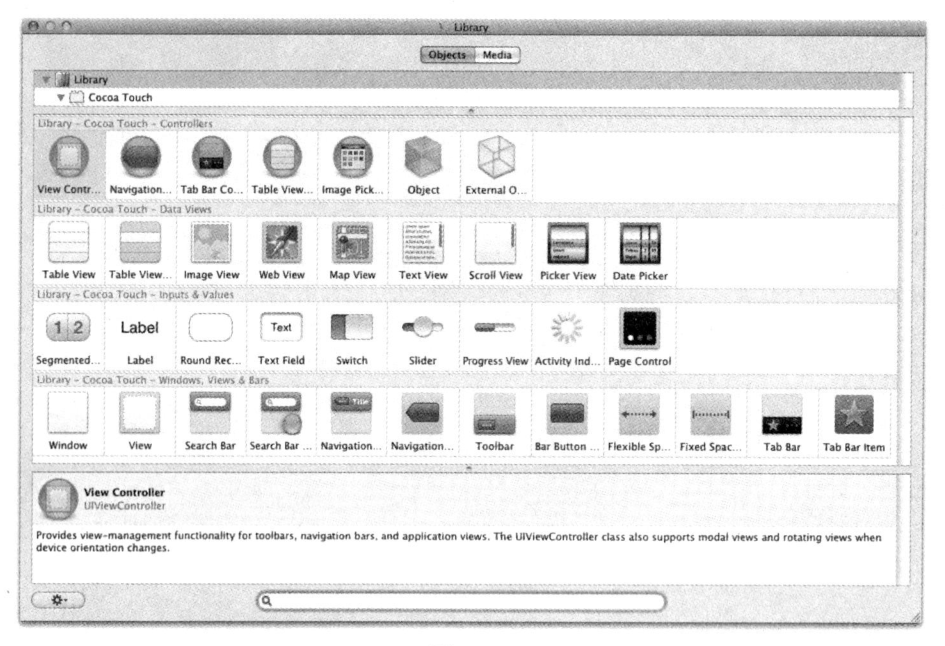

图　4-1

如你所见，Library 窗口分为如下几部分：

- Controllers——包含了用于控制其他视图的视图，如 View Controller、Tab Bar Controller 以及 Navigation Controller 等。
- Data Views——包含了用于显示数据的视图，如 Image View、Table View、Data Picker 以及 Picker View 等。
- Inputs and Values——包含了用于接收用户输入的视图，如 Label、Round Rect Button 以及 Text Field 等。
- Windows, Views & Bars——包含了用于显示其他各种视图的视图，如 View、Search Bar 以及 Toolbar 等。

接下来的几节将介绍如何使用 Library 窗口中的一些视图。虽然介绍每种视图的用法已经超出了本书的范围，但你会在本书中看到大量视图。本章将介绍视图处理的一些基本概念，这样你在使用其他视图时才能做到得心应手。

4.1.1　使用警告视图

UIAlertView 是其中一个并没有出现在 Library 中的视图。UIAlertView 会向用户显示一个警告视图，通常在运行期创建。因此，要使用该视图，必须使用代码来创建它。

注意：实际上，第 3 章已经提到了 UIAlertView。本节将介绍其工作原理。

当想向用户显示一条消息时，UIAlertView 视图就能派上用场了。此外，当想在运行期间查看变量值时，它还能作为快速的调试工具来用。

下面的“试一试”将详细介绍UIAlertView视图。需要先下载代码。

试一试：使用警告视图

代码文件[UsingViews.zip]可从Wrox.com下载

(1) 使用Xcode创建一个新的View-based Application项目并将其命名为UsingViews。

(2) 在UsingViewsViewController.m文件中，向viewDidLoad方法添加如下所示的粗体代码：

```
- (void)viewDidLoad {

    UIAlertView *alert = [[UIAlertView alloc] initWithTitle:@"Hello"
                                    message:@"This is an alert view"
                                    delegate:self
                                    cancelButtonTitle:@"OK"
                                    otherButtonTitles:nil];
    [alert show];
    [alert release];
    [super viewDidLoad];

}
```

图 4-2

(3) 按Command＋R组合键在iPhone Simulator中测试应用程序。当应用程序加载后，会看到如图4-2所示的警告视图。

(4) 回到Xcode，修改otherButtonTitles参数，将其改为如下加粗的值：

```
    UIAlertView *alert = [[UIAlertView alloc]
                                    initWithTitle:@"Hello"
                                    message:@"This is an alert view"
                                    delegate:self
                                    cancelButtonTitle:@"OK"
                                    otherButtonTitles:@"Option 1",
                                    @"Option 2", nil];
```

(5) 在UsingViewsViewController.h文件中，添加如下加粗的代码行：

```
#import <UIKit/UIKit.h>

@interface UsingViewsViewController : UIViewController
    <UIAlertViewDelegate> {

}
```

(6) 在 UsingViewsViewController.m 文件中，添加如下方法：

```
- (void)alertView:(UIAlertView *)alertView clickedButtonAtIndex:
    (NSInteger)buttonIndex {

    NSLog([NSString stringWithFormat:@"%d", buttonIndex]);

}
```

(7) 按Command＋R组合键在iPhone Simulator中测试应用程序。注意到在 OK 按钮旁又出现了两个按钮(如图 4-3 所示)。

(8) 单击任意一个按钮——Option 1、Option 2 或 OK。

(9) 在 Xcode 中，按 Command＋Shift＋R 组合键查看 Debugger Console 窗口，并观察输出的值。可以重复运行应用程序多次并单击不同的按钮来查看输出的值。

(10) 你会注意到单击每个按钮时所输出的值：

- OK 按钮——0
- Option 1——1
- Option 2——2

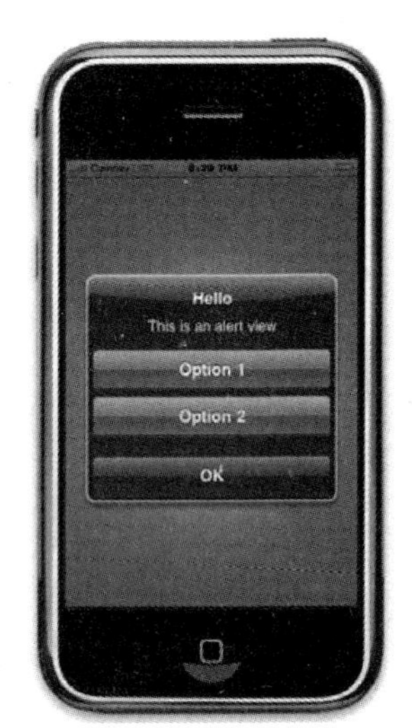

图　4-3

示例说明

要想使用 UIAlertView 视图，首先需要实例化它并使用各种参数对其进行初始化：

```
UIAlertView *alert = [[UIAlertView alloc] initWithTitle:@"Hello"
                                  message:@"This is an alert view"
                                  delegate:self
                                  cancelButtonTitle:@"OK"
                                  otherButtonTitles:nil];
```

第一个参数是警告视图的标题，这里设置为“Hello”。第二个参数是个消息，这里设置为“This is an alert view”。第三个参数是一个委托，这里设置为一个对象，该对象可以处理 UIAlertView 对象所触发的事件。在本示例中，将其设置为 self，这意味着事件处理程序是在当前类中实现的，即视图控制器。cancelButtonTitle 参数会显示一个按钮，用来关闭警告视图。最后，根据需要，otherButtonTitles 参数可以显示额外的按钮。如果无需额外的按钮，就将其设置为 nil 即可。

要想以模态方式显示警告视图，请使用如下方法：

```
[alert show];
```

如果只是简单的使用警告视图，就无需处理它所触发的事件。轻拍 OK 按钮(在 cancelButtonTitle 参数中设置)就会关闭警告视图。

如果想要多个按钮就需要设置 otherButtonTitles 参数，如以下代码所示：

```
UIAlertView *alert = [[UIAlertView alloc] initWithTitle:@"Hello"
```

```
                                    message:@"This is an alert view"
                                    delegate:self
                                    cancelButtonTitle:@"OK"
                                    otherButtonTitles:@"Option 1", @"Option 2", nil];
```

注意，需要以 nil 作为 otherButtonTitles 参数的结束，否则会出现运行时错误。

既然有 3 个按钮，就需要知道用户按下的是哪一个——尤其是 Option 1 按钮或 Option 2 按钮是否按下。要想做到这一点，需要处理 UIAlertView 类所产生的事件。要保证视图控制器遵循 UIAlertViewDelegate 协议：

```
@interface UsingViewsViewController : UIViewController
    <UIAlertViewDelegate> {
    //...
```

UIAlertViewDelegate 协议包含与警告视图相关的几个方法。要想知道用户轻拍的是哪个按钮，需要实现“alertView:clickedButtonAtIndex:”方法：

```
- (void)alertView:(UIAlertView *)alertView clickedButtonAtIndex:
   (NSInteger)buttonIndex {

   NSLog([NSString stringWithFormat:@"%d", buttonIndex]);
}
```

被单击按钮的索引会通过“clickedButtonAtIndex:”参数传递进来。

注意：请参考附录 D 以了解关于 Objective-C 中协议的概念。

4.1.2 使用动作表单

虽然警告视图可以显示多个按钮，但它的主要作用依旧是当某事件发生时作为警告用户的工具。如果需要在显示消息的同时向用户提供多种选择，就应该使用动作表单而非警告视图。动作表单会显示多个按钮供用户选择。它总是从屏幕下方出现并固定在屏幕的边缘，提示用户该动作表单的细节信息是与当前应用程序相关的。当轻拍 Safari 中的“+”按钮时实际上就是在使用动作表单。轻拍“+”按钮会显示一个动作表单，可以向其中添加书签、将当前页面添加到主屏幕上，还可以将当前页面的链接以邮件的形式发送出去。下面的“试一试”就将练习使用动作表单。

试一试：使用动作表单

(1) 使用上一节创建的同一个项目，修改 viewDidLoad 方法(在 UsingViewsViewController.m 文件中)，如以下代码所示：

```
- (void)viewDidLoad {
```

```
    UIActionSheet *action = [[UIActionSheet alloc]
                              initWithTitle:@"Title of Action Sheet"
                              delegate:self
                              cancelButtonTitle:@"OK"
                              destructiveButtonTitle:@"Delete Message"
                              otherButtonTitles:@"Option 1", @"Option 2", nil];
    [action showInView:self.view];
    [action release];
    [super viewDidLoad];

}
```

(2) 在 UsingViewsViewController.h 文件中，添加如下粗体语句：

```
#import <UIKit/UIKit.h>

@interface UsingViewsViewController : UIViewController
    <UIActionSheetDelegate> {

}

@end
```

(3) 在 UsingViewsViewController.m 文件中，添加如下粗体语句：

```
- (void)actionSheet:(UIActionSheet *)actionSheet
clickedButtonAtIndex:(NSInteger)buttonIndex{

    NSLog([NSString stringWithFormat:@"%d", buttonIndex]);
}
```

(4) 按 Command＋R 组合键使用 iPhone Simulator 测试应用程序。图 4-4 显示出了动作表单。

(5) 单击任意一个按钮：Delete Message、Option 1、Option 2 或是 OK 按钮。

(6) 在 Xcode 中，按 Command＋Shift＋R 组合键查看 Debugger Console 窗口。观察输出的值。可以重复运行应用程序多次并单击不同的按钮以观察输出的值。

(7) 你会注意到单击每个按钮时所输出的值：

- Delete Message——0
- Option 1——1
- Option 2——2
- OK——3

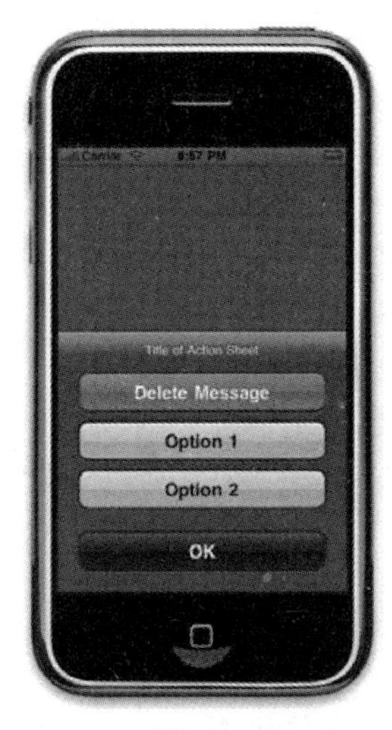

图　4-4

示例说明

虽然动作表单的工作原理非常类似于警告视图，但有一些显而易见的差别。要想显示动作表单，需要指定动作表单的来源视图：

```
UIActionSheet *action = [[UIActionSheet alloc]
                        initWithTitle:@"Title of Action Sheet"
                        delegate:self
                        cancelButtonTitle:@"OK"
                        destructiveButtonTitle:@"Delete Message"
                        otherButtonTitles:@"Option 1", @"Option 2", nil];
[action showInView:self.view];
```

注意到“destructiveButtonTitle:”参数所指定的按钮显示为红色。要想处理动作表单所触发的事件，视图控制器需要遵循 UIActionSheetDelegate 协议：

```
@interface UsingViewsViewController : UIViewController
    <UIActionSheetDelegate> {
    //...
```

要想知道用户轻拍的是哪个按钮，需要实现“actionSheet:clickedButtonAtIndex:”方法：

```
- (void)actionSheet:(UIActionSheet *)actionSheet
clickedButtonAtIndex:(NSInteger)buttonIndex{

    NSLog([NSString stringWithFormat:@"%d", buttonIndex]);

}
```

被单击按钮的索引会通过“clickedButtonAtIndex:”参数传递进来。

4.1.3 页面控件与图像视图

在 iPhone 的主屏幕上，会在屏幕下方看到一系列圆点。高亮的圆点代表当前选中的页面。当从一个页面切换到下一个页面时，下一个圆点就会变亮。在 iPhone SDK 中，这一系列圆点由 UIPageControl 类表示。图 4-5 显示了 iPhone 的主屏幕上的页面控件。

接下来的练习将介绍如何在应用程序中使用页面控件视图以切换 ImageView 视图中显示的图像。

图 4-5

试一试：　使用页面控件与图像视图

(1) 使用前两节创建的项目，从 Finder 中把 5 张图像拖拽到 Resources 文件夹中。图 4-6 显示了添加到项目中的 5 张图像。

(2) 双击 UsingViewsViewController.xib 文件，使用 Interface Builder 对该文件进行编辑。

(3) 将两个 ImageView 视图拖拽到 View 窗口中(如图 4-7 所示)，然后将其重叠堆放起来(但不要完全重叠)，如图 4-7 所示。

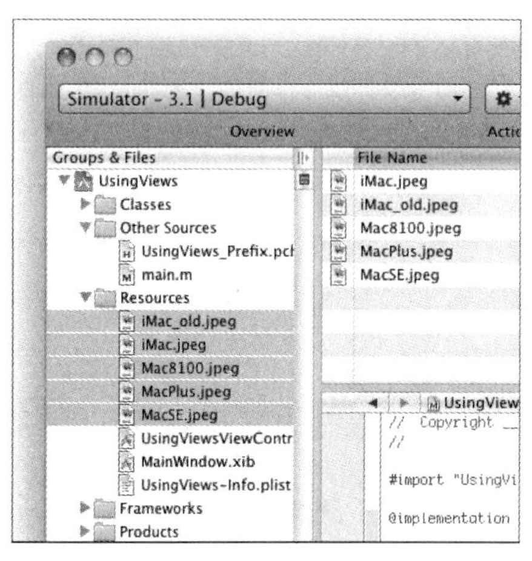

图　4-6

图　4-7

(4) 选择其中一个 ImageView 视图，打开 Attribute Inspector 窗口并将 Tag 属性设置为 0。选择第二个 ImageView 视图并将 Tag 属性设置为 1(如图 4-8 所示)。

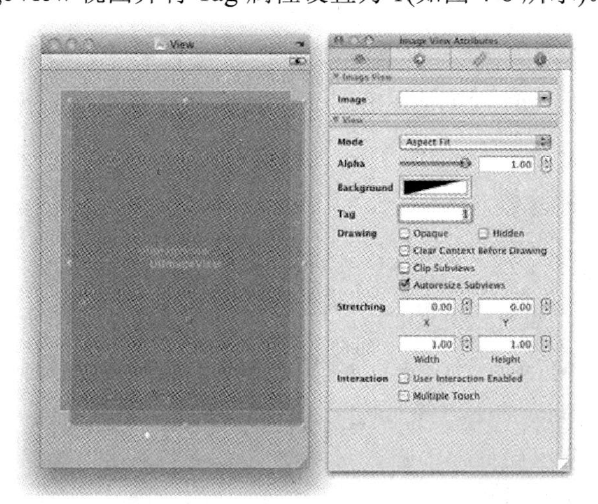

图　4-8

(5) 将页面控件拖拽到 View 窗口中并将页数设置为 5(如图 4-9 所示)。

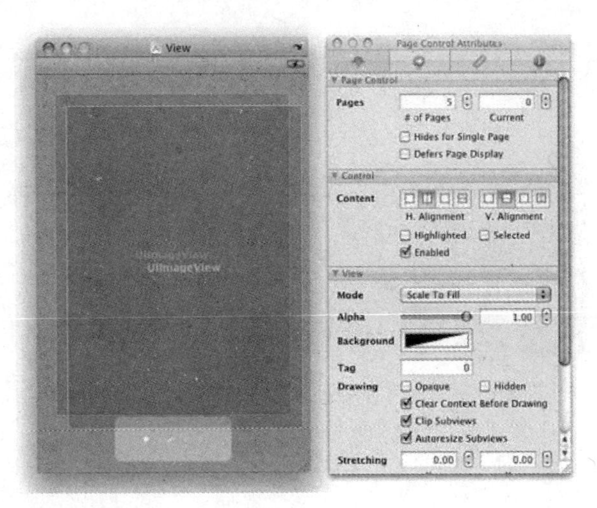

图 4-9

注意：请增加页面控件视图的宽度，这样所有 5 个圆点现在才可见。

(6) 回到 Xcode，在 UsingViewsViewController.h 文件中，定义 3 个插座变量与两个 UIImageView 对象：

```
#import <UIKit/UIKit.h>

@interface UsingViewsViewController : UIViewController {
    IBOutlet UIPageControl *pageControl;
    IBOutlet UIImageView *imageView1;
    IBOutlet UIImageView *imageView2;

    UIImageView *tempImageView, *bgImageView;
}

@property (nonatomic, retain) UIPageControl *pageControl;
@property (nonatomic, retain) UIImageView *imageView1;
@property (nonatomic, retain) UIImageView *imageView2;

@end
```

(7) 在 Interface Builder 中，将这 3 个插座变量连接到 View 窗口上的视图上。图 4-10 显示了 imageView1、imageView2，以及 pageControl 插座变量的连接。

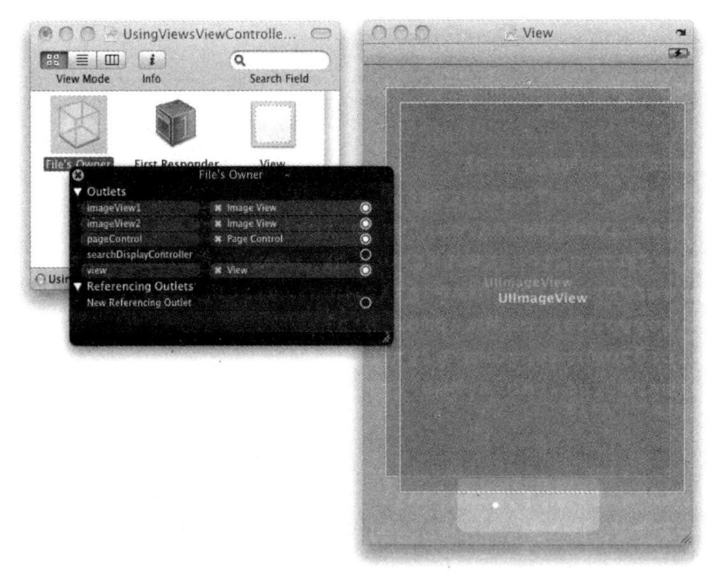

图　4-10

(8) 现在可以在 View 窗口中重新排列 ImageView 视图以便它们能彼此重叠。

(9) 在 Xcode 中，向 UsingViewsViewController.m 文件添加如下的粗体语句：

```
#import "UsingViewsViewController.h"

@implementation UsingViewsViewController

@synthesize pageControl;
@synthesize imageView1, imageView2;

- (void)viewDidLoad {

    //---initialize the first imageview to display an image---
    [imageView1 setImage:[UIImage imageNamed:@"iMac_old.jpeg"]];
    tempImageView = imageView2;

    //---make the first imageview visible and hide the second---
    [imageView1 setHidden:NO];
    [imageView2 setHidden:YES];

    //---add the event handler for the page control---
    [pageControl addTarget:self action:@selector(pageTurning:)
        forControlEvents:UIControlEventValueChanged];
        [super viewDidLoad];
}

//---when the page control's value is changed---
```

```
- (void) pageTurning: (UIPageControl *) pageController
{
    //---get the page number you can turning to---
    NSInteger nextPage = [pageController currentPage];
    switch (nextPage) {
        case 0:
            [tempImageView setImage:[UIImage imageNamed:@"iMac_old.jpeg"]];
            break;
        case 1:
            [tempImageView setImage:[UIImage imageNamed:@"iMac.jpeg"]];
            break;
        case 2:
            [tempImageView setImage:[UIImage imageNamed:@"Mac8100.jpeg"]];
            break;
        case 3:
            [tempImageView setImage:[UIImage imageNamed:@"MacPlus.jpeg"]];
            break;
        case 4:
            [tempImageView setImage:[UIImage imageNamed:@"MacSE.jpeg"]];
            break;
        default:
            break;
    }

    //---switch the two imageview views---
    if (tempImageView.tag==0) { //---imageView1---
        tempImageView = imageView2;
        bgImageView = imageView1;
    }
    else { //---imageView2---
        tempImageView = imageView1;
        bgImageView = imageView2;
    }

    //---animate the two views flipping---
    [UIView beginAnimations:@"flipping view" context:nil];
    [UIView setAnimationDuration:0.5];
    [UIView setAnimationCurve:UIViewAnimationCurveEaseInOut];
    [UIView setAnimationTransition: UIViewAnimationTransitionFlipFromLeft
        forView:tempImageView cache:YES];
   [tempImageView setHidden:YES];
   [UIView commitAnimations];

   [UIView beginAnimations:@"fl ipping view" context:nil];
   [UIView setAnimationDuration:0.5];
   [UIView setAnimationCurve:UIViewAnimationCurveEaseInOut];
   [UIView setAnimationTransition: UIViewAnimationTransitionFlipFromRight
       forView:bgImageView cache:YES];
   [bgImageView setHidden:NO];
   [UIView commitAnimations];
```

```
}

- (void)dealloc {
    [pageControl release];
    [imageView1 release];
    [imageView2 release];
    [super dealloc];
}

- (void)didReceiveMemoryWarning {
    // Releases the view if it doesn't have a superview.
    [super didReceiveMemoryWarning];
}

- (void)viewDidUnload {
}

@end
```

(10) 按 Command＋R 组合键在 iPhone Simulator 上测试应用程序。当轻拍位于屏幕下方的页面控件时，图像视图会显示下一张图像(如图 4-11 所示)。

图　4-11

示例说明

当第一次加载视图时，你会得到其中一个 ImageView 视图，其中显示了一张图像，而其他图像则被隐藏起来：

```
//---initialize the first imageview to display an image---
[imageView1 setImage:[UIImage imageNamed:@"iMac_old.jpeg"]];
tempImageView = imageView2;

//---make the first imageview visible and hide the second---
[imageView1 setHidden:NO];
[imageView2 setHidden:YES];
```

接下来连接页面控件，这样当用户轻拍它时就会触发一个事件并触发相应的方法。在本示例中调用的是“pageTurning:”方法：

```
//---add the event handler for the page control---
[pageControl addTarget:self action:@selector(pageTurning:)
    forControlEvents:UIControlEventValueChanged];
    [super viewDidLoad];
```

在“pageTurning:”方法中，根据页面控件的值来决定应该加载哪张图像：

```
//---when the page control's value is changed---
- (void) pageTurning: (UIPageControl *) pageController
{
    //---get the page number you can turning to---
    NSInteger nextPage = [pageController currentPage];
    switch (nextPage) {
        case 0:
            [tempImageView setImage:[UIImage imageNamed:@"iMac_old.jpeg"]];
            break;
        case 1:
            [tempImageView setImage:[UIImage imageNamed:@"iMac.jpeg"]];
            break;
        case 2:
            [tempImageView setImage:[UIImage imageNamed:@"Mac8100.jpeg"]];
            break;
        case 3:
            [tempImageView setImage:[UIImage imageNamed:@"MacPlus.jpeg"]];
            break;
        case 4:
            [tempImageView setImage:[UIImage imageNamed:@"MacSE.jpeg"]];
            break;
        default:
            break;
    }
    //...
}
```

接下来在两个ImageView视图之间进行切换，并使用UIView类中的各种方法为切换动作加上动画效果：

```
//---switch the two imageview views---
if (tempImageView.tag==0) { //---imageView1---
    tempImageView = imageView2;
    bgImageView = imageView1;
}
else { //---imageView2---
    tempImageView = imageView1;
    bgImageView = imageView2;
}

//---animate the two views flipping---
[UIView beginAnimations:@"flipping view" context:nil];
[UIView setAnimationDuration:0.5];
[UIView setAnimationCurve:UIViewAnimationCurveEaseInOut];
[UIView setAnimationTransition: UIViewAnimationTransitionFlipFromLeft
    forView:tempImageView cache:YES];
[tempImageView setHidden:YES];
[UIView commitAnimations];
```

```
[UIView beginAnimations:@"flipping view" context:nil];
[UIView setAnimationDuration:0.5];
[UIView setAnimationCurve:UIViewAnimationCurveEaseInOut];
[UIView setAnimationTransition: UIViewAnimationTransitionFlipFromRight
    forView:bgImageView cache:YES];
[bgImageView setHidden:NO];
[UIView commitAnimations];
```

特别地，这里对 ImageView 视图应用了翻动转换效果：

```
[UIView setAnimationTransition: UIViewAnimationTransitionFlipFromLeft
        forView:tempImageView cache:YES];
```

4.1.4　使用分割控件对视图进行分组

分割控件是一个水平视图，其中包含一系列按钮。通过分割控件，用户可以轻拍其中所包含的任何按钮。这么做可以取消之前所选择的按钮。

下面的“试一试”介绍了如何使用分割控件对视图进行分组，还介绍了如何使用该控件来选择特定的视图组。

试一试：　使用分割控件

代码文件[UsingViews2.zip]可从 Wrox.com 下载

(1) 通过 Xcode 创建一个新的 View-based Application 项目并将其命名为 UsingViews2。

(2) 双击 UsingViews2ViewController.xib 文件，使用 Interface Builder 对该文件进行编辑。

(3) 将如下视图添加到 View 窗口中(如图 4-12 所示)。

- Segmented Control
- View
- Label(确保它嵌入在 View 窗口中)

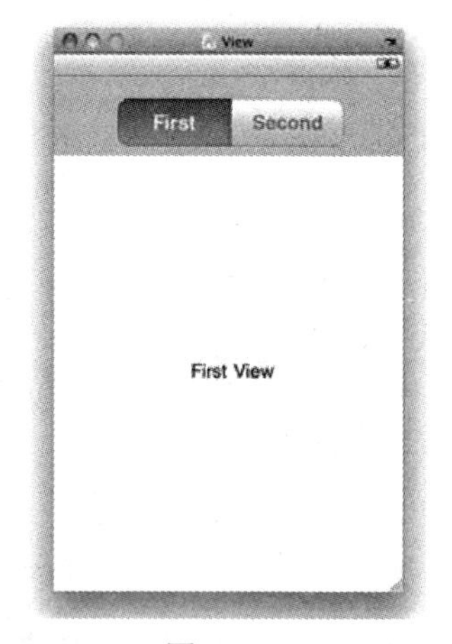

图　4-12

(4) 从 Library 中向 View 窗口添加另一个视图，然后向其中添加一个 Label 视图(如图 4-13 所示)。在定位第二个视图时要小心——确保第二个视图没有包含在第一个视图中。这时因为在使用鼠标将第二个视图拖拽到第一个视图上时，Interface Builder 会认为你希望第二个视图成为第一个视图的子视图。为了防止这种情况的发生，请使用光标将第二个视图移到第一个视图上。现在的 View 窗口应该如图 4-13 所示。

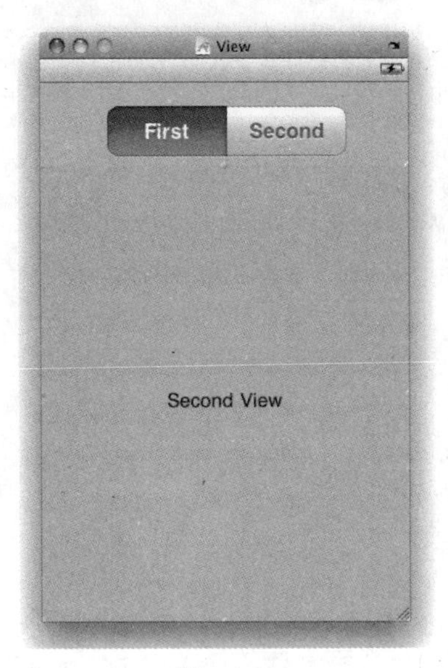

图　4-13

(5)可以在 List 模式下查看 UsingViews2ViewController.xib 窗口以验证这两个视图位于同一层次上(如图 4-14 所示)。

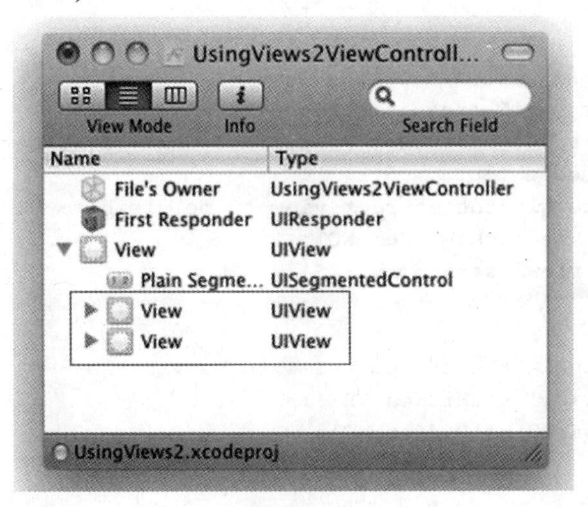

图　4-14

(6) 在 UsingViews2ViewController.h 文件中，声明如下插座变量：

```
#import <UIKit/UIKit.h>

@interface UsingViews2ViewController : UIViewController {
    IBOutlet UIView *view1;
    IBOutlet UIView *view2;
    IBOutlet UISegmentedControl *segmentedControl;
}

@property (nonatomic, retain) UIView *view1;
@property (nonatomic, retain) UIView *view2;
```

```
@property (nonatomic, retain) UISegmentedControl *segmentedControl;

@end
```

(7) 回到 Interface Builder，将插座变量连接到 View 窗口中各自的视图上(你必须移动两个视图以便能将两个 UIView 插座变量连接到其上)。

(8) 在 Xcode 中，向 UsingViews2ViewController.h 文件添加如下的粗体语句：

```
#import "UsingViews2ViewController.h"

@implementation UsingViews2ViewController
@synthesize segmentedControl;
@synthesize view1, view2;

- (void)viewDidLoad {
    //---add the event handler for the segmented control---
    [segmentedControl addTarget:self action:@selector(segmentChanged:)
    forControlEvents:UIControlEventValueChanged];

    [super viewDidLoad];
}

//---when the segment has changed---
- (IBAction)segmentChanged:(id)sender {
    NSInteger selectedSegment = segmentedControl.selectedSegmentIndex;
    if (selectedSegment == 0) {
        //---toggle the correct view to be visible---
        [self.view1 setHidden:NO];
        [self.view2 setHidden:YES];
   }
   else{
       //---toggle the correct view to be visible---
       [self.view1 setHidden:YES];
       [self.view2 setHidden:NO];
   }
}

- (void)dealloc {
    [segmentedControl release];
    [view1 release];
    [view2 release];
    [super dealloc];
}
```

(9) 按 Command＋R 组合键在 iPhone Simulator 上测试应用程序。

(10) 当轻拍第一部分时，First View 标签会出现。当轻拍第二部分时则会出现 Second View 标签(如图 4-15 所示)。

图 4-15

示例说明

当加载视图后，首先需要连接它，这样用户轻拍其中一个按钮时才会触发方法。在本示例中，该方法是“segmentChanged:”。

```
[segmentedControl addTarget:self action:@selector(segmentChanged:)
        forControlEvents:UIControlEventValueChanged];
```

在“segmentChanged:”方法中，通过已分割控件的 selectedSegmentIndex 属性来决定用户单击的是哪个按钮，然后显示并隐藏相关的视图：

```
- (IBAction)segmentChanged:(id)sender {
    NSInteger selectedSegment = segmentedControl.selectedSegmentIndex;
    if (selectedSegment == 0) {
        //---toggle the correct view to be visible---
        [self.view1 setHidden:NO];
        [self.view2 setHidden:YES];
    }
    else{
        //---toggle the correct view to be visible---
        [self.view1 setHidden:YES];
        [self.view2 setHidden:NO];
    }
}
```

4.1.5 使用 Web 视图

如果想在应用程序中加载网页，就可以使用 UIWebView 将 Web 浏览器嵌入到应用程序当中。借助于 Web 视图，你可以发送请求来加载 Web 内容，如果想将现有的 Web 应用程序转换为本地应用程序(比如，使用 Dashcode 编写的应用程序)，这么做就很有用。所要做的全部工作是将所有的 HTML 页面嵌入到 Xcode 项目的 Resources 目录中并在运行期间将 HTML 页面加载到 Web 视图中。

注意：当然，根据 Web 应用的复杂程度，如果应用程序涉及服务器端技术(如 CGI、PHP 等)，那么可能需要做更多的工作才能将 Web 应用程序移植到本地应用程序中。

下面的“试一试”介绍了如何使用 Web 视图加载网页。

试一试：使用 Web 视图加载网页

代码文件[UsingViews3.zip] 可从 Wrox.com 下载

(1) 使用 Xcode 创建一个 View-based Application 项目并将来命名为 UsingViews3。

(2) 双击 UsingViews3ViewController.xib 文件，使用 Interface Builder 对该文件进行编辑。

(3) 在 View 窗口中，从 Library 中添加一个 Web 视图(如图 4-16 所示)。在 Web 视图的属性查看器窗口中，勾选 Scales Page to Fit 复选框。

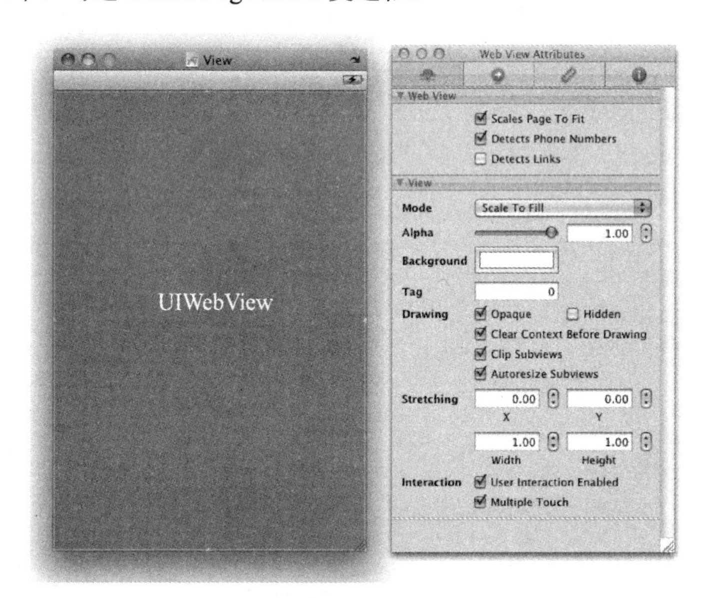

图 4-16

(4) 在 UsingViews3ViewController.h 文件中，为 Web 视图声明一个插座变量：

```
#import <UIKit/UIKit.h>

@interface UsingViews3ViewController : UIViewController {
    IBOutlet UIWebView *webView;
}
```

```
@property (nonatomic, retain) UIWebView *webView;

@end
```

(5) 回到 Interface Builder，将 webView 插座变量连接到 Web 视图上。

(6) 在 UsingViews3ViewController.m 文件中，添加如下粗体语句。

```
#import "UsingViews3ViewController.h"

@implementation UsingViews3ViewController

@synthesize webView;

- (void)viewDidLoad {

    NSURL *url = [NSURL URLWithString:@"http://www.apple.
com"];
    NSURLRequest *req = [NSURLRequest requestWithURL:url];
    [webView loadRequest:req];

    [super viewDidLoad];
}

- (void)dealloc {
    [webView release];
    [super dealloc];
}
```

(7) 按Command＋R组合键在iPhone Simulator上测试应用程序。你会看到应用程序从 Apple.com 中加载了页面的应用程序(如图 4-17 所示)。

图 4-17

示例说明

要想通过 URL 加载 Web 视图，首先需要通过“URLWithString:”方法使用 URL 来实例化一个 NSURL 对象：

```
NSURL *url = [NSURL URLWithString:@"http://www.apple.com"];
```

接下来将 NSURL 对象传递给“requestWithURL:”方法来创建一个 NSURLRequest 对象：

```
NSURLRequest *req = [NSURLRequest requestWithURL:url];
```

最后，通过“loadRequest:”方法加载带有 NSURLRequest 对象的 Web 视图。

```
[webView loadRequest:req];
```

4.2 使用代码动态添加视图

到现在为止，对应应用程序的所有 UI 都是通过 Interface Builder 以可视化的形式创建的。虽然 Interface Builder 可以通过拖拽方式简化 UI 的构建，但有时最好使用代码来创建

UI。比如，在游戏中，有时需要创建一个动态的 UI。

注意：作者认识的一些开发人员喜欢使用代码来创建 UI。虽然 Interface Builder 易于使用，但它会令一些人感到困惑。因为在 Interface Builder 中，要想完成某件事，通常会有多种方式，这会导致不必要的烦恼。

下面的“试一试”将会介绍如何使用代码动态创建视图，这有助于理解视图的构建与操纵方式。

试一试：使用代码创建视图

代码文件[UsingViews4.zip] 可从 Wrox.com 下载

(1) 使用 Xcode 创建一个 View-based Application 项目并将其命名为 UsingViews4。

(2) 在 UsingViews4ViewController.m 文件中，添加如下粗体语句：

```
#import "UsingViews4ViewController.h"

@implementation UsingViews4ViewController

- (void)loadView {

    //---create a UIView object---
    UIView *view =
        [[UIView alloc] initWithFrame:[UIScreen mainScreen].applicationFrame];
    view.backgroundColor = [UIColor lightGrayColor];

    //---create a Label view---
    CGRect frame = CGRectMake(10, 15, 300, 20);
    UILabel *label = [[UILabel alloc] initWithFrame:frame];
    label.textAlignment = UITextAlignmentCenter;
    abel.backgroundColor = [UIColor clearColor];
    abel.font = [UIFont fontWithName:@"Verdana" size:20];
    abel.text = @"This is a label";
    abel.tag = 1000;

    //---create a Button view---
    frame = CGRectMake(10, 70, 300, 50);
```

```
    UIButton *button = [UIButton buttonWithType:UIButtonTypeRoundedRect];
    button.frame = frame;

    [button setTitle:@"Click Me, Please!" forState:UIControlStateNormal];
    button.backgroundColor = [UIColor clearColor];
    button.tag = 2000;
    [button addTarget:self action:@selector(buttonClicked:)
        forControlEvents:UIControlEventTouchUpInside];


    [view addSubview:label];
    [view addSubview:button];


    self.view = view;


    [label release];


}


-(IBAction) buttonClicked: (id) sender{
    UIAlertView *alert = [[UIAlertView alloc] initWithTitle:@"Action invoked!"
                                   message:@"Button clicked!"
                                   delegate:self
                                   cancelButtonTitle:@"OK"
                                   otherButtonTitles:nil];
    [alert show];
    [alert release];
}

@end
```

(3) 按Command＋R组合键在iPhone Simulator中测试应用程序。图4-18展现了Label与Round Rect Button视图。当单击对应按钮时，会看到一个警告视图，其中显示一条消息。

图　4-18

示例说明

要想以编程的方式创建视图，需要使用视图控制器中定义的loadView方法。只有在运行期间生成UI时才需要实现该方法。当调用视图控制器的view属性时，但其当前值为nil时会自动调用loadView方法。

所创建的第一个视图是UIView对象，它可以作为容器容纳其他视图。

```
//---create a UIView object---
UIView *view =
```

```
    [[UIView alloc] initWithFrame:[UIScreen mainScreen].applicationFrame];

//---set the background color to lightgray---
view.backgroundColor = [UIColor lightGrayColor];
```

接下来创建一个 Label 视图并设置它来显示一个字符串：

```
//---create a Label view---
CGRect frame = CGRectMake(10, 15, 300, 20);
UILabel *label = [[UILabel alloc] initWithFrame:frame];
label.textAlignment = UITextAlignmentCenter;
label.backgroundColor = [UIColor clearColor];
label.font = [UIFont fontWithName:@"Verdana" size:20];
label.text = @"This is a label";
label.tag = 1000;
```

注意到还设置了 tag 属性，它有助于你在运行期间搜索特定的视图。

还通过调用“buttonWithType:”方法并使用 UIButtonTypeRoundedRect 常量创建一个按钮视图。该方法返回一个 UIRoundedRectButton 对象(该对象是 UIButton 的子类)。

```
//---create a Button view---
frame = CGRectMake(10, 70, 300, 50);

UIButton *button = [UIButton buttonWithType:UIButtonTypeRoundedRect];
button.frame = frame;

[button setTitle:@"Click Me, Please!" forState:UIControlStateNormal];
button.backgroundColor = [UIColor clearColor];
button.tag = 2000;
```

接下来将事件处理程序连接到其 Touch Up Inside 事件上，这样当轻拍按钮时就会调用“buttonClicked:”方法：

```
[button AddTarget:Self action:@selector(buttonClicked:)
    forControlEvents:UIControlEventTouchUpInside];
```

最后，将 Label 与 Button 视图添加到之前创建的视图上：

```
[view addSubview:label];    [view addSubview:button];
```

最后，将 view 对象赋予当前视图控制器的 view 属性：

```
self.view = view;
```

需要注意的一个要点是，在loadView方法中，不应该获取view属性的值(设置它没关系)，如下所示：

```
[self.view addSubView: label]; //---this is not OK---
self.view = view;              //---this is OK---
```

尝试在该方法中获取view属性的值会产生循环引用问题，并导致内存溢出。

4.3 理解视图层次结构

在创建并添加视图时，它们会被添加到树型的数据结构中。视图按照添加顺序依次显示。要想验证这一点，请修改前面创建的UIButton对象的位置，将其位置改为CGRectMake(10, 30, 300, 50)，如以下代码所示：

```
//---create a Button view---
frame = CGRectMake(10, 30, 300, 50);
UIButton *button = [UIButton buttonWithType:UIButtonTypeRoundedRect];
button.frame = frame;
[button setTitle:@"Click Me, Please!" forState:UIControlStateNormal];
button.backgroundColor = [UIColor clearColor];
button.tag = 2000;
[button addTarget:self action:@selector(buttonClicked:)
    forControlEvents:UIControlEventTouchUpInside];
```

再一次运行应用程序，会发现按钮覆盖了标签控件(如图4-19所示)，因为该按钮是最后添加的：

```
[view addSubview:label];
[view addSubview:button];
```

图 4-19

如果在添加完视图后又想交换它们的显示顺序，就可以使用“exchangeSubviewAtIndex:withSubviewAtIndex:”方法，如以下代码所示：

```
[self.view addSubview:label];
[self.view addSubview:button];

[self.view exchangeSubviewAtIndex:1 withSubviewAtIndex:0];

[button release];
```

```
[label release];
```

图 4-20

上面的粗体语句交换了 Label 视图与 Button 视图的顺序。再一次运行应用程序，现在的 Label 视图位于 Button 视图之上(如图 4-20 所示)。

要想了解已添加的各种视图的顺序，就可以使用如下代码段输出每个视图的 tag 属性值：

```
[self.view addSubview:label];
[self.view addSubview:button];
[self.view exchangeSubviewAtIndex:1 withSubviewAtIndex:0];

for (int i=0; i < [self.view.subviews count]; ++i) {
    UIView *view = [self.view.subviews objectAtIndex:i];
    NSLog([NSString stringWithFormat:@"%d", view.tag]);
}
```

下面的方法会递归输出包含在 UIView 对象中的所有视图：

```
-(void) printViews: (UIView *) view {
    if ([view.subviews count] > 0){
        for (int i=0; i < [view.subviews count]; ++i) {
            UIView *v = [view.subviews objectAtIndex:i];
            NSLog([NSString stringWithFormat:@"View index: %d Tag: %d",i, v.tag]);
            [self printViews:v];
        }
    } else
        return;
}
```

要想将某个视图从当前的视图层次结构中移除，可以使用待移除视图的 removeFromSuperview 方法。比如，下面的语句就会移除 Label 视图：

```
[label removeFromSuperview];
```

4.4　切换视图

在 Xcode 中创建 View-based Application 项目时，该项目拥有唯一的视图及与之对应的视图控制器。在 Interface Builder 中编辑.xib 文件时就会看到这一点。然而，有时需要多个视图。比如，你可能希望用户在一个视图中输入一些信息，然后根据用户输入的信息切换到其他视图上执行某些动作。

下面的“试一试”将会介绍如何在两个视图之间进行切换、如何将新视图与对应的视图控制器连接起来。

试一试：在两个 UIView 视图之间进行切换

代码文件 [VCExample.zip] 可从 Wrox.com 下载

(1) 使用 Xcode 创建一个新的 View-based Application 项目并将其命名为 VCExample。

(2) 双击 VCExampleViewController.xib 文件，在 Interface Builder 中对该文件进行编辑。

(3) 在 VCExampleViewController.xib 窗口中，双击 View 项并向该窗口中添加一个 Button 视图(如图 4-21 所示)，然后将视图的背景色设置为绿色。

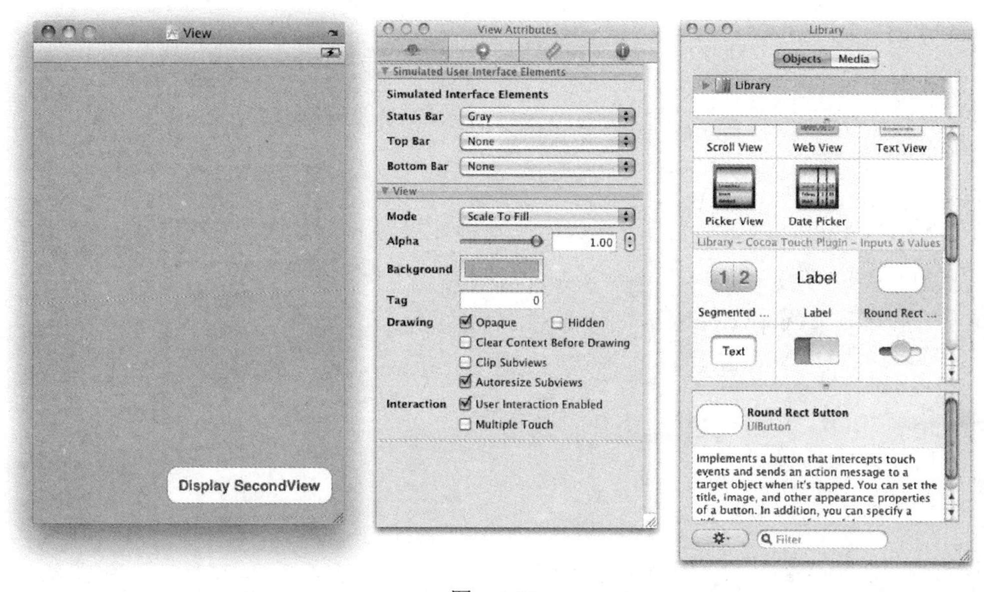

图　4-21

(4) 回到 Xcode，编辑 VCExampleViewController.h 文件，添加如下的粗体代码：

```
#import <UIKit/UIKit.h>

@interface VCExampleViewController : UIViewController {

}

//---declare an action for the Button view---
-(IBAction) displayView:(id) sender;
```

```
@end
```

(5) 回到 Interface Builder，按住 Control 键单击并将 Button 视图拖拽到 File's Owner 项上，然后选择“displayView:”方法(如图 4-22 所示)。

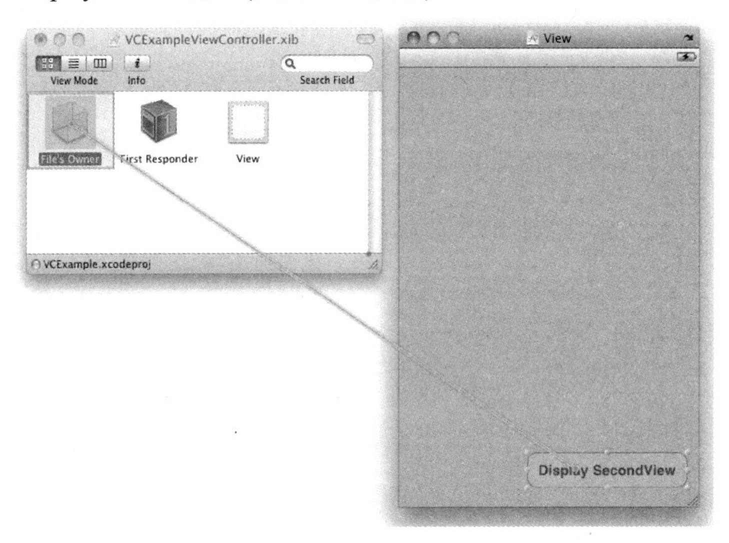

图　4-22

(6) 这会将 Button 视图的 Touch Up Inside 事件连接到刚才添加的“displayView:”动作上。

(7) 在 Xcode 中，右击 Classes group 并添加一个新文件。选择 Cocoa Touch Classes group，然后选择 UIViewController subclass 模板(如图 4-23 所示)。

图　4-23

(8) 将视图控制器命名为 SecondViewController.m。

(9) 接下来，添加一个新的视图.xib 文件，这样就可以使用 Interface Builder 创建 UI。右击 Xcode 中的 Resources group 并添加一个新文件。选择 User Interfaces group，然后选择 View XIB 模板(如图 4-24 所示)。

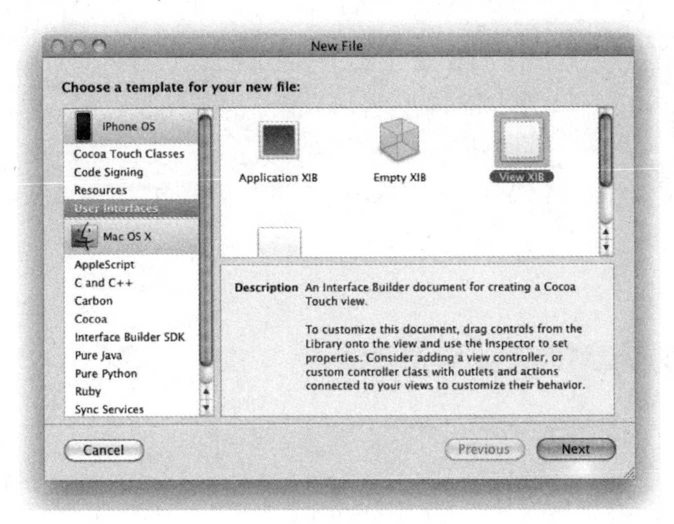

图 4-24

(10) 将.xib 文件命名为 SecondView.xib。Xcode 现在应该包含了刚才添加的文件(如图 4-25 所示)。

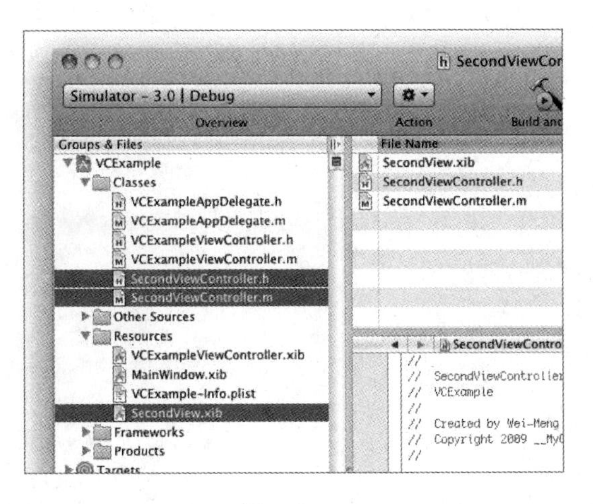

图 4-25

(11) 查看 SecondViewController.h 文件，注意到 SecondViewController 类继承自 UIViewController 基类：

```
#import <UIKit/UIKit.h>

@interface SecondViewController :
UIViewController {
}
```

```
@end
```

(12) 双击 SecondView.xib 文件，在 Interface Builder 中对该文件进行编辑。在 SecondView.xib 窗口中，选择 File's Owner 项并查看其 Identity Inspector 窗口(如图 4-26 所示)。将其 Class 设置为 SecondViewController。

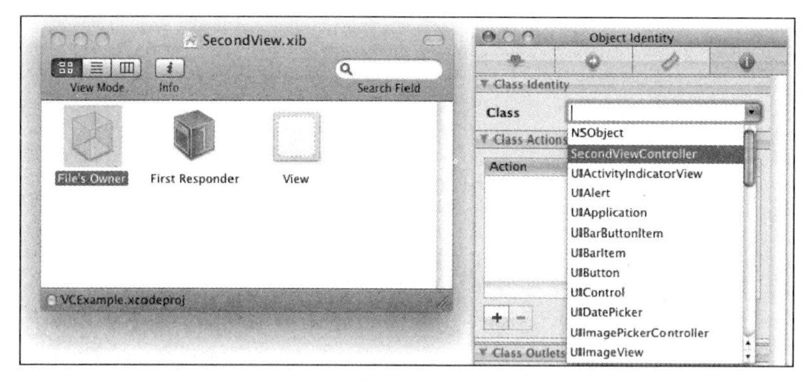

图　4-26

(13) 按住 Control 键单击并将 File's Owner 项拖拽到 View 项上将它们连接起来(如图 4-27 所示)，选择 View 项。

(14) 双击 View 项并将其背景色修改为橙色，然后添加一个 Button 视图(如图 4-28 所示)。

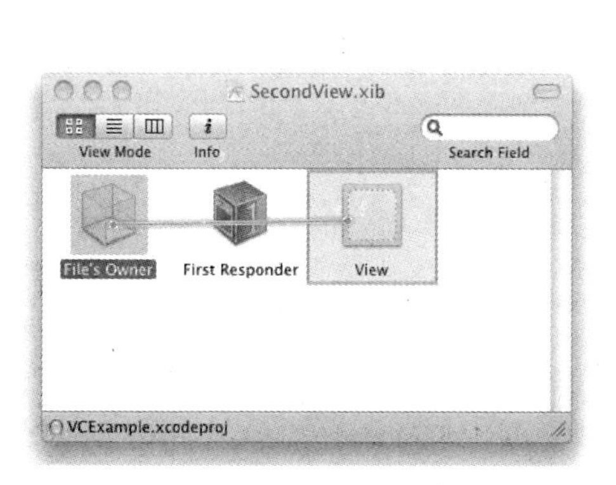

图　4-27

图　4-28

(15) 在 Xcode 中，将以下代码添加到 SecondViewController.h 文件中：

```
#import <UIKit/UIKit.h>

@interface SecondViewController : UIViewController {

}
```

```
//---action for the Return button---
-(IBAction) btnReturn:(id) sender;

@end
```

(16) 回到 Interface Builder，将 Return 按钮连接到 File's Owner 项上并选择“btnReturn:”方法。

(17) 在 VCExampleViewController.m 文件中，添加如下的粗体代码，这样在按下 Display SecondView 按钮时，第二个视图控制器所表示的视图就会添加到当前视图中并使它显示出来：

```
#import "VCExampleViewController.h"

//---import the header file for the view controller---
#import "SecondViewController.h"

@implementation VCExampleViewController
SecondViewController *secondViewController;

//---add the view of the second view controller to the current view---
-(IBAction) displayView:(id) sender{
    secondViewController = [[SecondViewController alloc]
    initWithNibName:@"SecondView" bundle:nil];
    [self.view addSubview:secondViewController.view];
}
- (void)dealloc {
    //---release the memory used by the view controller---
    [secondViewController release];
    [super dealloc];
}

@end
```

(18) 在 SecondViewController.m 文件中，编写“btnReturn:”方法以便将其视图从当前视图中移除。这么做会导致该视图消失并显示之前的视图：

```
#import "SecondViewController.h"

@implementation SecondViewController

-(IBAction) btnReturn:(id) sender {
    [self.view removeFromSuperview];
}
```

```
@end
```

(19) 按 Command＋R 组合键测试应用程序。会看到当按下 Display SecondView 按钮时，第二个视图会显示出来(如图 4-29 所示)。类似地，当按下 Return 按钮时，第二个视图会消失。

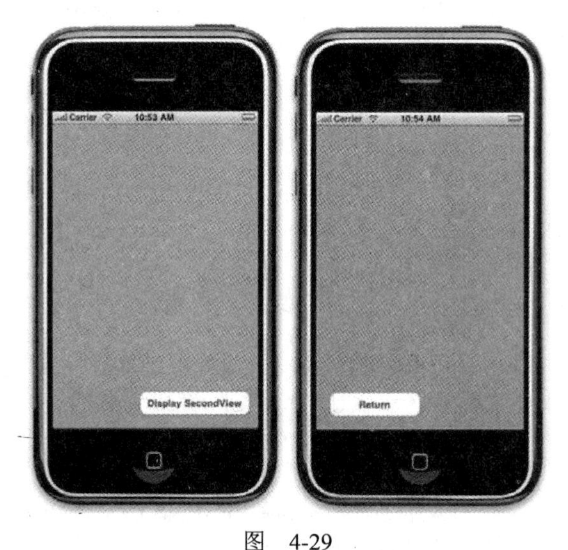

图　4-29

示例说明

“试一试”的第一部分介绍了如何向项目添加新的.xib 文件。接下来添加了一个 UIViewController 子类，用于控制添加的.xib 文件。注意将.xib 文件中的视图连接到视图控制器这几步。

(1) 在 File's Owner 项中，将 Class 属性设为视图控制器的名字。

(2) 将 File's Owner 项连接到视图上。

上述步骤的顺序非常重要。如果没有指定视图控制器的类名，就无法将 File's Owner 项连接到视图上。

为了显示第二个视图，创建了第二个视图控制器的一个实例，然后将其视图添加到当前视图中：

```
secondViewController = [[SecondViewController alloc]
    initWithNibName:@"SecondView" bundle:nil];
    [self.view addSubview:secondViewController.view];
```

要想移除第二个视图，只需调用第二个视图的 removeFromSuperview 方法：

```
    [self.view removeFromSuperview];
```

4.4.1 为切换添加动画效果

前一节介绍了如何从一个视图切换到另一个视图。由于切换速度太快导致可视化效果不太好。为了满足广大 iPhone 用户的高期望值，需要为转换过程添加一些动画效果。幸好，使用 SDK 中的 API 可以轻松实现这个目标，下面的“试一试”就将介绍这部分内容。

试一试：在切换过程中显示动画效果

(1) 在 VCExampleViewController.m 文件中，添加如下所示的粗体代码。

```
-(IBAction) displayView:(id) sender{
secondViewController = [[SecondViewController alloc]
    initWithNibName:@"SecondView" bundle:nil];

    [UIView beginAnimations:@"flipping view" context:nil];
    [UIView setAnimationDuration:1];
    [UIView setAnimationCurve:UIViewAnimationCurveEaseInOut];
    [UIView setAnimationTransition: UIViewAnimationTransitionCurlDown
        forView:self.view cache:YES];

    [self.view addSubview:secondViewController.view];

    [UIView commitAnimations];
}
```

图 4-30

(2) 按 Command＋R 组合键测试应用程序。观察当按下 Display SecondView 按钮时发生什么操作(如图 4-30 所示)。

(3) 回到 Xcode，向 SecondViewController.m 文件中添加如下所示的粗体代码：

```
-(IBAction) btnReturn:(id) sender {

    [UIView beginAnimations:@"flipping view"
 context:nil];
    [UIView setAnimationDuration:1];
    [UIView
setAnimationCurve:UIViewAnimationCurveEaseIn];
    [UIView setAnimationTransition:
       UIViewAnimationTransitionCurlUp
       forView:self.view.superview cache:YES];

    [self.view removeFromSuperview];
```

```
    [UIView commitAnimations];

}
```

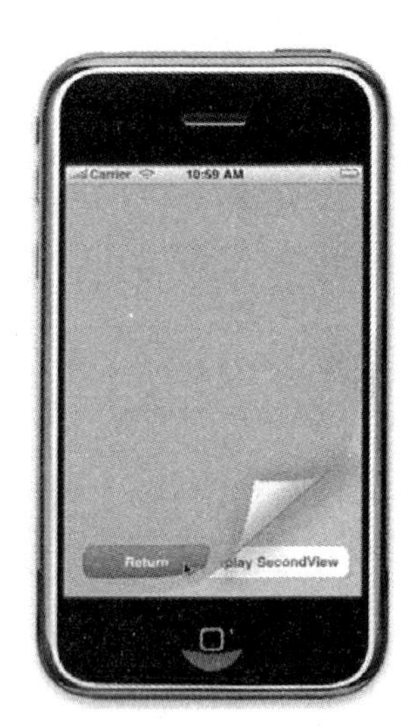

图　4-31

(4) 按 Command＋R 组合键测试应用程序。当按下第二个视图中的 Return 按钮时，第二个视图会掀起来(如图 4-31 所示)。

示例说明

基本上，通过 UIView 类中的各种动画方法在转换过程中添加了一些动画：

```
[UIView beginAnimations:@"flipping view"
                              context:nil];
[UIView setAnimationDuration:1];
[UIViewsetAnimationCurve:UIViewAnimation
                             CurveEaseInOut];
[UIView setAnimationTransition:
    UIViewAnimationTransitionCurlDown
    forView:self.view cache:YES];

[self.view addSubview:secondViewController.view];

[UIView commitAnimations];
```

下面是对上述代码的说明：

- 将动画的持续时间设为 1 秒钟。
- 这里选择的动画曲线是 UIViewAnimationCurveEaseInOut。还可以选择其他动画类型：UIViewAnimationCurveEaseIn、UIViewAnimationCurveEaseOut，以及 UIViewAnimationCurveLinear。
- 动画切换类型是 UIViewAnimationTransitionCurlDown。还可以选择其他的动画切换类型：UIViewAnimationTransitionFlipFromLeft、UIViewAnimationTransitionFlipFromRight，以及 UIViewAnimationTransitionCurlUp。

4.4.2　在视图之间传递数据

有时，需要将数据从一个视图传递到另一个视图。如何才能做到呢？最简单的方式是在目标视图中创建一个属性，然后在主调视图上设置该属性。下面的“试一试”就将介绍其实现方式。

试一试：　从一个视图向另一个视图传递数据

(1) 双击 VCExampleViewController.xib 文件，向 View 窗口添加一个 DatePicker 视图(如图 4-32 所示)。

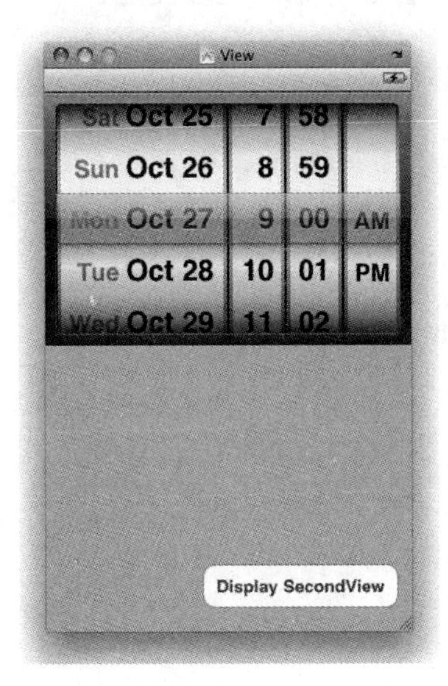

图　4-32

(2) 在 VCExampleViewController.h 文件中，为这个 DatePicker 视图创建一个插座变量，然后将其公开为属性：

```
#import <UIKit/UIKit.h>

@interface VCExampleViewController :
UIViewController {
    //---outlet for the DatePicker view---
    IBOutlet UIDatePicker *datePicker;
}

//---expose this outlet as a property---
@property (nonatomic, retain) UIDatePicker
*datePicker;

-(IBAction) displayView:(id) sender;

@end
```

(3) 在 VCExampleViewController.xib 窗口中，按住 Control 键单击并将 File's Owner 项拖拽到 DatePicker 视图上，然后选择 datePicker 视图。

(4) 在 SecondViewController.h 文件中，创建一个类型为 UIDatePicker 的对象，然后将其公开为属性。

```
#import <UIKit/UIKit.h>
```

```
@interface SecondViewController : UIViewController {
   //---object of type UIDatePicker---
   UIDatePicker *selectedDatePicker;
}

//---expose the object as a property---
@property (nonatomic, retain) UIDatePicker *selectedDatePicker;

-(IBAction) btnReturn:(id) sender;

@end
```

(5) 在 SecondViewController.m 文件中，将下面加粗的代码添加到 viewDidLoad 方法中：

```
#import "SecondViewController.h"

@implementation SecondViewController
@synthesize selectedDatePicker;

- (void)viewDidLoad {
    //---display the date and time selected in the previous view---
    NSDateFormatter *formatter = [[[NSDateFormatter alloc] init] autorelease];
    [formatter setDateFormat:@"MMM dd, yyyy HH:mm"];

    UIAlertView *alert = [[UIAlertView alloc]
                              initWithTitle:@"Date and time selected"
                              message:[formatter
                                  stringFromDate:selectedDatePicker.date]
                              delegate:self
                              cancelButtonTitle:@"OK"
                          otherButtonTitles:nil];
   [alert show];
   [alert release];
   [super viewDidLoad];
}

- (void)dealloc {
    //---release the memory used by the property---
    [selectedDatePicker release];
    [super dealloc];
}
```

(6) 最后，在 VCExampleViewController.m 文件中，添加如下加粗的代码：

```
#import "VCExampleViewController.h"
#import "SecondViewController.h"


@implementation VCExampleViewController
@synthesize datePicker;
SecondViewController *secondViewController;

-(IBAction) displayView:(id) sender{
    secondViewController = [[SecondViewController alloc]
```

```
    initWithNibName:@"SecondView" bundle:nil];
//---set the property of the second view with the DatePicker view in
// the current view---
secondViewController.selectedDatePicker = datePicker;

[UIView beginAnimations:@"flipping view" context:nil];
[UIView setAnimationDuration:1];
[UIView setAnimationCurve:UIViewAnimationCurveEaseInOut];
[UIView setAnimationTransition: UIViewAnimationTransitionCurlDown
 forView:self.view cache:YES];

[self.view addSubview:secondViewController.view];

[UIView commitAnimations];

}
```

(7) 按Command+R组合键在iPhone Simulator上测试应用程序。在DatePicker视图中选择一个日期与时间，然后按下Display SecondView按钮。当显示第二个视图时，就会显示选择的日期与时间(如图4-33所示)。

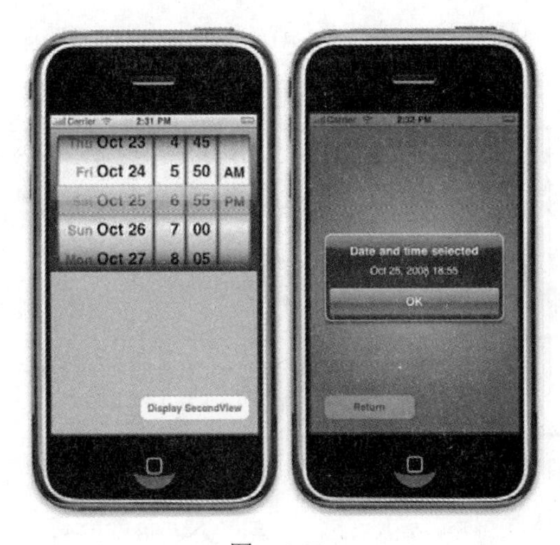

图　4-33

示例说明

要想从一个视图向另一个视图传递数据，最简单的方式就是在接收的视图上公开一个属性，然后在调用端设定该属性值。

第二个视图公开了一个名为selectedDatePicker的属性：

```
@interface SecondViewController : UIViewController {
   //---object of type UIDatePicker---
   UIDatePicker *selectedDatePicker;
}
```

```
//---expose the object as a property---
@property (nonatomic, retain) UIDatePicker *selectedDatePicker;
```

要想将第一个视图的值传递给第二个视图，只需设置已定义的属性即可：

```
//---set the property of the second view with the DatePicker view in
// the current view---
    secondViewController.selectedDatePicker = datePicker;
```

4.5 小结

本章介绍了很多视图，还介绍了如何在运行期间动态地创建视图。更为重要的是介绍了如何将视图连接到视图控制器上，如何在运行期间在两个视图间进行切换。

练习：

1. 描述将视图连接到视图控制器的步骤。
2. 何时该使用警告视图，何时该使用动作表单？
3. 使用代码创建一个 UIButton，将其 Touch Up Inside 事件连接到事件处理程序上。

本章小结

主　　题	关 键 概 念
使用 UIAlertView	`UIAlertView *alert = [[UIAlertView alloc] initWithTitle:@"Hello" message:@"This is an alert view" delegate:self cancelButtonTitle:@"OK" otherButtonTitles:nil];`
处理 UIAlertView 触发的事件	确保视图控制器遵循 UIAlertViewDelegate 协议
使用 UIActionSheet	`UIActionSheet *action = [[UIActionSheet alloc] initWithTitle:@"Title of Action Sheet" delegate:self cancelButtonTitle:@"OK" destructiveButtonTitle: @"Delete Message" otherButtonTitles:@"Option 1", @"Option 2", nil];`
处理 UIActionSheet 触发的事件	确保视图控制器遵循 UIActionSheetDelegate 协议
为 UIPageControl 连接事件	`[pageControl addTarget:self action:@selector(pageTurning:) forControlEvents:UIControlEventValueChanged];`

(续表)

<table>
<tr><th>主　　题</th><th>关 键 概 念</th></tr>
<tr><td>使用 UIImageView</td><td><pre>[imageView1 setImage:
[UIImage imageNamed:@"iMac_old.jpeg"]];</pre></td></tr>
<tr><td>为 UISegmentedControl 连接事件</td><td><pre>[segmentedControl addTarget:self
    action:@selector(segmentChanged:)
     forControlEvents:UIControlEventValueChanged];</pre></td></tr>
<tr><td>使用 UIWebView</td><td><pre>NSURL *url =
     [NSURL URLWithString:@"http://www.apple.com"];
NSURLRequest *req =
     [NSURLRequest requestWithURL:url];
[webView loadRequest:req];</pre></td></tr>
<tr><td>为切换添加动画</td><td><pre>[UIView beginAnimations:@"flipping view"
   context:nil];
[UIView setAnimationDuration:1];
[UIView setAnimationCurve:
   UIViewAnimationCurveEaseInOut];
[UIView setAnimationTransition:
   UIViewAnimationTransitionCurlDown
   forView:self.view cache:YES];

[self.view addSubview:
   secondViewController.view];

[UIView commitAnimations];</pre></td></tr>
<tr><td>在视图之间传递数据</td><td>在已接收的视图中定义属性并在主调视图中设置其值</td></tr>
</table>

第 5 章

键盘输入

本章内容

- 如何针对不同类型的输入定制键盘
- 当输入完成时如何关闭字母数字键盘
- 如何隐藏数字键盘
- 如何检测键盘的可见性
- 如何移动视图来为键盘腾出空间

iPhone 的一个争议之处就是其多点触摸键盘，用户可以使用它向 iPhone 输入数据。长久以来，iPhone 的批判者对其缺少用于数据输入的物理键盘而感到遗憾，而热情的 iPhone 支持者则对其易用性大加赞扬。长久以来，虽然很多移动平台都在试验虚拟键盘，但没有一个平台能够做到像 iPhone 一样成功。

iPhone 键盘的强大之处在于它可以智能地跟踪输入的内容，随后是对所输入单词的建议，还会自动纠正拼写并插入标点符号。此外，键盘还会在正确的时间出现——在轻拍 TextField 视图时它会出现，在轻拍非输入视图时它会自动关闭。还可以通过键盘使用不同的语言输入数据。

对于 iPhone 应用程序员，关键在于如何将键盘集成到应用程序当中。当不需要时该如何关闭键盘？如何确保当前用户与之交互的视图不会被键盘挡住？本章将介绍如何以各种编程的方式来处理键盘。

5.1 使用键盘

在 iPhone 编程中，与键盘关系最为密切的视图就是 TextField 视图。当轻拍 TextField 视图时(如果使用 Simulator 则需要单击)，键盘就会自动显示。接下来，用户在键盘上所输入的数据就会插入到 TextField 视图中。

试一试：使用 TextField 进行输入

代码文件[KeyboardInputs.zip]可从 Wrox.com 下载

(1) 使用 Xcode 创建一个新的 View-based Application 项目并将其命名为 KeyboardInputs。

(2) 双击 KeyboardInputsViewController.xib 文件，使用 Interface Builder 对该文件进行编辑。

(3) 使用 Label 视图与 TextField 视图来填充视图(如图 5-1 所示)。

(4) 保存 KeyboardInputsViewController.xib 文件，按 Command＋R 组合键在 iPhone Simulator 上运行应用程序。图 5-2(左边)表明当应用程序加载后，键盘一开始是隐藏的，当用户单击 TextField 视图后，键盘会自动出现(右边)。

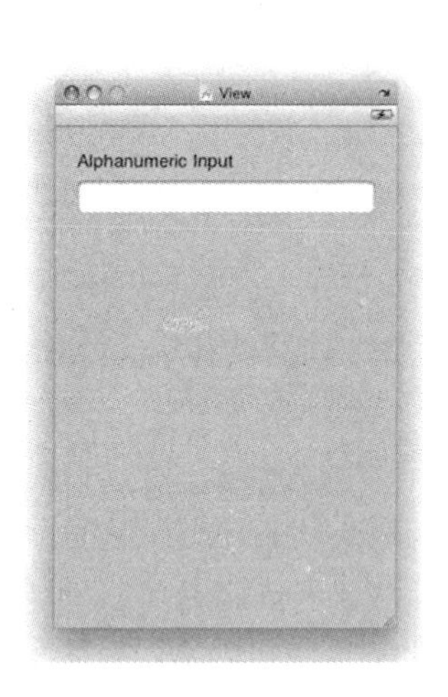

图　5-1

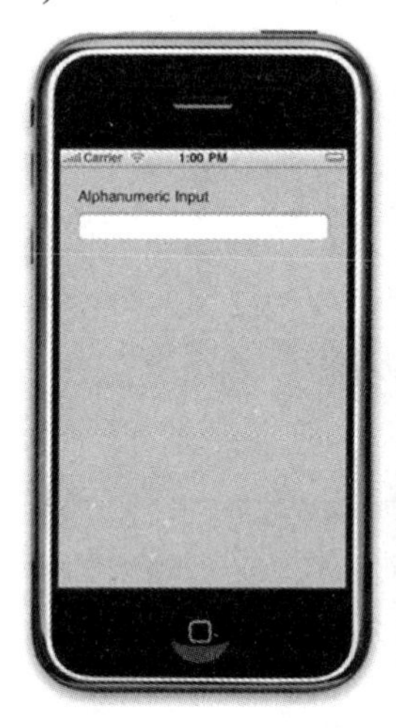

图　5-2

示例说明

iPhone 用户界面的美妙之处在于当系统检测到当前的活动视图是一个 TextField 视图时，键盘就会自动出现；无须为此做任何事情。借助于键盘，可以输入字母、数字以及特殊字符(如符号)。除了英语，iPhone 键盘还支持其他语言的字符，如中文、希伯来文等。

但是，关闭键盘可不像弹出键盘那么直接。当输入完毕后，键盘不会自动关闭。这是因为它不知道你何时会完成输入；需要编写一些代码才能实现这个功能。5.2.1 节将会介绍如何实现。

5.2　定制输入类型

前一节介绍了如何使用 TextField 视图来获取用户输入。为了更深刻地理解输入行为，请打开 Interface Builder，选择 TextField 视图，查看器属性查看器窗口(选择 Tools | Attributes

Inspector 命令)。图 5-3 展示了 TextField 视图的 Attributes Inspector 窗口。特别地，重点看一下标记为 Text Input Traits 的部分。

Text Input Traits 部分包含的几项可用于配置键盘处理输入文本的方式。

- Capitalize 项可以将通过键盘输入的单词、句子以及所有字符数据转换为大写。
- Correction 项可以使键盘为那些拼写错误的单词提供建议。还可以选择 Default 选项，这样它就会默认使用用户的全局文本修正设置。
- Keyboard 项可以针对输入不同类型的数据选择不同类型的键盘。

图 5-4 展示的键盘分别使用了如下的键盘类型：E-mail 地址、拨号面板以及数字面板。

图　5-3

图　5-4

- Appearance 项可以决定键盘的显示样式。图 5-5 展示了默认(上方)与警告(下方)视图中的键盘。
- Return Key 项(如图 5-6 所示)可以在键盘上显示不同类型的 Return 键。

图　5-5

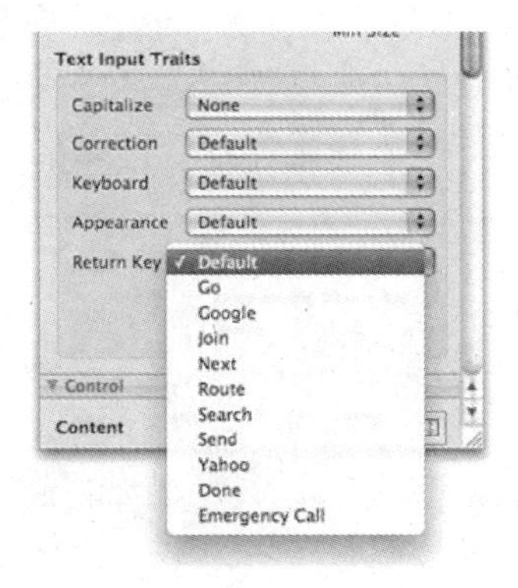

图　5-6

图 5-7 中的键盘使用 Google 键作为 Return 键。

- 最后，Auto-Enable Return Key 复选框表示如果没有向文本域输入数据，就会禁用 Return 键(变灰)。如果至少输入了一个字符，Return 键就又可以使用了。Secure 复选框表示输入可否被掩盖起来(如图 5-8 所示)。这通常用于密码输入。

图 5-7

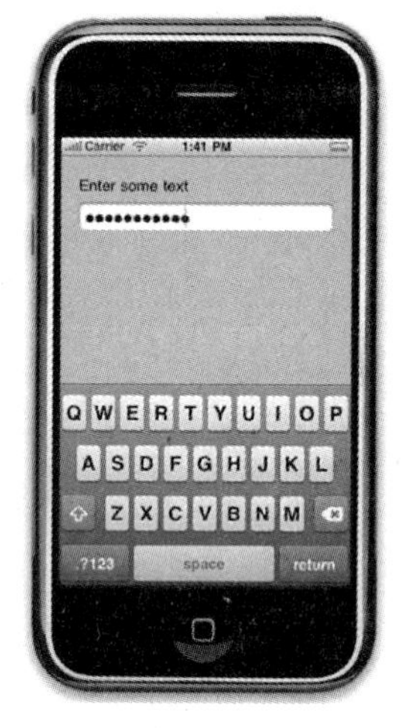

图 5-8

5.2.1 关闭键盘

本节开头提到当用户选择了 TextField 视图时，iPhone 键盘会自动出现。但关闭键盘则需要编写一些代码。本节将介绍如何以编程的方式在输入完毕后关闭键盘。下面的“试一试”将会介绍所用的第一种技术。

试一试： 关闭键盘(第一种技术)

(1) 使用之前创建的项目，双击 KeyboardInputsViewController.xib 文件，使用 Interface Builder 对该文件进行编辑。

(2) 选择 KeyboardInputsViewController.xib 窗口中的 File's Owner 项，打开其 Identify Inspector 窗口并创建一个名为“doneEditing:”的动作(如图 5-9 所示)。

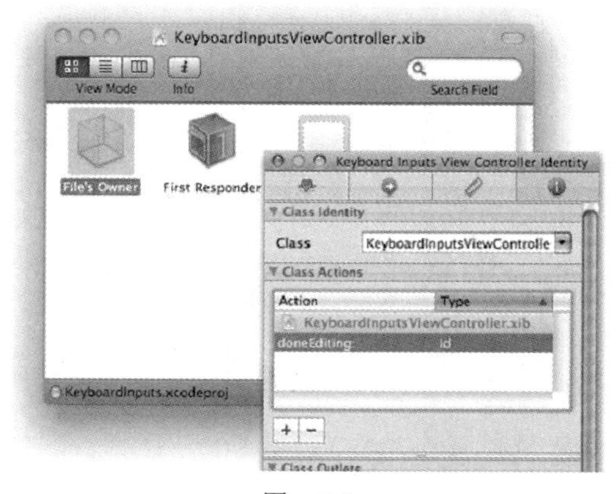

图 5-9

这会创建一个 IBAction，IBAction 可以连接到 TextField 视图中的事件。

(3) 右击 View 窗口中的 TextField 视图，然后单击 Did End on Exit 旁边的圆圈并将其拖动到 File's Owner 项上(如图 5-10 所示)。这时，刚才创建的“doneEditing:”插座变量会出现，选中它。

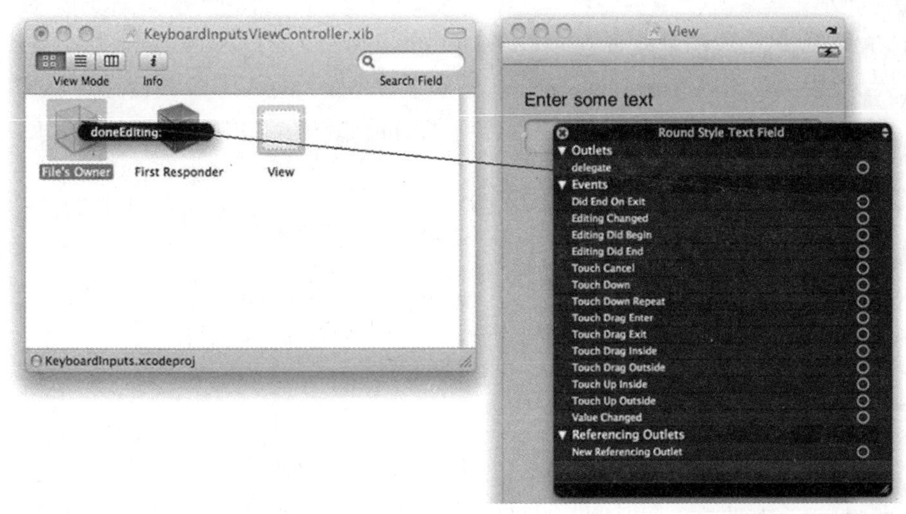

图 5-10

(4) 保存 KeyboardInputsViewController.xib 文件。

(5) 回到 Xcode，将如下代码添加到 KeyboardInputsViewController.h 文件中。

```
#import <UIKit/UIKit.h>

@interface KeyboardInputsViewController : UIViewController {
}

-(IBAction) doneEditing:(id) sender;

@end
```

(6) 在 KeyboardInputsViewController.m 文件中，向“doneEditing:”动作添加如下实现：

```
#import "KeyboardInputsViewController.h"

@implementation KeyboardInputsViewController

-(IBAction) doneEditing:(id) sender{
    [sender resignFirstResponder];
}
```

(7) 保存该项目并按 Command+R 组合键在 iPhone Simulator 上运行应用程序。

(8) 当应用程序出现在 iPhone Simulator 上时，单击 TextField 视图，键盘就会出现。使用键盘向 TextField 视图中输入一些文本，输入完毕后按 return 键，这时键盘就会关闭。

示例说明

上面所做的是将 TextField 视图的 Did End on Exit 事件连接到创建的“doneEditing:”动作上。当使用键盘编辑 TextField 视图的内容时，键盘上的 Return 键会触发 TextField 视图的 Did End on Exit 事件。这样，它就会调用“doneEditing:”动作，该动作包含如下语句：

```
[sender resignFirstResponder];
```

基本上 sender 会引用 TextField 视图，resignFirstResponder 会让 TextField 视图移除其 First-Responder 状态。本质上，这意味着不想再与 TextField 视图交互了，也就不再需要键盘了。因此，键盘应该隐藏起来。

注意： 视图的 First Responder 总是引用了用户与之交互的当前视图。在本示例中，当单击 TextField 视图时，它会成为 First Responder 并自动激活键盘。

5.2.2 设置数字键盘

到目前为止，一切操作都还很简单明了。你知道可以通过让 TextField 移除其 First Responder 状态来隐藏键盘。这么做需要处理 Did End on Exit 事件，只要用户单击键盘上的 Return 键都会触发该事件。然而，只有使用非数字类型的键盘时才有 Return 键。例如，如果使用数字键盘，就没有 Return 键。在这种情况下，触发 Did End On Exit 事件就会遇到麻烦。

因此，下面的“试一试”介绍了隐藏键盘的另一种技术，无论何种类型的键盘都能隐藏起来。

试一试： **关闭键盘(第 2 种技术)**

(1) 使用上面创建的同一个项目，双击 KeyboardInputsViewController.xib 文件，使用 Interface Builder 对该文件进行编辑。

(2) 选择 View 窗口中的 TextField 视图，打开其 Attributes Inspector 窗口(选择 Tools | Attributes Inspector)。将键盘类型修改为 Number Pad(如图 5-11 所示)。

(3) 选择 KeyboardInputsViewController.xib 窗口中的 File's Owner 项并打开其 Identify Inspector 窗口(如图 5-12 所示)。添加一个名为“bgTouched:”的动作和一个名为 textField 的插座变量。

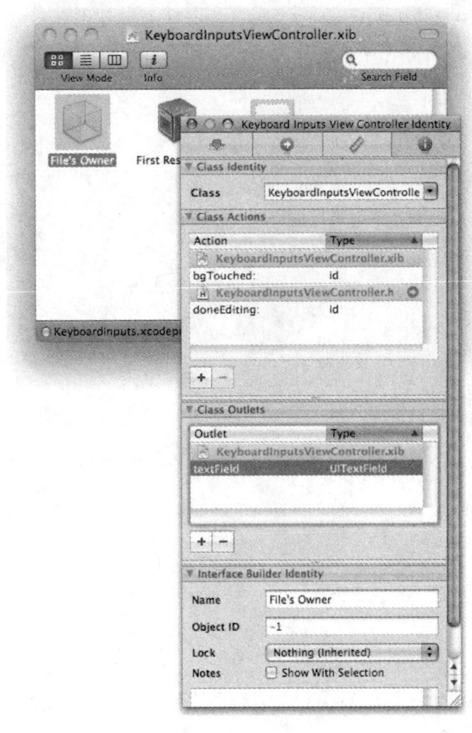

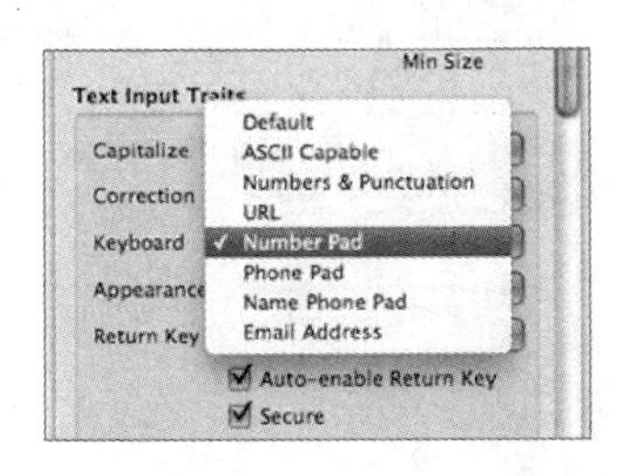

图　5-11

图　5-12

(4) 按住 Control 键并将 File's Owner 项拖拽到 TextField 视图上(如图 5-13 所示)。这时会出现 textField 插座变量，选中它。

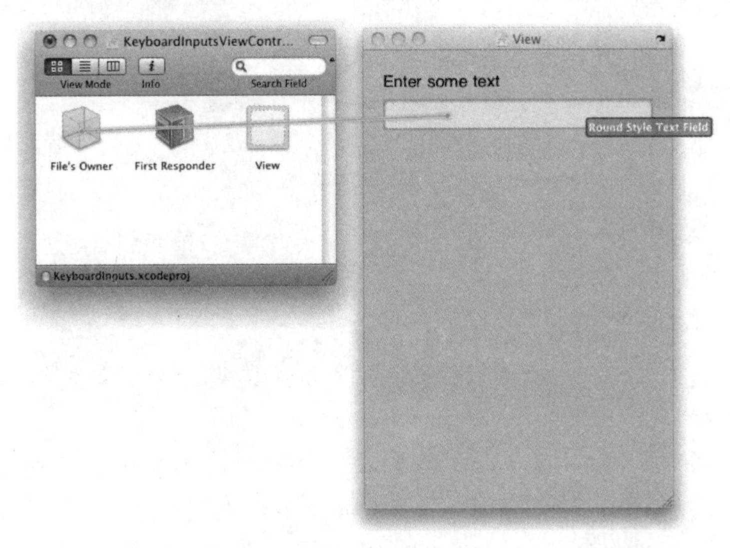

图　5-13

(5) 向 View 窗口中添加一个 Round Rect Button 视图(如图 5-14 所示)。

(6) 选中 Round Rect Button 视图，选择 Layout | Send to back 命令。这会让按钮位于其

他控件后面。

(7) 修改 Round Rect Button 视图的尺寸以便它能覆盖整个屏幕(如图 5-15 所示)。

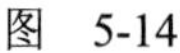

图　5-14

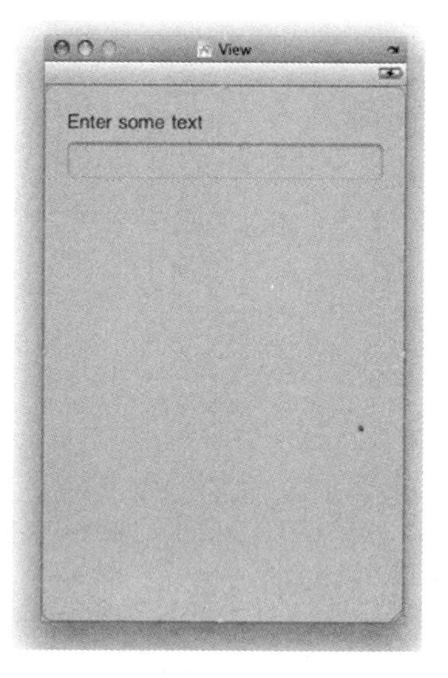

图　5-15

(8) 在 Attributes Inspector 窗口中，将 Round Rect Button 视图的类型设置为 Custom(如图 5-16 所示)。

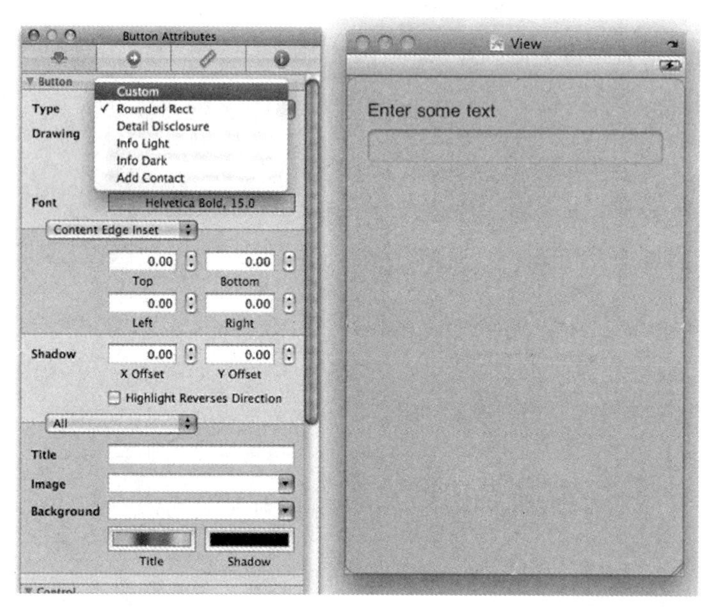

图　5-16

(9) 按住 Control 键并将 Round Rect Button 视图拖拽到 KeyboardInputsViewController.xib 窗口的 File's Owner 项上(如图 5-17 所示)。选择“bgTouched:”动作。

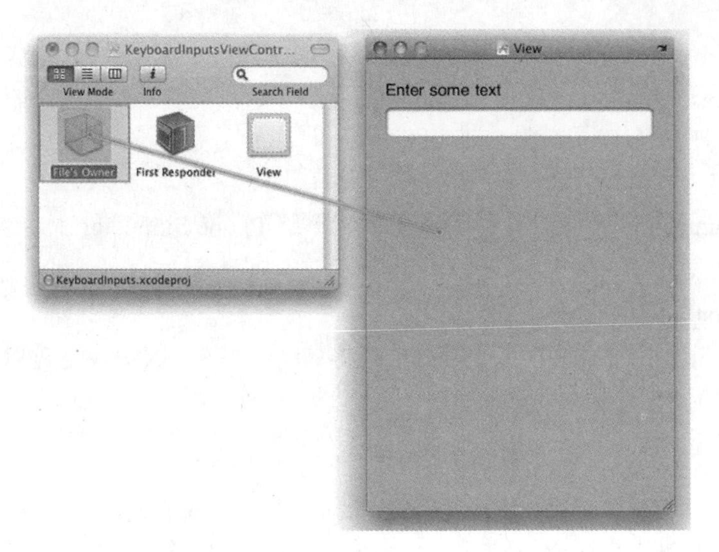

图 5-17

注意：Round Rect Button 视图的 Touch Up Inside 事件被连接到"bgTouched:"动作上。

(10) 在 Interface Builder 中保存 XIB 文件。

(11) 回到 Xcode，编辑 KeyboardInputsViewController.h 文件并添加如下加粗并突出显示的语句：

```
#import <UIKit/UIKit.h>

@interface KeyboardInputsViewController : UIViewController {
IBOutlet UITextField *textField;
}

@property (nonatomic, retain) UITextField *textField;

-(IBAction) bgTouched:(id) sender;
-(IBAction) doneEditing:(id) sender;

@end
```

(12) 在 KeyboardInputsViewController.m 文件中，添加如下加粗并突出显示的语句：

```
#import "KeyboardInputsViewController.h"

@implementation KeyboardInputsViewController

@synthesize textField;

-(IBAction) bgTouched:(id) sender{
    [textField resignFirstResponder];
```

```
}

-(IBAction) doneEditing:(id) sender{
    [sender resignFirstResponder];
}
```

(13) 按 Command＋R 组合键将应用程序部署到 iPhone Simulator 上。然后，执行以下动作：

- 单击 TextField 视图以打开键盘。
- 输入完成后，单击键盘上的 Return 键将其隐藏起来。此外，还可以单击 TextField 视图外的任意空白处来隐藏键盘。

示例分析

在该示例中，添加了一个 Round Rect Button 视图，将应用程序的 View 窗口中的所有空白空间都覆盖掉了。本质上，该按钮的作用是作为一个网格，捕获发生在 View 窗口上的 TextField 视图外的所有触摸操作。这样，当用户单击(在实际的设备上就是轻拍)键盘与 TextField 视图外的屏幕时，Round Rect Button 就会触发 Touch Up Inside 事件，该事件由“bgTouched:”动作进行处理。在“bgTouched:”动作中，会显式地使 textField 移除其 First-Responder 状态，这会将键盘隐藏起来。

即便视图中有多个 TextField 视图也能使用该示例所用的技术。假设有 3 个 TextField 视图，分别命名为 textField、textField2 以及 textField3。在这种情况下，“bgTouched:”动作将如以下代码所示：

```
-(IBAction) bgTouched:(id) sender{
     [textField resignFirstResponder];
     [textField2 resignFirstResponder];
     [textField3 resignFirstResponder];
}
```

当调用“bgTouched:”动作时，所有这 3 个 TextField 视图都会移除其 First-Responder 状态。如果某个视图当前并不是 First Responder，那么调用其 resignFirstResponder 方法就不会产生任何副作用，因此上面的语句是安全的，在运行期间并不会导致异常。

理解响应者链

上面的“试一试”很好地说明了响应者链。在 iPhone 中，事件会传递给一系列的事件处理程序，这些事件处理程序称为响应者链。当触摸 iPhone 的屏幕时，iPhone 会生成一些事件，这些事件会传递给响应者链。响应者链中的每个对象都会检查它是否要处理该事件。在上面的示例中，如果用户轻拍 Label 视图，Label 视图就会检查它是否要处理该事件。由于 Label 视图并不会处理 Touch 事件，因此该事件会传递给响应者链。接下来，所添加的大背景按钮会检查该事件。由于它会处理 Touch Up Inside 事件，因此事件会由该按钮进行处理。

总之，响应者链中的高层对象会先检查事件，如果它能够应用就会处理该事件。接下来，任何对象都可以停止事件在响应者链中的传播，如果它只处理事件的一部分，那么它还可以继续将事件传递给响应者链。

5.2.3 当视图加载完毕后自动显示键盘

有时，可能想直接将 TextField 视图设置为活动视图，无须等待用户输入就显示键盘。在这种情况下，可以使用视图的 becomeFirstResponder 方法。下面的代码表明只要对应视图加载完毕，TextField 视图就将成为第一响应者(First Responder)：

```
- (void)viewDidLoad {
    [textField becomeFirstResponder];
    [super viewDidLoad];
}
```

5.3 检测键盘是否已打开

到现在为止，你已经知道了在输入完毕后隐藏键盘的各种方式。然而，有一个问题需要注意。当键盘显示出来后，它会占据屏幕的很大一部分。如果 TextField 视图位于屏幕下方，它就会被键盘覆盖。作为程序员，你的职责就是确保视图要能重新定位到屏幕的可见部分上。奇怪的是，SDK 并没有解决这个问题，只能靠自己了。

注意：目前，iPhone 键盘的高度会占据 216 个像素。

在介绍当键盘显示出来时该如何重新定位屏幕上的视图前，重点是要理解关于键盘的几个重要概念：

需要以编程的方式了解键盘何时可见，何时隐藏。要做到这一点，应用程序需要注册如下通知——UIKeyboardWillShowNotification 与 UIKeyboardWillHideNotification。

还需要知道何时、哪个 TextField 视图是当前正在编辑的，这样才能将其重新定位到屏幕的可见部分上。可以通过两个委托协议获取这些信息——“textFieldDidBeginEditing”：与“textFieldDidEndEditing:”——它们都位于 UITextFieldDelegate 委托中。

感到困惑吗？别担心，下面的“试一试”会让这一切一目了然。

试一试： 移动视图

代码文件[ScrollingViews.zip]可从 Wrox.com 下载

(1) 使用 Xcode 创建一个新的 View-based Application 项目并将其命名为 ScrollingViews。

(2) 使用 ScrollView 视图来填充 View 窗口(如图 5-18 所示)。调整 ScrollView 视图的尺寸以便它覆盖整个屏幕。

(3) 向 ScrollView 视图添加一个 TextField 字段与一个 Round Rect Button 视图(如图 5-19 所示)。

图　5-18

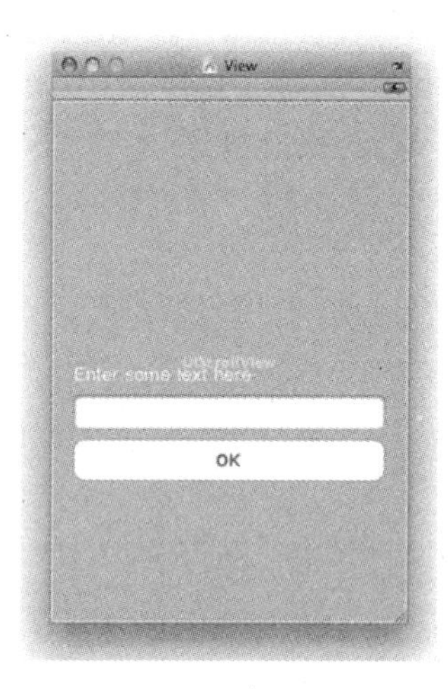

图　5-19

(4) 选中 ScrollingViewsController.xib 窗口中的 File's Owner 项并打开其 Identity Inspector 窗口(如图 5-20 所示)。创建两个插座变量：scrollView 与 textField。

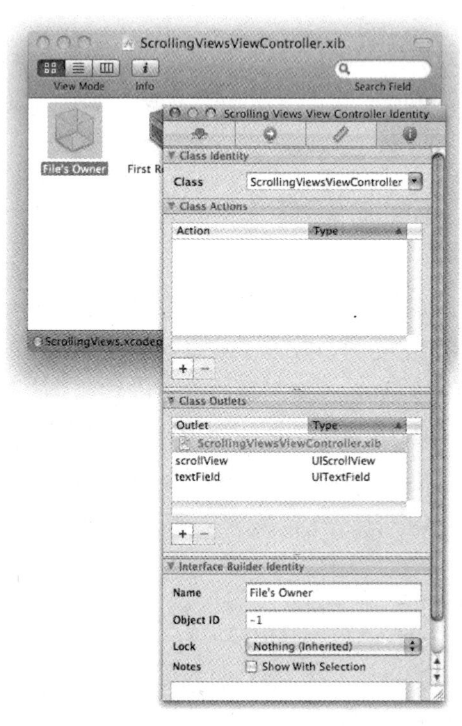

图　5-20

(5) 按住 Control 键并将 File's Owner 项拖拽到 TextField 视图上(如图 5-21 所示)，选择 textField。

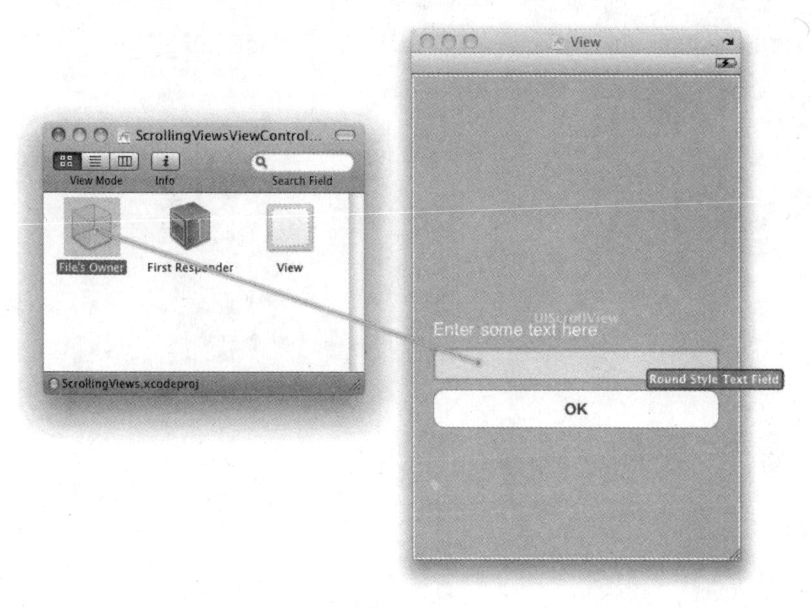

图 5-21

(6) 按住 Control 键并将 File's Owner 项拖拽到 ScrollView 视图上(如图 5-22 所示)，选择 scrollView。

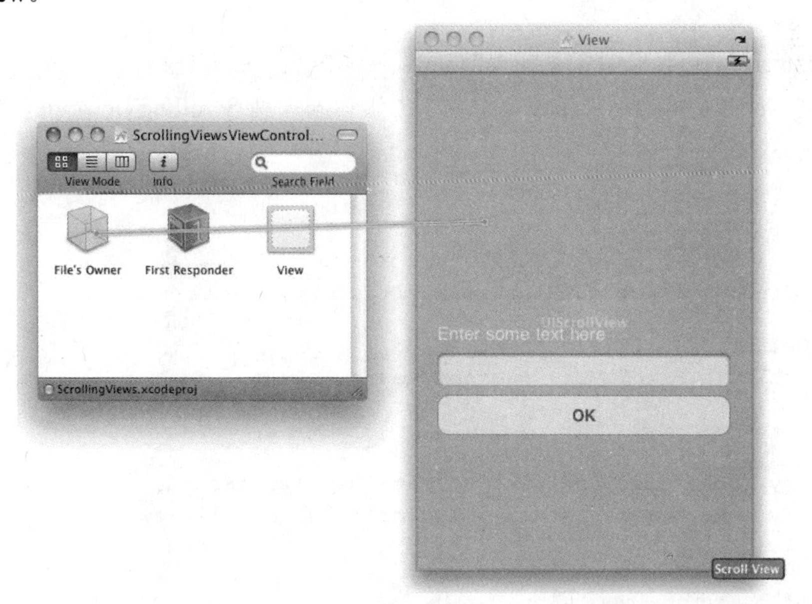

图 5-22

(7) 按住 Control 键并将 TextField 视图拖拽到 File's Owner 项上(如图 5-23 所示)，选择 delegate。

注意：这一步很重要，因为它会启用视图控制器将要处理的委托协议（“textFieldDidBeginEditing:”与“textFieldDidEndEditing:”）。

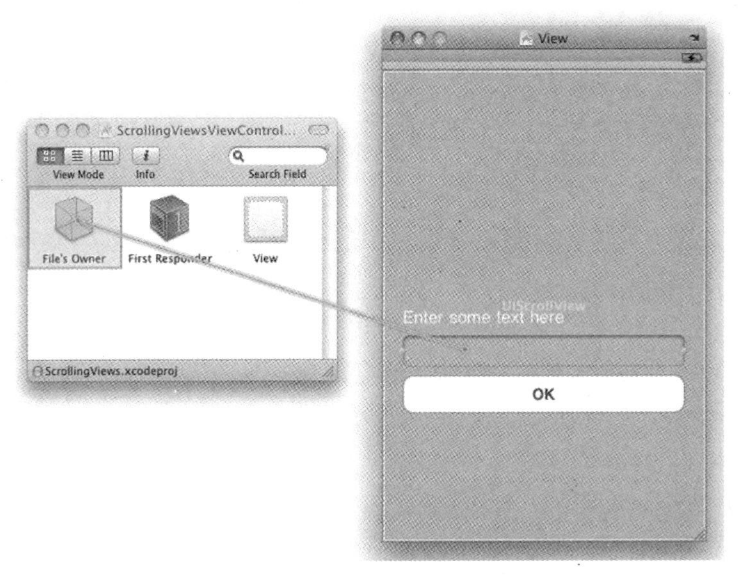

图 5-23

(8) 在 Interface Builder 中保存 ScrollViewsViewController.xib 文件。

(9) 回到 Xcode，将如下加粗并突出显示的语句添加到 ScrollingViewsViewController.h 文件中。

```
#import <UIKit/UIKit.h>

@interface ScrollingViewsViewController :
    UIViewController <UITextFieldDelegate> {

    IBOutlet UITextField *textField;
    IBOutlet UIScrollView *scrollView;

}

@property (nonatomic, retain) UITextField *textField;
@property (nonatomic, retain) UIScrollView *scrollView;

@end
```

(10) 将如下加粗并突出显示的语句添加到 ScrollingViewsViewController.m 文件中。

```
#import "ScrollingViewsViewController.h"

@implementation ScrollingViewsViewController
```

```
@synthesize textField;
@synthesize scrollView;

//---size of keyboard---
CGRect keyboardBounds;

//---size of application screen---
CGRect applicationFrame;

//---original size of ScrollView---
CGSize scrollViewOriginalSize;

-(void) moveScrollView:(UIView *) theView {

    //---get the y-coordinate of the view---
    CGFloat viewCenterY = theView.center.y;

    //---calculate how much visible space is left---
    CGFloat freeSpaceHeight = applicationFrame.size.height -
                              keyboardBounds.size.height;

    //---calculate how much the scrollview must scroll---
    CGFloat scrollAmount = viewCenterY - freeSpaceHeight / 2.0;

    if (scrollAmount < 0) scrollAmount = 0;

    //---set the new scrollView contentSize---
    scrollView.contentSize = CGSizeMake(
                                applicationFrame.size.width,
                                applicationFrame.size.height +
                                    keyboardBounds.size.height);

    //---scroll the ScrollView---
    [scrollView setContentOffset:CGPointMake(0, scrollAmount) animated:YES];
}

//---when a TextField view begins editing---
void) textFieldDidBeginEditing:(UITextField *)textFieldView {
  [self moveScrollView:textFieldView];
}

 //---when a TextField view is done editing---
 -(void) textFieldDidEndEditing:(UITextField *) textFieldView {
     [UIView beginAnimations:@"back to original size" context:nil];
     scrollView.contentSize = scrollViewOriginalSize;
     [UIView commitAnimations];
}

  //---when the keyboard appears---
  -(void) keyboardWillShow:(NSNotification *) notification

      //---gets the size of the keyboard---
      NSDictionary *userInfo = [notification userInfo];
      NSValue *keyboardValue = [userInfo
      objectForKey:UIKeyboardBoundsUserInfoKey];
```

```
        [keyboardValue getValue:&keyboardBounds];
}

//---when the keyboard disappears---
-(void) keyboardWillHide:(NSNotification *) notification
{
}

-(void) viewWillAppear:(BOOL)animated
{
    //---registers the notifications for keyboard---
    [[NSNotificationCenter defaultCenter]
         addObserver:self
         selector:@selector(keyboardWillShow:)
         name:UIKeyboardWillShowNotification
         object:self.view.window];

    [[NSNotificationCenter defaultCenter]
         addObserver:self
         selector:@selector(keyboardWillHide:)
         name:UIKeyboardWillHideNotification
         object:nil];
}

-(void) viewWillDisappear:(BOOL)animated
{
    [[NSNotificationCenter defaultCenter]
         removeObserver:self
         name:UIKeyboardWillShowNotification
         object:nil];

    [[NSNotificationCenter defaultCenter]
         removeObserver:self
         name:UIKeyboardWillHideNotification
         object:nil];
}

-(void) viewDidLoad {
    scrollViewOriginalSize = scrollView.contentSize;
    applicationFrame = [[UIScreen mainScreen] applicationFrame];
    [super viewDidLoad];
}
-(BOOL) textFieldShouldReturn:(UITextField *) textFieldView {
    if (textFieldView == textField){
        [textField resignFirstResponder];
    }
    return NO;
}

-(void) dealloc {
    [textField release];
    [scrollView release];
    [super dealloc];
```

```
}
```

(11) 在Xcode中保存该项目并按Command+R组合键将应用程序部署到iPhone Simulator上。图5-24表示当单击TextField视图时，键盘会显示，同时TextField视图(以及其他视图)会滚动到屏幕中央。要隐藏键盘，只需按Return键，对应视图又会还原到原来的位置。

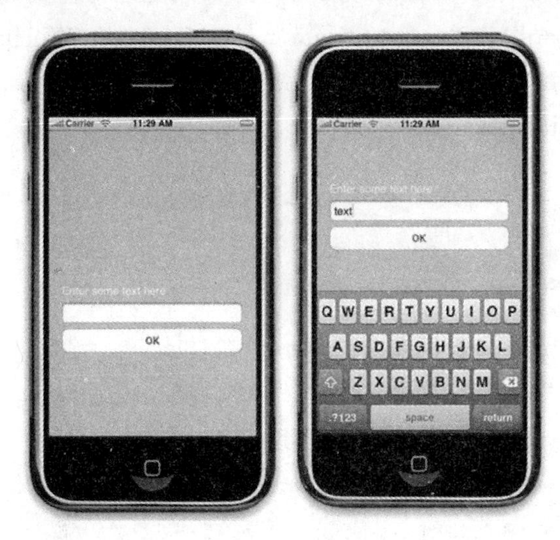

图 5-24

示例说明

本示例介绍了如何检测键盘是否已打开，如何重新定位视图它才不会被键盘覆盖的各种方式。

首先，声明3个私有变量。

```
//---size of keyboard---
CGRect keyboardBounds;

//---size of application screen---
CGRect applicationFrame;

//---original size of ScrollView---
CGSize scrollViewOriginalSize;
```

KeyboardBounds变量用于存储键盘的尺寸(特别是，用于获取键盘的高度)。虽然总可以将键盘的高度硬编码为216，但这里不建议这么做，因为未来键盘的尺寸可能会发生变化。更好的方式是在运行期间动态地获取键盘的尺寸。

ApplicationFrame变量用于存储屏幕的尺寸。与获取键盘的尺寸一样，更好的方式是在运行期间动态地获取这个数字。

ScrollViewOriginalSize变量用于保存ScrollView视图的原始尺寸。这样，在用户编辑完毕后就可以将ScrollView还原到原始尺寸(这时，所有视图都需要返回其原始位置)。

当视图加载完毕后，首先保存ScrollView视图的尺寸并获取屏幕的尺寸：

```
-(void) viewDidLoad {
```

```
    scrollViewOriginalSize = scrollView.contentSize;
    applicationFrame = [[UIScreen mainScreen] applicationFrame];
    [super viewDidLoad];
}
```

在“viewWillAppear:”事件中(在视图显示在屏幕上之前得到调用该方法)，需要注册两个通知——UIKeyboardWillShowNotification 与 UIKeyboardWillHideNotification。当键盘出现时(UIKeyboardWillShowNotification)，调用“keyboardWillShow:”方法。当键盘消失时，调用“keyboardWillHide:”方法：

```
-(void) viewWillAppear:(BOOL)animated
{
    //---registers the notifications for keyboard---
    [[NSNotificationCenter defaultCenter]
        addObserver:self
        selector:@selector(keyboardWillShow:)
        name:UIKeyboardWillShowNotification
        object:self.view.window];

    [[NSNotificationCenter defaultCenter]
        addObserver:self
        selector:@selector(keyboardWillHide:)
        name:UIKeyboardWillHideNotification
       object:nil];
}
```

在该视图消失前，移除之前设置的通知：

```
-(void) viewWillDisappear:(BOOL)animated
{
    //---removes the notifications for keyboard---
    [[NSNotificationCenter defaultCenter]
        removeObserver:self
        name:UIKeyboardWillShowNotification
        object:nil];

     [[NSNotificationCenter defaultCenter]
          removeObserver:self
          name:UIKeyboardWillHideNotification
          object:nil];

 }
```

当单击 TextField 视图时，调用“keyboardWillShow:”方法。借助于该方法，可以通过传递 keyboardBounds 变量的一个引用来获取键盘的尺寸。

```
//---when the keyboard appears---
-(void) keyboardWillShow:(NSNotification *) notification
{
    //---gets the size of the keyboard---
```

```
    NSDictionary *userInfo = [notification userInfo];
    NSValue *keyboardValue = [userInfo objectForKey:UIKeyboardBoundsUserInfoKey];
    [keyboardValue getValue:&keyboardBounds];
}
```

当键盘显示之后，调用“textFieldDidBeginEditing:”方法。借助于该方法，可以知道当前正在编辑的是哪个TextField视图，现在要准备移动ScrollView视图以便TextField视图能够位于剩下的可见空间的中央而不会被键盘覆盖掉。通过调用“moveScrollView:”方法执行滚动，该方法如以下代码所示：

```
//---when a TextField view begins editing---
-(void) textFieldDidBeginEditing:(UITextField *)textFieldView {
    [self moveScrollView:textFieldView];
}
```

在“moveScrollView:”方法中，首先计算需要滚动的像素数，然后使ScrollView视图滚动其中所包含的视图，直到当前正在编辑的TextField视图位于屏幕可视区域的中央为止。

```
-(void) moveScrollView:(UIView *) theView {

    //---get the y-coordinate of the view---
    CGFloat viewCenterY = theView.center.y;

    //---calculate how much visible space is left---
    CGFloat freeSpaceHeight = applicationFrame.size.height -
                              keyboardBounds.size.height;

    //---calculate how much the scrollview must scroll---
    CGFloat scrollAmount = viewCenterY - freeSpaceHeight / 2.0;

    if (scrollAmount < 0) scrollAmount = 0;

    //---set the new scrollView contentSize---
    scrollView.contentSize = CGSizeMake(
                                  applicationFrame.size.width,
                                  applicationFrame.size.height +
                                       keyboardBounds.size.height);

    //---scroll the ScrollView---
    [scrollView setContentOffset:CGPointMake(0, scrollAmount) animated:YES];
}
```

当TextField视图移除其First Responder状态时，会调用“textFieldDidEndEditing:”方法。这时，将ScrollView视图还原到最初的内容尺寸：

```
//---when a TextField view is done editing---
-(void) textFieldDidEndEditing:(UITextField *) textFieldView {
     [UIView beginAnimations:@"back to original size" context:nil];
     scrollView.contentSize = scrollViewOriginalSize;
     [UIView commitAnimations];
}
```

值得注意的一点是，这里使用了 UIView 类的 beginAnimations 方法在将其还原到原始尺寸的过程中为 ScrollView 视图添加了动画效果。如果没有使用该方法，ScrollView 视图就会突然地恢复到原始尺寸，这会造成闪烁。

就在键盘关闭前，调用“keyboardWillHide:”方法。这时，没什么需要操作的：

```
//---when the keyboard disappears---
-(void)keyboardWillHide:(NSNotification *) notification
{
}
```

最后，在 dealloc 方法中释放创建的所有插座变量：

```
-(void) dealloc {
    [textField release];
    [scrollView release];
    [super dealloc];
}
```

处理键盘的 Return 键

之前介绍了如何将 IBAction 连接到 TextField 视图的 Did End On Exit 事件上以便在用户按 Return 键时能够隐藏键盘。此外，还可以实现“textFieldShouldReturn:”方法。无论何时，只要用户按键盘的 Return 键都会调用该方法。

```
-(BOOL) textFieldShouldReturn:(UITextField *) textFieldView {
     if (textFieldView == textField){
         [textField resignFirstResponder];
     }
     return NO;
}
```

5.4　小结

本章介绍了处理 iPhone 应用程序中键盘的各种技术。特别介绍了如下内容：

- 当数据输入完毕后如何关闭键盘
- 如何检测键盘是否已打开
- 如何确保视图不被键盘遮挡

练习：

1. 如何为 UITextField 对象隐藏键盘？
2. 如何检测键盘是可见的，还是隐藏的？

3. 如何获取键盘的尺寸？

本章小结

主　　题	关键概念
关闭键盘	使用UITextField对象的resignFirstResponder方法移除其First-Responder状态
显示已显示键盘的不同类型	在 Attribute Inspector 窗口中，通过修改 UITextField 对象的 Text Input Traits 来改变键盘类型
处理键盘的 Return 键	要么处理 UITextField 对象的 Did End on Exit 事件，要么实现视图控制器的“textFieldShouldReturn:”方法(记住，要确保视图控制器类成为UITextField 对象的委托)
检测键盘是可见的，还是隐藏的	注册两个通知 - UIKeyboardWillShowNotification 与 UIKeyboardWillHide Notification
检测开始编辑哪个 UITextField 对象	实现视图控制器中的“textFieldDidBeginEditing:”方法
检测编辑完哪个 UITextField 对象	实现视图控制器中的“textFieldDidEndEditing:”方法

第 6 章

屏幕旋转

本章内容

- 如何支持 4 类不同的屏幕方向
- 设备旋转时所触发的各种事件
- 当设备的方向发生变化时，如何在 View 上重新定位视图
- 如何在运行期间动态修改屏幕旋转
- 在应用程序加载前如何设置应用程序的方向

在第 2 章的“Hello World!”应用程序中介绍了如何编写支持 portrait 与 landscape 模式的 iPhone 应用程序。本章将深入介绍屏幕方向这个主题。尤其是，本章不仅将介绍当设备旋转时如何管理应用的方向，还将学习当设备旋转时如何重新定位视图以便应用程序能够利用屏幕尺寸所发生的变化。

6.1 响应设备旋转

现代移动设备所支持的一个功能就是能够检测到设备当前的方向——portrait 或是 landscape。应用程序可以利用这项功能重新调整设备的屏幕以便充分使用新的方向。iPhone 上的 Safari 就是一个好榜样。在将设备旋转到 landscape 方向时，Safari 会自动旋转其视图，这样就可以利用更宽的屏幕查看页面的内容(如图 6-1 所示)。

图 6-1

在 iPhone SDK 中，可以通过处理某些事件来确保应用程序能够意识到方向的变化。下面的“试一试”就将介绍这一点。

试一试：支持不同的屏幕方向

代码文件[ScreenRotations.zip]可从 Wrox.com 下载

(1) 使用 Xcode 创建一个新的 View-Based Application 项目并将其命名为 ScreenRotations。

(2) 按 Command＋R 组合键在 iPhone Simulator 上测试应用程序。

(3) 按 Command＋→(向右旋转)组合键或是 Command＋←(向左旋转) 组合键组合改变 iPhone Simulator 的方向。注意，应用程序的屏幕方向并不会随着设备方向的变化而变化(如图 6-2 所示)；现在的状态栏是垂直的。

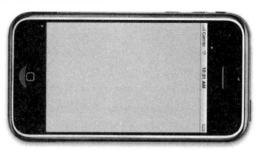

图　6-2

示例说明

默认情况下，使用 Xcode 创建的 iphone 应用程序项目支持单个方向——portrait 模式。如果希望支持屏幕方向而不是默认的 portrait 模式，就可以重写视图控制器的“shouldAutorotateToInterfaceOrientation:”方法。默认情况下，该事件在 ScreenRotationsViewController.m 文件被注释掉了：

```
/*
// Override to allow orientations other than the default portrait orientation.
- (BOOL)shouldAutorotateToInterfaceOrientation:
    (UIInterfaceOrientation)interfaceOrientation {
    // Return YES for supported orientations
    return (interfaceOrientation == UIInterfaceOrientationPortrait);
}
*/
```

注意：在 iPhone 上，屏幕旋转由 OS 自动处理。当 OS 检测到屏幕方向发生变化，它就会触发“shouldAutorotateToInterfaceOrientation:”事件，接下来由开发人员决定应用程序该如何显示在目标方向上。

当 View 视图加载完毕并且设备的方向发生变化时会调用“shouldAutorotateToInterfaceOrientation:”方法。该事件只会传递一个参数——设备改变后的新方向。该事件的返回值决定是否支持当前的方向。

如果想要支持所有的屏幕方向，只需返回 YES 即可。

```
- (BOOL)shouldAutorotateToInterfaceOrientation:
(UIInterfaceOrientation)interfaceOrientation {

    return YES;

}
```

这意味着无论设备旋转到哪个方向，应用程序都会随之进行旋转(状态栏总是位于上方)。

为了支持特定的方向，只需执行一个相等性检查以指定支持的方向即可。比如，下面的代码段表示只支持左侧的 landscape 方向。

```
- (BOOL)shouldAutorotateToInterfaceOrientation:
(UIInterfaceOrientation)interfaceOrientation {

    return (interfaceOrientation == UIInterfaceOrientationLandscapeLeft);

}
```

这意味着应用程序只会显示在 landscape 模式下(如图 6-3 所示)并且 Home 按钮位于左侧(因此，常量命名为 UIInterfaceOrientationLandscapeLeft)。

如果用户将设备旋转到了 portrait 模式或是 Home 按钮位于右侧的 landscape 模式(UIInterfaceOrientationLandscapeRight)，应用程序就不会改变方向(如图 6-4 所示)。

图 6-3 图 6-4

注意：有一个简单的方法可以区分 UIInterfaceOrientationLandscapeLeft 与 UIInterfaceOrientationLandscapeRight。只需记住下面这一个要点：UIInterfaceOrientationLandscapeLeft 表示 Home 按钮位于左侧，而 UIInterfaceOrientationLandscapeRight 表示 Home 按钮位于右侧即可。

6.1.1　不同类型的屏幕方向

到目前为止，你已经了解了与屏幕方向相关的几个常量：UIInterfaceOrientationPortrait、UIInterfaceOrientationLandscapeLeft 以及 UIInterfaceOrientationLandscapeRight。一共有 4 个常量可用于指定屏幕方向：

- UIInterfaceOrientationPortrait——在 portrait 模式下显示屏幕。
- UIInterfaceOrientationPortraitUpsideDown——在 portrait 模式下显示屏幕，但 Home 按钮位于屏幕上方。
- UIInterfaceOrientationLandscapeLeft——在 landscape 模式下显示屏幕，Home 按钮位于左侧。
- UIInterfaceOrientationLandscapeRight——在 landscape 模式下显示屏幕，Home 按钮位于右侧。

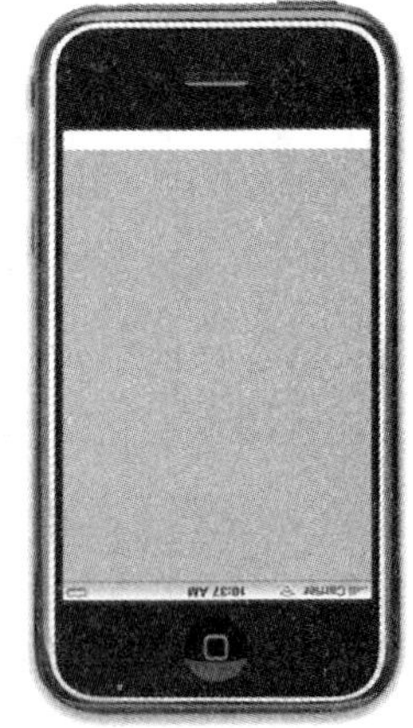
图　6-5

在上面这 4 种模式中，通常情况下不建议使用 UIInterfaceOrientationPortraitUpsideDown 模式，因为它很容易让用户感到困惑(如图 6-5 所示)。

如果应用程序支持多种屏幕方向，那么应该重写“shouldAutorotateToInterfaceOrientation:”方法，然后使用“||(逻辑或)”运算符指定应用程序所支持的所有方向，如以下代码所示：

```
- (BOOL)shouldAutorotateToInterfaceOrientation:
    (UIInterfaceOrientation)interfaceOrientation {

 return (interfaceOrientation == UIInterfaceOrientationPortrait ||
         interfaceOrientation == UIInterfaceOrientationLandscapeRight);

}
```

上面的代码段表示应用程序能够同时支持 portrait 与 landscape-right 模式。

6.1.2　处理旋转

iPhone SDK 视图控制器公开了几个事件，可以在屏幕旋转的过程中处理这些事件。处理旋转过程中所触发的事件的能力非常重要，因为通过这种处理，才可以重新定位视图或是在屏幕旋转时停止播放媒体。可以处理的事件有：

- “willAnimateFirstHalfOfRotationToInterfaceOrientation:”
- “willAnimateSecondHalfOfRotationFromInterfaceOrientation:”
- “willRotateToInterfaceOrientation:”
- “willAnimateRotationToInterfaceOrientation:”

下面几节将详细介绍每一个事件。

1. “willAnimateFirstHalfOfRotationToInterfaceOrientation:”事件

在视图开始旋转前触发“willAnimateFirstHalfOfRotationToInterfaceOrientation:”事件。该方法如下所示：

```
- (void)willAnimateFirstHalfOfRotationToInterfaceOrientation:
    (UIInterfaceOrientation) toInterfaceOrientation
    duration: (NSTimeInterval) duration {

}
```

toInterfaceOrientation 参数表示视图将要改变到的方向，而 duration 参数表示前一半旋转的持续时间，单位是秒。

在该事件中，可以插入自己的代码以在旋转开始前处理一些工作，比如，暂停媒体播放、暂停动画等。

2. “willAnimateSecondHalfOfRotationFromInterfaceOrientation:”事件

在旋转进行到一半时触发“willAnimateSecondHalfOfRotationFromInterfaceOrientation:”事件(如图 6-6 所示)。该方法如下所示：

```
- (void)willAnimateSecondHalfOfRotationFromInterfaceOrientation:
    (UIInterfaceOrientation) fromInterfaceOrientation
    duration: (NSTimeInterval) duration {

}
```

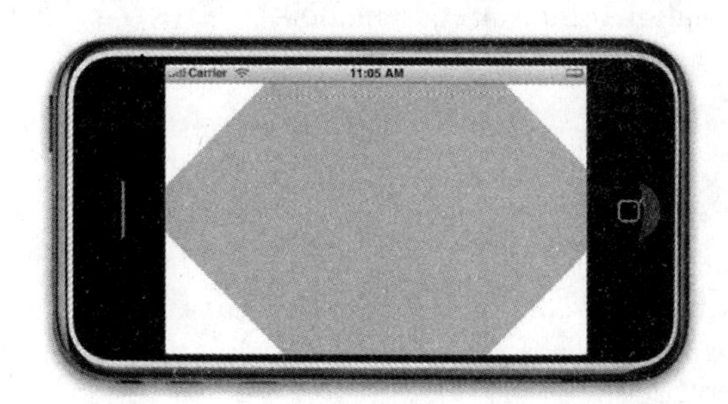

图 6-6

fromInterfaceOrientation 参数表示旋转之前的方向，而 duration 参数表示后一半旋转的持续时间，单位是秒。

在该事件中，可以在旋转进行到一半时处理一些工作，比如，在 View 窗口上重新定位视图、继续媒体的播放等。

3. “willRotateToInterfaceOrientation:”事件

连续触发上面两个事件——首先触发 “willAnimateFirstHalfOfRotationToInterfaceOrientation:”事件，然后触发 “willAnimateSecondHalfOfRotationFromInterfaceOrientation:”事件。如果不需要

使用两个单独的事件来处理旋转，那么只需使用更简单的“willRotateToInterfaceOrientation:”事件即可。

“willRotateToInterfaceOrientation:”事件在定位开始前触发。与上面两个事件不同的是，它是一个单步过程。注意，如果要处理该事件，就不会再触发“willAnimateFirstHalfOfRotationToInterfaceOrientation:”与“willAnimateSecondHalfOfRotationFromInterfaceOrientation:”事件。

该方法如下所示：

```
- (void)willRotateToInterfaceOrientation:
    (UIInterfaceOrientation) toInterfaceOrientation
    duration: (NSTimeInterval) duration {
}
```

toInterfaceOrientation 参数表示将要改变到的方向，duration 参数表示旋转的持续时间，单位是秒。

4. “willAnimateRotationToInterfaceOrientation:”事件

除了“willRotateToInterfaceOrientation:”事件外，还有另一个事件可以在旋转前进行处理——“willAnimateRotationToInterfaceOrientation:”事件。“willAnimateRotationToInterfaceOrientation:”事件在旋转动画开始播放前触发。

注意：如果既处理“willRotateToInterfaceOrientation:”事件，又处理“willAnimateRotationToInterfaceOrientation:”事件，那么先触发前者，然后才触发后者。

该方法如下所示：

```
- (void)willAnimateRotationToInterfaceOrientation:
    (UIInterfaceOrientation) interfaceOrientation
    duration: (NSTimeInterval) duration {

}
```

interfaceOrientation 参数指定了旋转的目标方向：

注意：处理该事件，“willAnimateFirstHalfOfRotationToInterfaceOrientation:”事件与“willAnimateSecondHalfOfRotationFromInterfaceOrientation:”事件将不再触发。

下面的“试一试”将介绍当设备方向发生变化时该如何重新定位 UI 上的视图。

试一试：在方向发生变化时重新定位视图

(1) 使用之前创建的同一个项目，双击 ScreenRotationsViewController.xib 文件，向视图添加一个 Round Rect Button 视图(如图 6-7 所示)。

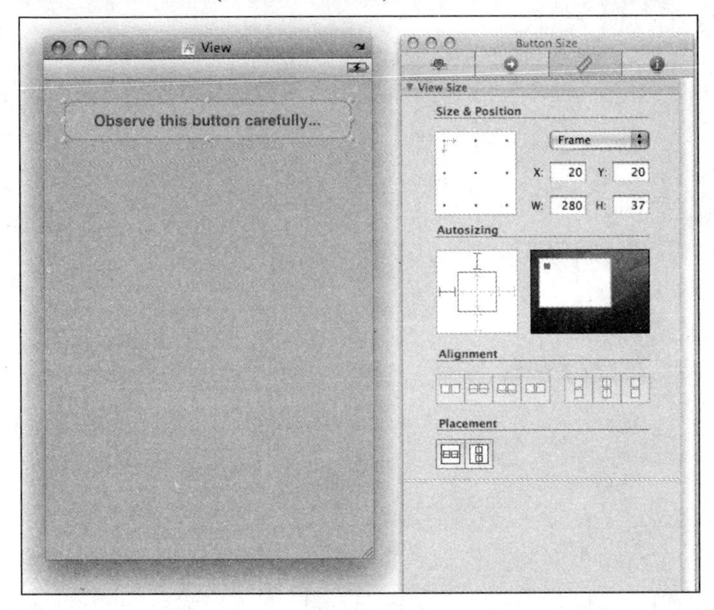

图 6-7

(2) 通过尺寸查看器窗口观察其尺寸与位置。这里，其位置是(20,20)，尺寸为 280×37 像素。

(3) 单击 View 窗口右上角的箭头图标来旋转视图的方向(如图 6-8 所示)。

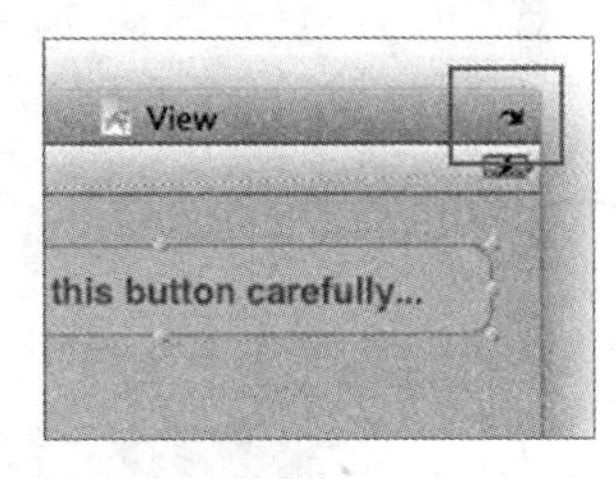

图 6-8

(4) 重新将其放到 View 窗口的右下角来重新定位 Round Rect Button 视图(如图 6-9 所示)。另外注意观察并记录其位置。

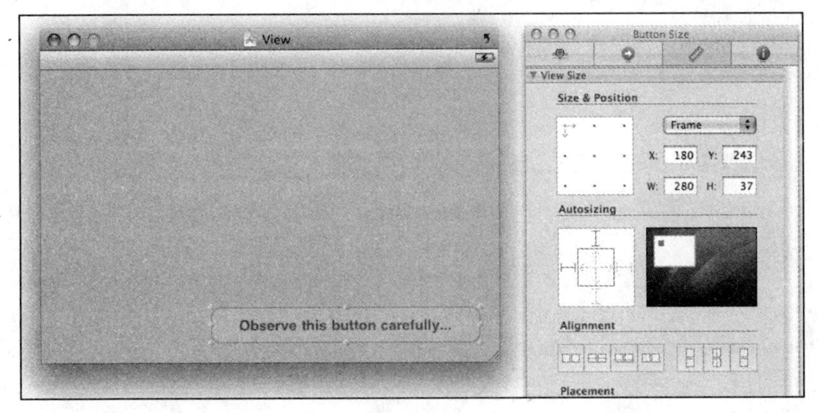

图 6-9

(5) 在 ScreenRotationsViewController.xib 窗口中，选择 File's Owner 项并在 Identify Inspector(如图 6-10 所示)中创建一个名为 btn 的插座变量(类型为 UIButton)。

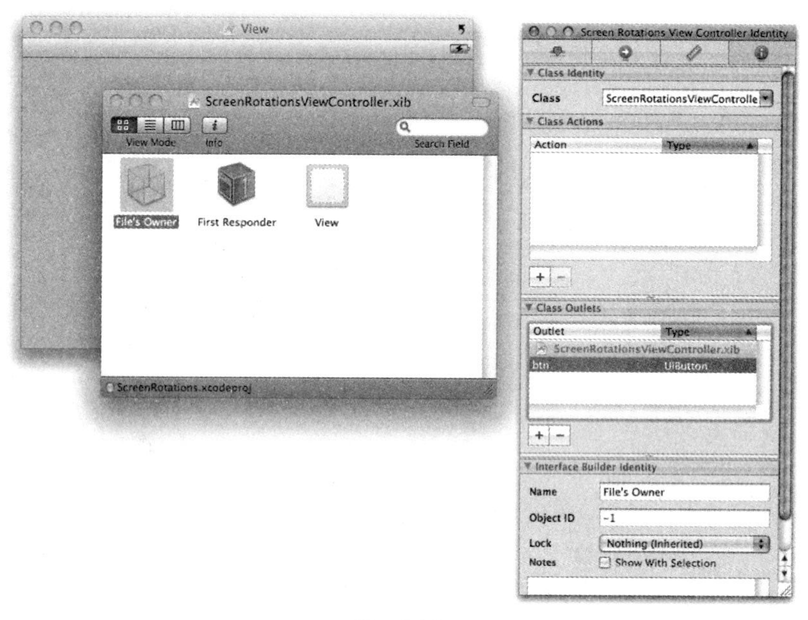

图　6-10

(6) 双击File's Owner项并将其拖拽到Round Rect Button视图上以连接刚才创建的插座变量(如图 6-11 所示)，选择 btn (见图 6-10 中右侧图中突出显示的变量名)。

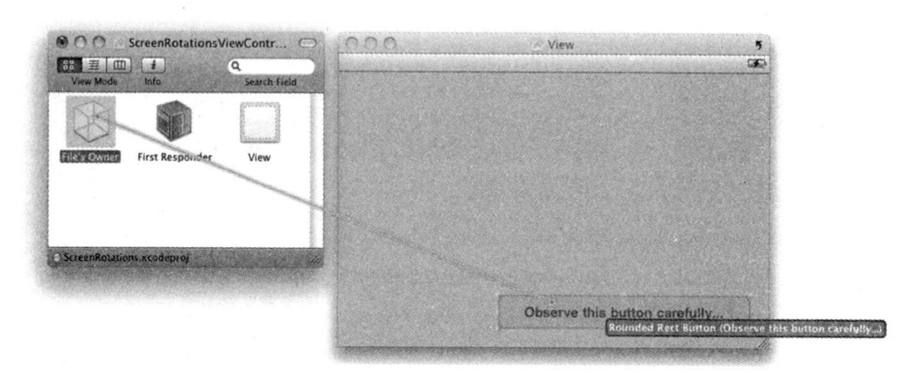

图　6-11

(7) 在 Interface Builder 中保存该项目。

(8) 回到 Xcode，将如下代码插入到 ScreenRotationsViewController.h 文件中。

```
#import <UIKit/UIKit.h>

@interface ScreenRotationsViewController : UIViewController {
    IBOutlet UIButton *btn;
}

@property (nonatomic, retain) UIButton *btn;
```

```
@end
```

(9) 在 ScreenRotationsViewController.m 文件中，添加如下代码：

```
@implementation ScreenRotationsViewController
@synthesize btn;
...
...
- (void)willAnimateSecondHalfOfRotationFromInterfaceOrientation:
    (UIInterfaceOrientation) fromInterfaceOrientation
    duration: (NSTimeInterval) duration {

    UIInterfaceOrientation destOrientation = self.interfaceOrientation;

    if (destOrientation == UIInterfaceOrientationPortrait)
    {
        //---if rotating to portrait mode---
        btn.frame = CGRectMake(20,20,280,37);
    }
    else
    {
       //---if rotating to landscape mode---
       btn.frame = CGRectMake(180,243,280,37);
    }
}

- (void)dealloc {
    [btn release];
    [super dealloc];
}
```

(10) 保存该项目并按 Command＋R 组合键将应用程序部署到 iPhone Simulator 上。

(11) 注意到当 iPhone Simulator 运行在 portrait 模式下时，Round Rect Button 视图显示在左上角。但当将方向改为 Landscape 模式时，它重新定位到右下角(如图 6-12 所示)。

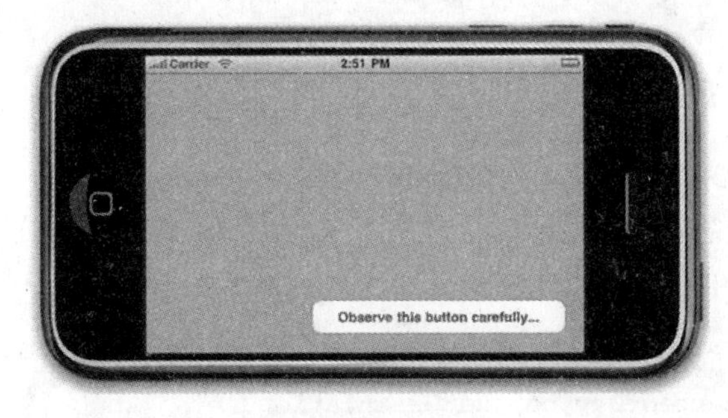

图 6-12

示例说明

该项目介绍了当设备的方向发生了变化时该如何重新定位应用程序的视图。首先创建一个插座变量并连接到 View 窗口上的 Round Rect Button 视图上。

当设备正在旋转时，需要处理“willAnimateSecondHalfOfRotationFromInterfaceOrientation:”事件，因为这样可以获悉设备将要转向的目标方向。在该方法中，既可以使用 fromInterfaceOrientation 参数获取目标方向，也可以通过当前视图(self)的 interfaceOrientation 属性获得，如以下代码所示：

```
UIInterfaceOrientation destOrientation = self.interfaceOrientation;
```

借助于该信息，可以根据目标方向改变其 frame 属性来定位视图：

```
if (destOrientation == UIInterfaceOrientationPortrait)
{
    btn.frame = CGRectMake(20,20,280,37);
}
else
{
    btn.frame = CGRectMake(180,243,280,37);
}
```

用于处理视图定位的属性

在上例中，使用 frame 属性在运行期间改变视图的位置。frame 属性定义了视图相对于其父视图(包含该视图的视图)所占据的矩形。借助于 frame 属性，可以设置视图的位置与尺寸。除了使用 frame 属性外，还可以使用 center 属性，同样相对于其父视图，该属性会使视图居中。通常在处理一些动画并且仅仅想改变视图的位置时会用到 center 属性。

6.2 以编程的方式旋转屏幕

上一节介绍了当用户旋转设备时，应用程序该如何处理设备方向的变化。但有时(比如，开发游戏时)，无论设备方向如何，都希望强制应用程序显示在某个方向上。

有两种情况需要考虑：

- 在应用程序正在运行时旋转屏幕方向。
- 当视图加载后在某个特定的方向上显示屏幕。

6.2.1 在运行期间旋转

在运行期间，可以使用 UIDevice 类的实例的“setOrientation:”方法以编程的方式旋转屏幕。使用之前创建的项目，假设当用户按下 Round Rect Button 视图时，希望用户改变屏幕方向。可以编写如下代码：

```
-(IBAction) btnClicked: (id) sender{
    [[UIDevice currentDevice] setOrientation:
UIInterfaceOrientationLtandsc apeLef];
}
```

“setOrientation:”方法接收唯一一个参数，它指定向哪个方向旋转。

注意：在以编程的方式切换应用程序的方向后，当从物理位置上旋转设备时，应用程序还会发生旋转。它改变到的方向取决于“shouldAutorotateToInterfaceOrientation:”方法中设置的值。

6.2.2 当加载时在指定的方向上显示视图

默认情况下，当加载视图后，它总是显示在portrait模式下。当加载视图时，如果应用程序要求视图显示在特定的方向上，那么可以通过设置状态栏的方向来做到这一点，如以下代码所示：

```
- (void)viewDidLoad {
   [UIApplication sharedApplication].statusBarOrientation
= UIInterfaceOrientationLandscapeRight;
     [super viewDidLoad];
}
```

注意到，上一节介绍的“setOrientation:”方法不能在加载期间改变视图的方向。

```
//---does not work during View loading time---
[[UIDevice currentDevice] setOrientation:UIInterfaceOrientationLandscape Left];
```

与之类似，不能在运行期间(视图已经加载完毕)设置状态栏的方向。

```
//---does not work during run time---
[UIApplication sharedApplication].statusBarOrientation =
   UIInterfaceOrientationLandscapeLeft;
```

注意：所要改变到的方向必须在“shouldAutorotateToInterfaceOrientation:”事件中指定。还可以通过将InitialInterfaceOrientation键设为需要的方向在应用程序的info.plist文件中指定。

6.3 小结

本章介绍了视图控制器类中的各种事件是如何处理屏幕方向变化的。恰当处理屏幕方向会提升应用程序的可用性并改进用户体验。

练习：

1. 假设希望应用程序只支持landscape right与landscape left方向，该如何修改代码？

2. 视图的 frame 属性与 center 属性有何区别?

本章小结

主　　题	关 键 概 念
处理设备方向	实现“shouldAutorotateToInterfaceOrientation:”方法
支持的 4 个方向	UIInterfaceOrientationPortrait UIInterfaceOrientationLandscapeLeft UIInterfaceOrientationLandscapeRight UIInterfaceOrientationPortraitUpsideDown
设备旋转时触发的事件	“willAnimateFirstHalfOfRotationToInterfaceOrientation:”事件 “willAnimateSecondHalfOfRotationFromInterfaceOrientation:”事件 “willRotateToInterfaceOrientation :”事件 “willAnimateRotationToInterfaceOrientation:”事件
用于改变视图位置的属性	使用 frame 属性改变视图的位置与尺寸 使用 center 属性改变视图的位置

第Ⅱ部分

构建不同类型的iPhone应用程序

第 7 章 视图控制器

本章内容

- 如何创建 Window-based Application 并向其中手动添加视图控制器与 View 窗口
- 如何在运行期间动态创建视图
- 如何使用代码将视图的事件与事件处理程序连接起来
- 如何在运行期间切换视图
- 如何为视图切换过程添加动画效果

到现在为止，一直在处理单视图应用程序，也就是只有一个视图控制器的应用程序。第 6 章通篇都在使用 iPhone SDK 提供的 View-based Application 模板，因为这是上手 iPhone 编程最简单的方式。当创建 View-based Application 时，默认情况下会有一个视图控制器(iPhone SDK 将其命名为<project_name>ViewController)。在实际应用程序中，经常需要用到多个视图控制器，每一个控制不同的视图，其中会显示不同的信息。多视图应用程序的一个典型示例就是 iPhone 自带的 Weather 应用程序。其主视图显示所选区域的天气，可以滑动屏幕查看其他地区的天气，还可以按下 *i* 图标翻转到另一个视图并添加位置。

本章将介绍如何在应用程序中创建多个视图，然后以编程的方式在运行期间在视图之间进行切换。此外，本章还将介绍如何使用 iPhone SDK 中内置的动画方法为视图切换添加动画效果。

7.1 创建 Window-based Application

本节将介绍使用 iPhone SDK 所能创建的另一类应用程序模板：Window-based Application 模板。与 View-based Application 模板不同，Window-based Application 模板默认情况下并不会包含视图控制器，它只提供 iPhone 应用程序的骨架，剩下的事情需要由开发人员完成——需要添加自己的视图与视图控制器。由于这个原因，Window-based Application 有助于理解视图控制器的工作方式，并掌握连接视图控制器与 XIB 文件所需的全部工作。当理解了视图控制器的工作方式后，就可以创建多视图应用程序。

本着要事第一的原则，下面的“试一试”将会编写一个 Window-based Application，然后逐步添加视图控制器。需要下载这个“试一试”和本章其他“试一试”功能所需的项目文件。

试一试：使用 Interface Builder 添加视图控制器

代码文件[WinBasedApp.zip]可从 Wrox.com 下载

(1) 使用 Xcode 创建一个 Window-based Application 项目并将其命名为 WinBasedApp。观察为该项目类型所创建的文件(如图 7-1 所示)。除了一个常规的支持文件外，会发现只有一个 XIB 文件(MainWindow.xib)及两个委托文件(WinBasedAppAppDelegate.h 与 WinBasedAppAppDelegate.m)。

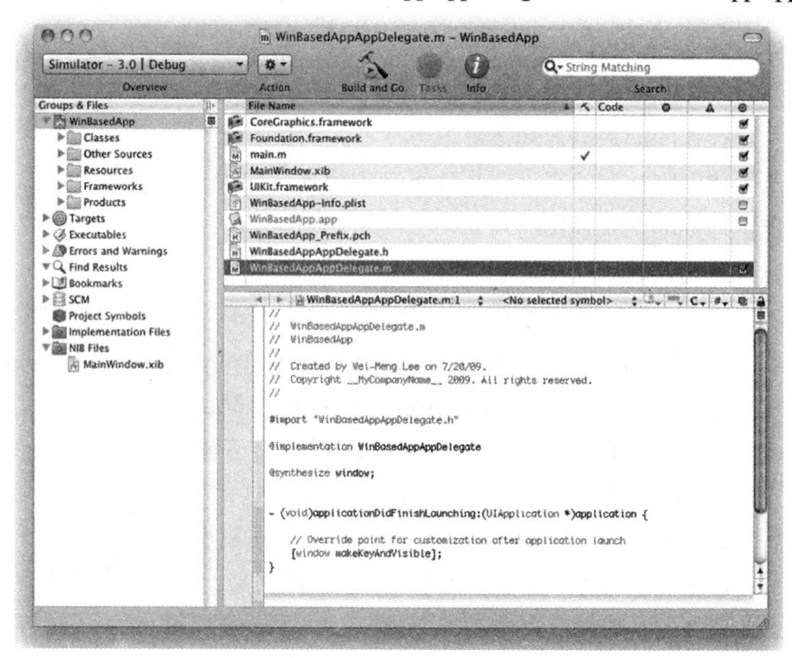

图　7-1

(2) 按 Command＋R 组合键测试应用程序，在 iPhone Simulator 上会显示一个空白的屏幕。这是因为 Window-based Application 模板只提供了简单 iPhone 应用程序的骨架结构，其中只包含一个窗口与一个应用程序委托。

(3) 回到 Xcode，双击 MainWindow.xib 文件，在 Interface Builder 中编辑它。你会发现在 MainWindow.xib 窗口中有如下 4 项(如图 7-2 所示)。

- File’s Owner
- First Responder

- Win Based App App Delegate
- Window

图　7-2

(4) 从 Library 窗口中将 View Controller 拖拽到 MainWindow.xib 窗口上(如图 7-3 所示)。需要将该 View Controller 连接到即将添加到项目中的视图上。

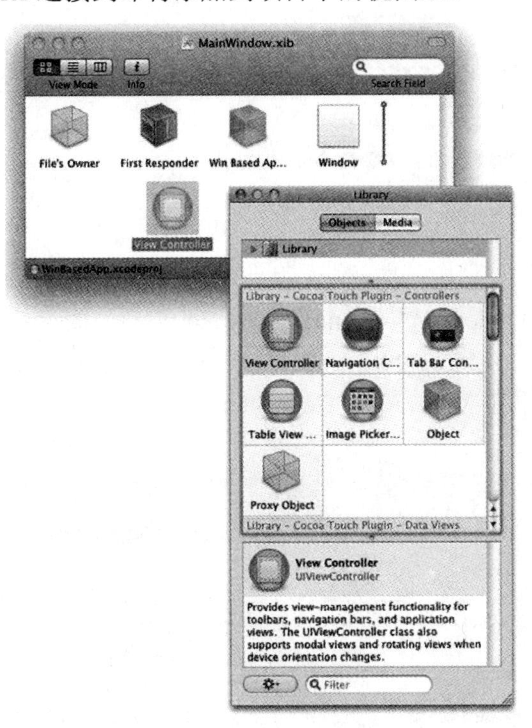

图　7-3

(5) 回到 Xcode，双击其中的 Classes 组并添加一个新文件。选择 UIViewController subclass 项并将其命名为 MyViewController。由于需要在后续步骤中手动添加 XIB 文件，因此请取消勾选 With XIB for user interface 复选框。现在的 Xcode 应该如图 7-4 所示。选中的两个文件作为之前在 Interface Builder 中添加的 View Controller 项的类。

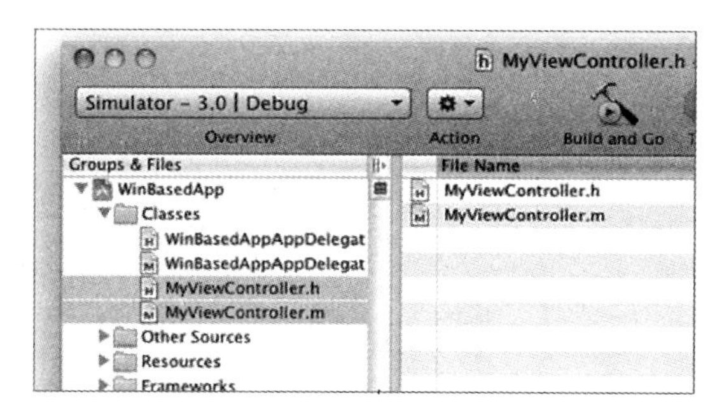

图　7-4

(6) 在 Xcode 中双击 Resources 组并添加一个新文件。选择 View XIB 项并将其命名为 MyView.xib。现在的 Xcode 应该如图 7-5 所示。

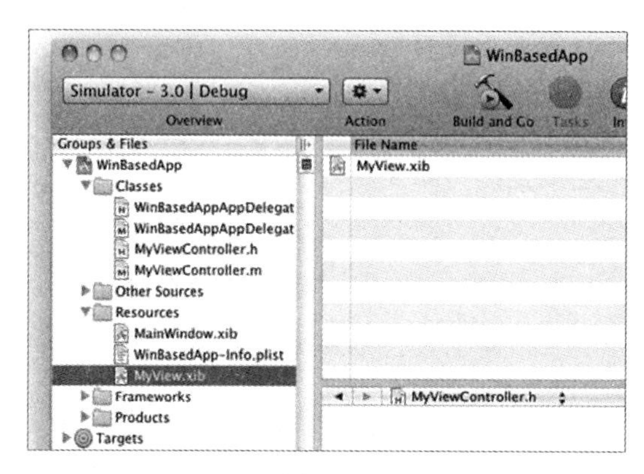

图　7-5

(7) 回到 Interface Builder，选中 MainWindow.xib 窗口中的 View Controller 项并查看其 Identify Inspector 窗口。在 Class 下拉列表中选择 MyViewController 项(如图 7-6 所示)。现在视图控制器的名称应该变为 My View Controller。

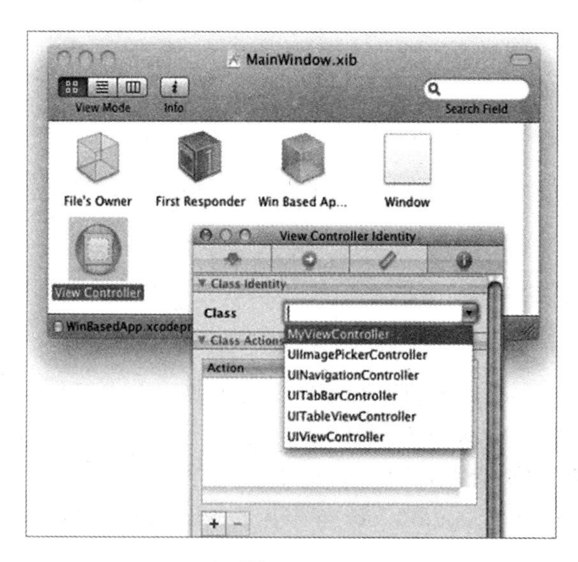

图　7-6

(8) 查看 My View Controller 的 Attributes Inspector 窗口，从 NIB Name 下拉列表中选择 MyView 项(如图 7-7 所示)。

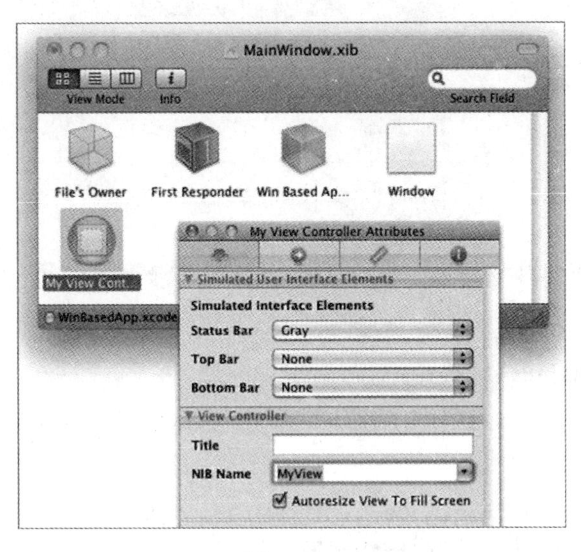

图　7-7

(9) 双击 MyView.xib 文件，在 Interface Builder 中编辑它。在 MyView.xib 窗口中，选择 File's Owner 项，在其 Identity Inspector 窗口中，选择 MyViewController 项作为其类名(如图 7-8 所示)。这意味着 XIB 文件将由 MyViewController 类进行控制。

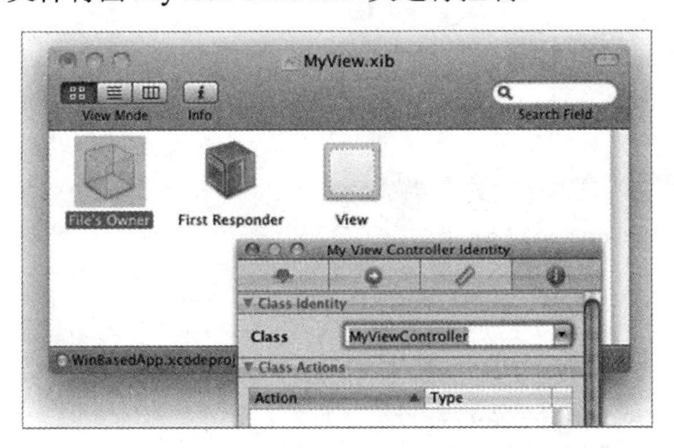

图　7-8

(10) 按住 Control 键单击并将 File's Owner 项拖动到 View 项上，选择 view。

注意：这一步很重要，因为它表明 MyViewController 将会实际控制 View 窗口。这步如果有问题则会导致运行时错误。

(11) 双击 MyView.xib 窗口中的 View 项并向 View 窗口添加一个 Button 视图(如图 7-9

所示)。

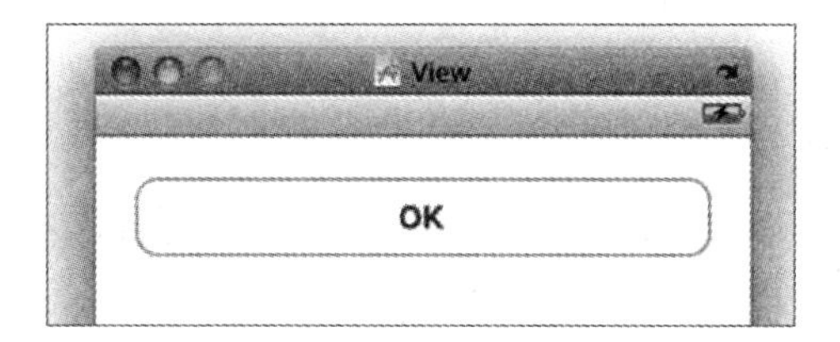

图　7-9

(12) 回到 Xcode，将如下加粗的代码插入到 WinBasedAppAppDelegate.h 文件中。

```
#import <UIKit/UIKit.h>

@class MyViewController;

@interface WinBasedAppAppDelegate :NSObject<UIApplicationDelegate> {
    UIWindow *window;

    //---create an instance of the view controller---
    MyViewController *myViewController;
}

@property (nonatomic, retain) IBOutletUIWindow *window;

//---expose the view controller as a property---
@property (nonatomic, retain) IBOutletMyViewController *myViewController;

@end
```

在 WinBasedAppAppDelegate.m 文件中，插入以下加粗显示的代码行。

```
#import "WinBasedAppAppDelegate.h"

#import "MyViewController.h"

@implementation WinBasedAppAppDelegate

@synthesize window;

//---synthesize the property---
@synthesize myViewController;

- (void)applicationDidFinishLaunching:(UIApplication *)application {

    // Override point for customization after application launch
    //---add the new view to the current window---
    [windowaddSubview:myViewController.view];

    [windowmakeKeyAndVisible];

}

- (void)dealloc {
    [myViewController release];
```

```
        [window release];
        [superdealloc];
    }

    @end
```

(13) 在 MainWindow.xib 窗口中，按住 Control 键单击并将 Win Based App Delegate 项拖动到 My View Controller 项上(如图 7-10 所示)。选择 myViewController，这会将该窗口关联到视图控制器上。

(14) 按 Command＋R 组合键在 iPhone Simulator 上测试应用程序。这时就会看到 OK 按钮出现在应用程序的主屏幕上(如图 7-11 所示)。

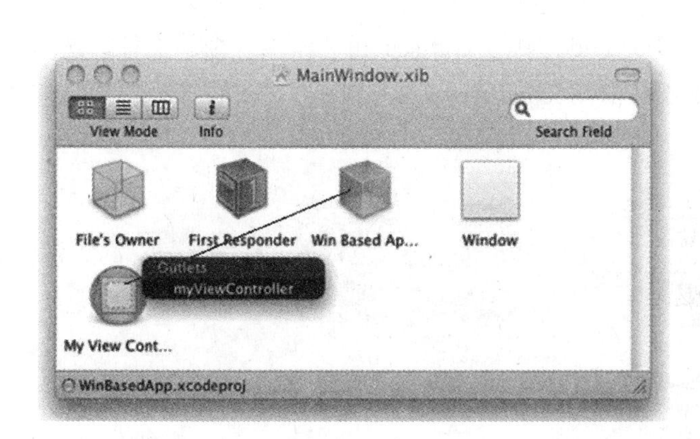

图　7-10

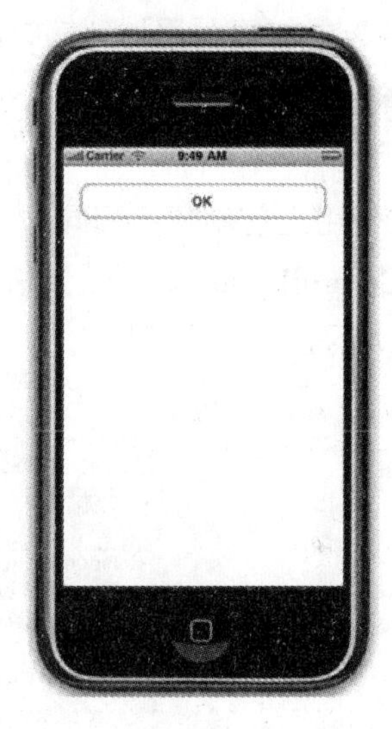

图　7-11

注意：作为练习，可以创建一个动作，当按下 OK 按钮时该动作会显示一个警告视图。

示例说明

在使用 Window-based Application 模板创建 iPhone 项目时，Xcode 只在项目中为你提供最少量的项——一个 MainWindow.xib 文件以及应用程序委托。需要添加自己的视图控制器与视图。

在上面的练习：中，首先向 MainWindow.xib 窗口中添加了一个 View Controller，接下来添加 UIViewController 类的一个实例(命名为 MyViewController)，这样就可以将其连接到刚刚添加的视图控制器上。需要在该控制器类中编写代码来处理视图与用户之间的交互。

还在 Interface Builder 中向该项目添加了一个 XIB 文件(MyView.xib)，该文件代表一个视图。注意将相关类连接到正确的 XIB 与 View Controller 项时所采取的各个步骤。

当应用程序加载完毕后，将 myViewController 对象所代表的视图添加到该窗口中，这样就可以使用 UIWindow 实例的“addSubview:”方法显示它。

```
[windowaddSubview:myViewController.view];
```

7.1.1　以编程的方式添加视图控制器

除了可以使用 Interface Builder 添加视图控制器与视图外，另一种常用的技术是在运行期间以编程的方式创建视图。这么做具有很高的灵活性，尤其是在编写游戏时，应用程序 UI 经常要发生变化。

下面的“试一试”将介绍如何使用 UIViewController 类的一个实例来创建视图，然后以编程的方式将视图添加到其中。

试一试：　以编程的方式添加视图控制器

(1) 使用之前创建的相同项目，右击 Xcode 中的 Classes 组并添加一个新文件。选择 UIViewController subclass 项并将其命名为 MySecondViewController。现在的 Xcode 应该如图 7-12 所示。

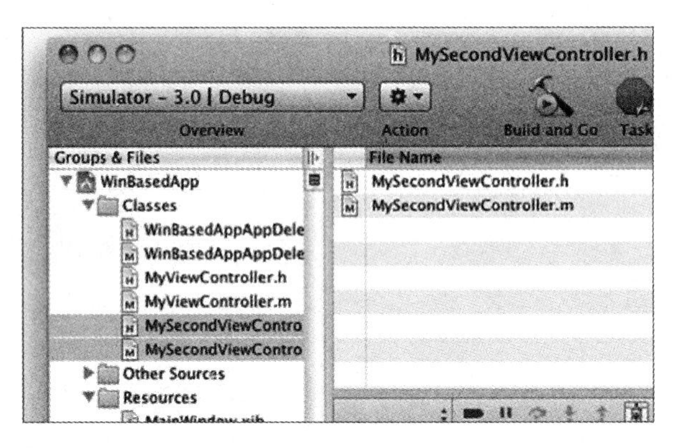

图　7-12

(2) 在 WinBasedAppAppDelegate.h 文件中，添加如下粗体代码：

```
#import "WinBasedAppAppDelegate.h
#import "MyViewController.h"

#import "MySecondViewController.h"

@implementation WinBasedAppAppDelegate

@synthesize window;
@synthesize myViewController;

//---create an instance of the second view controller---
MySecondViewController *mySecondViewController;

- (void)applicationDidFinishLaunching:(UIApplication *)application {
```

```
    //---instantiate the second view controller---
    mySecondViewController = [[MySecondViewControlleralloc]
                              initWithNibName:nil
                              bundle:nil];

    //---add the view from the second view controller---
    [windowaddSubview:mySecondViewController.view];

    //---comment this out so that it doesn't load the myViewController---
    //[window addSubview:myViewController.view];
    [windowmakeKeyAndVisible];
}

- (void)dealloc {
    [mySecondViewController release];
    [myViewController release];
    [window release];
    [superdealloc];
}
```

(3) 将如下几行粗体代码插入到 MySecondViewController.h 文件中：

```
#import <UIKit/UIKit.h>

@interface MySecondViewController :UIViewController {
    //---create two outlets - label and button---
    UILabel *label;
    UIButton *button;
}

//---expose the outlets as properties---
@property (nonatomic, retain) UILabel *label;
@property (nonatomic, retain) UIButton *button;

@end
```

(4) 在 MySecondViewController.m 文件中，添加 viewDidLoad()方法：

```
//---synthesize the properties---
@synthesize label, button;


- (void)viewDidLoad {


    //---create a CGRect for the positioning---
    CGRect frame = CGRectMake(10, 10, 300, 50);


    //---create a Label view---
    label = [[UILabelalloc] initWithFrame:frame];
    label.textAlignment = UITextAlignmentCenter;
    label.font = [UIFontfontWithName:@"Verdana" size:20];
    label.text = @"This is a label";
```

```
    //---create a Button view---
    frame = CGRectMake(10, 250, 300, 50);
    button = [UIButtonbuttonWithType:UIButtonTypeRoundedRect];
            button.frame = frame;
    [buttonsetTitle:@"OK" forState:UIControlStateNormal];
    button.backgroundColor = [UIColorclearColor];

    [self.viewaddSubview:label];
    [self.viewaddSubview:button];

    [superviewDidLoad];

}
```

(5) 按 Command＋R 组合键在 iPhone Simulator 上测试应用程序。就会看到 Label 视图与 Button 视图出现在该应用程序的主屏幕上(如图 7-13 所示)。

图　7-13

示例说明

在上一个示例中，向项目中添加了一个 View Controller 项、UIViewController 类的一个的实例，以及一个 XIB 文件，与该示例不同，本示例只创建 UIViewController 类的一个实例，并以编程的方式将视图添加到主 View 窗口中。

当应用程序启动完毕后，在应用程序委托中创建 UIViewController 类(前面已创建该类)的一个实例：

```
    //---instantiate the view controller---
    mySecondViewController = [[MySecondViewControlleralloc]
                              initWithNibName:nil
                              bundle:nil];
```

这里并不需要 XIB 文件，因为将以编程的方式添加各种视图。因此，可以将“initWithNibName:”参数设置为 nil。

为了加载 UIViewController 类实例所代表的 View 窗口，可以使用 UIWindow 类对应实例的“addSubview:”方法：

```
    //---add the view from the view controller---
    [windowaddSubview:mySecondViewController.view];
```

要想在运行期间以编程的方式创建视图，需要重写 UIViewController 类的 viewDidLoad()方法。这里，手动创建 Label 视图与 Button 视图的实例，指定它们的位置及其文本标题。最后，将它们添加到主 View 窗口中：

```
- (void)viewDidLoad {
    //---create a CGRect for the positioning---
    CGRect frame = CGRectMake(10, 10, 300, 50);
```

```
    //---create a Label view---
    label = [[UILabelalloc] initWithFrame:frame];
    label.textAlignment = UITextAlignmentCenter;
    label.font = [UIFontfontWithName:@"Verdana" size:20];
    label.text = @"This is a label";

    //---create a Button view---
    frame = CGRectMake(10, 250, 300, 50);
    button = [UIButtonbuttonWithType:UIButtonTypeRoundedRect];
              button.frame = frame;
    [buttonsetTitle:@"OK" forState:UIControlStateNormal];
    button.backgroundColor = [UIColorclearColor];

    //---add the views to the current View---
    [self.viewaddSubview:label];
    [self.viewaddSubview:button];

     [superviewDidLoad];
}
```

7.1.2 创建并连接动作

上一节介绍了如何在运行期间以编程的方式添加视图。对应示例还介绍了如何向主 View 中添加 Label 视图与 Button 视图。然而，需要处理 Button 视图触发的事件，这样当用户按下 OK 按钮时，才能执行某些工作。第 3 章介绍了插座变量与动作，以及如何使用 Interface Builder 将代码与它们进行连接。在下面的“试一试”中，视图是通过编写代码创建的，因此无法使用 Interface Builder 连接动作与插座变量——也只能通过代码实现。

试一试： 将动作连接到视图上

(1) 使用上一节创建的相同项目，在 MySecondViewController.h 文件中声明“buttonClicked:”动作，如以下粗体代码所示：

```
#import <UIKit/UIKit.h>

@interface MySecondViewController :UIViewController {
     UILabel *label;
     UIButton *button;
}

@property (nonatomic, retain) UILabel *label;
@property (nonatomic, retain) UIButton *button;

//---declaring the IBAction---
-(IBAction) buttonClicked: (id) sender;

@end
```

(2) 在 MySecondViewController.m 文件中，为“buttonClicked:”动作提供如下实现：

```
-(IBAction) buttonClicked: (id) sender{
```

```
    UIAlertView *alert = [[UIAlertViewalloc] initWithTitle:@"Action invoked!"
                                message:@"Button clicked!"
                                delegate:self
                                cancelButtonTitle:@"OK"
                                otherButtonTitles:nil];
    [alert show];
    [alert release];
}
```

(3) 要想将 Button 视图的相关事件(Touch Up Inside)连接到“buttonClicked:”动作上，将如下粗体代码添加到 loadView()方法中：

```
- (void)viewDidLoad {

    CGRect frame = CGRectMake(10, 10, 300, 50);

    //---create a Label view---
    label = [[UILabelalloc] initWithFrame:frame];
    label.textAlignment = UITextAlignmentCenter;
    label.font = [UIFontfontWithName:@"Verdana" size:20];
    label.text = @"This is a label";

    //---create a Button view---
    frame = CGRectMake(10, 50, 300, 50);
    button = [[UIButtonbuttonWithType:UIButtonTypeRoundedRect]
            initWithFrame:frame];
    [buttonsetTitle:@"OK" forState:UIControlStateNormal];
     button.backgroundColor = [UIColorclearColor];

   //---add the action handler and set current class as
target---
   [buttonaddTarget:self
       action:@selector(buttonClicked:)
       forControlEvents:UIControlEventTouchUpInside]
   ;

   //---add the views to the current View---
   [self.viewaddSubview:label];
   [self.viewaddSubview:button];

   [superviewDidLoad];

}
```

图　7-14

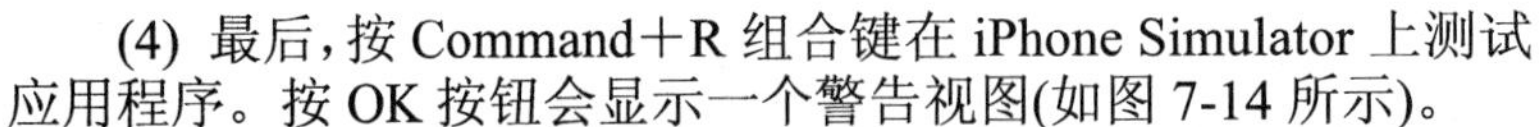

(4) 最后，按 Command+R 组合键在 iPhone Simulator 上测试应用程序。按 OK 按钮会显示一个警告视图(如图 7-14 所示)。

控制事件

可用于控制对象的事件列表如下所示：

- UIControlEventTouchDown
- UIControlEventTouchDownRepeat

- UIControlEventTouchDragInside
- UIControlEventTouchDragOutside
- UIControlEventTouchDragEnter
- UIControlEventTouchDragExit
- UIControlEventTouchUpInside
- UIControlEventTouchUpOutside
- UIControlEventTouchCancel
- UIControlEventValueChanged
- UIControlEventEditingDidBegin
- UIControlEventEditingChanged
- UIControlEventEditingDidEnd
- UIControlEventEditingDidEndOnExit
- UIControlEventAllTouchEvents
- UIControlEventAllEditingEvents
- UIControlEventApplicationReserved
- UIControlEventSystemReserved
- UIControlEventAllEvents

每个事件的用法细节请参考 http://developer.apple.com/iphone/library/documentation/UIKit/Reference/UIControl_Class/Reference/Reference.html#//apple_ref/doc/constant_group/Control_Events。

7.2　切换视图

到目前为止，你已经了解了单视图应用程序。然而，在现实生活中，通常会有很多视图，每个视图代表不同的信息。根据用户的选择，需要切换到不同的视图以执行不同的任务。

因此，本节将介绍如何根据用户的选择进行视图的切换。

试一试：切换视图

(1) 使用上一节创建的相同项目，向 MySecondViewController.m 文件中添加如下粗体代码：

```
#import "MySecondViewController.h"

#import "MyViewController.h"

@implementation MySecondViewController
@synthesize label, button;

//---create an instance of the view controller---
MyViewController *myViewController;
```

```
-(IBAction) buttonClicked: (id) sender{

    //---add the view of the view controller to the current View---
    myViewController = [[MyViewControlleralloc]
                            initWithNibName:@"MyView" bundle:nil];
    [self.viewaddSubview:myViewController.view];

    //---comment out this section---
    /*
    UIAlertView *alert = [[UIAlertViewalloc] initWithTitle:@"Action invoked!"
                            message:@"Button clicked!"
                            delegate:self
                            cancelButtonTitle:@"OK"
                            otherButtonTitles:nil];
    [alert show];
    [alert release];
    */

}

- (void)dealloc {
    [myViewController release];
    [label release];
    [superdealloc];
}
```

(2) 在 MyViewController.h 文件中声明一个“btnClicked:”动作：

```
#import <UIKit/UIKit.h>

@interface MyViewController :UIViewController {

}

-(IBAction) btnClicked:(id) sender;

@end
```

(3) 在 MyViewController.m 文件中，定义“btnClicked:”动作，如以下代码所示：

```
-(IBAction) btnClicked:(id) sender{
    //---remove the current view; essentially hiding the view---
    [self.viewremoveFromSuperview];
}
```

(4) 双击 MyView.xib 文件，在 Interface Builder 中编辑它。按住 Control 键单击并将 View 窗口中的 OK 按钮拖动到 MyView.xib 窗口的 File's Owner 项上，选择“btnClicked:”动作。

(5) 回到 Xcode，按 Command＋R 组合键测试应用程序。当按下主视图中的 OK 按钮时，就会看到第二个视图(如图 7-15 所示)。可以按 OK 按钮关闭第二个视图。

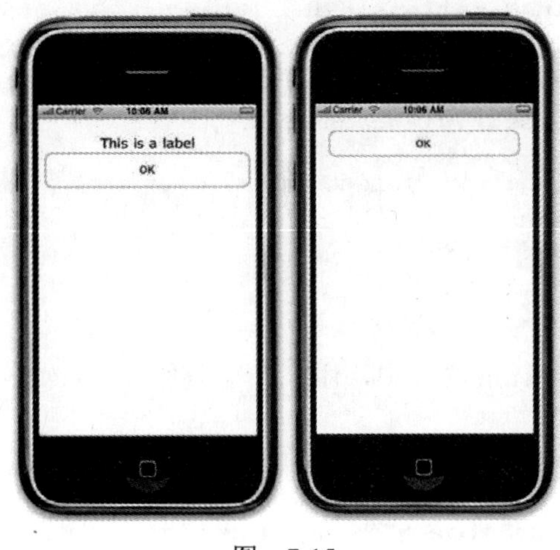

图　7-15

示例说明

在该示例中，只使用“addSubview:”方法将视图控制器的视图(将要切换到的视图)添加到当前视图中。

```
//---add the view of the view controller to the current View---
myViewController = [[MyViewControlleralloc]
                        initWithNibName:@"MyView" bundle:nil];
[self.viewaddSubview:myViewController.view];
```

使用“removeFromSuperview:”方法来删除视图：

```
//---remove the current view; essentially hiding the view
[self.viewremoveFromSuperview];
```

7.3　为视图切换添加动画

上一节介绍的视图切换太快了——两个视图是立刻变化的，没有任何视觉提示。iPhone 的一个主要卖点就是其动画功能。因此，对于视图切换，可以通过执行某些简单的动画让显示变得更加有趣，比如翻转一个视图来显示另一个视图。下面就将介绍实现方式。

试一试：　为过渡添加动画

(1) 使用上一节的相同项目，向 MySecondViewController.m 文件中添加如下粗体代码：

```
-(IBAction) buttonClicked: (id) sender{
    myViewController = [[MyViewControlleralloc]
```

```
                                        initWithNibName:@"MyView" bundle:nil];

    [UIView setAnimationDuration:1];
    [UI [UIViewbeginAnimations:@"fl   ipping view" context:nil];
    ViewsetAnimationCurve:UIViewAnimationCurveEaseInOut];
    [UIViewsetAnimationTransition: UIViewAnimationTransitionFlipFromLeft
           forView:self.viewcache:YES];

    [self.viewaddSubview:myViewController.view];

    [UIViewcommitAnimations];

}
```

(2) 在 MyViewController.m 文件中，添加如下粗体代码：

```
-(IBAction) btnClicked:(id) sender{

    [UIViewbeginAnimations:@"fl   ipping view" context:nil];
    [UIView setAnimationDuration:1];
    [UIViewsetAnimationCurve:UIViewAnimationCurveEaseIn];
    [UIViewsetAnimationTransition: UIViewAnimationTransitionFlipFromRight
       forView:self.view.superviewcache:YES];

    [self.viewremoveFromSuperview];

    [UIViewcommitAnimations];
}
```

(3) 按 Command+R 组合键在 iPhone Simulator 上测试应用程序。单击两个 View 窗口上的 OK 按钮，注意观察两个视图的翻转方向(如图 7-16 所示)。

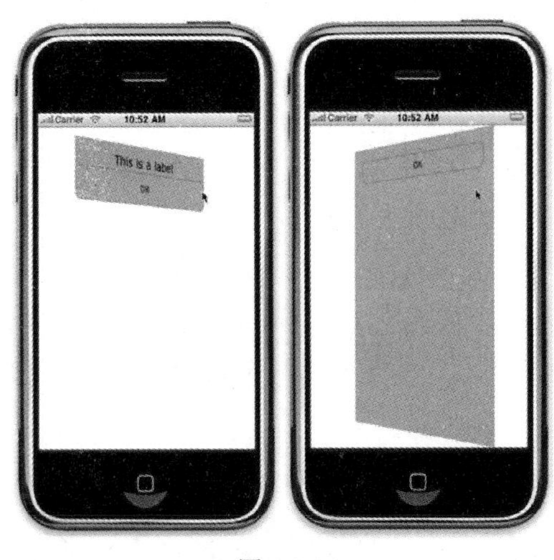

图　7-16

示例说明

首先，检查应用到MySecondViewController的动画。通过调用UIView类的“beginAnimations:”

方法启动动画模块，从而开始执行动画：

```
[UIViewbeginAnimations:@"flipping view" context:nil];
```

“setAnimationDuration:”方法指定动画的持续时间，单位是秒。这里将其设为 1 秒：

```
[UIView setAnimationDuration:1];
```

“setAnimationCurve:”方法设置动画的曲线变化：

```
[UIViewsetAnimationCurve:UIViewAnimationCurveEaseInOut];
```

可以使用如下动画曲线常量：

- UIViewAnimationCurveEaseInOut——动画开始时很慢，持续时间的中间不断加快，结束前又变得很慢。
- UIViewAnimationCurveEaseIn——动画开始时很慢，后面不断加速。
- UIViewAnimationCurveEaseOut——动画开始时很快，动画结束时不断变慢。
- UIViewAnimationCurveLinear——动画在持续期间是匀速的。

“setAnimationTransition:”方法为视图设置了动画持续期间的过渡类型。

```
[UIViewsetAnimationTransition: UIViewAnimationTransitionFlipFromLeft
        forView:self.viewcache:YES];
```

“cache:”参数指定 iPhone 是否应该缓存视图的图像并在过渡过程中使用它。缓存图像会加速动画过程。下面的常量可用于动画过渡：

- UIViewAnimationTransitionNone——无过渡。
- UIViewAnimationTransitionFlipFromLeft——从左向右围着垂直轴翻转。
- UIViewAnimationTransitionFlipFromRight——从右向左围着垂直轴翻转。
- UIViewAnimationTransitionCurlUp——从下向上翻转视图。
- UIViewAnimationTransitionCurlDown——从上向下翻转视图。

可以调用“commitAnimations:”方法来结束动画：

```
[UIViewcommitAnimations];
```

在 MyViewController 上执行的动画类似于在 MySecondViewController 上执行的动画，除了要添加动画的视图必须要设置为 self.view.superview 之外：

```
[UIViewsetAnimationTransition: UIViewAnimationTransitionFlipFromRight
    forView:self.view.superviewcache:YES]
```

7.4　小结

从本章开始介绍了 Window-based Application 项目。Window-based Application 模板是一个很好的起点，有助于真正理解 iPhone 应用程序中 UI 的具体细节。本章介绍了如何在两个视图之间切换并将动画应用程序到切换过程。第 8 章将介绍 iPhone SDK 所支持的另一类应用程序模板：页签栏应用程序。页签栏应用程序是可以构建的另一种多视图应用程序，只不过所有的基础工作都由 Xcode 帮我们完成。

练习：

1. 以编程的方式创建一个视图控制器。
2. 在运行期间动态创建一个视图。
3. 编写代码段将视图的事件与事件处理程序连接起来。

本章小结

主　　题	关 键 概 念
手动添加视图控制器	向项目添加 UIViewController subclass 项的一个实例

编写代码创建 Label 视图	`label = [[UILabelalloc] initWithFrame:frame];`
	`label.textAlignment = UITextAlignmentCenter;`
	`label.font = [UIFontfontWithName:@"Verdana" size:20];`
	`label.text = @"This is a label";`

编写代码创建 Button 视图	`frame = CGRectMake(10, 250, 300, 50);`
	`button = [[UIButtonbuttonWithType: UIButtonTypeRoundedRect] initWithFrame:frame];`
	`[button setTitle:@"OK" forState:UIControlStateNormal];`
	`button.backgroundColor = [UIColorclearColor];`

连接事件与事件处理程序	`button addTarget:self action:@selector(buttonClicked:) forControlEvents: UIControlEventTouchUpInside];`
切换视图	`myViewController = [[MyViewControlleralloc] initWithNibName:@"MyView" bundle:nil];` `[self.viewaddSubview:myViewController.view];`

为视图切换添加动画	`UIViewbeginAnimations:@"flipping view" context:nil];`
	`[UIView setAnimationDuration:1];`
	`[UIView setAnimationCurve: UIViewAnimationCurveEaseInOut];`
	`[UIViewsetAnimationTransition: UIViewAnimationTransitionFlipFromLeft forView:self.viewcache:YES];`
	`[self.viewaddSubview:myViewController.view];`
	`[UIViewcommitAnimations];`

第 8 章

页签栏与导航应用程序

本章内容

- 如何创建页签栏(Tab Bar)应用程序
- 如何在不同方向显示页签栏应用程序
- 如何创建基于导航的应用程序
- 在基于导航的应用程序中，如何在 View 窗口间导航

第 7 章介绍了如何使用多视图控制器创建多视图应用程序。事实上，多视图应用程序相当普遍，因此 iPhone 专门为它提供了一种特殊的应用程序类别：页签栏应用程序。页签栏应用程序包含了一个页签栏，通常位于屏幕底部。页签栏中是页签栏项，触摸页签栏项后会显示一个特定的视图。iPhone 中的 Phone 应用程序就是一个功能强大的页签栏应用程序(如图 8-1 所示)。电话应用程序包含 5 个页签栏项：Favorites、Recents、Contacts、Keypad，以及 Voicemail。当触摸 Favorites 项时，就会看到一个可编辑的常用联系人列表。触摸 Contacts 项会显示存储在 iPhone 上的所有联系人列表。

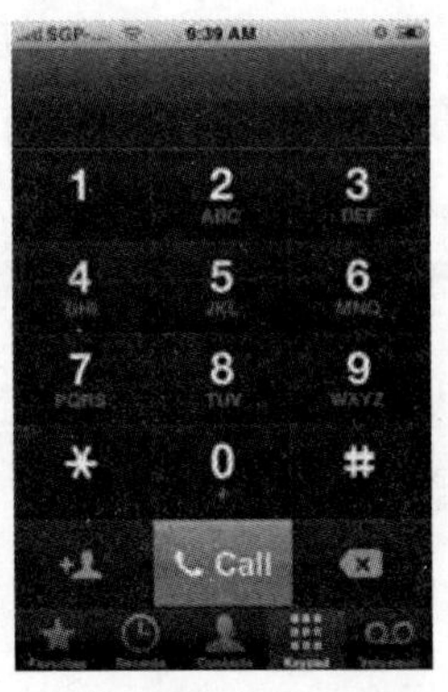

图 8-1

除了页签栏应用程序外，iPhone 上还有一种常见的应用程序类型：基于导航的应用程序。基于导航的应用程序包含了一个 UI，用户可以进入到一个项层次结构中。它在屏幕上方有一个导航栏，显示当前被压到栈中的项。图 8-2 展示了基于导航的应用的一个示例——Settings。

在 Settings 应用程序中，可以通过选择项并导航到另一个屏幕以进入到应用程序的设置当中。如果想回到之前的屏幕，只需触摸屏幕左上角的小按钮就可以返回。

因此，本章将介绍如何使用 iPhone SDK 提供的模板来创建这两种类型的应用程序。

图　8-2

8.1　页签栏应用程序

到现在为止，你已经了解了 iPhone SDK 提供的两类应用程序模板：View-based Application 和 Window-based Application。前者最容易上手，而后者则提供了 iPhone 应用程序的骨架，你可以自己创建所需的所有内容。

要想构建页签栏应用程序，要么使用 Window-based Application 模板，要么使用更方便的 Tab Bar Application 模板。

下面的“试一试”将使用 Tab Bar Application 模板创建一个项目并介绍其底层架构。请先下载必要的项目文件。

试一试：　创建页签栏应用程序

代码文件[TabBarApplication.zip]可从 Wrox.com 下载

(1) 使用 Xcode 创建一个新的 Tab Bar Application 项目并将其命名为 TabBarApplication。

(2) 查看项目的内容(如图 8-3 所示)。除了常规的应用程序委托文件外，它还包含一个视图控制器(FirstViewController)及两个 XIB 文件：MainWindow.xib 与 SecondView.xib。

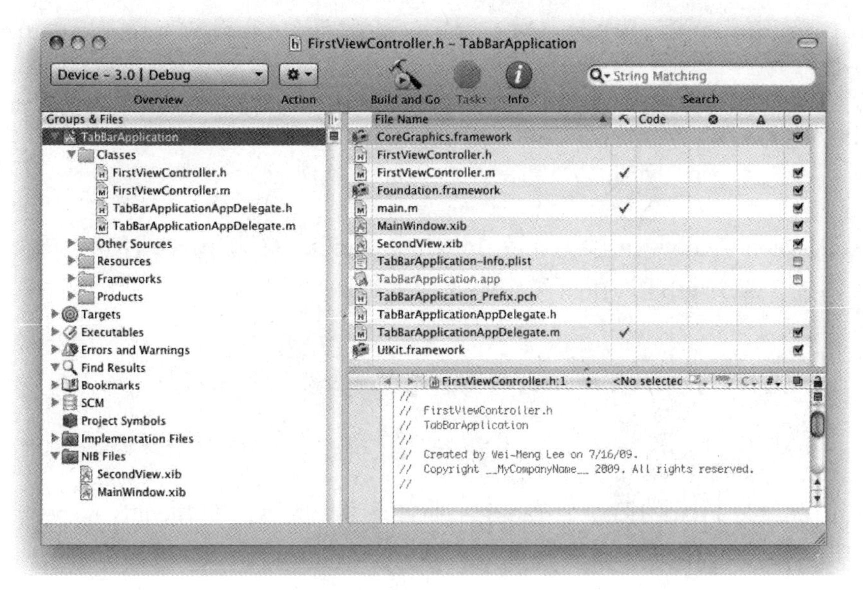

图　8-3

(3) 查看 TabBarApplicationAppDelegate.h 文件的内容，如以下代码所示：

```
#import <UIKit/UIKit.h>
@interface TabBarApplicationAppDelegate : NSObject
    <UIApplicationDelegate, UITabBarControllerDelegate> {
    UIWindow *window;
    UITabBarController *tabBarController;
}

@property (nonatomic, rtain) IBOutlet UIWindow *window;
@property (nonatomic, retain) IBOutlet UITabBarController *tabBarController;

@end
```

注意，与通常的 UIViewController 类不同，现在使用的是 UITabBarController 类，它继承自 UIViewController 类。TabBarController 是一个特殊的 UIViewController 类，后者包含一个视图控制器集合。

(4) 当该应用程序加载完毕后，加载 UITabBarController 实例的当前视图，从 TabBarApplicationAppDelegate.m 文件可以清楚地看到这一点：

```
import "TabBarApplicationAppDelegate.h"

@implementation TabBarApplicationAppDelegate

@synthesize window;
@synthesize tabBarController;
```

```
- (void)applicationDidFinishLaunching:(UIApplication *)application {

    // Add the tab bar controller's current view as a subview of the window
    [window addSubview:tabBarController.view];
}
```

(5) 双击 MainWindow.xib 文件，在 Interface Builder 中编辑它。注意到该视图底部的 Tab Bar 视图包含两个 Tab Bar Item 视图。

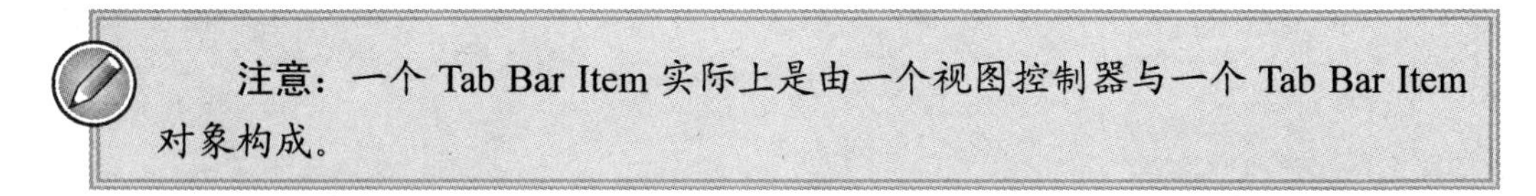

注意：一个 Tab Bar Item 实际上是由一个视图控制器与一个 Tab Bar Item 对象构成。

(6) 单击标记为 First 的第一个 Tab Bar 项(如图 8-4 所示)。在 Identity Inspector 窗口中，会看到这是一个视图控制器，其实现类是 FirstViewController。

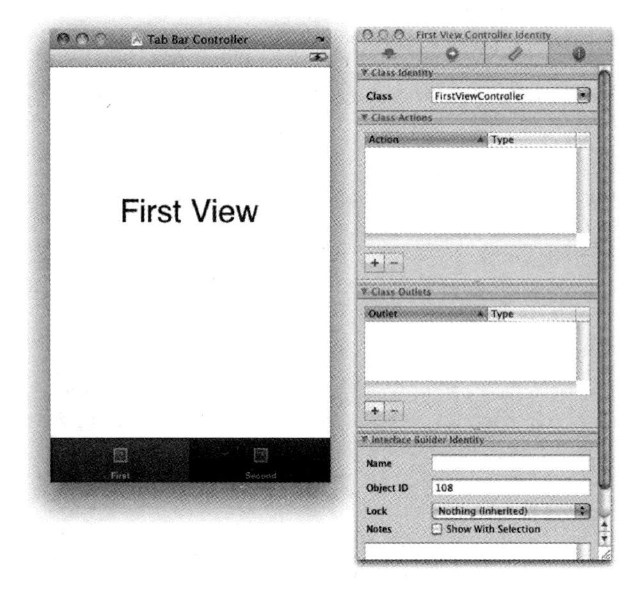

图　8-4

(7) 单击第二个 Tab Bar 项并查看其 Identity Inspector 窗口。注意到它现在指向 UIViewController 基类。现在查看其 Attributes Inspector 窗口(如图 8-5 所示)。注意，在该示例中，它是从另一个 NIB 文件——在 SecondView 中加载其 View 窗口。

注意：如果希望用户可以在第二个视图中与 UI 进行交互，就应该添加一个视图控制器类，这样才能将插座变量与动作与其进行连接。稍后将介绍这部分内容。

(8) 回到 Xcode，按 Command＋R 组合键在 iPhone Simulator 上测试应用程序(如图 8-6

所示)。现在可以触摸屏幕底部的 Tab Bar 项在两个视图间切换了。

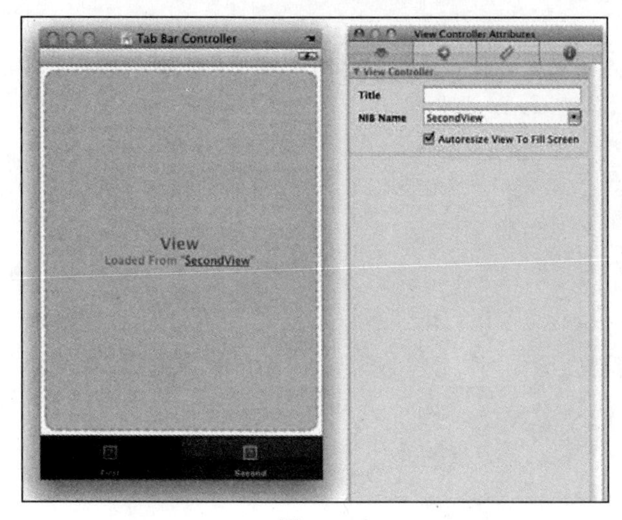

图　8-5

图　8-6

示例说明

基本上，页签栏应用程序的主要原理在于 UITabBarController 类的使用。如果双击 MainWindow.xib 文件就会看到它有一个 Tab Bar Controller 项(如图 8-7 所示)。

Tab Bar Controller 包含一个视图控制器集合。在该示例中，它包含有两个视图控制器。当把它添加到当前视图中时，总会显示位于 UITabBarController 实例中的第一个视图控制器。

```
- (void)applicationDidFinishLaunching:(UIApplication *)application {

    // Add the tab bar controller's current view as a subview of the window
    [window addSubview:tabBarController.view];
}
```

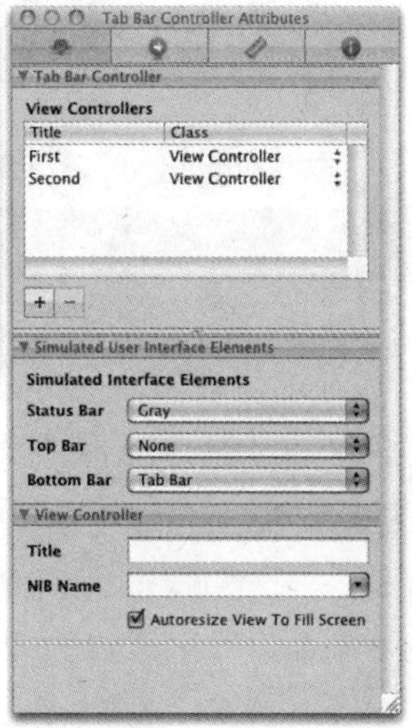

图　8-7

当用户触摸 Tab Bar 项时，对应的视图控制器就会加载进来并显示其视图。

注意：查看 MainWindow.xib 窗口的另一种方式是把它切换到 List View 中显示(位于该窗口左上角的第二个按钮)。这么做可以快速查看包含在 Tab Bar Controller 中的视图控制器集合。

添加页签栏项

上一节介绍了如何使用 SDK 提供的模板创建 Tab Bar 应用程序。默认情况下，应用程序模板只包含两个页签栏项，因此本节将会介绍如何向现有的页签栏添加更多的页签栏项。

试一试：　添加页签栏项

(1) 使用上一节创建的相同项目，在 Interface Builder 中，从 Library 中将 Tab Bar Item 拖放到 Tab Bar 视图上(如图 8-8 所示)。

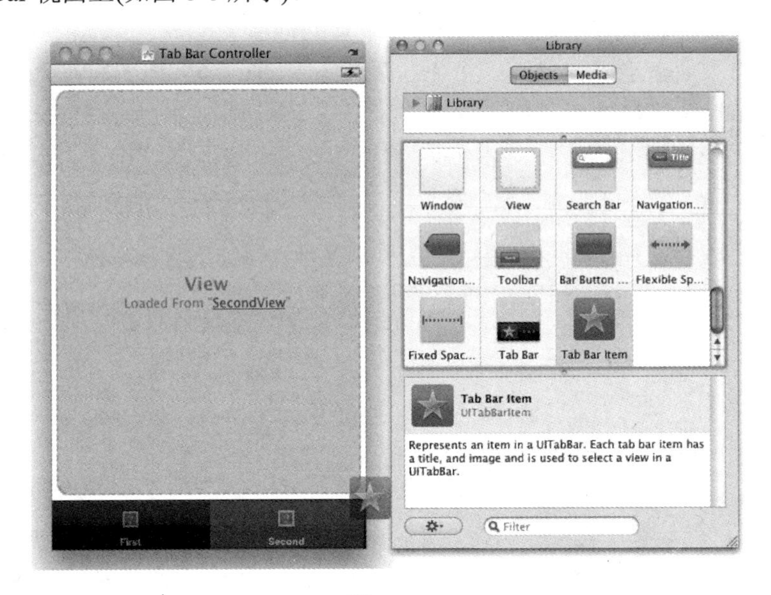

图　8-8

(2) 选择新添加的页签栏项并查看其 Attributes Inspector 窗口。将 Badge 属性设置为 5，将 Identifier 属性设置为 Search(如图 8-9 所示)。观察页签栏项外观的变化。

注意：单击页签栏项的中央以便可以选择页签栏项；如果单击外面就会选中视图控制器。

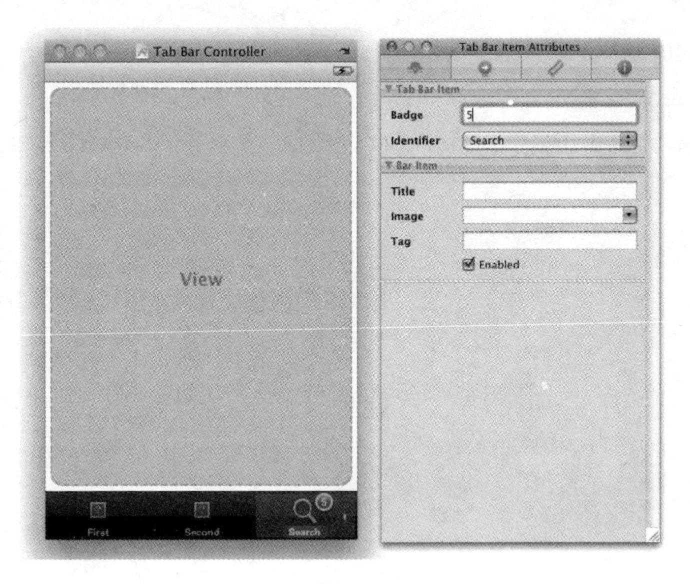

图　8-9

注意：Badge 属性可以方便地设置页签栏项上的某些数字或其他文本，这样就能给用户一些视觉上的提示。

(3) 回到 Xcode，右击 Resources 文件夹并选择 Add | New File 命令。单击 User Interfaces 类别并选择 View XIB。将新文件命名为 SearchView.xib。

(4) 在 Xcode 中，右击 Classes 文件夹并选择 Add | New File 命令。单击 Cocoa Touch Classes 类别并选择 UIViewController subclass 项。将新文件命名为 SearchViewController.m(不要选中 With XIB for user interface 选项，因为已经在上面的步骤中创建了 XIB 文件)。

(5) 双击新创建的 SearchView.xib 文件，在 Interface Builder 中打开它。向其中添加一个 Search Bar 视图(如图 8-10 所示)。

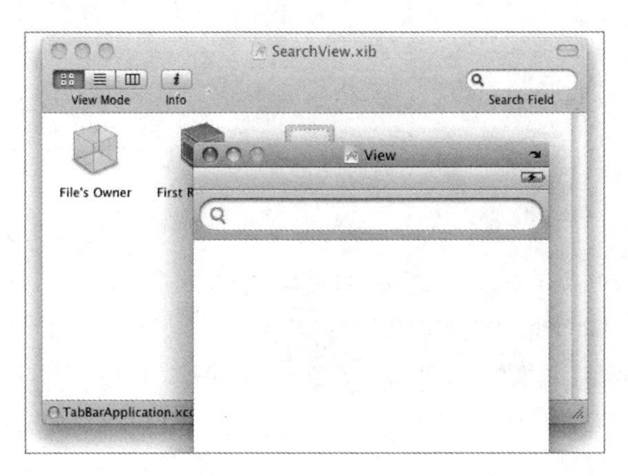

图　8-10

(6) 选中 SearchView.xib 窗口中的 File's Owner 项并打开其 Identity Inspector 窗口。选择

SearchViewController 作为其 Class。

(7) 按住 Control 键单击并将 File's Owner 项拖拽到 View 项上，选择 view。

(8) 按住 Control 键单击并将 Search Bar 视图拖拽到 File's Owner 项上(如图 8-11 所示)，选择 delegate。

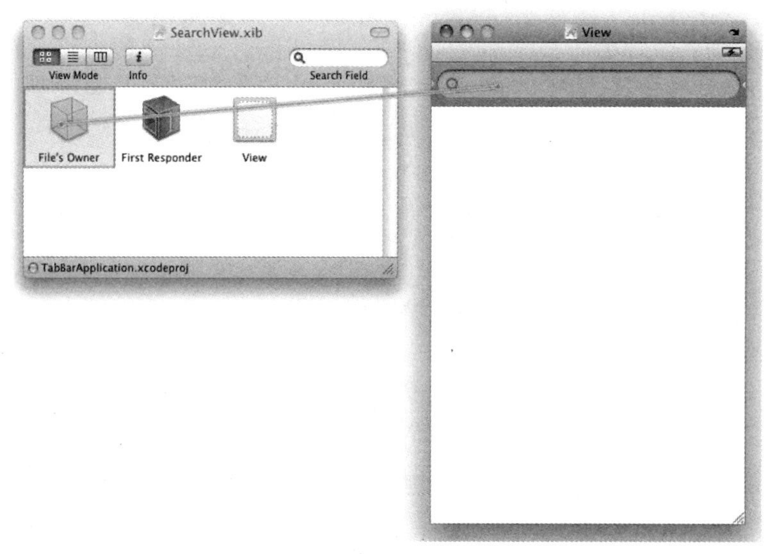

图 8-11

(9) 回到 MainWindow.xib，选择页签栏项并打开其 Attributes Inspector 窗口(如图 8-12 所示)。将其 NIB 名称设置为 SearchView。

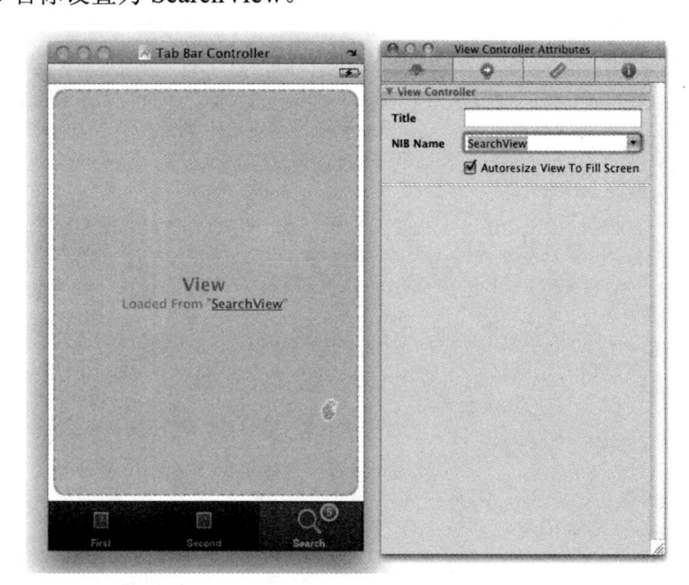

图 8-12

(10) 在 Search Tab Bar 项的 Identity Inspector 窗口中，将 Class 名称设置为 SearchViewController(如图 8-13 所示)。

注意：这一步非常重要，如果没有这一步，那么后面在视图控制器类上创建插座变量与动作时会产生运行时错误。

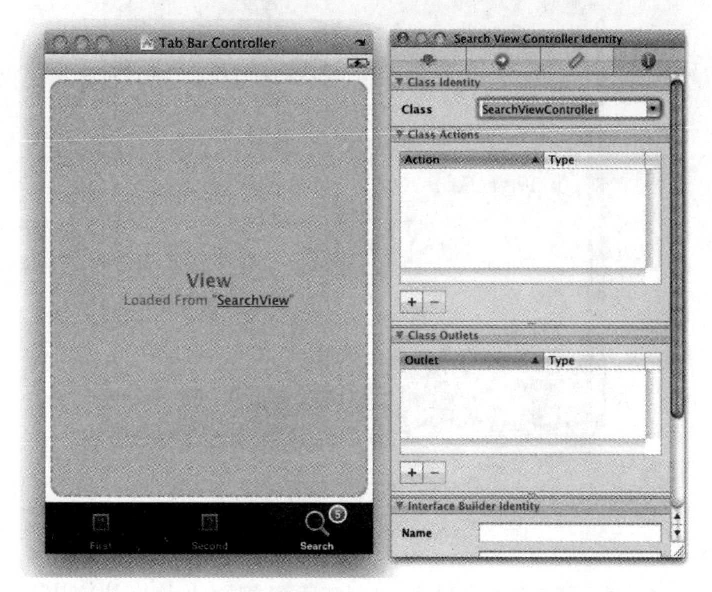

图　8-13

(11) 在 Interface Builder 中保存该项目。

(12) 回到 Xcode，将如下一行粗体代码插入到 SearchViewController.h 文件中。

```
#import <UIKit/UIKit.h>

@interface SearchViewController : UIViewController <UISearchBarDelegate> {

}
@end
```

(13) 将如下几行粗体代码插入到 SearchViewController.m 文件中。

```
#import "SearchViewController.h"

@implementation SearchViewController

- (void)searchBarSearchButtonClicked:(UISearchBar *)searchBar
  {
      //---hide the keyboard---
      [searchBar resignFirstResponder];
  }
```

(14) 按 Command＋R 组合键在 iPhone Simulator 上测试应用程序。现在可以触摸第三个页签栏项(Search)来查看搜索栏(如图 8-14 所示)。触摸 Search Bar 会自动显示键盘。当输入完成后，触摸键盘上的 Search 按钮就可以隐藏键盘。

图　8-14

示例说明

在本示例中，将一个页签栏项视图添加到了页签视图上并将其连接到 XIB 文件与对应的 View Controller 类上。

添加新的页签栏项视图很简单：只需从 Library 中将 Tab Bar Item 拖拽到 Tab Bar 视图上。除此之外，还可以通过 MainWindow.xib 窗口中 Tab Bar Controller 项的 Attributes Inspector 窗口来添加(如图 8-15 所示)。单击“+”按钮来添加新的视图控制器，Tab Bar 视图会自动插入一个新的 Tab Bar Item 视图。

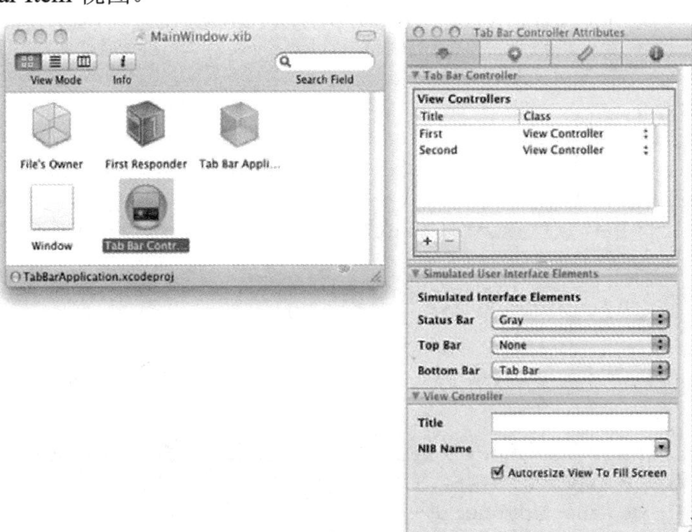

图　8-15

在 Landscape 模式下显示页签栏应用程序

第 6 章介绍了可以通过重写“shouldAutorotateToInterfaceOrientation:”方法支持 iPhone 应用程序中的屏幕旋转。为了支持所有的屏幕方向，只需为该方法返回一个 YES 即可，如以下代码所示：

```
- (BOOL)shouldAutorotateToInterfaceOrientation:(UIInterfaceOrientation)
    interfaceOrientation {
    return YES;
}
```

这么做会使得视图能够自动旋转以支持新的方向。对于页签栏应用程序则有些特别。要想查看有哪些不同，就对 FirstViewController.m 文件进行如下修改：

```
//---FirstViewController.m---
- (BOOL)shouldAutorotateToInterfaceOrientation:(UIInterfaceOrientation)
    interfaceOrientation {
    return YES;
}
```

按 Command＋R 组合键测试应用程序并改变屏幕方向，发现什么了？应用程序的方向并没有改变——依旧显示在 portrait 模式下。为了支持不同的方向，UITabBarController 对象中的所有视图控制器都必须支持同样的方向。也就是说，如果某一个视图控制器支持 landscape left 模式，那么所有的视图控制器也都必须支持 landscape left 模式。

因此，下面的“试一试”将会修改应用程序以支持所有方向。

试一试：　支持屏幕旋转

(1) 使用上一节创建的相同项目，打开 Identity Inspector 窗口，将第二个页签栏项设置为 UIViewController 基类。

(2) 在 Xcode 中，右击 Classes 组并选择 Add | New Files 命令。选择 UIViewController subclass 文件模板并将其命名为 SecondViewController.m(不要选择 With XIB for user interface 选项，因为已经有了一个 XIB 文件——SecondView.xib)。

(3) 将第二个页签栏项的 Class 名字改为 SecondViewController。

(4) 在 Xcode 中，双击 SecondView.xib 文件，在 Interface Builder 中编辑它。选择 File's Owner 项并打开其 Identity Inspector 窗口，将其 Class 改为 SecondViewController。

(5) 在 FirstViewController.m、SecondViewController.m 以及 SearchViewController.m 文件中，请确保“shouldAutorotateToInterfaceOrientation:”方法返回 YES。

(6) 按 Command＋R 组合键，现在可以将应用程序旋转到任意方向(如图 8-16 所示)。

图　8-16

示例说明

你可能还记得由 Tab Bar Application 模板创建的原始项目文件只包含一个视图控制器——FirstViewController——它对应于页签栏视图控制器的第一个视图。虽然第二个视图由 SecondView.xib 表示，但它却没有对应的 View Controller 类。要想确保视图支持所有的方向，需要向该项目中添加一个新的 View Controller 类，这样才能重写 UIViewController 基类所提供的实现。接下来，需要重写“shouldAutorotateToInterfaceOrientation:”方法，以便每个视图控制器都返回 YES 以支持所有方向。

页签栏项的最大数量

页签栏最多支持 5 项。如果有 5 个以上的项，就会看到一个 More 项，触摸它会在 Table 视图中显示其他项(如图 8-17 所示)。

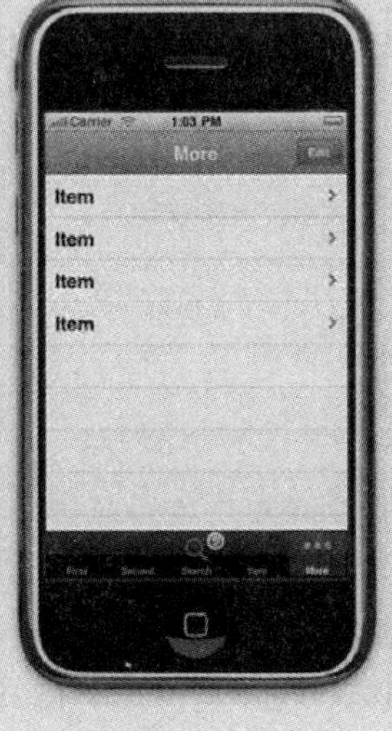

图　8-17

8.2　基于导航的应用程序

页签栏应用程序适用于包含多个视图，每个视图显示不同信息的情况，这样用户就可以在视图之间快速切换。然而，有时你拥有的是层次数据，需要用户根据选择的内容从一个屏幕切换到另一个屏幕上。在这种情况下，最好使用基于导航的应用程序。

下面的“试一试”就将介绍如何创建基于导航的应用程序。

试一试：创建基于导航的应用程序

代码文件[NavApplication.zip]可从 Wrox.com 下载

(1) 使用 Xcode 创建一个 Navigation-based Application 项目并将其命名为 NavApplication。

(2) 查看模板所创建的文件(如图 8-18 所示)。与通常一样，其中有应用程序委托文件以及一个名为 RootViewController 的视图控制器。还有两个 XIB 文件：RootViewController.xib 与 MainWindow.xib。

(3) 查看 NavAplicationAppDelegate.h 文件的内容，如以下代码所示：

```
@interface NavApplicationAppDelegate : NSObject <UIApplicationDelegate> {

    UIWindow *window;
    UINavigationController *navigationController;
}

@property (nonatomic, retain) IBOutlet UIWindow *window;
@property (nonatomic, retain) IBOutlet UINavigationController
     *navigationController;

@end
```

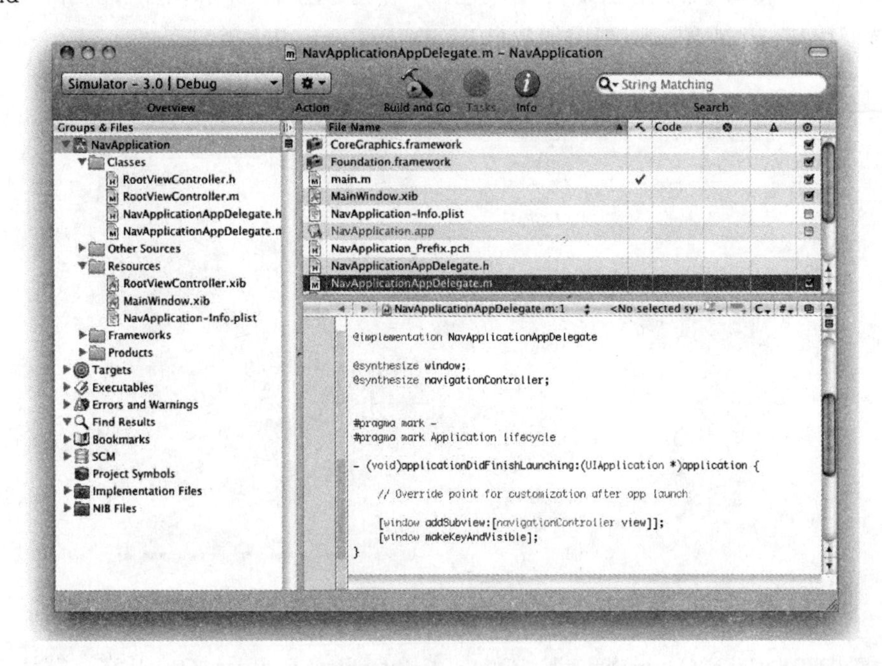

图　8-18

(4) 并没有使用通用的视图控制器，现在我们使用的是 UINavigationController 类。UINavigationController 类是一个特殊的视图控制器，可以管理层次内容的导航。

(5) 查看 NavAplicationAppDelegate.m 文件的内容，尤其是"applicationDidFinishLaunching:"方法：

```
#import "NavApplicationAppDelegate.h"
#import "RootViewController.h"

@implementation NavApplicationAppDelegate

@synthesize window;
@synthesize navigationController;

#pragma mark -
#pragma mark Application lifecycle

- (void)applicationDidFinishLaunching:(UIApplication *)application {

    // Override point for customization after app launch

    [window addSubview:[navigationController view]];
    [window makeKeyAndVisible];
}
```

(6) 向当前视图添加导航控制器的视图，这样当应用程序加载完毕后就能看到它。

(7) 双击 MainWindow.xib 文件，在 Interface Builder 中编辑它。图 8-19 表明 MainWindow.xib 窗口(显示在 List 视图下)包含一个导航控制器项。导航控制器项本身包含一个导航栏项与一个视图，该视图加载自 RootViewController 类。

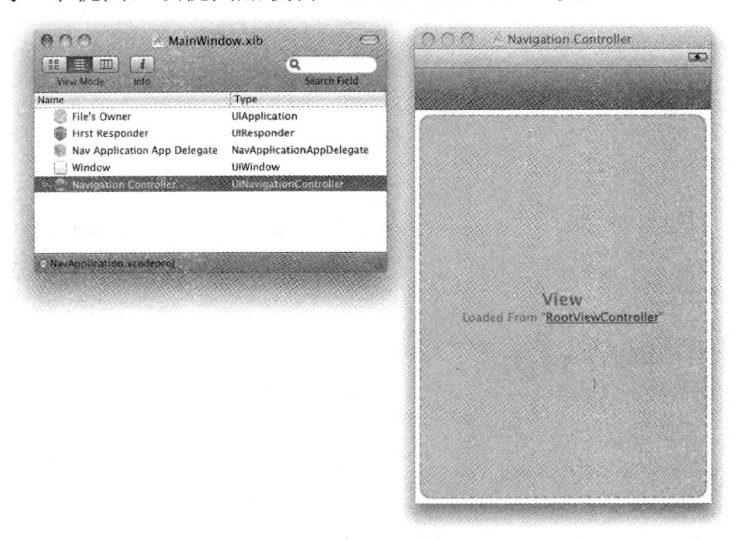

图　8-19

(8) 双击 RootViewController.xib 文件，在 Interface Builder 中打开它。默认情况下，Navigation-Application 模板对于根视图控制器使用了 Table 视图(如图 8-20 所示)。

> 注意：基于导航的应用程序并不一定必须使用 Table 视图。但由于 Table 视图是非常受欢迎的一个视图，经常用在基于导航的应用程序中，因此 Apple 在默认情况下将其包含在基于导航的应用程序模板中。第 10 章将详细介绍 Table视图。

图　8-20

(9) 按 Command＋R 组合键测试应用程序。该应用程序本身并没有显示什么内容；你所看到的只不过是几行线条而已(如图 8-21 所示)。我们将在后面介绍如何填充 Table 视图。

图　8-21

(10) 将如下突出显示的粗体代码添加到 RootViewController.m 文件中，从而声明并初始化一个数组，该数组包含一个电影列表：

```
#import "RootViewController.h"

@implementation RootViewController

NSMutableArray *listOfMovies;

- (void)viewDidLoad {

    //---initialize the array---
    listOfMovies = [[NSMutableArray alloc] init];

    //---add items---
    [listOfMovies addObject:@"Training Day"];
    [listOfMovies addObject:@"Remember the Titans"];
    [listOfMovies addObject:@"John Q."];
    [listOfMovies addObject:@"The Bone Collector"];
    [listOfMovies addObject:@"Ricochet"];
    [listOfMovies addObject:@"The Siege"];
    [listOfMovies addObject:@"Malcom X"];
    [listOfMovies addObject:@"Antwone Fisher"];
```

```
        [listOfMovies addObject:@"Courage Under Fire"];
        [listOfMovies addObject:@"He Got Game"];
        [listOfMovies addObject:@"The Pelican Brief"];
        [listOfMovies addObject:@"Glory"];
        [listOfMovies addObject:@"The Preacher's Wife"];

        //---set the title of the navigation bar---
        self.navigationItem.title = @"Movies";

    [super viewDidLoad];
}

- (void)dealloc {
     [listOfMovies release];
     [super dealloc];
}
```

(11) 将如下粗体语句插入到“tableview:numberOfRowsInSection:”方法中以指定 Table 视图显示的行数：

```
//---specify the number of rows in the table view---
- (NSInteger)tableView:(UITableView *)tableView
            numberOfRowsInSection:(NSInteger)section {

        //---set it to the number of items in the array---
        return [listOfMovies count];

}
```

(12) 将如下粗体语句插入到“tableview:cellForRowAtIndexPath:”方法中以指定每个单元格的外观：

```
// Customize the appearance of table view cells.
- (UITableViewCell *)tableView:(UITableView *)tableView
                   cellForRowAtIndexPath:(NSIndexPath *)indexPath {

     static NSString *CellIdentifier = @"Cell";

     UITableViewCell *cell = [tableView
         dequeueReusableCellWithIdentifier CellIdentifier];
         cell = [[[UITableViewCell alloc]
                                      reuseIdentifier:CellIdentifier]
                                      autorelease];
      }

         NSString *cellValue = [listOfMovies objectAtIndex:
    indexPath.row];
           cell.textLabel.text = cellValue;

       return cell;

}
```

(13) 保存该项目并按 Command＋R 组合键在 iPhone Simulator 中测试应用程序。查看显示在 Table 视图中的电影列表(如图 8-22 所示)。

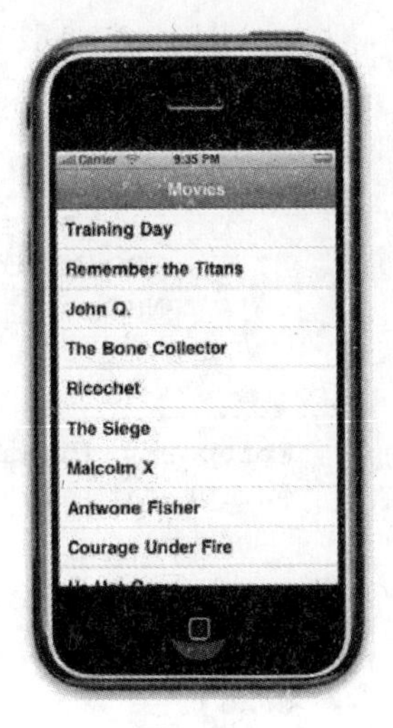

图　8-22

示例说明

到现在为止，我们还没有真正介绍 UINavigationController 对象的使用方法。基本上，你所做的都是在准备加载电影列表的 Table 视图，然后将其显示在 Table 视图中。下一节将会修改该项目，在触摸 Table 视图中的项时，该应用程序会导航到另一个视图，其中显示你所触摸的电影的名称。

导航到另一个视图

基于导航的应用程序的真正用途是从一个视图导航到另一个。因此，本节将介绍如何修改之前的应用程序以便当用户触摸某个电影时，该应用程序会导航到另一个视图。

试一试：　在另一个视图中显示所选的电影标题

(1) 使用上一节创建的相同项目，在 Xcode 中右击 Classes 组并选择 File | Add Files 命令。选择 UIViewController subclass 项并单击 Next 按钮。将文件命名为 DetailsViewController.m(不要选择 With XIB for user interface 选项，我们将在下一步手动添加)。

(2) 右击 Resources 文件夹并选择 Add | New File 命令。选择 View XIB 项并单击 Next 按钮。将该 XIB 文件命名为 DetailsView.xib。

(3) 右击 DetailsView.xib 文件，在 Interface Builder 中编辑它。向 View 窗口添加一个 Label 视图(如图 8-23 所示)。

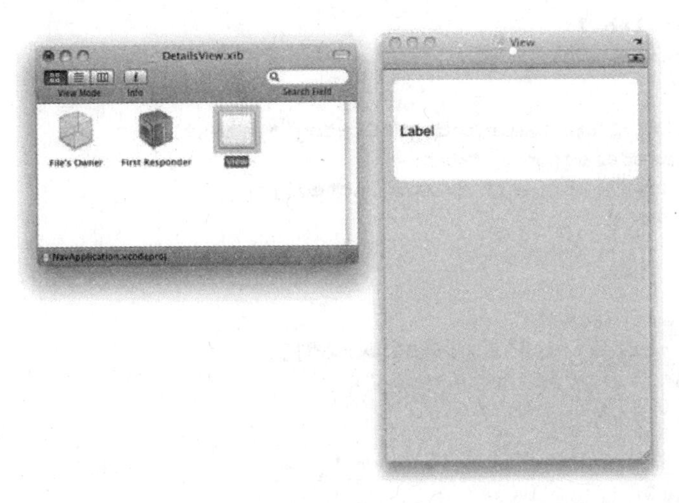

图　8-23

(4) 回到 Xcode，将如下几行粗体代码添加到 DetailsViewController.h 文件中：

```
#import <UIKit/UIKit.h>

@interface DetailsViewController : UIViewController {
        IBOutlet UILabel *label;
        NSString *textSelected;
}

@property (nonatomic, retain) UILabel *label;
@property (nonatomic, retain) NSString *textSelected;

-(id) initWithTextSelected:(NSString *) text;

@end
```

(5) 回到 Interface Builder，将 DetailsView.xib 窗口中 File's Owner 项的 Class 属性设置为 DetailsViewController。

(6) 按住 Control 键单击并将 File's Owner 项拖拽到 Label 视图上，选择 label 变量名。这么做会将 Label 视图连接到 label 插座变量上。

(7) 按住 Control 键单击 View 项的 File's Owner 项，选择 view 变量名。这会将视图控制器连接到该视图上。

(8) 将如下粗体实现代码添加到 DetailsViewController.m 文件中：

```
#import "DetailsViewController.h"

@implementation DetailsViewController

@synthesize label;
@synthesize textSelected;

- (id) initWithTextSelected:(NSString *) text {
    self.textSelected = text;
    [label setText:[self textSelected]];
    return self;
}

- (void)viewDidLoad {
    [label setText:[self textSelected]];
    self.title = @"Movie Details";
    [super viewDidLoad];
}

- (void)dealloc {
    [label release];
    [textSelected release];
```

```
    [super dealloc];
}
```

(9) 将如下粗体代码添加到 RootViewController.h 文件中：

```
#import "DetailsViewController.h"

@interface RootViewController : UITableViewController {
    DetailsViewController *detailsViewController;
}

@property (nonatomic, retain) DetailsViewController *detailsViewController;

@end
```

(10) 将如下粗体代码添加到 RootViewController.m 文件中：

```
#import "RootViewController.h"

@implementation RootViewController
NSMutableArray *listOfMovies;

@synthesize detailsViewController;
```

(11) 修改“tableView:didSelectRowAtIndexPath:”方法，如以下突出显示的粗体代码所示：

```
// Override to support row selection in the table view.
- (void)tableView:(UITableView *)tableView
     didSelectRowAtIndexPath:(NSIndexPath *)indexPath {


NSUInteger row = [indexPath row];
NSString *rowValue = [listOfMovies objectAtIndex:row];
NSString *message = [[NSString alloc]
                    initWithFormat:@"You have selected \"%@\"", rowValue];


//---create an instance of the DetailsViewController---
if (self.detailsViewController == nil)
{
   DetailsViewController *d = [[DetailsViewController alloc]
                               initWithNibName:@"DetailsView"
                               bundle:[NSBundle mainBundle]];
   self.detailsViewController = d;
   [d release];
}

//---set the movies selected in the method of the
// DetailsViewController---//
[self.detailsViewController initWithTextSelected:message];


//---Navigate to the details view---
[self.navigationController pushViewController:self.detailsViewController
     animated:YES];
}
```

(12) 按 Command＋R 组合键在 iPhone Simulator 上测试该应用程序。触摸某一项时观察对应结果(如图 8-24 所示)。

图　8-24

示例说明

上述示例要比本章前面的示例有趣一些。基本上该示例，向项目中添加了一个新的 XIB 文件和对应该项目的 View Controuller 类。当 View 窗口包含 Table 视图时，这个新的 View 窗口就会用于显示在 View 窗口中所触摸的电影。

现在，为了使包含 Table 视图的 View 窗口能够将所选电影的名称传递给显示详细信息的 View 窗口，需要在详细信息对应的 View 窗口中创建一个属性。这通过 textSelected 属性实现：

```
@property (nonatomic, retain) NSString *textSelected;
```

同时，创建了一个名为"initWithTextSelected:"的方法，以便主调视图能够设置 textSelected 属性的值：

```
- (id) initWithTextSelected:(NSString *) text {
    self.textSelected = text;
    [label setText:[self textSelected]];
    return self;
}
```

为了从包含 Table 视图的 View 窗口导航到详细信息对应的视图，在"tableView: didSelectRowAtIndexPath:"方法中使用了 UINavigationController 对象的"pushViewController:"方法：

```
//---create an instance of the DetailsViewController---
if (self.detailsViewController == nil)
{
    DetailsViewController *d = [[DetailsViewController alloc]
                                 initWithNibName:@"DetailsView"
                                 bundle:[NSBundle mainBundle]];
    self.detailsViewController = d;
```

```
    [d release];
}

//---set the movies selected in the method of the
// DetailsViewController---//
[self.detailsViewController initWithTextSelected:message];

//---Navigate to the details view---
[self.navigationController pushViewController:self.detailsViewController
     animated:YES];
```

缺少后退按钮

回忆一下，在 RootViewController.m 文件中按照如下方式设置导航项的标题：

```
- (void)viewDidLoad {

    //---initialize the array---
    listOfMovies = [[NSMutableArray alloc] init];

    //---add items---
    [listOfMovies addObject:@"Training Day"];
    //...

    //---set the title of the navigation bar---
    self.navigationItem.title = @"Movies";

    [super viewDidLoad];
}
```

开发人员经常会犯的一个错误就是忘记设置这个标题。如果忘记设置导航项的标题会发生什么事情呢？图 8-25 展示了运行结果。注意，根视图并没有任何标题，详细信息对应的视图没有返回上一个视图的按钮。有趣的是，如果触摸本应是显示后退按钮的位置，那么它还会返回上一个视图。

图　8-25

8.3　小结

本章介绍了 SDK 支持的两种主要的 iPhone 应用程序类型——页签栏应用程序与基于导航的应用程序。理解这两类应用程序的工作方式后，就可以构建与 iPhone 上可用的那些应用程序类似的多视图应用程序了。

练习：

1. 使用两个页签栏项创建一个页签栏应用程序。当用户轻拍第二个页签栏项时，显示一个电影名称列表。

本章小结

主　　题	关 键 概 念
创建页签栏应用程序	使用 UITabBarController 代替通常的 UIViewController
决定先加载页签栏应用程序中的哪个视图	在 UITabBarController 实例中修改已列出的视图控制器的顺序
向页签栏应用程序添加页签栏项	在将页签栏项添加到页签栏上后，请确保将其 NIB Name 属性设置为项目中的 XIB 文件，还需要将其 Class 属性设置为视图控制器类。
在页签栏应用程序中支持方向变化	确保所有视图控制器都实现了“shouldAutorotateToInterfaceOrientation:”方法
在基于导航的应用程序中导航到另一个视图控制器	`[self.navigationController pushViewController:self.detailsViewController animated:YES];`

第 9 章

实 用 程 序

本章内容

- 如何使用 SDK 提供的模板开发实用程序
- 理解如何翻转实用程序中的视图
- 在翻转视图时如何使用不同的转换样式
- 如何向实用程序添加额外的视图

前面两章介绍了使用 iPhone SDK 所能构建的几类应用程序：基于视图的应用程序、基于导航的应用程序以及页签栏应用程序。iPhone 中另一种常见的应用程序类型是实用程序(Utility Application)。所谓实用程序就是执行一些简单的任务的应用程序，这些任务基本不需要用户输入。iPhone 自带的天气与股票应用程序就是两个非常棒的实用程序。图 9-1 就是显示某个特定城市的天气的 Weather 应用程序。当触摸屏幕右下角的小图标 i 时会翻转到另一个屏幕。视图翻转是实用程序的一个特点。

图 9-1

根据 Apple 的 iPhone 应用程序的 UI 指南，实用程序“执行，基本不需要用户输入的简单任务”。因此，如果开发的应用程序是向用户显示一些概要信息，用户很容易就能理解这些信息，实用程序就是理想的应用程序框架。一些优秀的实用程序示例包括：

- 货币兑换
- 单位转换计算器
- RSS 阅读器

本章将介绍如何使用 iPhone SDK 提供的模板构建实用程序。

9.1 创建实用程序

iPhone SDK 包含了用于构建实用程序的模板。使用模板，创建用于翻转视图的所有必要代码。如果构建的是简单的实用程序，那么只需把精力放在应用程序逻辑上即可。如果构建的是复杂的实用程序，那么可以将生成的代码作为基础来扩展应用程序。

下面的“试一试”就将介绍如何使用 SDK 提供的模板来创建实用程序及其工作原理。

试一试： 创建实用程序

代码文件[UtilityApplication.zip]可从 Wrox.com 下载

(1) 使用 Xcode 创建一个新的实用程序项目并把它命名为 UtilityApplication。

(2) 查看该项目的内容(如图9-2 所示)。基本上，其中有两个视图：MainView.xib 与 FlipsideView.xib。前者是加载应用程序后用户所看到的主视图，它包含一个小图标 i，当用户单击它时会翻转到另一个视图(FlipsideView.xib)。每个.xib 文件都由两个文件表示——一个用于它的视图，另一个用于它的视图控制器。因此，伴随 MainView.xib 视图的是 MainView.h 与 MainView.m 文件以及 MainViewController.h 与 MainViewController.m 文件。

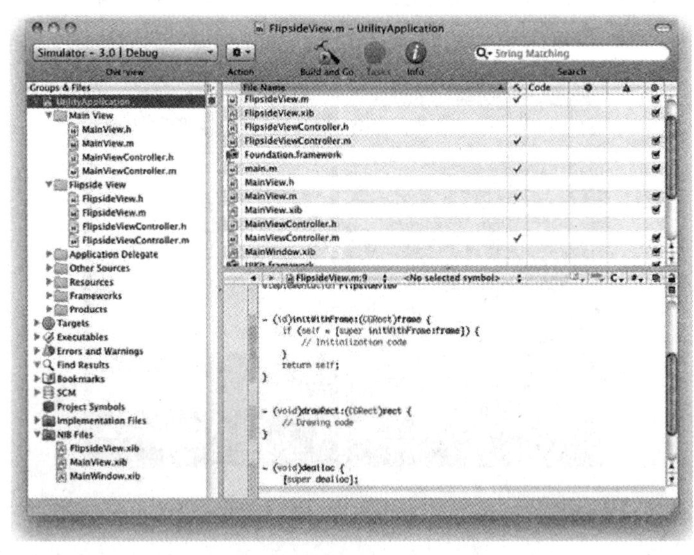

图 9-2

(3) 不必编写任何代码，按 Command+R 组合键测试该实用程序。图 9-3 展示了该应用程序。单击图标 i 翻转到另一个视图。按 Done 按钮返回到主视图。

图　9-3

示例说明

实用程序所需的大量工作都已经由模板完成。但理解底层原理终归是好的，这样才能扩展应用程序，为我所用。

如您所见，项目包含两个主视图，它们由两个视图控制器控制：MainViewController 与 FlipsideViewController。

首先，查看 FlipsideViewController.h 文件的内容：

```
@protocol FlipsideViewControllerDelegate;

@interface FlipsideViewController : UIViewController {
    id <FlipsideViewControllerDelegate> delegate;
}
@property (nonatomic, assign) id <FlipsideViewControllerDelegate> delegate;

- (IBAction)done;

@end

@protocol FlipsideViewControllerDelegate
- (void)flipsideViewControllerDidFinish:(FlipsideViewController *)controller;
@end
```

注意，在该控制器中，上述代码定义了一个名为 FlipsideViewControllerDelegate 的协议，该协议包含了唯一一个名为“flipsideViewControllerDidFinish:”的方法。FlipsideViewController 视图控制器接下来就使用该协议公开一个名为 delegate，类型为 FlipsideViewControllerDelegate 的委托。“flipsideViewControllerDidFinish:”方法的实际实现并没有定义在该控制器中；它必须定义在调用它的控制器中(在本示例中是 MainViewController 视图控制器)。它的作用是通知主调视图控制器任务已经完成，控件应该返回到主调视图控制器。

注意：附录 C 将详细介绍协议。

在 FlipsideViewController.m 文件中，在头文件中定义“done:”方法的实现：

```
- (IBAction)done {
    [self.delegate flipsideViewControllerDidFinish:self];
}
```

基本上，该方法调用了在 FlipsideViewControllerDelegate 协议中定义(但在别处实现)的“flipsideViewControllerDidFinish:”方法。

现在，请双击 FlipsideView.xib 文件，在 Interface Builder 中打开它。请注意如下两点：

- Flipside 视图包含一个 Navigation Bar 视图与一个 Bar Button 视图(如图 9-4 所示)。
- “done:”动作连接到 Done 按钮(右击 File's Owner 项来查看它连接的动作与插座变量)。

图　9-4

现在可以查看 MainViewController.h 文件：

```
#import "FlipsideViewController.h"

@interface MainViewController : UIViewController <FlipsideViewController
Delegate> {
}

- (IBAction)showInfo;

@end
```

注意，MainViewController 视图控制器实现 FlipsideViewControllerDelegate 协议。换句话说，它必须要实现在协议中定义的方法(在本例中是“flipsideViewControllerDidFinish:”

方法)。

在 MainViewController.m 文件中定义了名为“flipsideViewControllerDidFinish:”的一个方法。它的作用是在结束时关闭 FlipsideView 视图：

```
- (void)flipsideViewControllerDidFinish:(FlipsideViewController *)
controller {
    [self dismissModalViewControllerAnimated:YES];
}
```

MainViewController.m 文件还包含一个名为 showInfo()的动作。当用户按下 Info 按钮时会调用该动作。showInfo()动作会以模态方式加载 FlipsideView 视图：

```
- (IBAction)showInfo {

    FlipsideViewController *controller = [[FlipsideViewController alloc]
                                          initWithNibName:@"FlipsideView"
                                          bundle:nil];
    controller.delegate = self;

    controller.modalTransitionStyle =UIModalTransitionStyleFlipHorizontal;
    [self presentModalViewController:controller animated:YES];

    [controller release];
}
```

双击 MainView.xib 文件，在 Interface Builder 中编辑它，可以右击 Info 按钮来确认其 Touch Up Inside 事件已连接到 showInfo()动作上(如图 9-5 所示)。

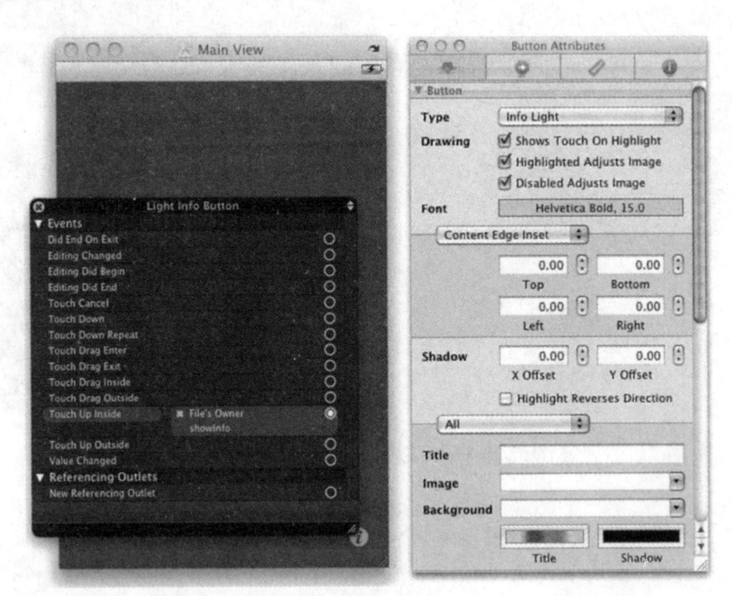

图 9-5

实践证明，没有编写任何代码，就神奇地创建了一个实用程序。

9.2 转换样式

在上一节中，实践证明，当按下 i 信息按钮时，视图会翻转到另一个视图。这由 ViewController 类的 modalTransitionStyle 属性控制：

```
- (IBAction)showInfo {
    FlipsideViewController *controller = [[FlipsideViewController alloc]
                                          initWithNibName:@"FlipsideView"
                                          bundle:nil];
    controller.delegate = self;
    controller.modalTransitionStyle = UIModalTransitionStyleFlipHorizontal;
    [self presentModalViewController:controller animated:YES];
    [controller release];
}
```

注意：modalTransitionStyle 属性只在 iPhone SDK 3.0 中才可用。如果使用老版本的 SDK 运行应用程序，就不会出现视图翻转。

默认的转换是水平翻转，其中主视图会水平翻转到 FlipsideView 视图(如图 9-6 所示)。

除了水平翻转，还可以垂直或是缓慢消隐的方式翻转。这些功能由以下常量控制(粗体显示)。

```
    //---flip vertically---
    controller.modalTransitionStyle =
UIModalTransitionStyleCoverVertical ;

    //---dissolves slowly to reveal another view---
    controller.modalTransitionStyle =
UIModalTransitionStyleCrossDissolve ;
```

图 9-6

作为练习，您可以试着修改转换样式以了解它们之间的差异。

9.3 向实用程序添加另一个视图

既然已经知道了如何使用 SDK 提供的模板创建实用程序，您可能就想向应用程序中添加更多的视图来增加功能。回到 iPhone 上的 Weather 应用程序中。注意到翻转视图上有一个额外的加号(+)按钮，可以使用它添加更多的天气信息(如图 9-7 所示)。

图 9-7

下面的“试一试”将介绍如何向之前创建的项目中添加另一个视图，就像 Weather 应用程序那样。

试一试： 向实用程序中添加新的视图

(1) 使用上一节创建的相同项目，双击 FlipsideView.xib 文件，在 Interface Builder 中编辑它。

(2) 向 Navigation Bar 视图添加一个 Bar Button 视图(如图 9-8 所示)。注意到 Navigation Bar 视图只能容纳两个 Bar Button Item 视图。

图 9-8

(3) 选择新添加的 Bar Button Item 视图，查看其 Attributes Inspector 窗口。将 Identifier 属性修改为 Add(如图 9-9 所示)。注意它是如何将按钮标题更改为一个加号的(+)。

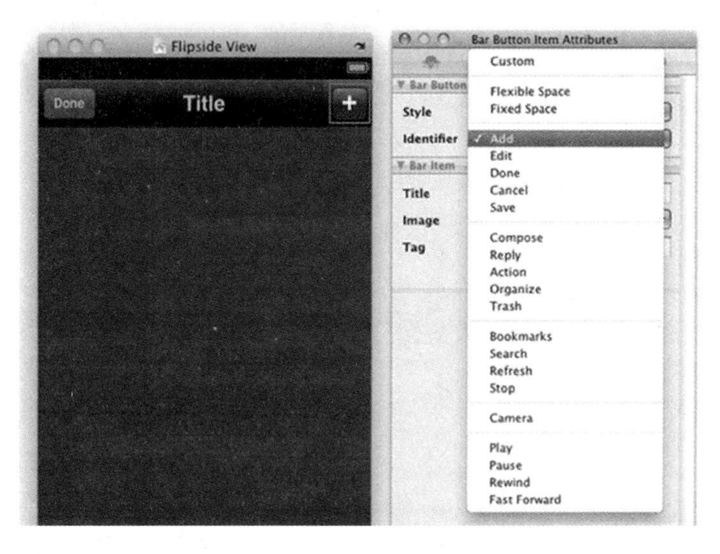

图　9-9

(4) 在 FlipsideView.xib 窗口中，选择 File's Owner 项并在 Identity Inspector 窗口中添加一个名为 add 的新动作。

(5) 定义完动作后，将其连接到“+”按钮上，方法是按住 Control 键，然后将“+”按钮拖拽到 FlipsideView.xib 窗口的 File's Owner 项上。

(6) 回到 Xcode，在项目名称下添加一个新的组并把它命名为 AddCountryView。

(7) 在新添加的 AddCountry View 组下，添加一个新的 UIViewController 项并把它命名为 AddCountryViewController.m。现在，.m 文件与.h 文件已经被添加到该组当中(如图 9-10 所示)。注意，当添加新的 UIViewController subclass 项时，Xcode 会提供一个创建 XIB 文件的选项，不要选择该选项，因为我们稍后会手动添加。

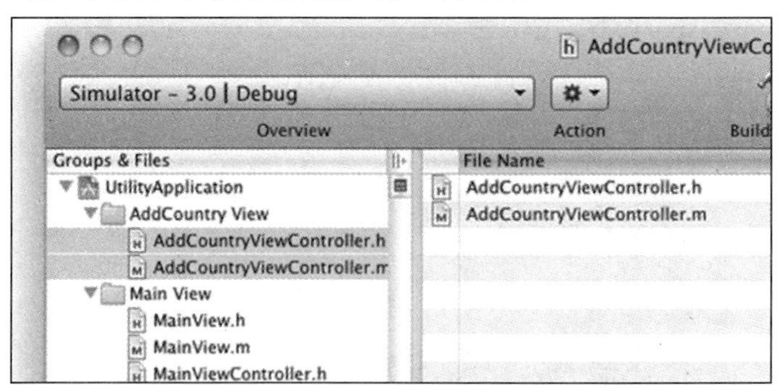

图　9-10

(8) 在 Resources 组下，添加一个新的 View XIB 项并把它命名为 AddCountryView.xib。

(9) 双击 AddCountryView.xib 文件，在 Interface Builder 中编辑它。在其中添加一个搜

索栏视图与一个圆角按钮视图(如图 9-11 所示)。

图　9-11

(10) 在 AddCountryView.xib 窗口中，选择 File's Owner 项并查看其 Identity Inspecter 窗口。将 Class 设置为 AddCountryViewController。向 File's Owner 项添加一个 done 动作(如图 9-12 所示)。

(11) 按住 Control 键单击并将 File's Owner 项拖拽到视图项上，选择 view 变量。

(12) 按住 Control 键单击并将 Done 按钮拖拽到 File's Owner 项上。选择 done 动作。

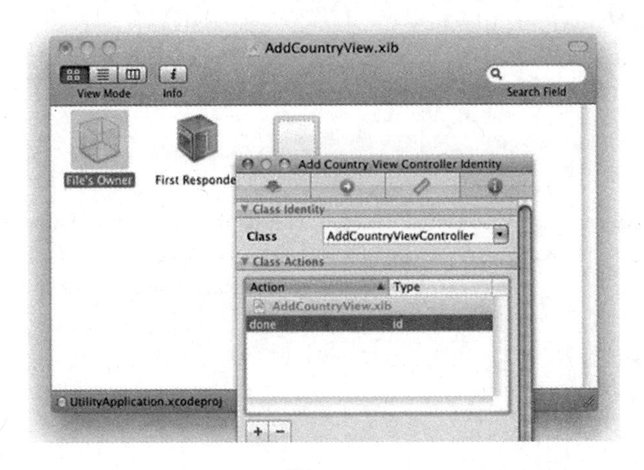

图　9-12

(13) 回到 xcode，将如下粗体代码插入到 AddCountryViewController.h 文件中。

```
#import <UIKit/UIKit.h>
//---defines the protocol---
@protocol AddCountryViewControllerDelegate;
@interface AddCountryViewController : UIViewController {
```

```
    //---delegate---
    id <AddCountryViewControllerDelegate> delegate;
}
//---exposes the delegate as a property---
@property (nonatomic, assign) id <AddCountryViewControllerDelegate> delegate;

    //---the done action; called when the Done button is clicked---- (IBAction)done;

@end

//---defines the protocol---
@protocol AddCountryViewControllerDelegate
- (void)addCountryViewControllerDidFinish:(AddCountryViewController *)controller;
@end
```

(14) 在 AddCountryViewController.m 文件中，添加如下粗体代码：

```
#import "AddCountryViewController.h"

@implementation AddCountryViewController

  //---synthesize the delegate---
  @synthesize delegate;

  //---invokes the method defined in the protocol---
  - (IBAction)done {
      [self.delegate addCountryViewControllerDidFinish:self];
}
```

(15) 在 FlipsideViewController.h 文件中，插入如下粗体代码：

```
//---import the header file of the AddCountryViewController class---
#import "AddCountryViewController.h";

@protocol FlipsideViewControllerDelegate;

     //---implements the AddCountryViewControllerDelegate protocol---
     @interface FlipsideViewController : UIViewController
                                     <AddCountryViewControllerDelegate>
 {
  id <FlipsideViewControllerDelegate> delegate;
}

@property (nonatomic, assign) id <FlipsideViewControllerDelegate> delegate;

- (IBAction)done;

//---the add: action; called when the "+" button is clicked---
- (IBAction)add;

@end

@protocol FlipsideViewControllerDelegate
- (void)flipsideViewControllerDidFinish:(FlipsideViewController *)controller;
@end
```

(16) 在 FlipsideViewController.m 文件中，插入如下粗体代码：

```
//---defines the addCountryViewControllerDidFinish: method---
- (void)addCountryViewControllerDidFinish:(AddCountryViewController *)controller {
    [self dismissModalViewControllerAnimated:YES];

}

//---defi nes the add: action---
- (IBAction)add {
AddCountryViewController *controller = [[AddCountryViewController alloc]
                                        initWithNibName:@"AddCountryView"
                                        bundle:nil];
    controller.delegate = self;

    //---use the vertical transition---
    controller.modalTransitionStyle =
    UIModalTransitionStyleCoverVertical;
    [self presentModalViewController:controller
    animated:YES];
    [controller release];
}
```

(17) 按 Command＋R 组合键将该应用程序部署到 iPhone Simulator 上。图 9-13 表明当按下“+”按钮时，AddCountryView 会垂直向上移动。

(18) 按下 Done 按钮将 AddCountryView 隐藏起来。

图 9-13

示例说明

该示例介绍了向实用程序添加更多视图的步骤。首先创建另一个视图的 XIB 文件及其对应的 UIViewController 类。在该控制器中定义如下协议：

```
//---defines the protocol---
@protocol AddCountryViewControllerDelegate
- (void)addCountryViewControllerDidFinish:(AddCountryViewController*)co ntroller;
@end
```

接下来公开该协议类型的一个属性：

```
@interface AddCountryViewController : UIViewController {
    //---delegate---
    id <AddCountryViewControllerDelegate> delegate;
}

//---exposes the delegate as a property---
@property (nonatomic, assign) id <AddCountryViewControllerDelegate> delegate;
```

调用这个新视图的视图需要实现在该协议中定义的方法，如以下代码所示：

```
- (void)addCountryViewControllerDidFinish:
(AddCountryViewController *)controller;
```

当用户按下该视图上的 Done 按钮时会调用“done:”方法：

```
//---invokes the method defined in the protocol---
- (IBAction)done {
    [self.delegate addCountryViewControllerDidFinish:self];
}
```

在 FlipsideViewController.m 文件中，需要实现在另一个视图中定义的协议，即 AddCountryViewControllerDelegate：

```
//---implements the AddCountryViewControllerDelegate protocol---
@interface FlipsideViewController : UIViewController
                                    <AddCountryViewControllerDelegate> {
```

特别是，需要实现“addCountryViewControllerDidFinish:”方法，它会移除视图控制器：

```
//---defines the addCountryViewControllerDidFinish: method---
- (void)addCountryViewControllerDidFinish:
(AddCountryViewController *)controller {
    [self dismissModalViewControllerAnimated:YES];
}
```

最后，定义“add:”方法，它会使用垂直转换显示另一个视图：

```
//---defines the add: action---
- (IBAction)add {
    AddCountryViewController *controller = [[AddCountryViewController alloc]
                                            initWithNibName:@"AddCountryView"
                                            bundle:nil];
    controller.delegate = self;

    //---use the vertical transition---
    controller.modalTransitionStyle = UIModalTransitionStyleCoverVertical;
    [self presentModalViewController:controller animated:YES];

    [controller release];
}
```

9.4 小结

本章介绍了 iPhone SDK 提供的有助于开发人员创建实用程序的实用程序模板。理解视图之间的转换原理非常重要，只有这样才能扩展模板便于自定义使用。第10章将会介绍如何整合实用程序与应用程序设置来持久化用户的首选项与数据。

练习：

(1) 在单击实用程序的Info按钮时，它会突出显示，如何关闭这个效果？

(2) 如何将数据从实用程序中的一个视图传递到另一个视图？假设需要从FlipsideViewController视图控制器向MainViewController视图控制器传递一个字符串。

本章小结

主　题	关键概念
创建实用程序	使用iPhone SDK提供的实用程序模板
实用程序中视图之间的转换	使用modalTransitionStyle属性，将其值设为如下几个值之一：UIModalTransitionStyleFlipHorizontal、UIModalTransitionStyleCoverVertical及UIModalTransitionStyleCrossDissolve
向实用程序添加新的视图	首先创建一个新的XIB文件及其对应的UIViewController subclass(.h文件与.m文件)。接下来在视图控制器中定义一个协议并将协议委托的实例作为属性公开

第Ⅲ部分

显示和持久化数据

- 第 10 章　使用表视图
- 第 11 章　应用程序首选项
- 第 12 章　使用 SQLite3 进行数据库存储
- 第 13 章　文件处理

第10章 使用表视图

本章内容

- 如何手动向 View 窗口中添加表视图并将数据源与委托连接到视图控制器上
- 如何处理表视图中的各种事件，使用项填充表视图
- 如何处理表视图中的各种事件以便用户可以选择其中的项
- 如何以行的方式显示表视图中的文本与图像
- 如何显示表视图属性列表中的项
- 如何对表视图中的项进行分组
- 如何为表视图添加索引
- 如何为表视图添加搜索功能
- 如何为表视图中的行添加详情显示与选取标记

iPhone 应用程序中最常使用的一类视图就是表视图。表视图用于显示项列表，用户可以从中进行选择或是轻拍对应项以显示更多信息。图 10-1 展示 Settings Application 中的表视图。

图 10-1

第 8 章在开发基于导航的应用程序项目时首次介绍了表视图，但并没有深入介绍表视图的原理，同时还有意忽略了大量细节信息。表视图是一个非常重要的主题，需要单独一章来讲解它。

本章将详细介绍表视图，还会介绍表视图的各个构建模块，正是它们的存在才让表视图变得如此通用。

10.1 简单的表视图

理解如何在应用程序中使用表视图的最佳方式就是创建一个基于视图的新应用程序项目，然后手动向视图添加表视图并将其连接到视图控制器上。这个过程会揭示构成表视图的各个构建模块。

下面的“试一试”会创建一个新项目并说明如何添加表视图。

试一试：　使用表视图

代码文件[TableViewExample.zip]可从 Wrox.com 下载

(1) 创建一个新的 View-based Application 项目并把它命名为 TableViewExample。
(2) 双击 TableViewExampleViewController.xib 文件，在 Interface Builder 中编辑它。
(3) 从 Library 中将 Table View Object 拖拽到 View 窗口上(如图 10-2 所示)。

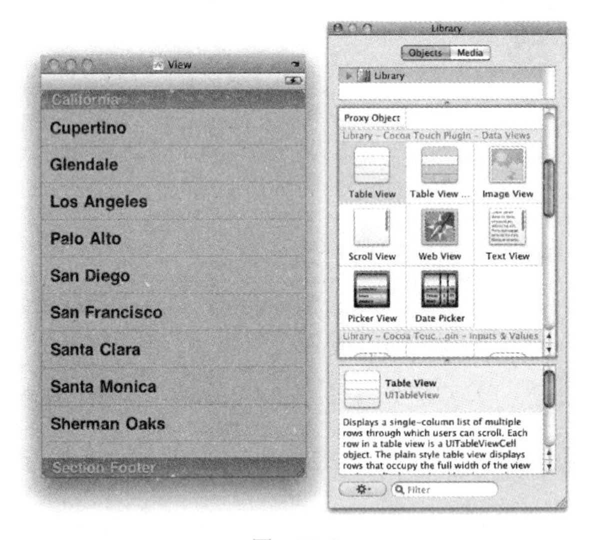

图　10-2

(4) 右击 Table View 并将 dataSource 插座变量连接到 File's Owner 项上(如图 10-3 所示)。对 delegate 插座变量重复该过程。

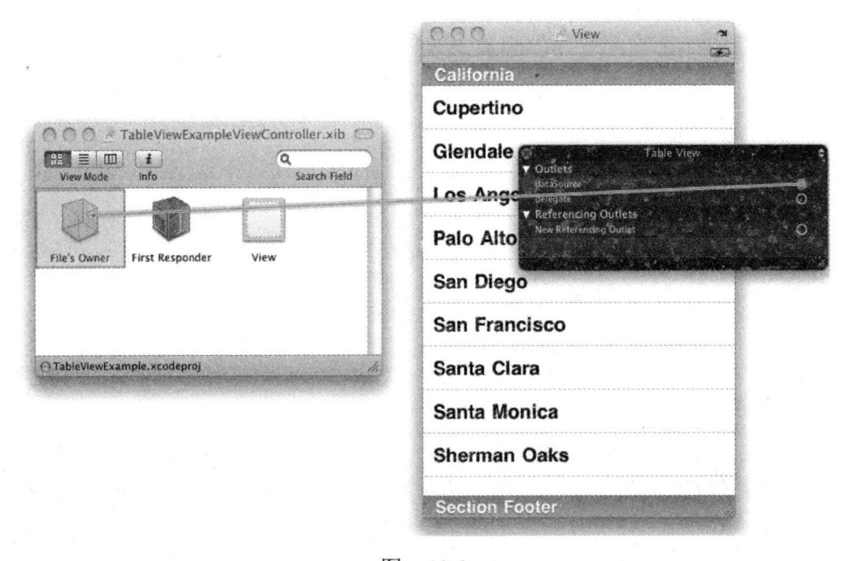

图　10-3

(5) 将如下粗体代码添加到 TableViewExampleViewController.h 文件中：

```
#import <UIKit/UIKit.h>

@interface TableViewExampleViewController : UIViewController
    <UITableViewDataSource> {
}

@end
```

注意：严格来说，如果将 dataSource 插座变量连接到 File's Owner 项上，就无需添加上面的语句。因此，要么编写上面的语句(UITableViewDataSource)，要么在 Interface Builder 中连接插座变量。然而，即便同时进行这两个操作也没什么。但添加<UITableViewDataSource>协议有一个好处——如果在代码中忘记实现任何强制方法都会收到编译器的警告，这有助于防止错误的发生。

(6) 将如下粗体代码插入到 TableViewExampleViewController.m 文件中：

```
#import "TableViewExampleViewController.h"

@implementation TableViewExampleViewController

NSMutableArray *listOfMovies;

//---insert individual row into the table view---
- (UITableViewCell *)tableView:(UITableView *)tableView
   cellForRowAtIndexPath:(NSIndexPath *)indexPath {

    static NSString *CellIdentifier = @"Cell";

    //---try to get a reusable cell---
    UITableViewCell *cell = [tableView
        dequeueReusableCellWithIdentifier:CellIdentifier];

    //---create new cell if no reusable cell is available---
    if (cell == nil) {
        cell = [[[UITableViewCell alloc] initWithStyle:UITableViewCellStyleDefault
                 reuseIdentifier:CellIdentifi er] autorelease];
     }

     //---set the text to display for the cell---
     NSString *cellValue = [listOfMovies objectAtIndex:indexPath.row];
     cell.textLabel.text = cellValue;

     return cell;
}

//---set the number of rows in the table view---
```

```
- (NSInteger)tableView:(UITableView *)tableView
   numberOfRowsInSection:(NSInteger)section {

     return [listOfMovies count];

}

- (void)viewDidLoad {
    //---initialize the array---
    listOfMovies = [[NSMutableArray alloc] init];

    //---add items---
    [listOfMovies addObject:@"Training Day"];
    [listOfMovies addObject:@"Remember the Titans"];
    [listOfMovies addObject:@"John Q."];
    [listOfMovies addObject:@"The Bone Collector"];
    [listOfMovies addObject:@"Ricochet"];
    [listOfMovies addObject:@"The Siege"];
    [listOfMovies addObject:@"Malcolm X"];
    [listOfMovies addObject:@"Antwone Fisher"];
    [listOfMovies addObject:@"Courage Under Fire"];
    [listOfMovies addObject:@"He Got Game"];
    [listOfMovies addObject:@"The Pelican Brief"];
    [listOfMovies addObject:@"Glory"];
    [listOfMovies addObject:@"The Preacher's Wife"];

    [super viewDidLoad];
}

- (void)dealloc {
    [listOfMovies release];
    [super dealloc];
}
```

(7) 按Command＋R组合键在iPhone Simulator上测试应用程序。图10-4是显示电影列表的表视图。

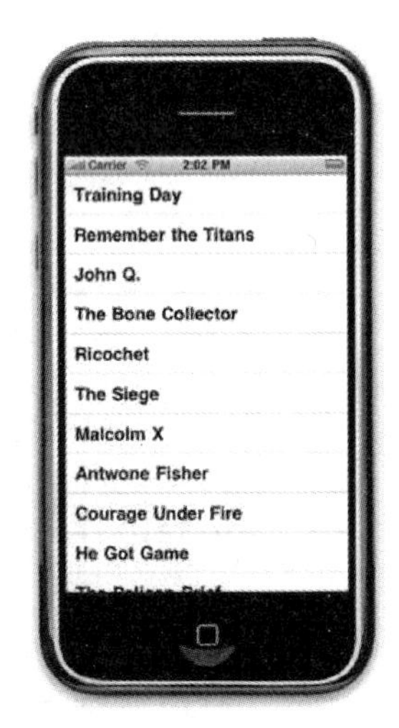

图　10-4

示例说明

首先创建一个名为listOfMovies的NSMutableArray对象来启动应用程序，其中包含一个电影名称列表。存储在该数组中的项将显示在表视图中。

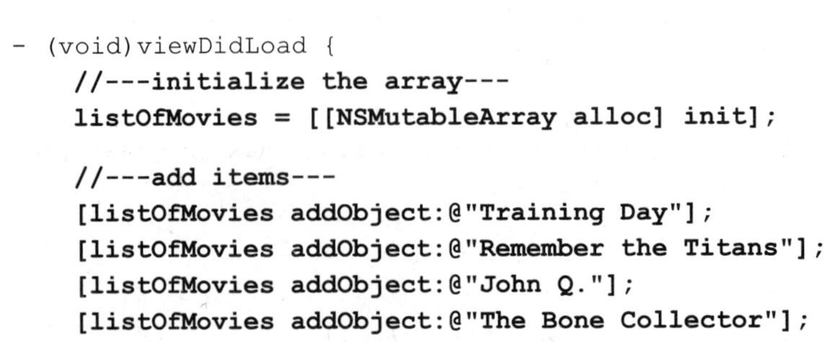

```
- (void)viewDidLoad {
    //---initialize the array---
    listOfMovies = [[NSMutableArray alloc] init];

    //---add items---
    [listOfMovies addObject:@"Training Day"];
    [listOfMovies addObject:@"Remember the Titans"];
    [listOfMovies addObject:@"John Q."];
    [listOfMovies addObject:@"The Bone Collector"];
```

```
    [listOfMovies addObject:@"Ricochet"];
    [listOfMovies addObject:@"The Siege"];
    [listOfMovies addObject:@"Malcolm X"];
    [listOfMovies addObject:@"Antwone Fisher"];
    [listOfMovies addObject:@"Courage Under Fire"];
    [listOfMovies addObject:@"He Got Game"];
    [listOfMovies addObject:@"The Pelican Brief"];
    [listOfMovies addObject:@"Glory"];
    [listOfMovies addObject:@"The Preacher's Wife"];

    [super viewDidLoad];
}
```

为了用项填充表视图，需要处理 UITableViewDataSource 协议中包含的几个事件。因此，需要确保视图控制器遵循该协议：

```
@interface TableViewExampleViewController : UIViewController
  <UITableViewDataSource> {
}
```

UITableViewDataSource 协议包含几个事件，可以实现这些事件为表视图提供数据。本示例中已经处理的两个事件是：

- tableView:numberOfRowsInSection:
- tableView:cellForRowAtIndexPath:

“tableView:numberOfRowsInSection:”事件表示希望表视图显示多少行。在该示例中，将其设置为 listOfMovies 数组中的项数。

```
//---insert individual row into the table view---
- (NSInteger)tableView:(UITableView *)tableView
  numberOfRowsInSection:(NSInteger)section {

  return [listOfMovies count];

}
```

“tableView:cellForRowAtIndexPath:”事件会在表视图的特定位置插入一个单元格。表视图的每一行都会触发该事件一次。

注意：“tableView:cellForRowAtIndexPath:”事件并不会从始至终持续触发。比如，如果表视图有 100 行要显示，那么可见的前 10 行会不断触发该事件。当用户向下滚动表视图时，下面接下来可见的 10 行又会触发该事件。

这里，从数组中获取每一项并将其插入到表视图中：

```
- (UITableViewCell *)tableView:(UITableView *)tableView
   cellForRowAtIndexPath:(NSIndexPath *)indexPath {

    static NSString *CellIdentifier = @"Cell";

    //---try to get a reusable cell---
    UITableViewCell *cell = [tableView
        dequeueReusableCellWithIdentifier:CellIdentifier];

    //---create new cell if no reusable cell is available---
    if (cell == nil) {
        cell = [[[UITableViewCell alloc] initWithStyle:UITableViewCellStyleDefault
                 reuseIdentifier:CellIdentifier] autorelease];
    }

    //---set the text to display for the cell---
    NSString *cellValue = [listOfMovies objectAtIndex:indexPath.row];
    cell.textLabel.text = cellValue;

    return cell;
}
```

特别地，这里使用 UITableView 类的“dequeueReusableCellWithIdentifier:”方法获取 UITableViewCell 类的一个实例。“dequeueReusableCellWithIdentifier:”方法返回的是一个可重用的表视图单元格对象。这很重要，因为如果表非常大(比如，有 10 000 行)，为每一行都创建一个单独的 UITableViewCell 对象会产生严重的性能问题，并占用大量内存。此外，由于表视图在某一时刻只会显示固定数量的行，因此重用已经滚动到屏幕外面的那些单元格将非常有意义。这正是“dequeueReusableCellWithIdentifier:”方法所完成的事情。比如，如果表视图显示了 10 行，那么只会创建 10 个 UITableViewCell 对象——当用户滚动表视图时总是会重用这 10 个 UITableViewCell 对象。

10.1.1　添加页眉与页脚

可以通过实现视图控制器中的如下两个方法在表视图上显示页眉与页脚：

```
- (NSString *)tableView:(UITableView *)tableView
   titleForHeaderInSection:(NSInteger)section{
    //---display " Movie List" as the header---
    return @"Movie List";
```

```
}

- (NSString *)tableView:(UITableView *)tableView
   titleForFooterInSection:(NSInteger)section {
     //---display " by Denzel Washington" as the
footer---
     return @"by Denzel Washington";

}
```

如果将上述语句插入到 TableViewExampleViewController.m 文件中并重新运行应用程序，就会看到表视图上的页眉与页脚，如图 10-5 所示。

图 10-5

10.1.2 添加图像

除了文本外，还可以在表视图中单元格的文本旁边显示图像。假设在项目的 Resources 目录中有一幅名为 apple.jpeg 的图像(如图 10-6 所示)。

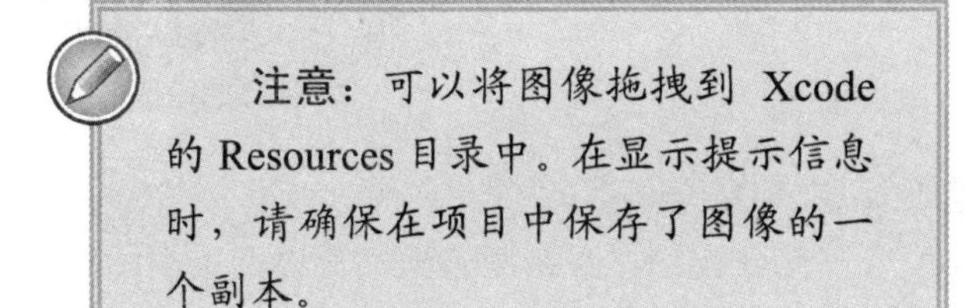
注意：可以将图像拖拽到 Xcode 的 Resources 目录中。在显示提示信息时，请确保在项目中保存了图像的一个副本。

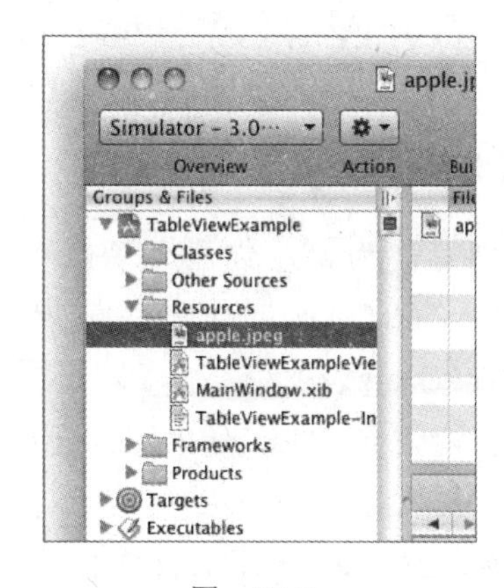

图 10-6

为了在单元格的文本旁边显示图像，将如下两条粗体语句插入到“tableView:cellForRowAtIndexPath:”方法中：

```
- (UITableViewCell *)tableView:(UITableView *)tableView
   cellForRowAtIndexPath:(NSIndexPath *)indexPath {

    static NSString *CellIdentifier = @"Cell";

    //---try to get a reusable cell---
    UITableViewCell *cell = [tableView
        dequeueReusableCellWithIdentifier:CellIdentifier];
```

```
        //---create new cell if no reusable cell is available---
        if (cell == nil) {
            cell = [[[UITableViewCell alloc] initWithStyle:UITableViewCellStyleDefault
                    reuseIdentifier:CellIdentifier] autorelease];
    }

    //---set the text to display for the cell---
    NSString *cellValue = [listOfMovies objectAtIndex:indexPath.row];
    cell.text = cellValue;

    UIImage *image = [UIImage
                imageNamed:@"apple.jpeg"];
    cell.imageView.image = image;

    return cell;
}
```

按 Command+R 组合键测试应用程序，就会看到每一行的旁边都会显示该图像(如图 10-7 所示)。

注意，UITableViewCell 对象已经拥有 imageView 属性。需要做的全部工作只是创建 UIImage 类的一个实例，然后从项目的 Resources 文件夹中加载图像即可。

图　10-7

10.1.3　显示所选项

到目前为止，你已经了解了可以通过让视图控制器遵循 UITableViewDataSource 协议来使用各种项来填充表视图。虽然该协议负责填充表视图，但如果希望选择表视图中的项，就需要遵循另一个协议，即 UITableViewDelegate。

可以凭借 UITableViewDelegate 协议所包含的事件来管理选区、编辑和删除行，以及显示页眉与页脚。

要想使用 UITableViewDelegate 协议，请修改 TableViewExampleViewController.h 文件，方法是添加如下粗体语句：

```
#import <UIKit/UIKit.h>

@interface TableViewExampleViewController : UIViewController
    <UITableViewDataSource,
    UITableViewDelegate>{

}

@end
```

严格来说，如果之前已经将 delegate 插座变量连接到 File's Owner 项上(如图 10-8 所示)，就无须添加上面的语句(UITableViewDelegate)。要么编写上述代码，要么在 Interface Builder 中连接插座变量。但兼顾两个操作也没有负面影响。

图　10-8

下面的"试一试"将介绍如何在表视图中进行选择操作。

试一试：　在表视图中进行选择

(1) 使用上一节创建的相同项目，将如下粗体语句添加到 TableViewExampleViewController.m 文件中：

```
#import "TableViewExampleViewController.h"

@implementation TableViewExampleViewController

NSMutableArray *listOfMovies;

- (void)tableView:(UITableView *)tableView
   didSelectRowAtIndexPath:(NSIndexPath *)indexPath {

    NSString *movieSelected = [listOfMovies objectAtIndex:[indexPath row]];
    NSString *msg = [[NSString alloc] initWithFormat:@"You have selected %@",
                    movieSelected];

    UIAlertView *alert = [[UIAlertView alloc] initWithTitle:@"Movie selected"
                                            message:msg
                                            delegate:self
                                            cancelButtonTitle: @"OK"
                                            otherButtonTitles:nil];

    [alert show];
    [alert release];
```

```
    [movieSelected release];
    [msg release];
}
```

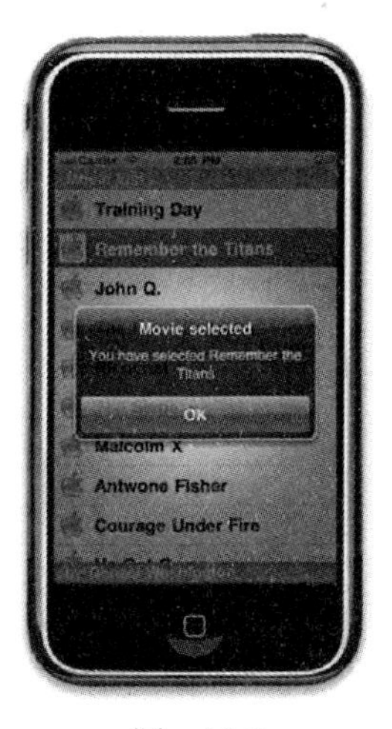

图　10-9

(2) 按Command＋R组合键在iPhone Simulator上测试应用程序。

(3) 轻拍某一行选择它。当选中某一行时，会看到一个警告视图，其中显示了选择的行(如图10-9所示)。

示例说明

UITableViewDelegate协议中的其中一个事件是“tableView:didSelectRowAtIndexPath:”，当用户选择表视图中的一行时会触发它。“tableView:didSelectRowAtIndexPath:”事件的一个参数是NSIndexPath类型。NSIndexPath类代表嵌套的数组集合中特定项的路径。

对于该事件，要想知道选择了哪一行，只需调用NSIndexPath对象(indexPath)的row属性，然后使用行数引用listOfMovies数组即可：

```
NSString *movieSelected = [listOfMovies objectAtIndex:[indexPath row]];
```

注意：NSIndexPath类的row属性是UIKit框架所添加的额外属性之一，目的在于识别表视图中的行和部分。因此请注意，以前对NSIndexPath的类定义并不包含row属性。

检索到选择的电影后，只需使用UIAlertView类显示它即可：

```
NSString *msg = [[NSString alloc] initWithFormat:@"You have selected %@",
                    movieSelected];

UIAlertView *alert = [[UIAlertView alloc] initWithTitle:@"Movie selected"
                            message:msg
                            delegate:self
                            cancelButtonTitle: @"OK"
                            otherButtonTitles:nil];
```

10.1.4　缩进

位于UITableViewDelegate协议中的另一个事件是“tableView:indentationLevelForRowAtIndexPath:”。当处理该事件时，该事件由屏幕上可见的每一行触发。要想为特定的行设置缩进，只需返回一个表示缩进级别的整数即可：

```
- (NSInteger)tableView:(UITableView *)tableView
   indentationLevelForRowAtIndexPath:(NSIndexPath
*)indexPath {
```

```
    return [indexPath row] % 2;
}
```

在上述示例中，根据当前的行号，缩进在 0~1 之间变化。图 10-10 展示了如果将上述代码插入到 TableViewExampleViewController.m 文件中时表视图的外观。

图　10-10

10.2　分节显示

前几节介绍了如何创建基于视图的应用程序项目，然后手动向 View 窗口添加表视图并将数据源与委托连接到 File's Owner 项上。接下来分别处理在两个协议(UITableViewDelegate 与 UITableViewDataSource)中定义的所有相关事件，这样就可以使用项填充表视图并使其可选了。

在实际应用程序中，表视图经常与基于导航的视图搭配使用，因为用户经常会从表视图中选择某个项，然后导航到另一个屏幕查看所选项的详细信息。出于这个考虑，默认情况下，iPhone SDK 中基于导航的视图模板使用的是 TableView 类而非 View 类。

此外，可以将表视图中的项分组为各个节(section)，这样每一节都可以使用一个页眉来表示相关的项。下面的“试一试”就将介绍如何在基于导航的应用程序项目中使用表视图。同时，还会介绍如何显示在属性列表而非数组中存储的项。

试一试：　在表视图中分节显示

(1) 创建一个基于导航的新应用程序项目并把它命名为 TableView。

(2) 双击 RootViewController.xib 文件，在 Interface Builder 中编辑它。

(3) 注意到在 RootViewController.xib 窗口中有一个 TableView 项而非通常的 View 项(如图 10-11 所示)。

(4) 双击 TableView 项，会发现其中有一个表视图(如图 10-12 所示)。

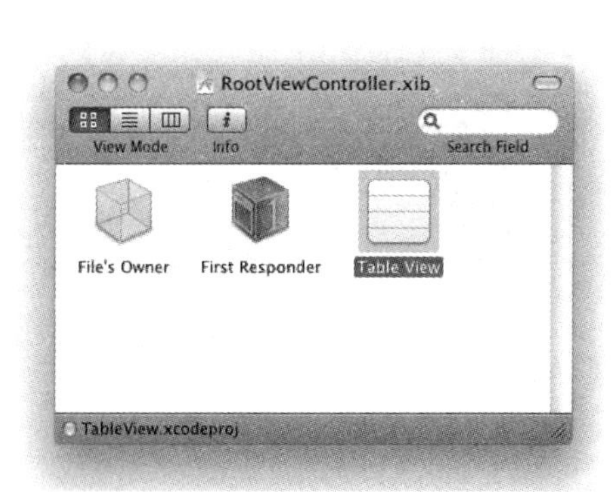

图　10-11

图　10-12

(5) 查看RootViewController.h文件，注意到RootViewController类现在扩展了UITableViewController基类。

(6) 查看 RootViewController.m 文件，注意到它包含很多事件存根(stub)，可以删除注释来使用这些事件。

(7) 右击 Resources 文件夹并选择 Add | New File 命令。

(8) 选择 New File 对话框左边的 Other 类别，然后选择该对话框右边的 Property List 模板(如图 10-13 所示)。

注意：Xcode3.2 将.PLIST 模板移到了 Mac OS X | Resources 页签下。

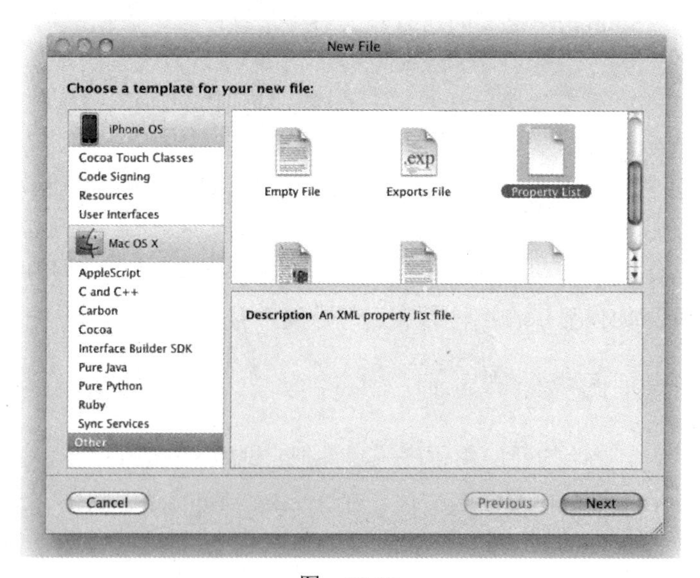

图　10-13

(9) 将该属性列表命名为 Movies.plist。现在属性列表保存在项目的 Resources 文件夹中。选中它并创建如图 10-14 所示的项列表。

(10) 在 RootViewController.h 文件中，添加如下粗体语句：

```
@interface RootViewController : UITableViewController {
    NSDictionary *movieTitles;
    NSArray *years;
}

@property (nonatomic, retain) NSDictionary *movieTitles;
@property (nonatomic, retain) NSArray *years;

@end
```

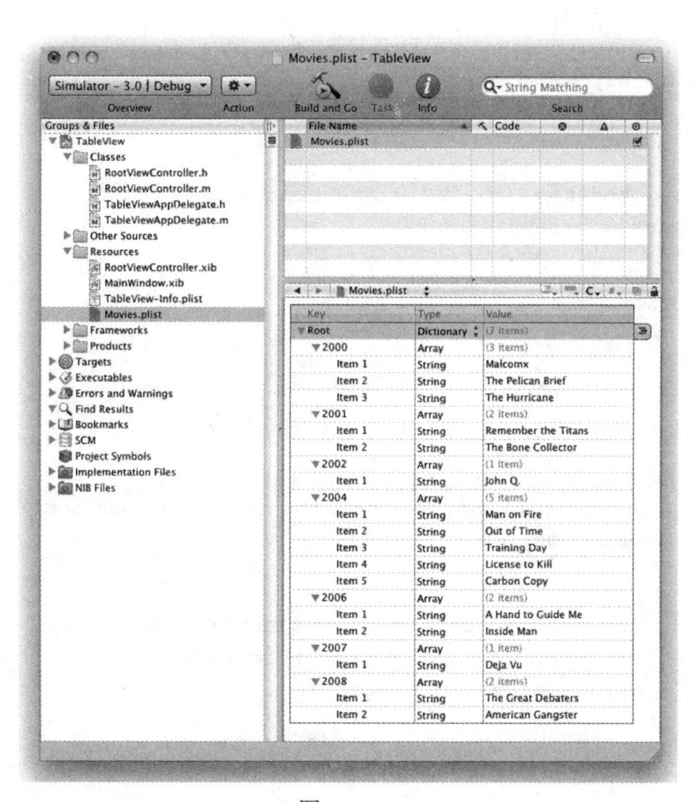

图　10-14

(11) 在 RootViewController.m 文件中，添加如下粗体语句：

```
#import "RootViewController.h"

@implementation RootViewController
```

```
@synthesize movieTitles, years;

- (void)viewDidLoad {

    //---path to the property list file---
    NSString *path = [[NSBundle mainBundle] pathForResource:@"Movies"
                                ofType:@"plist"];

    //---load the list into the dictionary---
    NSDictionary *dic = [[NSDictionary alloc] initWithContentsOfFile:path];

    //---save the dictionary object to the property---
    self.movieTitles = dic;
    [dic release];

    //---get all the keys in the dictionary object and sort them---
    NSArray *array = [[movieTitles allKeys]
                 sortedArrayUsingSelector:@selector(compare:)];

    //---save the keys in the years property---
    self.years = array;

    [super viewDidLoad];
}

- (NSInteger)numberOfSectionsInTableView:(UITableView *)tableView {

    //---returns the number of years as the number of sections you want to see---
    return [years count];
}

// Customize the number of rows in the table view.
- (NSInteger)tableView:(UITableView *)tableView
   numberOfRowsInSection:(NSInteger)section {

    //---check the current year based on the section index---
    NSString *year = [years objectAtIndex:section];

    //---returns the movies in that year as an array---
    NSArray *movieSection = [movieTitles objectForKey:year];

    //---return the number of movies for that year as the number of rows in that
    // section ---
    return [movieSection count];

}

// Customize the appearance of table view cells.
```

```
- (UITableViewCell *)tableView:(UITableView *)tableView
   cellForRowAtIndexPath:(NSIndexPath *)indexPath {

    static NSString *CellIdentifier = @"Cell";

    UITableViewCell *cell = [tableView
        dequeueReusableCellWithIdentifier:CellIdentifier];

    if (cell == nil) {
      cell = [[[UITableViewCell alloc]initWithStyle:UITableViewCe llStyleDefault
                   reuseIdentifi er:CellIdentifier] autorelease];
     }

     // Configure the cell.
     //---get the year---
     NSString *year = [years objectAtIndex:[indexPath section]];

     //---get the list of movies for that year---
     NSArray *movieSection = [movieTitles objectForKey:year];

     //---get the particular movie based on that row---
     cell.textLabel.text = [movieSection objectAtIndex:[indexPath row]];

     return cell;
}

- (NSString *)tableView:(UITableView *)tableView
   titleForHeaderInSection:(NSInteger)section {

    //---get the year as the section header---
    NSString *year = [years objectAtIndex:section];

    return year;
}

- (void)dealloc {
    [years release];
    [movieTitles release];
    [super dealloc];
}

@end
```

(12) 按 Command＋R 组合键测试应用程序。现在可以看到电影按照年份组织到每一节当中(如图 10-15 所示)。

还可以改变表视图的样式，方式是在 Interface Builder 中单击 TableView 项，然后在 Attributes Inspector 窗口中将 Style 属性更改为 Grouped(如图 10-16 所示)。

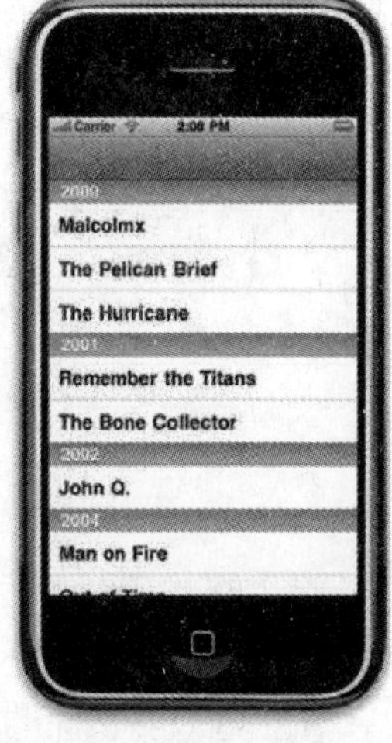

图　10-15

如果重新运行应用程序，就会发现表视图的外观发生了变化(如图 10-17 所示)。

图　10-16

图　10-17

代码文件[TableView.zip]可从 Wrox.com 下载

示例说明

这个练习涵盖了大量概念，全部理解需要一些时间。

首先在项目中创建了一个属性列表，然后使用几个键/值对填充该列表。本质上，如图 10-18 所示，可以以可视化的形式查看存储在属性列表中的键/值对。

Key	Value
2000	"Malcolm X", "The Pelican Brief", "The Hurricane"
2001	"Remember the Titans", "The Bone Collector"
2002	"John Q."
2004	"Man on Fire", "Out of Time", " Training Day", "License to Kill", "Carbon Copy"
2006	"A Hand to Guide Me", "Inside Man"
2007	"Deja Vu"
2008	"The Great Debaters", "American Gangster"

图　10-18

每个键代表一个年份，键对应的值代表在这一年上映的电影。需要使用在属性列表存储中的值并把它们显示在表视图中。

在 RootViewController 类中，创建两个属性：movieTitles(NSDictionary 对象)与 years(NSArray

对象)。

当加载视图时，首先定位属性列表并把该列表加载到 NSDictionary 对象中，然后将所有年份提取到 NSArray 对象中：

```
- (void)viewDidLoad {
    //---path to the property list file---
    NSString *path = [[NSBundle mainBundle] pathForResource:@"Movies"
                                     ofType:@"plist"];

    //---load the list into the dictionary---
    NSDictionary *dic = [[NSDictionary alloc] initWithContentsOfFile:path];

    //---save the dictionary object to the property---
    self.movieTitles = dic;
    [dic release];

    //---get all the keys in the dictionary object and sort them---
    NSArray *array = [[movieTitles allKeys]
                 sortedArrayUsingSelector:@selector(compare:)];

   //---save the keys in the years property---
   self.years = array;

   [super viewDidLoad];
}
```

由于现在表视图以分节的方式显示电影列表，每一节代表一年，因此需要告诉表视图一共有多少节。通过实现“numberOfSectionsInTableView:”方法可以做到这一点：

```
- (NSInteger)numberOfSectionsInTableView:(UITableView *)tableView {

    //---returns the number of years as the number of sections you want to see---
    return [years count];
}
```

知道在表视图要显示多少节后，它还需要知道每一节要显示多少行。通过实现“tableView:numberOfRowsInSection:”方法可以做到这一点：

```
// Customize the number of rows in the table view.
- (NSInteger)tableView:(UITableView *)tableView
   numberOfRowsInSection:(NSInteger)section {

    //---check the current year based on the section index---
    NSString *year = [years objectAtIndex:section];

    //---returns the movies in that year as an array---
    NSArray *movieSection = [movieTitles objectForKey:year];

    //---return the number of movies for that year as the number of rows in that
    // section ---
    return [movieSection count];

}
```

要想显示每一节的电影，需要实现“tableView:cellForRowAtIndexPath:”方法并从NSDictionary对象中提取相关的电影名称：

```
// Customize the appearance of table view cells.
- (UITableViewCell *)tableView:(UITableView *)tableView
   cellForRowAtIndexPath:(NSIndexPath *)indexPath {

    static NSString *CellIdentifier = @"Cell";

    UITableViewCell *cell = [tableView
        dequeueReusableCellWithIdentifier:CellIdentifier];

    if (cell == nil) {
        cell = [[[UITableViewCell alloc]
    initWithStyle:UITableViewCellStyleDefault
                    reuseIdentifier:CellIdentifier] autorelease];
}

    // Configure the cell.
    //---get the year---
    NSString *year = [years objectAtIndex:[indexPath section]];

    //---get the list of movies for that year---
    NSArray *movieSection = [movieTitles objectForKey:year];

    //---get the particular movie based on that row---
    cell.text = [movieSection objectAtIndex:[indexPath row]];

    return cell;

}
```

最后，实现“tableView:titleForHeaderInSection:”方法，将得到的年份作为每一节的页眉：

```
- (NSString *)tableView:(UITableView *)tableView
   titleForHeaderInSection:(NSInteger)section {

    //---get the year as the section header---
    NSString *year = [years objectAtIndex:section];

    return year;
}
```

10.2.1　添加索引

电影列表很短，因此滚动列表并不麻烦。然而，假如列表包含了100年内的10 000部电影名称该怎么办呢。在这种情况下，从列表上部滚动到列表下部需要很长时间。表视图的一个极其有用的功能就是可以在视图的右边显示索引。比如，联系人列表中可用的 A~Z 索引列表(如图 10-19 所示)。

要想向表视图添加索引列表，只需实现“sectionIndexTitlesForTableView:”方法并返回包含每一节页眉的数组即可，在该示例中就是 years 数组：

```
- (NSArray *)sectionIndexTitlesForTableView:(UITableView
*)tableView {
    return years;
}
```

注意：在运行应用程序前，请确保将表视图的样式改回到 Plain。如果将其设置为 Grouped 样式，索引就会与表视图的布局重叠。

图 10-20 展示了显示在表视图右边的索引。

图　10-19

图　10-20

10.2.2　添加搜索功能

与表视图相关的一个常见功能就是能够搜索包含在表视图中的项。比如，联系人应用程序在上部就有一个搜索栏(如图 10-21 所示)，可以轻松搜索联系人。

下面的“试一试”就将介绍如何向表视图添加搜索功能。

图　10-21

试一试： 向表视图添加搜索栏

(1) 使用上一节创建的相同项目，在 Interface Builder 中，从 Library 中将 Search Bar 拖拽到表视图上(如图 10-22 所示)。

(2) 右击 Search Bar 并将 delegate 连接到 File's Owner 项上(如图 10-23 所示)。

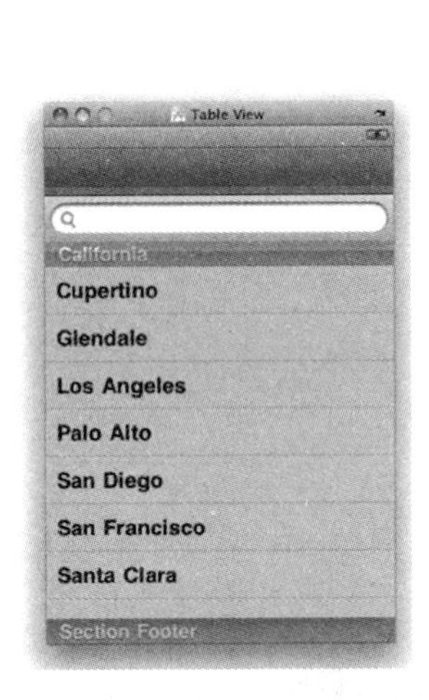

图 10-22

图 10-23

在 RootViewController.h 文件中，添加如下粗体语句：

```
@interface RootViewController : UITableViewController
<UISearchBarDelegate>{

   NSDictionary *movieTitles;
   NSArray *years;

   //---search---
   IBOutlet UISearchBar *searchBar;
   BOOL isSearchOn;
   BOOL canSelectRow;
   NSMutableArray *listOfMovies;
   NSMutableArray *searchResult;
}

@property (nonatomic, retain) NSDictionary *movieTitles;
@property (nonatomic, retain) NSArray *years;

//---search---
@property (nonatomic, retain) UISearchBar *searchBar;
- (void) doneSearching: (id)sender;
- (void) searchMoviesTableView;

@end
```

注意：与之前一样，如果在 Interface Builder 中已经将 delegate 连接了 File's Owner 项上，就不必再添加上面的语句。

(3) 在 Interface Builder 中，按住 Control 键单击并将 File's Owner 项拖拽到 Search Bar 上，选择 searchBar。

(4) 在 RootViewController.m 文件中，添加如下粗体语句：

```
#import "RootViewController.h"

@implementation RootViewController

@synthesize movieTitles, years;
@synthesize searchBar;

- (void)viewDidLoad {

    NSString *path = [[NSBundle mainBundle] pathForResource:@"Movies"
                     ofType:@"plist"];
    NSDictionary *dic = [[NSDictionary alloc] initWithContentsOfFile:path];

    self.movieTitles = dic;

    NSArray *array = [[movieTitles allKeys]
                     sortedArrayUsingSelector:@selector(compare:)];
    self.years = array;

    [dic release];
    //---display the searchbar---
    self.tableView.tableHeaderView = searchBar;
    searchBar.autocorrectionType = UITextAutocorrectionTypeYes;

    //---copy all the movie titles in the dictionary into the listOfMovies array---
    listOfMovies = [[NSMutableArray alloc] init];
    for (NSString *year in array) //---get all the years---
    {
        //---get all the movies for a particular year---
        NSArray *movies = [movieTitles objectForKey:year];
        for (NSString *title in movies)
        {
            [listOfMovies addObject:title];
        }
    }

    //---used for storing the search result---
    searchResult = [[NSMutableArray alloc] init];

    isSearchOn = NO;
    canSelectRow = YES;
```

```
    [super viewDidLoad];

}
//---fired when the user taps on the searchbar---
- (void)searchBarTextDidBeginEditing:(UISearchBar *)searchBar {

    isSearchOn = YES;
    canSelectRow = NO;
    self.tableView.scrollEnabled = NO;

    //---add the Done button at the top---
    self.navigationItem.rightBarButtonItem = [[[UIBarButtonItem alloc]

            initWithBarButtonSystemItem:UIBarButtonSystemItemDone
            target:self action:@selector(doneSearching:)] autorelease];
}

//---done with the searching---
- (void) doneSearching:(id)sender {

    isSearchOn = NO;
    canSelectRow = YES;
    self.tableView.scrollEnabled = YES;
    self.navigationItem.rightBarButtonItem = nil;

    //---hides the keyboard---
    [searchBar resignFirstResponder];

    //---refresh the TableView---
    [self.tableView reloadData];
}

//---fired when the user types something into the searchbar---
- (void)searchBar:(UISearchBar *)searchBar textDidChange:(NSString *)searchText {
    //---if there is something to search for---
    if ([searchText length] > 0) {
        isSearchOn = YES;
        canSelectRow = YES;
        self.tableView.scrollEnabled = YES;
        [self searchMoviesTableView];
    }
    else {
        //---nothing to search---
        isSearchOn = NO;
        canSelectRow = NO;
        self.tableView.scrollEnabled = NO;
    }
    [self.tableView reloadData];
}

//---performs the searching using the array of movies---
- (void) searchMoviesTableView {

    //---clears the search result---
```

```
    [searchResult removeAllObjects];

    for (NSString *str in listOfMovies)
    {
        NSRange titleResultsRange = [str rangeOfString:searchBar.text
            options:NSCaseInsensitiveSearch];

        if (titleResultsRange.length > 0)
            [searchResult addObject:str];
    }
}

//---fired when the user taps the Search button on the keyboard---
- (void)searchBarSearchButtonClicked:(UISearchBar *)searchBar {

[self searchMoviesTableView];

}

- (NSInteger)numberOfSectionsInTableView:(UITableView *)tableView {

    if (isSearchOn)
        return 1;
    else
        return [years count];

}

// Customize the number of rows in the table view.
- (NSInteger)tableView:(UITableView *)tableView
   numberOfRowsInSection:(NSInteger)section {

   if (isSearchOn) {
       return [searchResult count];
   } else
   {
       NSString *year = [years objectAtIndex:section];
       NSArray *movieSection = [movieTitles objectForKey:year];
       return [movieSection count];
    }

}

// Customize the appearance of table view cells.
- (UITableViewCell *)tableView:(UITableView *)tableView
   cellForRowAtIndexPath:(NSIndexPath *)indexPath {

   static NSString *CellIdentifier = @"Cell";

   UITableViewCell *cell = [tableView
   dequeueReusableCellWithIdentifier:CellIdentifier];

if (cell == nil) {
    cell = [[[UITableViewCell alloc] initWithStyle:UITableViewCellStyleDefault
            reuseIdentifier:CellIdentifier] autorelease];
}
```

```
    // Configure the cell.
    if (isSearchOn) {
        NSString *cellValue = [searchResult objectAtIndex:indexPath.row];
        cell.textLabel.text = cellValue;
    } else {
        NSString *year = [years objectAtIndex:[indexPath section]];
        NSArray *movieSection = [movieTitles objectForKey:year];
        cell.textLabel.text = [movieSection objectAtIndex:[indexPath row]];
    }
    return cell;
    }

    - (NSString *)tableView:(UITableView *)tableView
       titleForHeaderInSection:(NSInteger)section {

       NSString *year = [years objectAtIndex:section];
       if (isSearchOn)
           return nil;
       else
           return year;

    }

    - (NSArray *)sectionIndexTitlesForTableView:(UITableView *)tableView {
        if (isSearchOn)
            return nil;
        else
            return years;

    }

    //---fired before a row is selected---
    - (NSIndexPath *)tableView :(UITableView *)theTableView
       willSelectRowAtIndexPath:(NSIndexPath *)indexPath {
        if (canSelectRow)
            return indexPath;
        else
            return nil;

    }

    - (void)didReceiveMemoryWarning {
        // Releases the view if it doesn't have a superview.
        [super didReceiveMemoryWarning];

        // Release any cached data, images, etc that aren't in use.
    }

    - (void)viewDidUnload {
        // Release anything that can be recreated in viewDidLoad or on demand.
        // e.g. self.myOutlet = nil;
    }

    - (void)dealloc {
```

```
    [years release];
    [movieTitles release];
    [searchBar release];
    [super dealloc];
}

@end
```

(5) 按 Command＋R 组合键在 iPhone Simulator 上测试应用程序。

(6) 轻拍搜索栏，这时键盘会自动出现(如图 10-24 所示)。注意如下几点：

- 在输入的时候，表视图会显示其标题包含所输入字符的电影。可以通过轻拍它们选择搜索结果。
- 当显示键盘而搜索栏中没有文本时，表视图包含初始列表，这时无法搜索对应行。
- 当单击 Done 按钮时会隐藏键盘并显示出初始列表。

图　10-24

示例说明

要完成的工作不少吧？但别担心：这很容易就能掌握。下面深入探讨细节信息。

首先，添加一个插座变量并连接到搜索栏上：

```
IBOutlet UISearchBar *searchBar;
```

接下来定义了两个布尔类型的变量，这样就可以跟踪是否处于搜索过程当中，用户是否能选择表视图中的行：

```
BOOL isSearchOn;
BOOL canSelectRow;
```

然后定义两个 NSMutableArray 对象，一个用于存储电影列表，另一个用于临时存储搜索结果：

```
NSMutableArray *listOfMovies;
NSMutableArray *searchResult;
```

当加载视图时，首先将搜索栏关联到表视图上，然后将 NSDictionary 对象中的整个电影标题列表复制到 NSMutableArray 对象中：

```
//---display the searchbar---
self.tableView.tableHeaderView = searchBar;
searchBar.autocorrectionType = UITextAutocorrectionTypeYes;

//---copy all the movie titles in the dictionary into the listOfMovies array---
listOfMovies = [[NSMutableArray alloc] init];
for (NSString *year in array) //---get all the years---
{

    //---get all the movies for a particular year---
    NSArray *movies = [movieTitles objectForKey:year];
    for (NSString *title in movies)
    {
        [listOfMovies addObject:title];
    }
}

//---used for storing the search result---
searchResult = [[NSMutableArray alloc] init];

isSearchOn = NO;
canSelectRow = YES;
```

当用户轻拍搜索栏时会触发“searchBarTextDidBeginEditing:”事件(在 UISearchBarDelegate 协议中定义的其中一个方法)。在该方法中，向屏幕右上角添加了一个 Done 按钮。当用户单击 Done 按钮时会调用“doneSearching:”方法(该方法在后面定义)。

```
//---fired when the user taps on the searchbar---
- (void)searchBarTextDidBeginEditing:(UISearchBar *)searchBar {
    isSearchOn = YES;
    canSelectRow = NO;
    self.tableView.scrollEnabled = NO;

    //---add the Done button at the top---
    self.navigationItem.rightBarButtonItem = [[[UIBarButtonItem alloc]
          initWithBarButtonSystemItem:UIBarButtonSystemItemDone
          target:self action:@selector(doneSearching:)] autorelease];
}
```

“doneSearching:”方法使得搜索栏移除了其 First Responder 状态(因而会隐藏键盘)。同时，通过调用表视图的 reloadData 方法重新加载表视图。这会再一次触发与表视图相关的各个事件。

```
//---done with the searching---
- (void) doneSearching:(id)sender {

    isSearchOn = NO;
    canSelectRow = YES;
```

```
        self.tableView.scrollEnabled = YES;
        self.navigationItem.rightBarButtonItem = nil;

        //---hides the keyboard---
        [searchBar resignFirstResponder];

        //---refresh the TableView---
        [self.tableView reloadData];
    }
```

当用户在搜索栏中输入时，输入的每个字符都会触发“searchBar:textDidChange:”事件。在该示例中，如果搜索栏至少有一个字符，就会调用 searchMoviesTableView 方法(该方法在后面定义)。

```
    //---fired when the user types something into the searchbar---
    - (void)searchBar:(UISearchBar *)searchBar textDidChange:(NSString *)searchText {
        //---if there is something to search for---
        if ([searchText length] > 0) {
            isSearchOn = YES;
            canSelectRow = YES;
            self.tableView.scrollEnabled = YES;
            [self searchMoviesTableView];
        }
        else {
            //---nothing to search---
            isSearchOn = NO;
            canSelectRow = NO;
            self.tableView.scrollEnabled = NO;
        }
        [self.tableView reloadData];
    }
```

searchMoviesTableView 方法会搜索 listOfMovies 数组。通过NSString 类的“rangeOfString:options:”方法，使用特定的字符对每个电影标题进行不区分大小写的搜索。返回的结果是一个 NSRange 对象，其中包含了搜索字符串在目标字符串中的位置与长度。如果长度大于 0 就表示有一个匹配的结果，然后将它添加到 searchResult 数组中：

```
    //---performs the searching using the array of movies---
    - (void) searchMoviesTableView {

        //---clears the search result---
        [searchResult removeAllObjects];

        for (NSString *str in listOfMovies)
        {
            NSRange titleResultsRange = [str rangeOfString:searchBar.text
                options:NSCaseInsensitiveSearch];

            if (titleResultsRange.length > 0)
                [searchResult addObject:str];
        }
```

```
}
```

当用户轻拍键盘上的 Search 按钮时就会调用 searchMoviesTableView 方法：

```
//---fired when the user taps the Search button on the keyboard---
- (void)searchBarSearchButtonClicked:(UISearchBar *)searchBar {

    [self searchMoviesTableView];

}
```

其他方法都很直接明了。如果处在搜索过程中(由 isSearchOn 变量决定)就会显示 searchResult 数组中的标题列表。如果没有执行搜索就会显示整个电影列表。

10.2.3　详情显示与选取标记

由于用户经常会选择表视图中的行来查看更详细的信息，因此表视图中的行通常会放置个图像，其中包含一个箭头或一个选取标记。图 10-25 展示了这种箭头的一个示例。

共有 3 类图像可供显示：

- 详情显示按钮
- 选取标记
- 详情显示指示器

为了显示详情或是选取标记，请将如下粗体语句插入到“tableView:cellForRowAtIndexPath:”事件中：

图　10-25

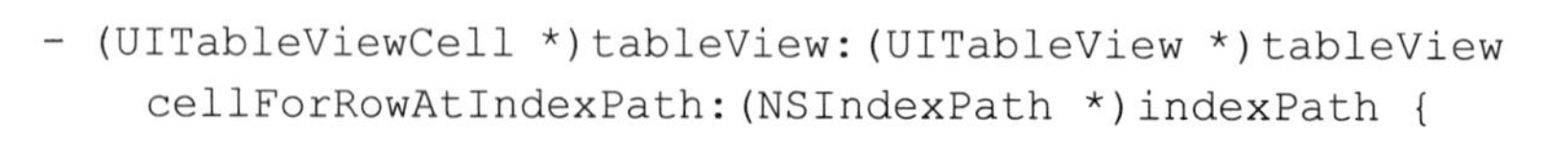

```
- (UITableViewCell *)tableView:(UITableView *)tableView
    cellForRowAtIndexPath:(NSIndexPath *)indexPath {

    static NSString *CellIdentifier = @"Cell";

    UITableViewCell *cell = [tableView
        dequeueReusableCellWithIdentifier:CellIdentifier];

    if (cell == nil) {
        cell = [[[UITableViewCell alloc]initWithStyle:
                  UITableViewCell StyleDefault  reuseIdentifier:
                  CellIdentifier] autorelease];
    }

    // Configure the cell.
    if (isSearchOn) {
        NSString *cellValue = [searchResult objectAtIndex:indexPath.row];
        cell.text = cellValue;
    } else {
        NSString *year = [years objectAtIndex:[indexPath section]];
```

```
        NSArray *movieSection = [movieTitles objectForKey:year];
        cell.text = [movieSection objectAtIndex:[indexPath row]];
    }
    cell.accessoryType = UITableViewCellAccessoryDetailDisclosureButton;

    return cell;
}
```

对于 accessoryType 属性可以使用如下常量：

- UITableViewCellAccessoryDetailDisclosureButton
- UITableViewCellAccessoryCheckmark
- UITableViewCellAccessoryDisclosureIndicator

图 10-26 展示了与上面 3 个常量对应的图像类型：

图　10-26

在这 3 类图像中，只有 UITableViewCellAccessoryDetailDisclosureButton 可以处理用户的轻拍事件(另两类图像只用于显示目的)。要想处理用户轻拍详情显示按钮时的事件，需要实现“tableView:accessoryButtonTappedForRowWithIndexPath:”方法：

```
- (void)tableView:(UITableView *)tableView
   accessoryButtonTappedForRowWithIndexPath:(NSIndexPath *)indexPath {

    //---insert code here---
    // e.g. navigate to another view to display detailed information, etc
}
```

图 10-27 展示了当用户轻拍单元格的内容与详情显示按钮时所触发的两类不同事件：

图　10-27

通常，使用详情显示按钮来显示关于选中行的详细信息。

10.3　小结

本章介绍了表视图以及如何以不同形式定制表视图来显示其中的项，还介绍了如何在表视图中实现搜索功能，这在真实应用程序中是一个必要的功能。

练习：

1. 在使用表视图时，视图控制器必须要遵循两个协议，请列出这两个协议的名称并简要描述它们的用法。
2. 如果想向表视图添加索引需要实现哪个方法？
3. 列出可以使用的 3 个详情与选取标记图像。哪一个可以用于处理用户的轻拍？

本章小结

主　　题	关 键 概 念
向表视图添加项	处理 UITableViewDataSource 协议中的各个事件
允许用户选择表视图中的行	处理 UITableViewDelegate 协议中的各个事件
向表视图中的行添加图像	使用 UITableViewCell 类的 image 属性并将其设置为包含一幅图片的 UIImage 类的一个实例

在表视图中使用属性列表	使用如下代码段定位属性列表：
	`NSString *path = [[NSBundle mainBundle]`
	`pathForResource:@"Movies"`
	`ofType:@"plist"];`
	然后使用 NSDictionary 与 NSArray 对象检索存储在属性列表中的键/值对

(续表)

主　题	关 键 概 念
将表视图中的项按节进行分组	实现如下方法： ● numberOfSectionsInTableView: ● tableView:numberOfRowsInSection: ● tableView:titleForHeaderInSection:
向表视图添加索引	实现"sectionIndexTitlesForTableView:"方法
向表视图中的行添加详情与选取标记图像	将 UITableViewCell 对象的 accessoryType 属性设置为如下值之一： ● UITableViewCellAccessoryDetailDisclosureButton ● UITableViewCellAccessoryCheckmark ● UITableViewCellAccessoryDisclosureIndicator
在表视图中实现搜索功能	使用 Search Bar 视图并处理 UISearchBarDelegate 协议中的各个事件

第 11 章 应用程序首选项

本章内容

- 如何向应用程序添加应用程序首选项
- 如何以编程的方式访问 Settings 的值
- 如何重置应用程序的首选项设置

如果你是一个经验丰富的 Mac OS X 用户，就可能很熟悉应用程序首选项的概念。几乎每个 Mac OS X 应用程序都具有特定于应用程序的设置，用于配置应用程序的外观与行为。这些设置叫做应用程序首选项。

在 iPhone OS 中，应用程序也具备应用程序首选项。但与 Mac OS X 应用程序不同的是，Mac OS X 的应用程序首选项是应用程序不可分割得一部分，而 iPhone 应用程序首选项则由名为 Settings 的应用程序集中管理(如图 11-1 所示)。

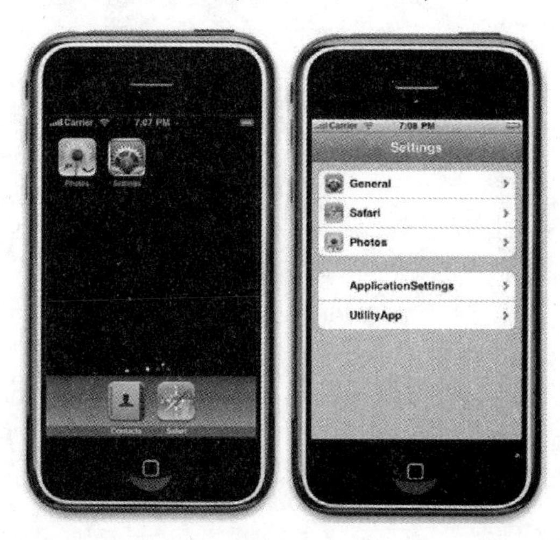

图 11-1

Settings 应用程序的主页面显示了系统应用程序与第三方应用程序的首选项。轻拍任何设置都会进入另一个页面，可以在该页面中配置系统的首选项。

本章将介绍如何将应用程序首选项融合到应用程序当中并在运行期间以编程的方式修改它们。

11.1　创建应用程序首选项

为 iPhone 应用程序创建应用程序首选项是个相当直接的过程。该过程包括将名为 Settings Bundle 的资源添加到项目中、配置属性列表文件，以及部署应用程序。当应用程序部署完毕后，在 Settings 应用程序中会自动创建应用程序首选项。

下面的“试一试”就将介绍如何在 Xcode 中向 iPhone 应用程序添加应用程序首选项。

试一试：添加应用程序首选项

(1) 使用 Xcode 创建一个新的 Utility Application 项目并把它命名为 ApplicationSettings。

(2) 在 Xcode 中右击项目名并添加一个新文件。选择 Resources 模板类别并单击 Settings Bundle(如图 11-2 所示)。单击 Next 按钮。

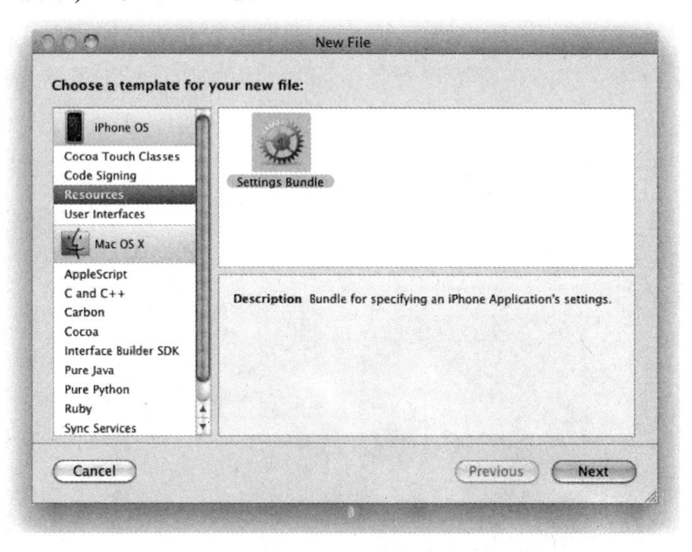

图　11-2

(3) 当要求输入文件名时，使用默认名称 Settings.bundle 并单击 Finish 按钮。

(4) 现在，Settings.bundle 项应该成为项目的一部分(如图 11-3 所示)。单击它并使用默认的 Property List 编辑器查看 Root.plist 文件的内容。

图　11-3

(5) 按 Command＋R 组合键在 iPhone Simulator 上测试应用程序。当在模拟器中加载应用程序后，按 Home 键返回 iPhone 的主界面。轻拍 Settings 应用程序，就会看到名为 ApplicationSettings 的一个新 Settings 项(如图 11-4 所示)。

(6) 当触摸 ApplicationSettings 项时，您会看到创建的默认设置(如图 11-5 所示)。

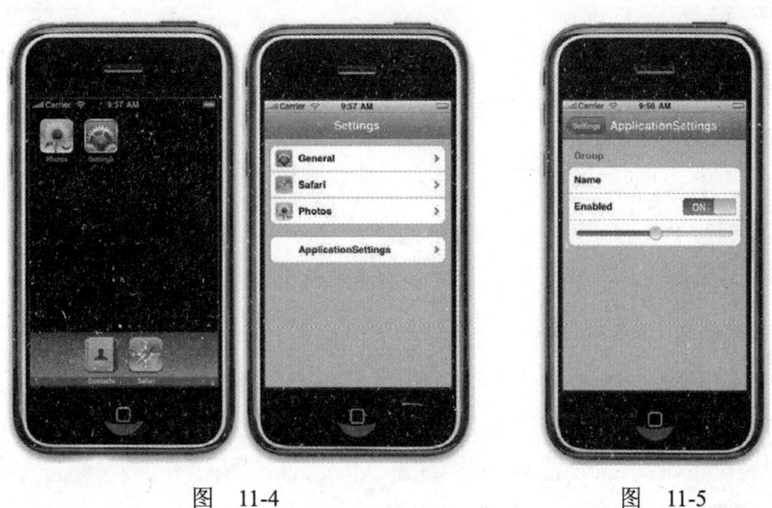

图　11-4　　　　　　　　　　　　　图　11-5

示例说明

不可思议的是，没有编写一行代码，应用程序首选项就融合到应用程序当中。不可思议的原因在于向项目中添加的 Settings.bundle 文件。它包含两个文件：Root.plist 与 Root.strings。前者是一个 XML 文件，包含一个字典对象(键/值对)集合。这些键/值对会转换为 Settings 应用程序中的首选项对应的项。

注意： Root.plist 文件中的键/值对区分大小写。因此，在修改这些项时要小心。输入错误会导致应用程序无法运行。

现在弄清楚 Root.plist 文件中各个键的用途。该文件中有两个根级别的键，分别是：

- StringsTable，包含了与该文件相关的字符串文件的名称。在该示例中，它指向 Root.strings。
- PreferenceSpecifiers，它是 Array 类型，包含一个字典数组，每一项包含单个首选项的信息。

每个首选项都由一项表示(即 PreferenceSpecifiers)，比如 Item 1、Item 2、Item 3 等等。每一项有一个 Type 键，表示已存储数据的类型。它的值可以是表 11-1 所列举的那些值之一。

表 11-1　PreferenceSpecifiers 列表与用途

元素类型	说明
PSTextFieldSpecifier	文本域首选项。显示一个可选的标题与一个可编辑的文本域。该类型的首选项需要用户指定一个自定义字符串值
PSTitleValueSpecifier	只读字符串首选项。以格式化字符串形式显示首选项值
PSToggleSwitchSpecifier	开关首选项。它所配置的首选项只能为两个值之一
PSSliderSpecifier	滑块首选项。它所配置的首选项代表一个值范围，该类型的值是一个实数，可以指定其最大值与最小值
PSMultiValueSpecifier	多值首选项。它所代表的首选项是一组互斥的值
PSGroupSpecifier	分组首选项。它可以在单独的页面上对首选项进行分组
PSChildPaneSpecifier	子窗格首选项。它可以链接到新的首选项页面上

每个 PreferenceSpecifiers 键都包含一个可使用的子键列表。比如，对于 PSTextFieldSpecifier 键，可以使用如下键：Type、Title、Key、DefaultValue、IsSecure、KeyBoardType、AutocapitalizationType，以及 AutocorrectionType。接下来为每个键设置恰当的值。

注意： 要想了解关于每个键的使用方法的更多信息，请参考 Apple 的“Settings Application Schema Reference”文档。可以在 Web 上搜索该文档的标题来找到它。该文档的 URL 是：http://developer.apple.com/iPhone/library/documentation/PreferenceSettings/Conceptual/SettingsApplicationSchemaReference/Introduction/Introduction.html。

仔细查看 Root.plist 文件，例如 Item 3。注意到它有 4 个键：Type、Title、Key 以及 DefaultValue。Type 键指定它存储的信息类型。在该示例中，类型是 PSToggleSwitchSpecifier，这意味着它将表示为 ON/OFF 开关。Title 键指定了该项对应的文本(Item 3)。Key 键是唯一地标识该键的标识符，这样就能以编程的方式从应用程序中检索该项的值。最后，DefaultValue 键指定了该项的默认值。在该示例中，选中它，表示其值为 ON。

下面的“试一试”将会修改 Root.plist 文件以便使用它存储用户的凭证。这对于需要用户登录到服务器以编写应用程序非常有用。当用户第一次使用应用程序时，他需要提供凭证，如用户名与密码。接下来，应用程序会在应用程序首选项中存储凭证，这样当用户下一次再使用应用程序时，它就能自动获取其凭证而无需用户提供。

试一试：修改应用程序首选项

(1) 回到 Xcode，选择 Root.plist 文件并移除 PreferenceSpecifiers 键下的所有 4 个项。先选择 PreferenceSpecifiers 键下的各个项，然后按 Delete 键即可删除它们。

(2) 选择 PreferenceSpecifiers 键并按 Add Child 按钮在 PreferenceSpecifiers 键下添加新的项(如图 11-6 所示)。

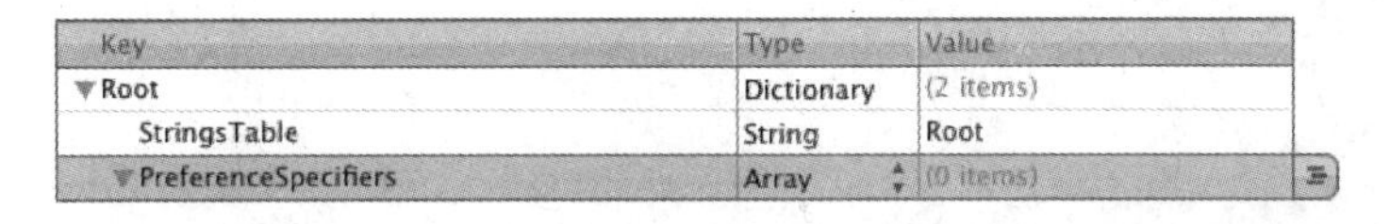

Key	Type	Value
▼Root	Dictionary	(2 items)
StringsTable	String	Root
▼PreferenceSpecifiers	Array	(0 items)

图　11-6

注意：Add Child 按钮看起来像一个正方形，其中有 3 个水平栏。

(3) 这时会添加一个新的项。要想添加更多项，请单击 Add Child 按钮(如图 11-7 所示)。再单击 3 次 Add Sibling 按钮。

注意：Add Sibling 按钮是一个正方形，其中有一个加号(+)。

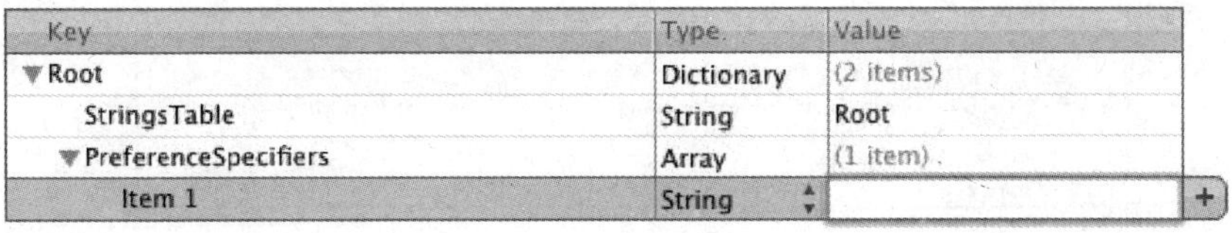

Key	Type	Value
▼Root	Dictionary	(2 items)
StringsTable	String	Root
▼PreferenceSpecifiers	Array	(1 item)
Item 1	String	

图　11-7

(4) 现在的 Root.plist 文件应该如图 11-8 所示。

Key	Type	Value
▼Root	Dictionary	(2 items)
StringsTable	String	Root
▼PreferenceSpecifiers	Array	(4 items)
Item 1	String	
Item 2	String	
Item 3	String	
Item 4	String	

图　11-8

(5) 将 Item 1 的 Type 修改为 Dictionary，然后单击左边的箭头将其展开(如图 11-9 所示)。按 Add Child 按钮为 Item 1 添加一个子项。

Key	Type	Value
▼Root	Dictionary	(2 items)
StringsTable	String	Root
▼PreferenceSpecifiers	Array	(4 items)
▼Item 1	Dictionary	(0 items)
Item 2	String	
Item 3	String	
Item 4	String	

图　11-9

(6) 这时在 Item 1 下添加了一个新项(如图 11-10 所示)。单击 Add Sibling 按钮在 Item 1 下再添加一项。

Key	Type	Value
▼Root	Dictionary	(2 items)
StringsTable	String	Root
▼PreferenceSpecifiers	Array	(4 items)
▼Item 1	Dictionary	(1 item)
New item	String	
Item 2	String	
Item 3	String	
Item 4	String	

图　11-10

记住，使用 Add Sibling 按钮在相同层次中添加新项；使用 Add Child 按钮在当前层次下添加新的子项。

(7) 现在的 Root.plist 文件看起来应该如图 11-11 所示。

Key	Type	Value
▼Root	Dictionary	(2 items)
StringsTable	String	Root
▼PreferenceSpecifiers	Array	(4 items)
▼Item 1	Dictionary	(2 items)
New item	String	
New item - 2	String	
Item 2	String	
Item 3	String	
Item 4	String	

图　11-11

(8) 修改整个 Root.plist 文件，以便它如图 11-12 所示。确保每个键/值对的大写字母是正确无误的。

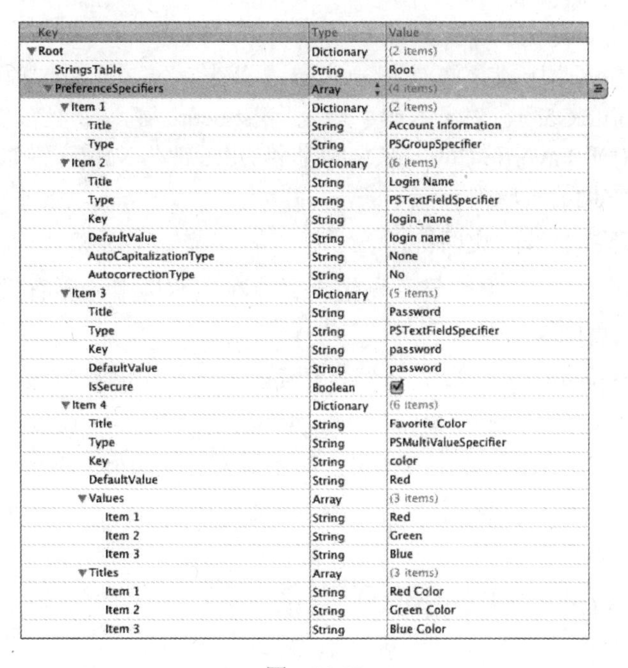

Key	Type	Value
▼Root	Dictionary	(2 items)
StringsTable	String	Root
▼PreferenceSpecifiers	Array	(4 items)
▼Item 1	Dictionary	(2 items)
Title	String	Account Information
Type	String	PSGroupSpecifier
▼Item 2	Dictionary	(6 items)
Title	String	Login Name
Type	String	PSTextFieldSpecifier
Key	String	login_name
DefaultValue	String	login name
AutoCapitalizationType	String	None
AutocorrectionType	String	No
▼Item 3	Dictionary	(5 items)
Title	String	Password
Type	String	PSTextFieldSpecifier
Key	String	password
DefaultValue	String	password
IsSecure	Boolean	☑
▼Item 4	Dictionary	(6 items)
Title	String	Favorite Color
Type	String	PSMultiValueSpecifier
Key	String	color
DefaultValue	String	Red
▼Values	Array	(3 items)
Item 1	String	Red
Item 2	String	Green
Item 3	String	Blue
▼Titles	Array	(3 items)
Item 1	String	Red Color
Item 2	String	Green Color
Item 3	String	Blue Color

图　11-12

注意：注意每一项的 Type 值。

(9) 保存该项目，按 Command＋R 组合键在 iPhone Simulator 上测试应用程序。按 Home 键，再一次启动 Settings 应用程序。选择 ApplicationSettings 设置并观察显示的首选项(如图 11-13 所示)。

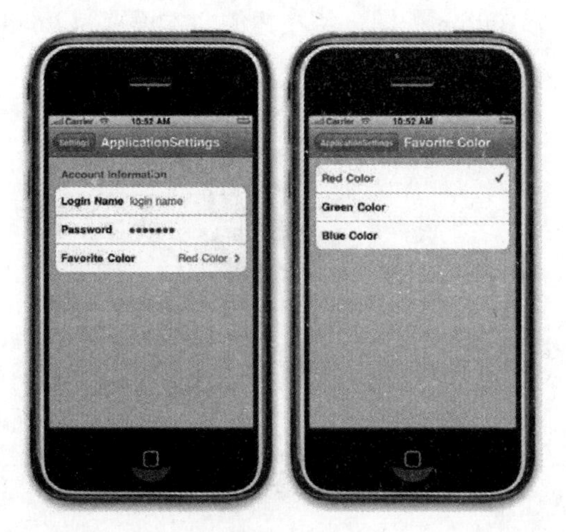

图　11-13

(10) 修改一些设置值，然后按 Home 键返回主界面。设置中的变更会自动保存到电话中。当再一次返回 Settings 页面时会发现显示的是新值。

示例说明

以上所做的工作基本上就是修改 Root.plist 文件来存储 3 个首选项——Login Name、Password 以及 Favorite Color。对于密码字段使用 IsSecure 键，表示当将密码显示给用户时必须要遮挡起来。对于 Favorite Color 首选项使用 Titles 键与 Values 键来显示一个可选列表并且在电话上存储它们的对应值。

该示例使用如下的首选项说明符：

- PSGroupSpecifier——用于显示一组设置。在该示例中，所有设置都位于 Account Information 组下面。
- PSTextFieldSpecifier——指定一个文本域。
- PSMultiValueSpecifier——指定一个可选值列表。Titles 项包含用户可以从中选择的一个可见文本列表。Values 项是用户所选文本对应的值。比如，如果用户选择了蓝色作为喜欢的颜色，Blue 就会存储在 iPhone 上。

11.2　以编程的方式访问设置值

如果不能在应用程序中以编程的方式访问，首选项设置就没什么用。下面几节将会修改应用程序以便能以编程的方式加载首选项设置并修改它们。

首先，下面的“试一试”通过连接必要的插座变量与动作来准备 UI。

试一试：准备主视图与 Flipside 视图

(1) 双击 MainView.xib 文件，在 Interface Builder 中编辑它。

(2) 在 MainView.xib 窗口中，双击 Main View 项以显示 Main View 窗口(如图 11-14 所示)。向该窗口中添加一个 Button 视图，将按钮的文本设置为 Load Settings Values。

图　11-14

(3) 双击 FlipsideView.xib 文件，在 Interface Builder 中编辑它。

(4) 在 FlipsideView.xib 窗口中，双击 Flipside View 项并向 Flipside View 窗口中添加如下视图(如图 11-15 所示)：

- Label
- TextField
- PickerView

图　11-15

(5) 回到 Xcode，向 MainViewController.h 文件中插入如下粗体代码：

```
#import "FlipsideViewController.h"

@interface MainViewController : UIViewController<
FlipsideViewController Delegate>{
}

- (IBAction)loadSettings: (id) sender;
- (IBAction)showInfo;

@end
```

(6) 在 FlipsideViewController.h 文件中，插入如下粗体代码：

```
@protocol FlipsideViewControllerDelegate;

@interface FlipsideViewController : UIViewController
    <UIPickerViewDataSource, UIPickerViewDelegate> {
    id <FlipsideViewControllerDelegate> delegate;

    IBOutlet UITextField *loginName;
    IBOutlet UITextField *password;
    IBOutlet UIPickerView *favoriteColor;

}
@property (nonatomic, retain) UITextField *loginName;
@property (nonatomic, retain) UITextField *password;
@property (nonatomic, retain) UIPickerView *favoriteColor;

@property (nonatomic, assign) id <FlipsideViewControllerDelegate> delegate;
- (IBAction)done;

@end

@protocol FlipsideViewControllerDelegate
- (void)flipsideViewControllerDidFinish:(FlipsideViewController *)controller;
@end
```

(7) 在 FlipsideViewController.m 文件中，添加如下语句：

```
#import "FlipsideViewController.h"

@implementation FlipsideViewController

@synthesize delegate;
@synthesize loginName;
@synthesize password;
@synthesize favoriteColor;
```

(8) 在 Interface Builder 中，将插座变量与动作连接到各个视图上。在 FlipsideView.xib 窗口中执行以下步骤：

- 按住 Control 键单击并将 File's Owner 项拖拽到第一个 TextField 视图上，选择 loginName。
- 按住 Control 键单击并将 File's Owner 项拖拽到第二个 TextField 视图上，选择 password。
- 按住 Control 键单击并将 File's Owner 项拖拽到 Picker 视图上，选择 favoriteColor。
- 按住 Control 键单击并将 Picker 视图拖拽到 File's Owner 项上，选择 dataSource。
- 按住 Control 键单击并将 Picker 视图拖拽到 File's Owner 项上，选择 delegate。

(9) 右击 File's Owner 项，验证所有的连接是正确无误的(如图 11-16 所示)。

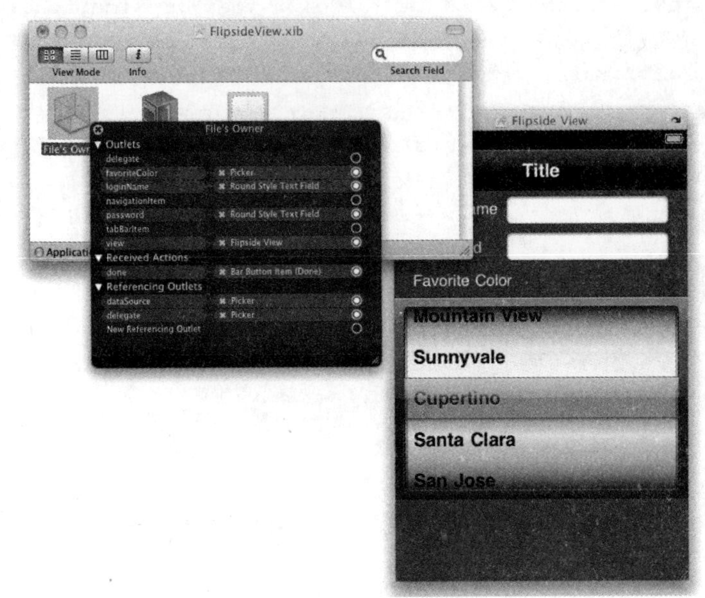

图　11-16

(10) 在 MainView.xib 窗口中，按住 Control 键单击并将 Button 视图拖拽到 File's Owner 项上，选择“loadSettings:”。

(11) 在 Interface Builder 中保存该项目。

(12) 在 Xcode 中，将如下粗体代码添加到 FlipsideViewController.m 文件中。

```
#import "FlipsideViewController.h"

@implementation FlipsideViewController

@synthesize delegate;
@synthesize loginName;
@synthesize password;
@synthesize favoriteColor;

NSMutableArray *colors;
NSString *favoriteColorSelected;

- (void)viewDidLoad {
    //---create an array containing the colors values---
    colors = [[NSMutableArray alloc] init];
    [colors addObject:@"Red"];
    [colors addObject:@"Green"];
    [colors addObject:@"Blue"];
```

```
    [super viewDidLoad];
    self.view.backgroundColor = [UIColor viewFlipsideBackgroundColor];
}

//---number of components in the Picker view---
- (NSInteger)numberOfComponentsInPickerView:(UIPickerView *)thePickerView {
    return 1;
}

//---number of items(rows) in the Picker view---
- (NSInteger)pickerView:(UIPickerView *)thePickerView
    numberOfRowsInComponent:(NSInteger)component {
    return [colors count];
}

//---populating the Picker view---
(NSString *)pickerView:(UIPickerView *)thePickerView
  titleForRow:(NSInteger)row
  forComponent:(NSInteger)component {
  return [colors objectAtIndex:row];
}

//---the item selected by the user---
(void)pickerView:(UIPickerView *)thePickerView
   didSelectRow:(NSInteger)row
   inComponent:(NSInteger)component {
   favoriteColorSelected = [colors objectAtIndex:row];
}

- (void)dealloc {
    [colors release];
    [favoriteColorSelected release];
    [loginName release];
    [password release];
    [favoriteColor release];
    [super dealloc];
}
```

(13) 按 Command＋R 组合键在 iPhone Simulator 上测试应用程序。图 11-17 显示了主视图与 Flipside 视图对应应用的 UI。

注意：注意到编译器会产生一个警告，因为还没在 MainViewController.m 文件中实现“loadSettings:”动作。这没关系，因为这里只希望检验 UI 的外观而已。

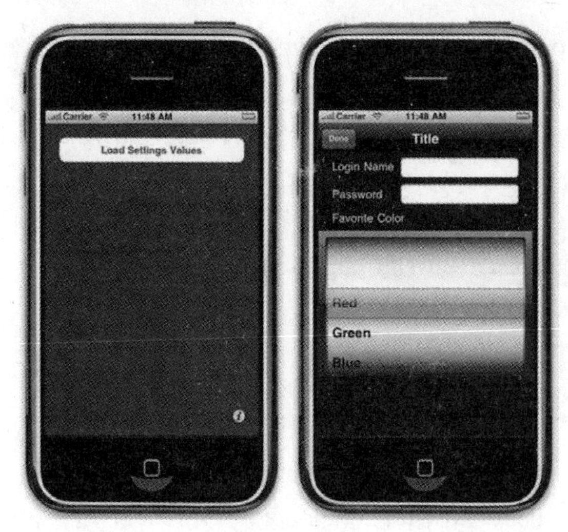

图　11-17

示例说明

到目前为止，我们所做的一切工作都是在准备 UI，用于显示从首选项设置中获取的值。特别是，需要使用 Picker 视图显示用户可以选择的一个颜色列表。在 Flipside 视图中使用 Done 按钮保存首选项设置的值。也就是说，保存首选项设置的代码应该插入到 done 动作中(将在 11.2.3 节中讲述)。

为了加载带有 3 种颜色的 Picker 视图，首先需要确保 FlipsideViewController 类遵循 UIPickerViewDataSource 协议与 UIPickerViewDelegate 协议：

```
//---FlipsideViewController.h---
@protocol FlipsideViewControllerDelegate;

@interface FlipsideViewController : UIViewController
    <UIPickerViewDataSource, UIPickerViewDelegate> {
    id <FlipsideViewControllerDelegate> delegate;
```

UIPickerViewDataSource 协议定义了使用项填充 Picker 视图的方法；UIPickerViewDelegate 协议定义了可以使用户从 Picker 视图中选择项的方法。

在 FlipsideViewController.m 文件中，首先在 viewDidLoad 方法中创建一个 NSMutableArray 对象以存储可供选择的颜色列表：

```
- (void)viewDidLoad {
    //---create an array containing the colors values---
    colors = [[NSMutableArray alloc] init];
    [colors addObject:@"Red"];
    [colors addObject:@"Green"];
    [colors addObject:@"Blue"];
    [super viewDidLoad];
    self.view.backgroundColor = [UIColor viewFlipsideBackgroundColor];
}
```

实现“numberOfComponentsInPickerView:”方法以设置 Picker 视图中的组件(列)数量：

```
//---number of components in the Picker view---
- (NSInteger)numberOfComponentsInPickerView:(UIPickerView *)thePickerView {
    return 1;
}
```

实现“pickerView:numberOfRowsInComponent:”方法以设置 Picker 视图中显示的项(行)数：

```
//---number of items(rows) in the Picker view---
- (NSInteger)pickerView:(UIPickerView *)thePickerView
    numberOfRowsInComponent:(NSInteger)component {
    return [colors count];
}
```

实现“pickerView:titleForRow:forComponent:”方法使用这 3 种颜色填充 Picker 视图：

```
//---populating the Picker view---
(NSString *)pickerView:(UIPickerView *)thePickerView titleForRow:(NSInteger)row
  forComponent:(NSInteger)component {
  return [colors objectAtIndex:row];
}
```

实现“pickerView:didSelectRow:inComponent:”方法保存用户在 Picker 视图中选择的颜色：

```
//---the item selected by the user---
- (void)pickerView:(UIPickerView *)thePickerView didSelectRow:(NSInteger)row
    inComponent:(NSInteger)component {
    favoriteColorSelected = [colors objectAtIndex:row];
}
```

现在，用户选择的颜色会保存到 favoriteColorSelected 对象中。

11.2.1　加载设置值

准备好应用程序的 UI 后，现在来看看如何以编程的方式加载首选项设置的值，然后将其显示在应用程序中。这种显示很有用，因为用户可以直接查看对应设置的值而无需进入 Settings 应用程序中。

试一试：　加载设置值

(1) 将如下粗体代码插入到 MainViewController.m 文件中(请在一行中输入带有 password 与 favorite color 的代码行，不要像下面的代码那样输入)：

```
#import "MainViewController.h"
#import "MainView.h"

@implementation MainViewController

- (IBAction) loadSettings: (id) sender{
```

```
    NSUserDefaults *defaults = [NSUserDefaults standardUserDefaults];

    NSString *strLoginname = [defaults objectForKey:@"login_name"];
    NSString *strPassword = [defaults objectForKey:@"password"];
    NSString *strColor = [defaults objectForKey:@"color"];

    NSString *str = [[NSString alloc] initWithFormat:@"Login name is \"%@\",
password is \"%@\", and favorite color is \"%@\"",
                     strLoginname, strPassword, strColor];

    UIAlertView *alert = [[UIAlertView alloc]
                          initWithTitle:@"Settings Values"
                          message:str
                          delegate:nil
                          cancelButtonTitle: @"Done"
                          otherButtonTitles:nil];
    [alert show];

    [strLoginname release];
    [strPassword release];
    [strColor release];
    [str release];
    [alert release];
}
```

(2) 按Command＋R组合键在iPhone Simulator上测试应用程序。当加载应用程序后，轻拍 Load Settings Values 按钮，就会看到一个警告视图显示的设置值(如图 11-18 所示)。

图　11-18

示例说明

使用 NSUserDefaults 类加载首选项设置的值：

```
NSUserDefaults *defaults = [NSUserDefaults standardUserDefaults];
```

上面的语句会返回 NSUserDefaults 类的唯一实例。可以将 NSUserDefaults 类看作是一个用来存储应用程序首选项设置的通用数据库。

为了获取首选项设置的值，使用了“objectForKey:”方法并指定想要获取的首选项设置的名称：

```
NSString *strLoginname = [defaults objectForKey:@"login_name"];
NSString *strPassword = [defaults objectForKey:@"password"];
NSString *strColor = [defaults objectForKey:@"color"];
```

11.2.2　重置首选项设置值

有时，可能希望重置应用程序的首选项设置的值。尤其是在 Root.plist 文件出现了错误，想要重置所有设置时更是如此。最简单的方式就是从电话或 Simulator 中移除应用程序。要想做到这一点，只需轻拍并按住应用程序的图标，当图标开始抖动时，轻拍 X 按钮就可以移除应用程序了，这时与应用程序相关的首选项设置也会一并移除。

清除首选项设置值的另一种方式是转到包含应用程序的文件夹(在 iPhone Simulator 上)。iPhone Simulator 上的应用程序存储在下面的文件夹中：~/Library/Application Support/iPhone Simulator/User/Applications/(注意，波浪线表示主目录而非硬盘根目录)。在该文件夹中找到包含应用程序的文件夹。在应用程序文件夹中，是 Library/Preferences 文件夹。删除以 application_name .plist 结尾的文件(如图 11-19 所示)，这样就会重置首选项设置。

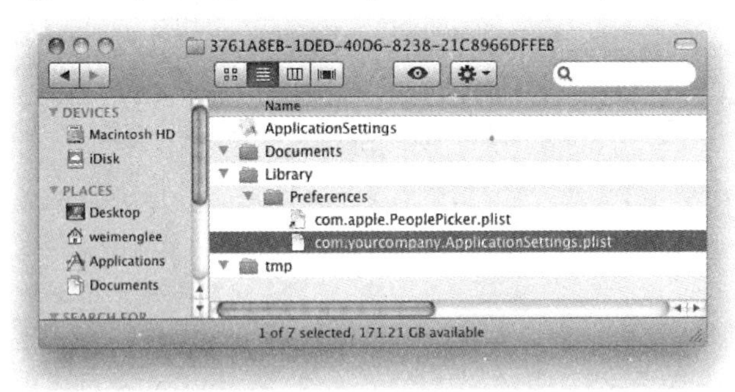

图　11-19

11.2.3　保存设置值

既然已经知道了如何加载首选项的值，下面的“试一试”就将介绍如何将这些值保存到首选项设置中。这样，用户就可以直接在应用程序中修改首选项设置，不必再使用 Settings 应用程序。

试一试：　保存设置值

(1) 将如下粗体代码插入到 FlipsideViewController.m 文件中：

```
#import "FlipsideViewController.h"

@implementation FlipsideViewController

@synthesize delegate;
@synthesize loginName;
@synthesize password;
@synthesize favoriteColor;


NSMutableArray *colors;
NSString *favoriteColorSelected;


- (void)viewDidLoad {
    colors = [[NSMutableArray alloc] init];
    [colors addObject:@"Red"];
    [colors addObject:@"Green"];
    [colors addObject:@"Blue"];

    NSUserDefaults *defaults = [NSUserDefaults standardUserDefaults];
```

```
    loginName.text = [defaults objectForKey:@"login_name"];
    password.text = [defaults objectForKey:@"password"];

    //---find the index of the array for the color saved---
    favoriteColorSelected = [[NSString alloc] initWithString:
                             [defaults objectForKey:@"color"]];
    int selIndex = [colors indexOfObject:favoriteColorSelected];

    //---display the saved color in the Picker view---
    [favoriteColor selectRow:selIndex inComponent:0 animated:YES];

    [super viewDidLoad];
    self.view.backgroundColor = [UIColor viewFlipsideBackgroundColor];
}

- (IBAction)done {

    NSUserDefaults *defaults = [NSUserDefaults standardUserDefaults];
    [defaults setObject:loginName.text forKey:@"login_name"];
    [defaults setObject:password.text forKey:@"password"];
    [defaults setObject:favoriteColorSelected forKey:@"color"];

    [self.delegate flipsideViewControllerDidFinish:self];
}
```

(2) 按Command＋R组合键在iPhone Simulator上测试应用程序。当加载应用程序后，轻拍 i 图标切换到 Flipside 视图。更改登录名、密码及喜欢的颜色(如图 11-20 所示)。当按 Done 按钮时会将所有改变都应用程序都电话上。回到主视图，轻拍 Load Settings Values 按钮显示更新后的设置值。

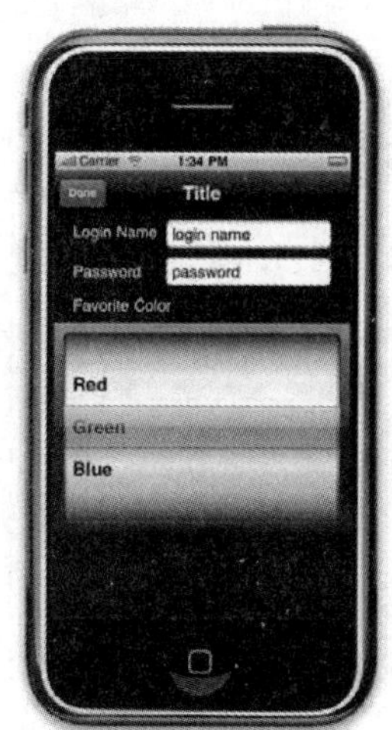

图　11-20

示例说明

可以使用同样的方式将对应值保存到首选项设置中，就像获取这些值一样；也就是使用 NSUserDefaults 类：

```
    NSUserDefaults *defaults = [NSUserDefaults
    standardUserDefaults];
    [defaults setObject:loginName.text
forKey:@"login_
    name"];
    [defaults setObject:password.text forKey:@"password"];
    [defaults setObject:favoriteColorSelected forKey:@"color"];
```

并不使用“objectForKey:”方法，现在使用“setObject: forKey: 方法”保存对应值。

Flipside 视图的一个挑战在于的 favorite color 的现有值必须显示在 Picker 视图中，因此在“viewDidLoad:”方法中，需要加载首选项设置的值，然后确定显示正确颜色的 Picker

视图的索引。这通过 NSMutableArray 类的“indexOfObject:”方法实现：

```
//---find the index of the array for the color saved---
favoriteColorSelected = [[NSString alloc] initWithString:
                         [defaults objectForKey:@"color"]];
int selIndex = [colors indexOfObject:favoriteColorSelected];

//---display the saved color in the Picker view---
[favoriteColor selectRow:selIndex inComponent:0 animated:YES];
```

11.3　小结

本章介绍了如何利用 iPhone 的应用程序首选项功能将应用程序的首选项存储到 Settings 应用程序中。这样就可以将保存与加载应用程序的首选项设置等日常工作委托给 OS。所要做的是只是使用 NSUserDefaults 类以编程的方式访问首选项设置。

练习：

1. 您已经知道可以使用 NSUserDefaults 类访问应用程序的首选项设置值。用于获取与保存值的方法都有哪些？
2. 移除应用程序的首选项设置的两种方式是什么？
3. Property List 编辑器中的 Add Child 按钮与 Add Sibling 按钮的区别是什么？

本章小结

主　　题	关 键 概 念
向应用程序添加应用程序首选项	向项目添加 Settings Bundle 文件并修改 Root.plist 文件
加载首选项设置的值	`NSUserDefaults *defaults = [NSUserDefaults standardUserDefaults];` `NSString *strLoginname = [defaults objectForKey:@"login_name"];`
重置首选项设置的值	要么从主屏幕上移除整个应用程序，要么通过 Mac 上的 iPhone Simulator 移除
保存首选项设置的值	`NSUserDefaults *defaults = [NSUserDefaults standardUserDefaults];` `[defaults setObject:loginName.text forKey:@"login_name"];`

第12章

使用 SQLite3 进行数据库存储

本章内容

- 如何在 Xcode 项目中使用 SQLite3 数据库
- 如何创建并打开 SQLite3 数据库
- 如何使用 SQLite3 的各种函数执行 SQL 字符串
- 如何使用绑定变量将值插入到 SQL 字符串中

第 11 章介绍了如何使用文件进行数据持久化。对于简单应用程序，可以将待持久化的数据写入简单的文本文件中。对于结构化数据，可以使用属性列表。对于大型、复杂的数据，更高效的方式是使用数据库。iPhone 自带了 SQLite3 数据库，可以用来存储数据。应用程序可以使用存储在数据库中的数据来填充表视图，还能以结构化的方式存储大量数据。

本章将介绍如何在应用程序中使用内嵌的 SQLite3 数据库。

12.1 使用 SQLite3

要想在应用程序中使用 SQLite3 数据库，首先需要将 libsqlite3.dylib 库添加到 Xcode 项目中。下面的“试一试”就将介绍操作方式。需要先下载本章所有“试一试”的代码文件。

试一试：准备使用 SQLite3

代码文件[Databases.zip]可从 Wrox.com 下载

(1) 使用 Xcode 创建一个新的 View-based Application 项目并把它命名为 Databases。

(2) 右击项目中的 Frameworks 文件夹并从菜单栏中选择 Project | Add to Project 命令。

(3) 定位到/Developer/Platforms/iPhoneSimulator.platform/Developer/SDKs/iPhoneSimulator

<version>.sdk/usr/lib 并选择名为 libsqlite3.dylib 的文件。

注意: <version>代表了使用的 iPhone SDK 的版本。比如，如果使用的是 3.1，那么路径是/Developer/Platforms/iPhoneSimulator.platform/Developer/SDKs/iPhoneSimulator3.1.sdk/usr/lib。

(4) 弹出 Add 对话框时，取消选择 Copy Items into Destination Group's Folder 复选框(根据需要)，对于 Reference Type 选择 Relative to Current SDK 选项(如图 12-1 所示)。

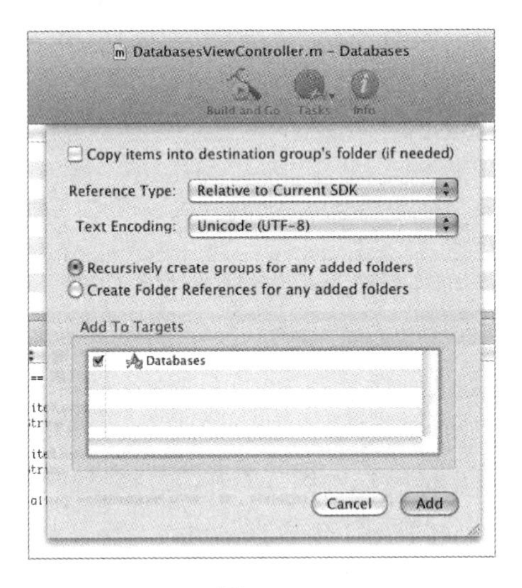

图　12-1

(5) 在 DatabasesViewController.h 文件中，声明一个类型为 sqlite3 的变量以及一个名为 filePath 的方法(参见下面的粗体代码)：

```
#import <UIKit/UIKit.h>
#import "sqlite3.h"

@interface DatabasesViewController :
UIViewController {
   sqlite3 *db;
}

-(NSString *) fi lePath;

@end
```

(6) 在 DatabasesViewController.m 文件中，定义 filePath 方法，如以下粗体代码所示：

```
#import "DatabasesViewController.h"

@implementation DatabasesViewController
```

```
-(NSString *) filePath {
    NSArray *paths = NSSearchPathForDirectoriesInDomains(
                              NSDocumentDirectory, NSUserDomainMask, YES);
    NSString *documentsDir = [paths objectAtIndex:0];
    return [documentsDir stringByAppendingPathComponent:@"database.sql"];
}

- (void)viewDidLoad {
    [super viewDidLoad];
}

@end
```

示例说明

要想使用 SQLite3，需要将应用程序链接到名为 libsqlite3.dylib 的动态库上。所选择的 libsqlite3.dylib 是最新版的 SQLite3 库的一个别名。在实际的 iPhone 设备上，libsqlite3.dylib 位于/usr/lib/目录下。

要想使用 SQLite 数据库，需要创建一个类型为 sqlite3 的对象：

```
sqlite3 *db;
```

filePath 方法返回了 SQLite 数据库的完整路径，该数据库将在 iPhone 的 Documents 目录下创建(在应用程序的沙箱中)：

```
-(NSString *) filePath {
    NSArray *paths = NSSearchPathForDirectoriesInDomains(
                              NSDocumentDirectory, NSUserDomainMask, YES);

    NSString *documentsDir = [paths objectAtIndex:0];
    return [documentsDir stringByAppendingPathComponent:@"database.sql"];
}
```

注意：第 13 章将介绍应用程序沙箱中可以访问的不同文件夹。

12.2　创建并打开数据库

在向项目添加必要的库后就可以打开启数据库便于使用。将使用 SQLite3 中的各种 C 函数来创建并打开数据库，下面的“试一试”就将介绍这一点。

试一试：　打开数据库

(1) 使用上一节创建的相同项目，在 DatabasesViewController.m 文件中定义 openDB 方法：

```
#import "DatabasesViewController.h"
```

```
@implementation DatabasesViewController

-(NSString *) filePath {
    //...
}

-(void) openDB {
    //---create database---
    if (sqlite3_open([[self filePath] UTF8String], &db) != SQLITE_OK )
    {
        sqlite3_close(db);
        NSAssert(0, @"Database failed to open.");
    }
}

- (void)viewDidLoad {
    [self openDB];
    [super viewDidLoad];
}

@end
```

示例说明

sqlite3_open()这个C函数会打开一个SQLite数据库，数据库的文件名作为第一个参数指定：

```
[[self filePath] UTF8String]
```

在该示例中，数据库的文件名使用NSString类的UTF8String方法通过一个C字符串指定，因为sqlite3_open()这个C函数无法识别NSString对象。

第二个参数包含sqlite3对象的一个句柄，在该示例中就是db。

如果数据库已经存在，它就会打开数据库。如果指定的数据库不存在，就会创建一个新的数据库。如果成功打开数据库，函数就会返回数值0(由常量SQLITE_OK表示)。

下面的列表摘自http://www.sqlite.org/c3ref/c_abort.html，介绍了各种SQLite函数所返回的结果代码：

```
#define SQLITE_OK          0   /* Successful result */
#define SQLITE_ERROR       1   /* SQL error or missing database */
#define SQLITE_INTERNAL    2   /* Internal logic error in SQLite */
#define SQLITE_PERM        3   /* Access permission denied */
#define SQLITE_ABORT       4   /* Callback routine requested an abort */
#define SQLITE_BUSY        5   /* The database file is locked */
#define SQLITE_LOCKED      6   /* A table in the database is locked */
#define SQLITE_NOMEM       7   /* A malloc() failed */
#define SQLITE_READONLY    8   /* Attempt to write a readonly database */
#define SQLITE_INTERRUP    9   /* Operation terminated bysqlite3_interrupt()*/
#define SQLITE_IOERR      10   /* Some kind of disk I/O error occurred */
#define SQLITE_CORRUPT    11   /* The database disk image is malformed */
#define SQLITE_NOTFOUND   12   /* NOT USED. Table or record not found */
```

```
#define SQLITE_FULL        13  /* Insertion failed because database is full */
#define SQLITE_CANTOPE     14  /* Unable to open the database file */
#define SQLITE_PROTOCO     15  /* NOT USED. Database lock protocol error */
#define SQLITE_EMPTY       16  /* Database is empty */
#define SQLITE_SCHEMA      17  /* The database schema changed */
#define SQLITE_TOOBIG      18  /* String or BLOB exceeds size limit */
#define SQLITE_CONSTRAINT19    /* Abort due to constraint violation */
#define SQLITE_MISMATCH    20  /* Data type mismatch */
#define SQLITE_MISUSE      21  /* Library used incorrectly */
#define SQLITE_NOLFS       22  /* Uses OS features not supported on host */
#define SQLITE_AUTH        23  /* Authorization denied */
#define SQLITE_FORMAT      24  /* Auxiliary database format error */
#define SQLITE_RANGE       25  /* 2nd parameter to sqlite3_bind out of range */
#define SQLITE_NOTADB      26  /* File opened that is not a database file */
#define SQLITE_ROW        100  /* sqlite3_step() has another row ready */
#define SQLITE_DONE       101  /* sqlite3_step() has finished executing */
```

12.2.1　检查创建的数据库

如果成功创建了数据库，就可以在应用程序的沙箱的 Documents 目录中找到它。第 13 章将会提到，可以在 iPhone Simulator 的~/Library/Application Support/iPhone Simulator/User/Applications/<App_ID >/Documents/目录中找到应用程序的 Documents 文件夹。图 12-2 展示了 database.sql 文件。

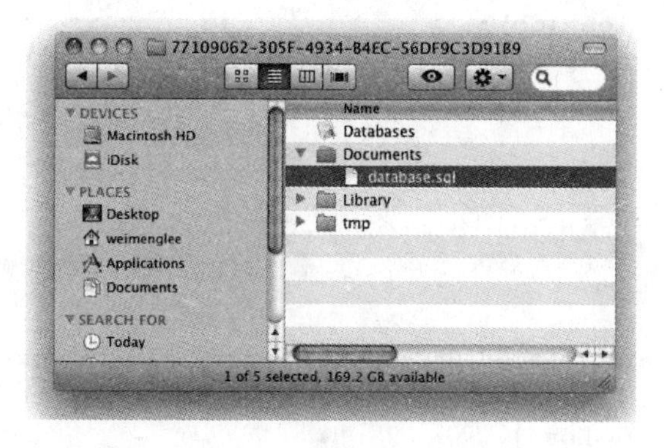

图　12-2

12.2.2　创建表

创建数据库后，可以创建表来存储数据。下面的“试一试”就将介绍如何创建一张带有两个文本字段的表。出于说明的目的，创建一张名为 Contacts 的表，其中有两个字段，分别是 email 与 name。

试一试：　创建表

这个“试一试”只有一步操作。使用上一章创建的相同项目，定义“createTableNamed:withField1:withField2:”方法，如以下代码所示：

```
#import "DatabasesViewController.h"

@implementation DatabasesViewController

-(NSString *) filePath {
    //...
}

-(void) openDB {
    //...
}

-(void) createTableNamed:(NSString *) tableName
withField1:(NSString *) field1
withField2:(NSString *) field2 {

      char *err;
      NSString *sql = [NSString stringWithFormat:
          @"CREATE TABLE IF NOT EXISTS '%@' ('%@' TEXT PRIMARY KEY, '%@' TEXT);",
          tableName, field1, field2];

      if (sqlite3_exec(db, [sql UTF8String], NULL, NULL, &err) != SQLITE_OK) {
          sqlite3_close(db);
          NSAssert(0, @"Tabled failed to create.");
  }

  }

  - (void)viewDidLoad {
      [self openDB];
      [self createTableNamed:@"Contacts" withField1:@"email"withField2
:@"name"];
      [super viewDidLoad];
  }

@end
```

示例说明

“createTableNamed:withField1:withField2:”方法接收 3 个参数，分别是 tableName、field1 与 field2。

借助于这 3 个参数，首先定义一个 SQL 字符串，然后使用 sqlite3_exec()这个 C 函数创建一张表，该函数的重要参数分别是 sqlite3 对象、SQL 查询字符串，以及指向错误消息的变量对应的指针。如果在创建数据库的过程中出现错误，就使用 NSAssert 方法停止应用程序并关闭数据库连接。

图 12-3 展示了操作成功的情况下所创建的 Contacts 表。

email	name

图　12-3

注意：请查看 SQL 指南来快速了解 SQL 语言，指南的地址是 http://w3schools.com/sql/default.asp。

12.2.3　插入记录

创建表之后就可以向其中插入一些记录。下面的“试一试”将会介绍如何向上一节创建的表中插入两行记录。

(1) 使用上一节所用的相同项目，按照如下代码定义“insertRecordIntoTableNamed:withField1:field1Value:andField2:field2Value:”方法并修改 viewDidLoad 方法，如以下粗体代码所示：

```
#import "DatabasesViewController.h"

@implementation DatabasesViewController

-(NSString *) filePath {
    //...
}

-(void) openDB {
    //...
}

-(void) createTableNamed:(NSString *) tableName
withField1:(NSString *) field1
withField2:(NSString *) field2 {

    //...
}

-(void) insertRecordIntoTableNamed: (NSString *) tableName
withField1: (NSString *) field1 field1Value: (NSString *) field1Value
andField2: (NSString *) field2 field2Value: (NSString *) field2Value {

    NSString *sql = [NSString stringWithFormat:
```

```
        @"INSERT OR REPLACE INTO '%@' ('%@', '%@') VALUES ('%@','%@')",
        tableName, field1, field2, field1Value, field2Value];

    char *err;
    if (sqlite3_exec(db, [sql UTF8String], NULL, NULL, &err) != SQLITE_OK)
    {
        sqlite3_close(db);
        NSAssert(0, @"Error updating table.");
    }

}

- (void)viewDidLoad {
    [self openDB];
    [self createTableNamed:@"Contacts" withField1:@"email" withField2
:@"name"];
     for (int i=0; i<=2; i++)
     {
         NSString *email = [[NSString alloc] initWithFormat:
                                   @"user%d@learn2develop.net",i];
         NSString *name = [[NSString alloc] initWithFormat: @"user %d",i];
          [self insertRecordIntoTableNamed:@"Contacts"
              withField1:@"email" field1Value:email
              andField2:@"name" field2Value:name];
     }
     [super viewDidLoad];
}

@end
```

示例说明

该示例的代码与上一节的代码很相似：首先定义一个SQL字符串，然后使用sqlite3_exec()这个C函数向数据库插入一条记录：

```
NSString *sql = [NSString stringWithFormat:
    @"INSERT OR REPLACE INTO '%@' ('%@', '%@') VALUES ('%@','%@')",
    tableName, field1, field2, field1Value, field2Value];

char *err;
if (sqlite3_exec(db, [sql UTF8String], NULL, NULL, &err) != SQLITE_OK)
{
    sqlite3_close(db);
    NSAssert(0, @"Error updating table.");
}
```

在viewDidLoad方法中，通过调用"insertRecordIntoTableNamed: withField1:field1Value: andField2:field2Value:"方法向数据库插入两条记录：

```
for (int i=0; i<=2; i++)
{
    NSString *email = [[NSString alloc] initWithFormat:
                                   @"user%d@learn2develop.net",i];
```

```
        NSString *name = [[NSString alloc] initWithFormat: @"user %d",i];

        [self insertRecordIntoTableNamed:@"Contacts"
            withField1:@"email" field1Value:email
            andField2:@"name" field2Value:name];
    }
```

图 12-4 展示了向表中插入两行后表中的内容。

email	name
user0@learn2develop.net	user 0
user1@learn2develop.net	user 1

图　12-4

12.2.4　绑定变量

使用 SQL 字符串时经常要做的一件事就是将值插入到查询字符串中，同时确保字符串的格式是良好的，不包含无效字符。12.2.3 节介绍了如何向数据库中插入行，那时必须按照以下方式编写 SQL 语句：

```
NSString *sql = [NSString stringWithFormat:
    @"INSERT OR REPLACE INTO '%@' ('%@', '%@') VALUES ('%@','%@')",
    tableName, field1, field2, field1Value, field2Value];

char *err;
if (sqlite3_exec(db, [sql UTF8String], NULL, NULL, &err) != SQLITE_OK)
{
    sqlite3_close(db);
    NSAssert(0, @"Error updating table.");
}
```

SQLite 支持一个名为绑定变量的特性来帮助您定义 SQL 字符串。比如，上述的 SQL 字符串可以使用绑定变量按照以下方式定义：

```
NSString *sqlStr = [NSString stringWithFormat:
    @"INSERT OR REPLACE INTO '%@' ('%@', '%@') VALUES (?,?)",
    tableName, field1, field2];

const char *sql = [sqlStr UTF8String];
```

这里面的“?”是一个占位符，可以使用实际的查询值替换它。在上述语句中，假设 tableName 是 Contacts、field1 是 email、field2 是 name，那么 sql 将变成如下所示：

```
INSERT OR REPLACE INTO Contacts ('email', 'name') VALUES (?,?)
```

注意：注意到“?”只能插入 SQL 语句的 VALUES 与 WHERE 部分，比如，不能把它放在表名的位置处。下面的语句是无效的： INSERT OR REPLACE INTO ? ('email', 'name') VALUES (?,?)。

要想使用对应值替换“?”，需要创建一个 sqlite3_stmt 对象并使用 sqlite3_prepare_v2()函数将 SQL 字符串编译为二进制形式，然后使用 sqlite3_bind_text()函数插入占位符的值，如以下代码所示：

```
sqlite3_stmt *statement;

if (sqlite3_prepare_v2(db, sql, -1, & statement, nil) == SQLITE_OK) {
    sqlite3_bind_text(statement, 1, [field1Value UTF8String], -1, NULL);
    sqlite3_bind_text(statement, 2, [field2Value UTF8String], -1, NULL);
}
```

注意：请使用 sqlite3_bind_int()函数绑定整型值。

上述语句调用完毕后，SQL 字符串将变成下面这样：

```
INSERT OR REPLACE INTO Contacts ('email', 'name') VALUES
    ('user0@learn2develop.net', 'user0')
```

要想执行 SQL 语句，需要使用 sqlite3_step()函数，后跟 sqlite3_finalize()函数来删除准备好的 SQL 语句：

```
if (sqlite3_step(statement) != SQLITE_DONE)
    NSAssert(0, @"Error updating table.");

sqlite3_finalize(statement);
```

注意：注意到上一节使用了 sqlite3_exec()函数来执行 SQL 语句。本示例联合使用了 sqlite3_prepare() 、sqlite3_step()与 sqlite3_finalize()函数完成同样的任务。事实上，sqlite3_exec()函数是对这 3 个函数的一个包装。对于非查询的 SQL 语句(比如创建表、插入行等)，最好使用 sqlite3_exec()函数。

12.2.5 检索记录

既然已经将记录成功插入到表中，现在就可以把它们取出来了。通过查询可以确保这些记录实际上已经被保存。下面的“试一试”就将介绍如何检索记录。

试一试：检索记录

(1) 使用上一节所用的项目，按照如下代码定义“getAllRowsFromTableNamed:”方法并修改 viewDidLoad 方法：

```
#import "DatabasesViewController.h"

@implementation DatabasesViewController

-(NSString *) filePath {
    //...
}

-(void) openDB {
    //...
}

-(void) createTableNamed:(NSString *) tableName
withField1:(NSString *) field1
withField2:(NSString *) field2 {
    //...
}

-(void) insertRecordIntoTableNamed: (NSString *) tableName
withField1: (NSString *) field1 field1Value: (NSString *) field1Value
andField2:(NSString *) field2 field2Value: (NSString *) field2Value {
    //...
}

-(void) getAllRowsFromTableNamed: (NSString *) tableName {
    //---retrieve rows---
    NSString *qsql = @"SELECT * FROM CONTACTS";
    sqlite3_stmt *statement;

if (sqlite3_prepare_v2( db, [qsql UTF8String], -1, &statement, nil) ==
    SQLITE_OK) {

        while (sqlite3_step(statement) == SQLITE_ROW)
        {
            char *field1 = (char *) sqlite3_column_text(statement, 0);
            NSString *fi eld1Str = [[NSString alloc] initWithUTF8String: field1];

            char *field2 = (char *) sqlite3_column_text(statement, 1);
            NSString *fi eld2Str = [[NSString alloc] initWithUTF8String: field2];

            NSString *str = [[NSString alloc] initWithFormat:@"%@ - %@",
                                field1Str, field2Str];
            NSLog(str);

            [field1Str release];
            [field2Str release];
```

```
            [str release];
        }
        //---deletes the compiled statement from memory---
        sqlite3_finalize(statement);
    }
}

- (void)viewDidLoad {
    [self openDB];
    [self createTableNamed:@"Contacts" withField1:@"email" withField2:@"name"];

    for (int i=0; i<=2; i++)
    {
        NSString *email = [[NSString alloc] initWithFormat:
                                @"user%d@learn2develop.net",i];
        NSString *name = [[NSString alloc] initWithFormat: @"user %d",i];

        [self insertRecordIntoTableNamed:@"Contacts"
            withField1:@"email" field1Value:email
            andField2:@"name" field2Value:name];
    }

    [self getAllRowsFromTableNamed:@"Contacts"];
    sqlite3_close(db);
    [super viewDidLoad];
}

@end
```

(2) 按 Command＋R 组合键测试应用程序。在 Xcode 中，按 Command＋Shift＋R 组合键打开调试控制台窗口。当加载应用程序后，就会看到记录显示在了调试控制台中(如图 12-5 所示)，这也证明了表中确实存在对应行。

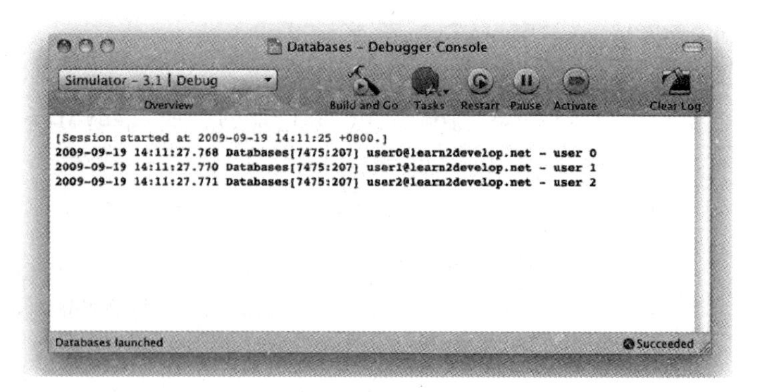

图　12-5

示例说明

为了从表中检索记录，首先准备好 SQL 语句，然后使用 sqlite3_step()函数执行准备好的语句。如果另一行准备好了，sqlite3_step()函数就会返回值 100(由常量 SQLITE_ROW 表示)。在该示例中，可以使用 while 循环调用 sqlite3_step()函数，只要该函数返回 SQLITE_ROW，循环就会继续执行下去。

```
if (sqlite3_prepare_v2( db, [qsql UTF8String], -1, &statement, nil) ==
    SQLITE_OK) {

        while (sqlite3_step(statement) == SQLITE_ROW)
        {
            char *field1 = (char *) sqlite3_column_text(statement, 0);
            NSString *field1Str = [[NSString alloc] initWithUTF8String: field1];

            char *field2 = (char *) sqlite3_column_text(statement, 1);
             NSString *field2Str = [[NSString alloc] initWithUTF8String: field2];

             NSString *str = [[NSString alloc] initWithFormat:@"%@ - %@",
                                  field1Str, field2Str];
             NSLog(str);

             [field1Str release];
             [field2Str release];
             [str release];
         }
         //---deletes the compiled statement from memory---
         sqlite3_finalize(statement);
}
```

为了检索行中第一个字段的值，可以使用 sqlite3_column_text()函数，方法是传递给它 sqlite3_stmt 对象以及想要检索的字段对应的索引。比如，要想检索已返回行的第一个字段，可以这样编写代码：

```
char *field1 = (char *) sqlite3_column_text(statement, 0);
```

为了检索整型的列(字段)，请使用 sqlite3_column_int()函数。

12.3　小结

本章快速介绍了 iPhone 中使用的 SQLite3 数据库。借助于 SQLite3，可以高效的方式存储所有的结构化数据并对数据进行复杂的聚合操作。

练习：

1. 解释 sqlite3_exec()函数与另外 3 个函数 sqlite3_prepare() 、sqlite3_step()及 sqlite3_finalize()之间的差别。
2. 如何从 NSString 对象中得到 C 风格的字符串？
3. 编写一段代码，从表中检索几行数据。

本章小结

主　　题	关键概念
在应用程序中使用 SQLite3 数据库	需要在项目中添加对 libsqlite3.dylib 的引用
从 NSString 对象中获取 C 字符串	使用 NSString 类的 UTF8String 方法
创建并打开 SQLite3 数据库	使用 C 函数 sqlite3_open()
执行 SQL 查询	使用 C 函数 sqlite3_exec()
关闭数据库连接	使用 C 函数 sqlite3_close()
使用绑定变量	创建 sqlite3_stmt 对象 使用 C 函数 sqlite3_prepare_v2()准备对应语句 使用 sqlite3_bind_text()(或 sqlite3_bind_int()等)C 函数将值插入到语句中 使用 C 函数 sqlite3_step()执行语句 使用 C 函数 sqlite3_finalize()从内存中删除对应语句
检索记录	使用 C 函数 sqlite3_step()检索每一行
从行中检索列	使用 sqlite3_column_text()(或 sqlite3_column_init()等)C 函数

第13章

文 件 处 理

本章内容

- 应用程序存储在 iPhone 的何处
- Applications 文件夹中的各个文件夹
- 如何读写 Documents 与 tmp 文件夹中的文件
- 如何使用属性存储结构化数据
- 如何以编程的方式检索属性列表中的值
- 如何修改从属性列表中检索的值并将修改保存到文件中

到目前为止开发的所有应用程序都相当直接——应用程序启动、执行某些操作，然后结束。第 11 章介绍了如何使用应用程序设置特性将应用程序的首选项保存到 Settings 应用程序所管理的中央位置。但有时，只需要将某些数据保存到应用程序的文件夹中供后续使用，比如，除了将从远程服务器下载的文件保存到内存，更好的方式(也是更有效、更节省内存的方式)是将它们保存到文件中供后续使用(甚至在应用程序关闭并重新启动后也能使用)。

本章将介绍如何持久化应用程序中的数据供后续使用，甚至在应用程序重新启动后还能使用。这里将介绍两种方式：将数据另存为文件与另存为属性列表。

13.1 理解应用程序文件夹

到目前为止，您一直在忙于将应用程序部署到 iPhone Simulator 上，没有太多时间探讨应用程序到底存储在 iPhone 文件系统的何处。本节就将介绍 iPhone 的文件夹结构。

在桌面上，iPhone Simulator 的内容存储在~/Library/Application Support/iPhone Simulator/User/文件夹中。

注意：“~(波浪线)”代表当前用户的目录。特别地，上述目录相当于：/Users/<username>/Library/Application Support/iPhone Simulator/ User/。

该文件夹中有 5 个子文件夹：

- Applications
- Library
- Media
- Root
- tmp

Applications 文件夹包含所有安装的应用程序(如图 13-1 所示)。在 Applications 文件夹中是几个文件名很长的文件夹。这些文件名由 Xcode 生成，用来唯一地标识每个应用程序。在每个应用程序的文件夹中，能找到应用程序的可执行文件(.app 文件，包含所有的内嵌资源)和其他几个文件夹，如 Documents、Library 与 tmp。在 iPhone 上，所有应用程序都运行在他们自己的沙箱环境中——也就是说，应用程序只能访问存储在自己的文件夹中的文件，无法访问其他应用程序的文件夹。

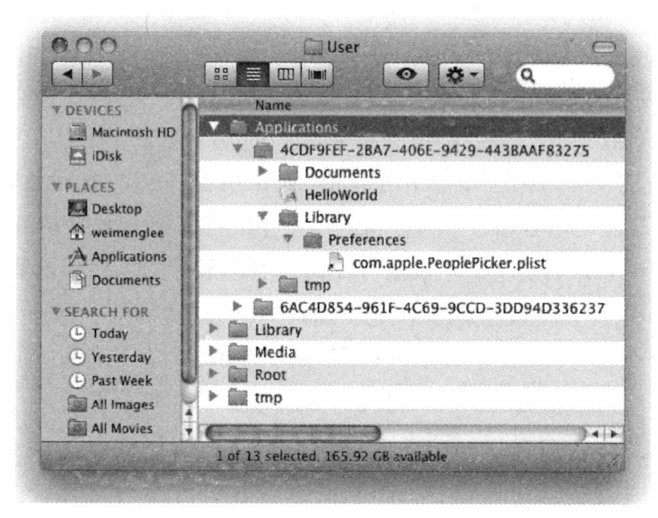

图　13-1

13.1.1　使用 Documents 与 Library 文件夹

Documents 文件夹是存储应用程序所用文件的地方，Library 文件夹存储特定于应用程序的设置。tmp 文件夹存储应用程序所需的临时数据。

那么该如何向这些文件夹中写入文件呢？下面的“试一试”就将介绍这一点。需要先下载项目所需的代码文件。

试一试：读写文件

代码文件[FilesHandling.zip] 可从 Wrox.com 下载

(1) 使用 Xcode 创建一个新的 View - based Application 项目并把它命名为 FilesHandling。

(2) 在 FilesHandlingViewController.h 文件中，添加如下粗体代码：

```
#import <UIKit/UIKit.h>

@interface FilesHandlingViewController : UIViewController {

}


-(NSString *) documentsPath;
-(NSString *) readFromFile:(NSString *) filePath;
-(void) writeToFile:(NSString *) text withFileName:(NSString *) filePath;

@end
```

(3) 在 FilesHandlingViewController.m 文件中，添加如下粗体语句：

```
#import "FilesHandlingViewController.h"

@implementation FilesHandlingViewController

//---finds the path to the application's Documents directory---
-(NSString *) documentsPath {

    NSArray *paths = NSSearchPathForDirectoriesInDomains(
                     NSDocumentDirectory, NSUserDomainMask, YES);

    NSString *documentsDir = [paths objectAtIndex:0];
    return documentsDir;
}

//---read content from a specified file path---
-(NSString *) readFromFile:(NSString *) filePath {

    //---check if file exists---
    if ([[NSFileManager defaultManager] fileExistsAtPath:filePath])
    {
        NSArray *array = [[NSArray alloc] initWithContentsOfFile: filePath];
        NSString *data = [[NSString alloc] initWithFormat:@"%@",
                                   [array objectAtIndex:0]];
        [array release];
        return data;
    }
    else
       return nil;

}
```

```
//---write content into a specified file path---
-(void) writeToFile:(NSString *) text withFileName:(NSString *) filePath {

    NSMutableArray *array = [[NSMutableArray alloc] init];
    [array addObject:text];
    [array writeToFile:filePath atomically:YES];
    [array release];
}

// Implement viewDidLoad to do additional setup after loading the view,
// typically from a nib.
- (void)viewDidLoad {
    //---formulate filename---
    NSString *fileName = [[self documentsPath]
                            stringByAppendingPathComponent:@"data.txt"];
    //---write something to the file---
    [self writeToFile:@"a string of text" withFileName:fileName];

    //---read it back---
    NSString *fileContent = [self readFromFile:fileName];

    //---display the content read in the Debugger Console window---
    NSLog(fileContent);

    [super viewDidLoad];
}
```

(4) 按Command＋R组合键在iPhone Simulator上测试应用程序。

(5) 如果转到Finder并定位到应用程序的Documents文件夹中，就会看到其中有个data.txt文件(如图13-2所示)。

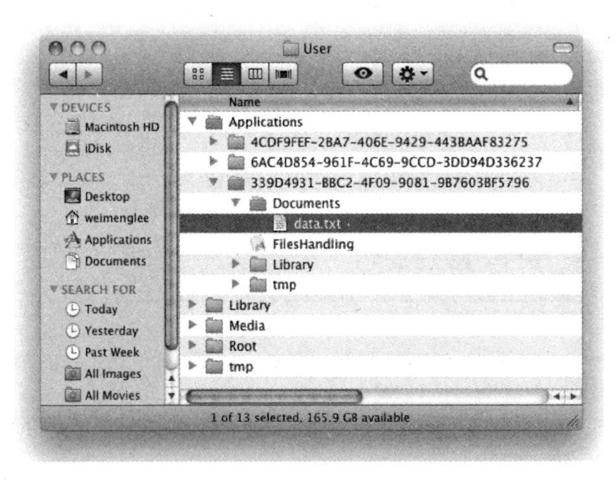

图　13-2

(6) 如果将应用程序部署到实际的设备上，该文件的位置则是/private/var/mobile/Applications/ <application_id>/Documents/data.txt。

(7) 双击data.txt文件，其内容如下所示：

```
<?xml version="1.0" encoding="UTF-8"?>
<!DOCTYPE plist PUBLIC "-//Apple//DTD PLIST 1.0//EN"
       "http://www.apple.com/DTDs/PropertyList-1.0.dtd">
<plist version="1.0">
<array>
     <string> a string of text </string>
</array>
</plist>
```

(8) 如果打开 Debugger Console 窗口(按 Shift＋Command＋R 组合键)，就会看到应用程序输出字符串“a string of text”。

示例说明

首先定义了 documentsPath 方法，它会返回 Documents 目录的路径：

```
//---finds the path to the application's Documents directory---
-(NSString *) documentsPath {
    NSArray *paths = NSSearchPathForDirectoriesInDomains(
                     NSDocumentDirectory, NSUserDomainMask, YES);
    NSString *documentsDir = [paths objectAtIndex:0];
    return documentsDir;
}
```

基本上，使用 NSSearchPathForDirectoriesInDomains()函数创建一个目录搜索路径列表，用于查询 Documents 目录(使用 NSDocumentDirectory 常量)。NSUserDomainMask 常量表示希望从应用程序的主目录中进行搜索，YES 参数表示希望获取所有找到的目录的完整路径。

为了获取 Documents 文件夹的路径，只需提取 paths 数组的第一项(因为在 iPhone 应用程序的文件夹下有且只有一个 Documents 文件夹)。事实上，这个代码块派生自 Mac OS X API，其中会返回多个文件夹。但对于 iPhone，每个应用程序只有唯一一个 Documents 文件夹。

接下来定义“writeToFile:withFileName:”方法，它会创建一个 NSMutableArray 并将准备写入文件中的文本添加到其中。

```
//---write content into a specified file path---
-(void) writeToFile:(NSString *) text withFileName:(NSString *) filePath {
    NSMutableArray *array = [[NSMutableArray alloc] init];
    [array addObject:text];
    [array writeToFile:filePath atomically:YES];
    [array release];
}
```

为了将 NSMutableArray 的内容持久化到文件中(该过程叫做序列化)，可以使用“writeToFile:atomically:”方法。“atomically:”参数表示文件应该首先写入一个临时文件中，然后把它重命名为特定的文件名。这种方式保证了文件永远也不会损坏，即便在写的过程中系统崩溃。

接下来定义“readFromFile:”方法来读取文件中的内容：

```
//---read content from a specified file path---
-(NSString *) readFromFile:(NSString *) filePath {
    //---check if file exists---
    if ([[NSFileManager defaultManager] fileExistsAtPath:filePath])
    {
         NSArray *array = [[NSArray alloc] initWithContentsOfFile: filePath];
         NSString *data = [[NSString alloc] initWithFormat:@"%@",
                                     [array objectAtIndex:0]];
         [array release];
         return data;
    }
    else
       return nil;
}
```

首先使用 NSFileManager 类的一个实例检查指定的文件是否存在。如果存在就将文件内容读取到一个 NSArray 对象中。在该示例中，由于已经知道该文件只包含一行文本，因此提取数组中的第一个元素即可。

定义完所有方法后就准备使用他们了。当加载视图后，首先创建想要保存的文件的路径名。接下来向文件中写入一行字符串文本并立刻读回它并在 Debugger Console 窗口中输出它：

```
- (void)viewDidLoad {
    //---filename---
    NSString *fileName = [[self documentsPath]
                           stringByAppendingPathComponent:@"data.txt"];

    //---write something to the file---
    [self writeToFile:@"a string of text" withFileName:fileName];

    //---read it back---
    NSString *fileContent = [self readFromFile:fileName];

    //---display the content read in the Debugger Console window---
    NSLog(fileContent);

    [super viewDidLoad];
}
```

13.1.2　将文件存储到临时文件夹中

除了将文件存储到 Documents 文件夹中之外，还可以将临时文件存储到 tmp 文件夹中。iTunes 不会备份 tmp 文件夹中的文件，因此需要使用永久不变的位置来存储想要保存的文件。可以通过调用 NSTemporaryDirectory()函数获取 tmp 文件夹的路径，如以下代码所示：

```
-(NSString *) tempPath{
    return NSTemporaryDirectory();
}
```

在实际的设备上，tmp 文件夹所返回的路径是：/private/var/mobile/Applications/<application_id>/tmp/。

然而，在 iPhone Simulator 上，返回的路径实际上是/var/folders/<application_id>/-Tmp-/data.txt，而不是~/Library/Application Support/iPhone Simulator/User/Applications/<application_id>/tmp/。

下面的语句会返回存储在 tmp 文件夹中的一个文件的路径：

```
NSString *fi leName = [[self tempPath]
  stringByAppendingPathComponent:@"data.txt"];
```

13.2　使用属性列表

在 iPhone 编程中，可以通过属性列表存储使用了键/值对的结构化数据。属性列表以 XML 文件的形式存储，非常适合于在文件系统与网络上传输。比如，可以将 AppStore 中的应用程序名称以列表的形式存储到应用程序中。由于 AppStore 中的应用程序是按照类别组织的，因此自然应该使用属性列表存储，这会用到图 13-3 所示的结构。

Category	Titles
Games	"Animal Park", "Biology Quiz", "Calculus Test"
Entertainment	"Eye Balls — iBlower", "iBell", "iCards Birthday"
Utilities	"Battery Monitor", "iSystemInfo"

图　13-3

在 Xcode 中，可以创建并向应用程序的 Resources 文件夹中添加属性列表，然后使用内置的 Property List 编辑器填充它。当应用程序部署后，属性列表也会与应用程序一同部署。可以通过编程的方式使用 NSDictionary 类获取存储在属性列表中的值。更为重要的是，如果需要更改属性列表，就可以将修改写入文件中，随后就可以直接引用文件而不必引用属性列表。

下面的“试一试”将会创建一个属性列表并使用一些值填充它。接下来，在运行期间可以从属性列表中读取出这些值，进行一些修改，然后将修改后的值保存到另一个属性列表文件中。

注意：如果想要存储特定于应用程序的设置(用户可以在应用程序外修改)则应该考虑使用 NSUserDefaults 类将设置存储到 Settings 应用程序中。第 11 章曾介绍过应用程序设置。

试一试：　创建并修改属性列表

(1) 使用之前创建的相同项目，在 Xcode 中右击项目名，选择 Add | New File 命令。

(2) 在 New File 对话框中选择左边的 Other 项，然后选择该对话框右边的 Property List 模板(如图 13-4 所示)。

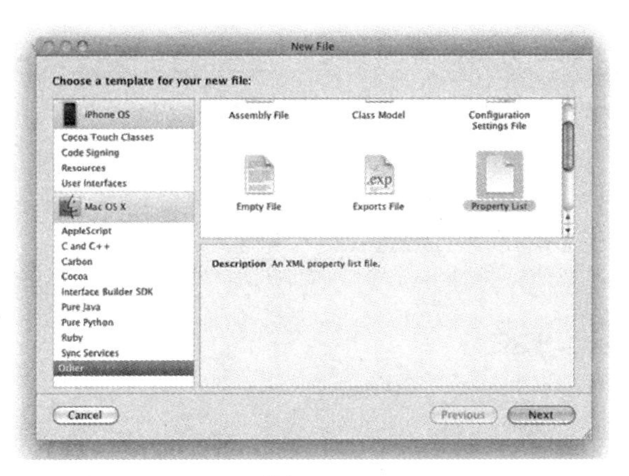

图　13-4

(3) 将属性列表命名为 Apps.plist。

(4) 如图 13-5 所示填充 Apps.plist。

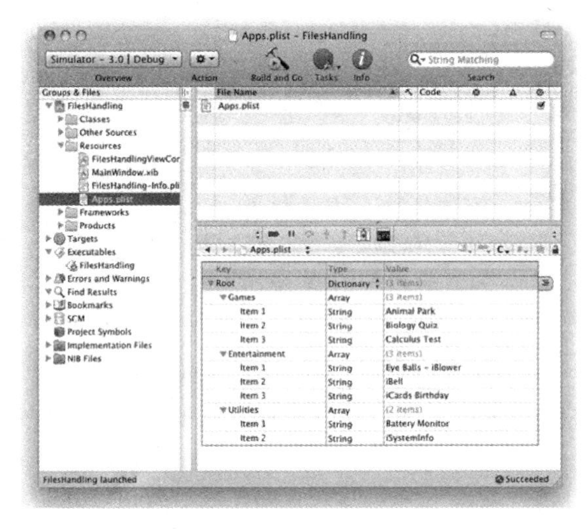

图　13-5

在 viewDidLoad 方法中，添加如下粗体语句：

```
- (void)viewDidLoad {
    //---filename---
    NSString *fileName = [[self documentsPath]
                           stringByAppendingPathComponent:@"data.txt"];

    //---write something to the file---
    [self writeToFile:@"a string of text" withFileName:fileName];

    //---read it back---
    NSString *fileContent = [self readFromFile:fileName];

    //---display the content read in the Debugger Console window---
    NSLog(fileContent);
```

```
    //---get the path to the property list file---
    NSString *plistFileName = [[self documentsPath]
    stringByAppendingPathComponent:@"Apps.plist"];

    //---if the property list file can be found---
    if ([[NSFileManager defaultManager] fileExistsAtPath:plistFileName])
    {
        //---load the content of the property list file into a NSDictionary
        // object---
        NSDictionary *dict = [[NSDictionary alloc]
                                    initWithContentsOfFile:plistFileName];

       //---for each category---
       for (NSString *category in dict)
       {
           NSLog(category);
           NSLog(@"========");

           //---return all titles in an array---
           NSArray *titles = [dict valueForKey:category];

           //---print out all the titles in that category---
           for (NSString *title in titles)
           {
               NSLog(title);
           }
         }
         [dict release];
}
else {
    //---load the property list from the Resources folder---
    NSString *pListPath = [[NSBundle mainBundle] pathForResource:@"Apps"
                                    ofType:@"plist"];

    NSDictionary *dict = [[NSDictionary alloc]
                                 initWithContentsOfFile:pListPath];


    //---make a mutable copy of the dictionary object---
    NSMutableDictionary *copyOfDict = [dict mutableCopy];


    //---get all the different categories---
    NSArray *categoriesArray = [[copyOfDict allKeys]
                                  sortedArrayUsingSelector:@selector(compare:)];


    //---for each category---
    for (NSString *category in categoriesArray)
    {
        //---get all the app titles in that category---
        NSArray *titles = [dict valueForKey:category];

        //---make a mutable copy of the array---
```

```
        NSMutableArray *mutableTitles = [titles mutableCopy];

        //---add a new title to the category---
        [mutableTitles addObject:@"New App title"];

        //---set the array back to the dictionary object---
        [copyOfDict setObject:mutableTitles forKey:category];
             [mutableTitles release];
        }

         //---write the dictionary to fi le---
         fi leName = [[self documentsPath]
                          stringByAppendingPathComponent:@"Apps.plist"];

         [copyOfDict writeToFile:fi leName atomically:YES];

         [dict release];
         [copyOfDict release];
    }

    [super viewDidLoad];
}
```

(5) 按 Command＋R 组合键在 iPhone Simulator 上测试应用程序。

(6) 当第一次运行应用程序时，应用程序会在 Documents 目录下创建一个新的.plist 文件。如果双击.plist 文件使用 Property List 编辑器查看其内容时，就会看到每一类应用程序都有一个名为 New App title 的项(如图 13-6 所示)。

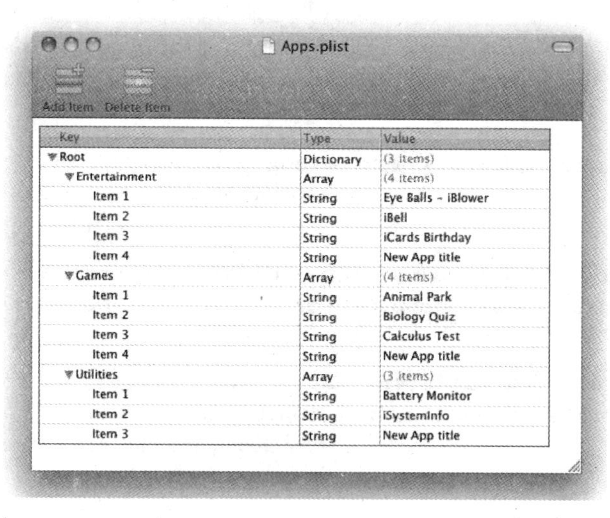

图　13-6

(7) 再一次运行应用程序，应用程序会在 Debugger Console 窗口中输出 Documents 目录下.plist 文件的内容(如图 13-7 所示)。

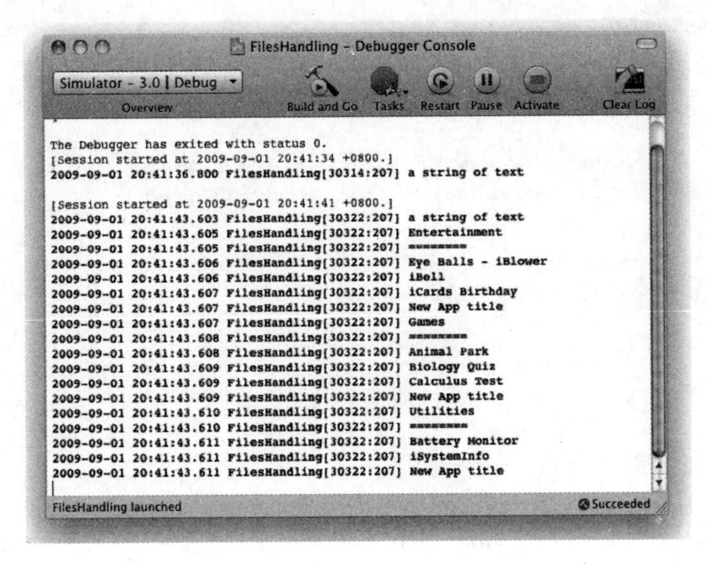

图 13-7

示例说明

该示例的第一部分介绍了如何向应用程序添加属性列表文件。在属性列表文件中添加了 3 个键，分别代表 AppStore 中的应用程序类别：Entertainment、Games 与 Utilities。每个类别都包含一个应用程序标题列表。

当加载视图后，首先在应用程序的 Documents 目录中找到一个名为 Apps.plist 的文件。

```
//---get the path to the property list file---
NSString *plistFileName = [[self documentsPath]
                           stringByAppendingPathComponent:@"Apps.plist];
```

如果找到了该文件就将其内容加载到 NSDictionary 对象中：

```
//---if the property list file can be found---
if ([[NSFileManager defaultManager] fileExistsAtPath:plistFileName])
{
    //---load the content of the property list file into a NSDictionary
    // object---
    NSDictionary *dict = [[NSDictionary alloc]
                             initWithContentsOfFile:plistFileName];
    //...
}
```

接下来，枚举该字典对象中的所有键并将每个应用程序的标题输出到 Debugger Console 窗口中：

```
//---for each category---
```

```
    for (NSString *category in dict)
    {
        NSLog(category);
        NSLog(@"========");
        //---return all titles in an array---
        NSArray *titles = [dict valueForKey:category];

        //---print out all the titles in that category---
        for (NSString *title in titles)
        {
            NSLog(title);
        }
    }
    [dict release];
```

当第一次运行应用程序时，Apps.plist 文件并不存在，因此需要从 Resources 文件夹中加载它：

```
else {
    //---load the property list from the Resources folder---
    NSString *pListPath = [[NSBundle mainBundle] pathForResource:@"Apps"
                                                          ofType:@"plist"];

    NSDictionary *dict = [[NSDictionary alloc]
                            initWithContentsOfFile:pListPath];
    //...
}
```

由于要修改该字典对象，因此需要得到该字典对象的一个可变副本并将其赋予一个 NSMutableDictionary 对象：

```
    //---make a mutable copy of the dictionary object---
    NSMutableDictionary *copyOfDict = [dict mutableCopy];
```

这一步非常重要，因为 NSDictionary 对象是不可变的，这意味着在使用属性列表中的条目填充它之后，就无法向字典对象添加内容了。使用 NSDictionary 类的 mutableCopy 方法可以创建该字典对象的一个可变实例，该实例是 NSMutableDictionary 类型。

接下来检索一个数组，其中包含可变的字典对象中的所有键。

```
    //---get all the different categories---
    NSArray *categoriesArray = [[copyOfDict allKeys]
                                sortedArrayUsingSelector:@selector(compare)];
```

接下来使用该数组循环遍历字典中的所有键，以便向每个类别添加一些额外标题：

```
//---for each category---
for (NSString *category in categoriesArray)
{


}
```

注意，不能像下面这样使用 NSMutableDictionary 对象进行枚举：

```
for (NSString *category in copyOfDict)
{
    //...
}
```

这是因为在枚举的时候不能向 NSMutableDictionary 对象添加项。因此，需要使用 NSArray 对象进行循环。

在循环中，提取每个类别的应用程序的所有标题，然后为包含应用程序的标题的数组创建一个可变副本。

```
//---get all the app titles in that category---
NSArray *titles = [dict valueForKey:category];

//---make a mutable copy of the array---
NSMutableArray *mutableTitles = [titles mutableCopy];
```

现在可以向包含应用程序标题的可变数组添加新的标题：

```
//---add a new title to the category---
[mutableTitles addObject:@"New App title"];
```

在向可变数组添加新的项后，将其设置回可变的字典对象：

```
//---set the array back to the dictionary object---
[copyOfDict setObject:mutableTitles forKey:category];
[mutableTitles release];
```

最后，使用“writeToFile:atomically:”方法将可变的字典对象写入文件中：

```
//---write the dictionary to file---
fileName = [[self documentsPath]
               stringByAppendingPathComponent:@"Apps.plist"];
[copyOfDict writeToFile:fileName atomically:YES];
```

```
    [dict release];
    [copyOfDict release];
```

13.3　小结

本章介绍了如何向 iPhone 的文件系统写入文件以及如何读回文件。此外，还介绍了如何使用属性列表表示结构化数据以及如何以编程的方式使用字典对象处理属性列表。第 14 章将介绍如何使用数据库存储更加复杂的数据。

练习：

1. 描述应用程序的文件夹下各个目录的用途。
2. NSDictionary 类与 NSMutableDictionary 类的差别是什么？
3. 列出实际设备上 Documents 文件夹与 tmp 文件夹的路径。

本章小结

主　　题	关 键 概 念
应用程序文件夹中的子目录名	Documents、Library 与 tmp
获取 Documents 目录的路径	`NSArray *paths = NSSearchPathForDirectoriesInDomains( NSDocumentDirectory, NSUserDomainMask, YES);` `NSString *documentsDir = [paths objectAtIndex:0];`

获取 tmp 目录的路径	`-(NSString *) tempPath {`
	`return NSTemporaryDirectory();`
	`}`

检查文件是否存在	`if ([[NSFileManager defaultManager]`
	`fileExistsAtPath:filePath]) {`
	`}`

实际设备上 Documents 目录的位置	/private/var/mobile/Applications/<application_id>/ Documents/
实际设备上 tmp 目录的位置	/private/var/mobile/Applications/<application_id>/tmp/
从 Resources 文件夹中加载属性列表	`NSString *pListPath = [[NSBundle mainBundle] pathForResource:@"Apps" ofType:@"plist"];`
创建NSDictionary对象的可变副本	`NSDictionary *dict = [[NSDictionary alloc] initWithContentsOfFile:pListPath];` `NSMutableDictionary *copyOfDict = [dict mutableCopy];`

第Ⅳ部分

iPhone高级编程技术

第14章

多点触摸应用程序的编程

本章内容

- 如何在应用程序中检测触摸动作
- 如何区分一次轻拍与两次轻拍
- 如何实现捏拉手势
- 如何实现拖拽手势

iPhone 一个最重要的卖点就是屏幕，它能检测到多点输入。多点触摸输入能够实现用户与应用程序之间的自然交互。正是由于多点触摸，移动 Safari Web 浏览器成为智能手机上最友好的 Web 浏览器。

本章将介绍如何在应用程序中检测触摸动作并实现一些可以改进用户与应用程序之间交互的炫酷特性，如智力拼图应用程序。通过检测应用程序中的触摸动作，用户可以重新排列屏幕上图片的位置，还可以使用捏拉手势改变图片的尺寸。

14.1 检测触摸动作

开始学习如何在应用程序中检测触摸动作前，首先需要了解用于处理触摸动作的检测的一些事件。接下来再来了解用户在应用程序上进行的是一次轻拍还是两次轻拍，然后予以响应。

现在就开始吧！首先先下载代码，然后按照下面的“试一试”操作。

试一试：检测轻拍动作

[MultiTouch.zip]可从 Wrox.com 下载

(1) 使用 Xcode 创建一个新的 View-based Application 项目并把它命名为 MultiTouch。

(2) 将一张图片拖放到 Resources 文件夹中。图 14-1 显示了位于 Resources 文件夹中的名为 apple.jpeg 的一幅图像。

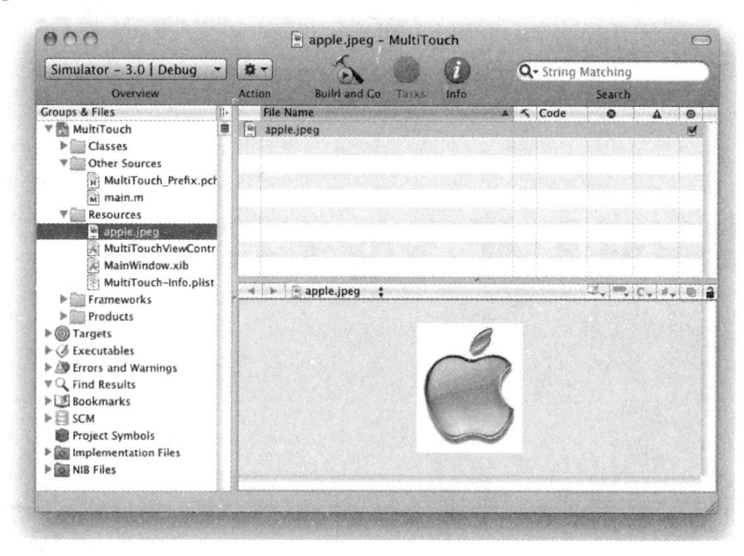

图 14-1

(3) 双击 MultiTouchViewController.xib 文件，在 Interface Builder 中编辑它。

(4) 在 View 窗口中添加一个 ImageView 视图。请确保 ImageView 覆盖了整个 View 窗口。

(5) 选中 ImageView 视图并查看 Image View Attributes 窗口(如图 14-2 所示)。将 Image 属性设为 apple.jpeg。

图 14-2

(6) 在 MultiTouchViewController.h 文件中，添加如下粗体语句：

```
#import <UIKit/UIKit.h>

@interface MultiTouchViewController : UIViewController {

IBOutlet UIImageView *imageView;

}

@property (nonatomic, retain) UIImageView *imageView;

@end
```

(7) 回到 Interface Builder，按住 Control 键单击并将 File's Owner 项拖拽到 ImageView 视图上。选择 ImageView。

(8) 在 MultiTouchViewController.m 文件中，添加如下粗体语句：

```
#import "MultiTouchViewController.h"

@implementation MultiTouchViewController

@synthesize imageView;

//---fired when the user finger(s) touches the screen---
-(void) touchesBegan: (NSSet *) touches withEvent: (UIEvent *) event {

    //---get all touches on the screen---
    NSSet *allTouches = [event allTouches];

    //---compare the number of touches on the screen---
    switch ([allTouches count])
    {
        //---single touch—
        case 1: {
            //---get info of the touch---
            UITouch *touch = [[allTouches allObjects] objectAtIndex:0];

            //---compare the touches---
            switch ([touch tapCount])
            {
                //---single tap---
                case 1: {
                    imageView.contentMode = UIViewContentModeScaleAspectFit;
                } break;

                //---double tap---
                case 2: {
                    imageView.contentMode = UIViewContentModeCenter;
                } break;
            }
        } break;
    }
}
```

```
- (void)dealloc {
    [imageView release];
    [super dealloc];
}
```

(9) 按 Command＋R 组合键在 iPhone Simulator 上测试应用程序。

(10) 轻拍一次苹果图标放大它，双拍它回到原始尺寸(如图 14-3 所示)。

图　14-3

示例说明

上述应用程序通过感知用户在 iPhone 或 iPod Touch 的屏幕上的触摸操作运作。当用户触摸屏幕时，视图或视图控制器会触发一系列可以处理事件。下面列举出 4 个事件：

- “touchesBegan:withEvent:”
- “touchesEnded:withEvent:”
- “touchesMoved:withEvent:”
- “touchesCancelled:withEvent:”

仔细查看第一个事件。首先，当应用程序感知到屏幕上至少有一个触摸操作时就会触发“touchesBegan:withEvent:”事件。在该事件中，可以通过调用 UIEvent 对象(event)的 allTouches 方法获悉屏幕上有几个手指。

```
//---get all touches on the screen---
NSSet *allTouches = [event allTouches];
```

allTouches 方法会返回一个 NSSet 对象，其中包含一组 UITouch 对象。要想获悉屏幕上有几个手指，只需使用 count 方法统计 NSSet 中 UITouch 对象的数量即可。目前该示例只考虑一次触摸操作，因此只需实现一次触摸的情况即可：

```
//---compare the number of touches on the screen---
switch ([allTouches count])
{
    //---single touch---
    case 1: {
```

```
        //---get info of the touch---
        UITouch *touch = [[allTouches allObjects] objectAtIndex:0];

        //---compare the touches---
        switch ([touch tapCount])
        {
            //---single tap---
            case 1: {
                imageView.contentMode = UIViewContentModeScaleAspectFit;
            } break;

             //---double tap---
             case 2: {
                 imageView.contentMode = UIViewContentModeCenter;
             } break;
         }
     } break;
}
```

通过使用 NSSet 对象的 allObjects 方法来返回一个 NSArray 对象，这样就能提取一次触摸的详细信息。接下来使用“objectAtIndex:”方法获得第一个数组项。

UITouch 对象(touch)包含 tapCount 属性，它的作用是判断用户是一次轻拍屏幕还是两次(或多次)轻拍。如果是一次，就使用 UIViewContentModeScaleAspectFit 常量将图片放大到适合整个 ImageView 视图。如果是两次，就使用 UIViewContentModeCenter 常量将图片还原到原始尺寸。

还有 3 个事件本节并没有介绍，它们分别是“touchesEnded:withEvent:”、“touchesMoved:withEvent:”与“touchesCancelled:withEvent”。

当用户的手指从屏幕上抬起时会触发“touchesEnded:withEvent:”事件。当用户的手指触摸并在屏幕上移动时会触发“touchesMoved:withEvent:”事件。最后，当用户的手指还在屏幕上但该应用程序中断时会触发“touchesCancelled:withEvent:”事件。

注意：除了“在 touchesBegan:withEvent:”事件中检测轻拍动作外，还可以在“touchesEnded:withEvent:”事件中检测它们。

理解多次轻拍动作

当用户在屏幕上轻拍了多次，应用程序就会多次触发“touchesBegan:”与“touchesEnded:”事件。比如，如果用户在屏幕上轻拍了一次，“touchesBegan:”与“touchesEnded:”事件就会触发一次，UITouch 对象的 tapCount 属性会返回数值 1。然而，如果用户轻拍屏幕两次(间隔时间很短)，“touchesBegan:”与“touchesEnded:”事件就会触发两次。第一次触发时，tapCount 属性的值为 1；第二次触发时，tapCount 属性的值为 2。

理解多次轻拍动作的检测方式很重要，因为如果检测到两次轻拍应用，应用程序就不需要执行针对一次轻拍的代码块。比如，在上面的“试一试”中，如果轻拍图片两次，那么首先会将图片的模式更改为 UIViewContentModeScaleAspectFit(这是一次轻拍动作要做的事情，因为在该示例中，图片已经处于 UIViewContentModeScaleAspectFit 模式下，所以用户看不到任何差别)，然后再变回到 UIViewContentModeCenter 模式(这是两次轻拍动作要做的事情)。在理想情况下，两次轻拍动作并不需要执行针对一次轻拍动作的代码块。

为了解决这个问题，需要编写一些代码来检查是否存在第二次轻拍动作。

- 当检测到第一次轻拍动作时，使用 NSTimer 对象作为定时器。
- 当检测到第二次轻拍动作时，停止定时器并查看两次轻拍动作之间的时间差是否小到(比如，瞬间)构成了连续两次轻拍动作。如果是，就执行两次轻拍动作对应的代码，否则执行一次轻拍动作对应的代码。

下一节将会介绍如何在应用程序中检测多点触摸操作。

14.2　检测多点触摸

如果理解了上一节的概念，多点触摸的检测就变得非常简单。检测多点触摸的功能非常重要，因为可以使用这个功能放大应用程序中的视图。

下面的“试一试”就将介绍如何检测多点触摸。

试一试：　检测多点触摸

(1) 使用上一节创建的相同项目，修改“touchesBegan:withEvent:”方法，方法是添加如下粗体语句：

```
-(void) touchesBegan: (NSSet *) touches withEvent: (UIEvent *) event {

    //---get all touches on the screen---
    NSSet *allTouches = [event allTouches];

    //---compare the number of touches on the screen---
    switch ([allTouches count])
    {
        //---single touch---
        case 1: {
            //---get info of the touch---
            UITouch *touch = [[allTouches allObjects] objectAtIndex:0];

            //---compare the touches---
            switch ([touch tapCount])
            {
                //---single tap---
                case 1: {
```

```
                    imageView.contentMode = UIViewContentModeScaleAspectFit;
                } break;

                case 2: {
                    imageView.contentMode = UIViewContentModeCenter;
                } break;
            }
    } break;

    //---double-touch---
    case 2: {
        //---get info of fi rst touch---
        UITouch *touch1 = [[allTouches allObjects] objectAtIndex:0];

        //---get info of second touch---
        UITouch *touch2 = [[allTouches allObjects] objectAtIndex:1];

        //---get the points touched---
        CGPoint touch1PT = [touch1 locationInView:[self view]];
        CGPoint touch2PT = [touch2 locationInView:[self view]];

        NSLog(@"Touch1: %.0f, %.0f", touch1PT.x, touch1PT.y);
        NSLog(@"Touch2: %.0f, %.0f", touch2PT.x,
                                      touch2PT.y);
    } break;
  }
}
```

(2) 按Command＋R组合键在iPhone Simulator上测试应用程序。

(3) 在iPhone Simulator中，按Option键，这时会出现两个圆圈(如图14-4所示)。单击屏幕来模拟两个手指触摸设备的屏幕。单击并移动鼠标来模拟捏拉屏幕。

(4) 打开Debugger Console窗口(按Command＋Shift＋R组合键)，在按住Option键并单击iPhone Simulator的屏幕时观察输出结果。

图　14-4

```
2009-08-25 10:01:15.510 MultiTouch[2230:207] Touch1: 107, 201
2009-08-25 10:01:15.511 MultiTouch[2230:207] Touch2: 213, 239
2009-08-25 10:01:15.758 MultiTouch[2230:207] Touch1: 105, 201
2009-08-25 10:01:15.759 MultiTouch[2230:207] Touch2: 215, 239
2009-08-25 10:01:15.918 MultiTouch[2230:207] Touch1: 215, 239
2009-08-25 10:01:15.919 MultiTouch[2230:207] Touch2: 105, 201
2009-08-25 10:01:16.054 MultiTouch[2230:207] Touch1: 105, 201
2009-08-25 10:01:16.055 MultiTouch[2230:207] Touch2: 215, 239
2009-08-25 10:01:16.238 MultiTouch[2230:207] Touch1: 105, 201
2009-08-25 10:01:16.239 MultiTouch[2230:207] Touch2: 215, 239
```

注意：在使用 iPhone Simulator 时，当按下 Option 键并单击 iPhone Simulator 的屏幕的同一个点时，两次触摸的坐标经常会互换。

示例说明

就像检测单次触摸一样，在“touchesBegan:withEvent:”事件中检测多点触摸。但这次不仅需要接收关于第一次触摸的信息，还需要获取关于第二次触摸的信息：

```
//---get info of first touch---
UITouch *touch1 = [[allTouches allObjects] objectAtIndex:0];

//---get info of second touch---
UITouch *touch2 = [[allTouches allObjects] objectAtIndex:1];
```

注意：基本上，要想检测两次以上的触摸，只需扩展之前的代码，方法是获取关于第 3 次触摸、第 4 次触摸等的信息即可。

为了得到每次触摸的坐标(由 CGPoint 结构表示)，需要使用 UITouch 类的“locationInView:”方法并将其传递给当前所处的视图：

```
//---get the points touched---
CGPoint touch1PT = [touch1 locationInView:[self view]];
CGPoint touch2PT = [touch2 locationInView:[self view]];
```

“locationInView:”方法返回的坐标相对于指定的视图。在上面的代码段中，显示的坐标相对于主 View 窗口。

CGPoint 结构的 x 与 y 坐标由 CGFloat 类型表示，因此在将他们输出到调试控制台窗口时，只需使用%f 格式说明符即可：

```
NSLog(@"Touch1: %.0f, %.0f", touch1PT.x, touch1PT.y);
NSLog(@"Touch2: %.0f, %.0f", touch2PT.x, touch2PT.y);
```

要理解的一个重点是显示的坐标值相对于定的视图。图 14-5 表明在相对于主 View 窗口时，左上角的坐标是(0, －20)，右下角的坐标是(320, 460)。

```
//---get the points touched---
CGPoint touch1PT = [touch1 locationInView:[self view]];
CGPoint touch2PT = [touch2 locationInView:[self view]];
```

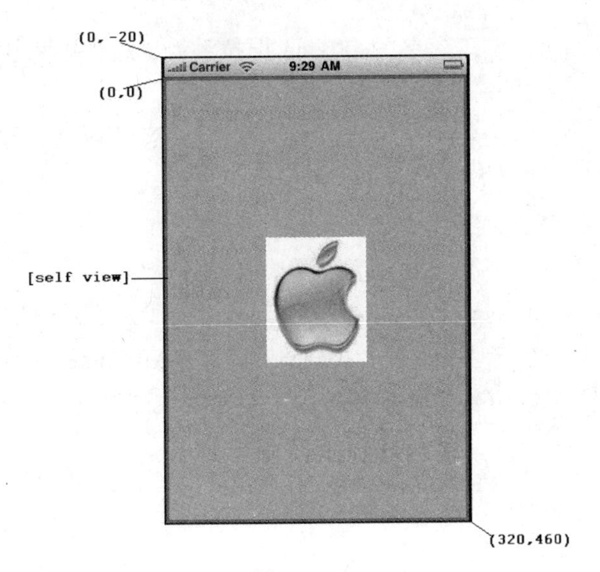

图　14-5

假设图像视图的尺寸缩小到如图 14-6 所示的尺寸(记住，目前它填充了整个屏幕)。相对于 ImageView 视图，(0, 0)位置开始于图像视图的左上角。相对于左上角的(0, 0)点，其他所有点的 x 与 y 坐标都是负数：

```
//---get the points touched---
CGPoint touch1PT = [touch1 locationInView:imageView];
CGPoint touch2PT = [touch2 locationInView:imageView];
```

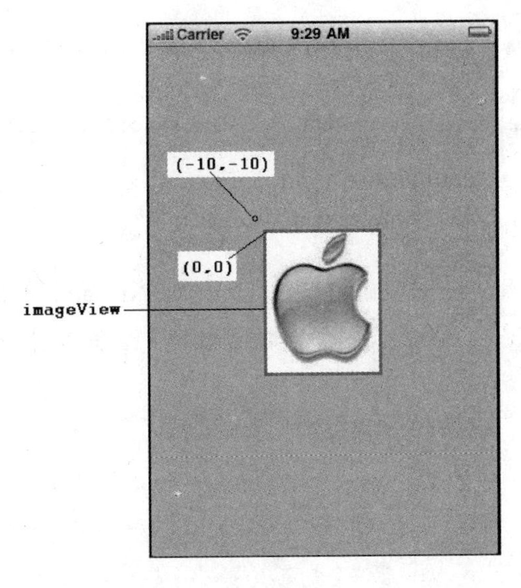

图　14-6

14.2.1　实现捏拉手势

既然知道了如何在应用程序中检测多点触摸，现在就可以编写一些使用到多点触摸的炫酷应用程序了。我们可以实现著名的 iPhone 捏拉手势，这个手势让 iPhone 远远领先于众多竞争对手。

要想使用捏拉手势，需要将两个手指放到屏幕上，然后不断靠近两个手指以实现捏的效果。如果在查看的照片或是 Mobile Safari 的网页上使用这个手势通常会产生缩小的效果。如果将两个手指分开就会放大照片或网页。

要想在图片上使用捏拉手势，实际上首先需要放大图片。这是因为只有将图片的模式设置为 UIViewContentModeScaleAspectFit 才能改变其大小。因此，在这种情况下，需要在使用捏拉效果前轻拍图片一次(这实际上会将图片模式设置为 UIViewContentModeScaleAspectFit)。

下面的“试一试”就将介绍如何实现捏拉手势来缩放图像视图中的图片。

试一试：缩放

(1) 使用上一节创建的相同项目，将如下粗体语句添加到 MultiTouchViewController.h 文件中：

```
#import <UIKit/UIKit.h>

@interface MultiTouchViewController : UIViewController {
    IBOutlet UIImageView *imageView;
}

@property (nonatomic, retain) UIImageView *imageView;

-(CGFloat) distanceBetweenTwoPoints: (CGPoint)fromPoint toPoint: (CGPoint)toPoint;

@end
```

(2) 在 MultiTouchViewController.m 文件中，实现“distanceBetweenTwoPoints:toPoint:”方法与“touchesMoved:withEvent:”方法并将如下粗体语句添加到“touchesBegan:withEvent:”方法中：

```
#import "MultiTouchViewController.h"

@implementation MultiTouchViewController

@synthesize imageView;

CGFloat originalDistance;

-(CGFloat) distanceBetweenTwoPoints:(CGPoint)fromPoint toPoint:(CGPoint)toPoint {

    float lengthX = fromPoint.x - toPoint.x;
    float lengthY = fromPoint.y - toPoint.y;
```

```
    return sqrt((lengthX * lengthX) + (lengthY * lengthY));
}

-(void) touchesBegan: (NSSet *) touches withEvent: (UIEvent *) event {

    //---get all touches on the screen---
    NSSet *allTouches = [event allTouches];

    //---compare the number of touches on the screen---
    switch ([allTouches count])
    {
        //---single touch---
        case 1: {
            //---get info of the touch---
            UITouch *touch = [[allTouches allObjects] objectAtIndex:0];

            //---compare the touches---
            switch ([touch tapCount])
            {
                //---single tap---
                case 1: {
                    imageView.contentMode =
                                        UIViewContentModeScaleAspectFit;
                } break;

                case 2: {
                    imageView.contentMode = UIViewContentModeCenter;
                } break;
            }
        } break;

        //---double-touch---
        case 2: {
            //---get info of first touch---
            UITouch *touch1 = [[allTouches allObjects] objectAtIndex:0];
            //---get info of second touch---
            UITouch *touch2 = [[allTouches allObjects] objectAtIndex:1];

            //---get the points touched---
            CGPoint touch1PT = [touch1 locationInView:[self view]];
            CGPoint touch2PT = [touch2 locationInView:[self view]];

            NSLog(@"Touch1: %.0f, %.0f", touch1PT.x, touch1PT.y);
            NSLog(@"Touch2: %.0f, %.0f", touch2PT.x, touch2PT.y);

            //---record the distance made by the two touches---
            originalDistance = [self distanceBetweenTwoPoints:touch1PT
                                        toPoint: touch2PT];
        } break;
    }
}

//---fired when the user moved his finger(s) on the screen---
```

```
-(void) touchesMoved: (NSSet *) touches withEvent: (UIEvent *) event {

    //---get all touches on the screen---
    NSSet *allTouches = [event allTouches];

    //---compare the number of touches on the screen---
    switch ([allTouches count])
    {
        //---single touch---
        case 1: {
        } break;


        //---double-touch---
        case 2: {
            //---get info of first touch---
            UITouch *touch1 = [[allTouches allObjects] objectAtIndex:0];


            //---get info of second touch---
            UITouch *touch2 = [[allTouches allObjects] objectAtIndex:1];


            //---get the points touched---
            CGPoint touch1PT = [touch1 locationInView:[self view]];
            CGPoint touch2PT = [touch2 locationInView:[self view]];

            NSLog(@"Touch1: %.0f, %.0f", touch1PT.x, touch1PT.y);
            NSLog(@"Touch2: %.0f, %.0f", touch2PT.x, touch2PT.y);

            CGFloat currentDistance = [self distanceBetweenTwoPoints: touch1PT
                                                            toPoint: touch2PT];

            //---zoom in---
            if (currentDistance > originalDistance)
            {
                imageView.frame = CGRectMake(imageView.frame.origin.x - 2,
                                             imageView.frame.origin.y - 2,
                                             imageView.frame.size.width + 4,
                                             imageView.frame.size.height + 4);
            }
            else {
                //---zoom out---
                imageView.frame = CGRectMake(imageView.frame.origin.x + 2,
                                             imageView.frame.origin.y + 2,
                                             imageView.frame.size.width - 4,
                                             imageView.frame.size.height - 4);
            }
            originalDistance = currentDistance;
        } break;
    }
}
```

(3) 按 Command+R 组合键在 iPhone Simulator 上测试应用程序。

(4) 轻拍一次放大图像视图。按住 Option 键并单击图像进行缩放(如图 14-7 所示)。

图　14-7

示例说明

为了检测捏拉手势，需要获得两个手指之间的距离并不断比较它们之间的距离，这样才能知道两个手指是不断靠近还是远离。

为了获得两个手指之间的距离，定义“distanceBetweenTwoPoints:toPoint:”方法：

```
-(CGFloat) distanceBetweenTwoPoints:(CGPoint)fromPoint
toPoint:(CGPoint)toPoint {

    float lengthX = fromPoint.x - toPoint.x;
    float lengthY = fromPoint.y - toPoint.y;
    return sqrt((lengthX * lengthX) + (lengthY * lengthY));

}
```

该方法接收两个 CGPoint 结构，然后计算它们之间的距离。这没什么复杂的——只不过用到了勾股定理而已。

当两个手指第一次触摸屏幕时，将它们之间的距离记录在“touchesBegan:withEvent: ”方法中(参见粗体代码)：

```
-(void) touchesBegan: (NSSet *) touches withEvent: (UIEvent *) event {

        //...
        //---double-touch---
        case 2: {
            //---get info of first touch---
            UITouch *touch1 = [[allTouches allObjects] objectAtIndex:0];
            //---get info of second touch---
            UITouch *touch2 = [[allTouches allObjects] objectAtIndex:1];

            //---get the points touched---
            CGPoint touch1PT = [touch1 locationInView:[self view]];
            CGPoint touch2PT = [touch2 locationInView:[self view]];

            NSLog(@"Touch1: %.0f, %.0f", touch1PT.x, touch1PT.y);
            NSLog(@"Touch2: %.0f, %.0f", touch2PT.x, touch2PT.y);

            //---record the distance made by the two touches---
            originalDistance = [self distanceBetweenTwoPoints:touch1PT
                                        toPoint: touch2PT];
        } break;
    }
}
```

当两个手指在屏幕上移动时，不断比较它们之间的距离与最初的距离(如图 14-8 所示)。

图　14-8

如果当前距离大于最初距离，就表示放大手势；否则，表示缩小手势：

```
//---fired when the user moved his finger(s) on the screen---
-(void) touchesMoved: (NSSet *) touches withEvent: (UIEvent *) event {

        //...
        //---double-touch---
        case 2: {
      //---get info of first touch---
      UITouch *touch1 = [[allTouches allObjects] objectAtIndex:0];

     //---get info of second touch---
     UITouch *touch2 = [[allTouches allObjects] objectAtIndex:1];

     //---get the points touched---
     CGPoint touch1PT = [touch1 locationInView:[self view]];
     CGPoint touch2PT = [touch2 locationInView:[self view]];

     NSLog(@"Touch1: %.0f, %.0f", touch1PT.x, touch1PT.y);
     NSLog(@"Touch2: %.0f, %.0f", touch2PT.x, touch2PT.y);

     CGFloat currentDistance = [self distanceBetweenTwoPoints: touch1PT
                                     toPoint: touch2PT];

     //---zoom in---
     if (currentDistance > originalDistance)
     {
         imageView.frame = CGRectMake(imageView.frame.origin.x - 2,
                                      imageView.frame.origin.y - 2,
                                      imageView.frame.size.width + 4,
                                      imageView.frame.size.height + 4);
     }
     else {
```

```
            //---zoom out---
            imageView.frame = CGRectMake(imageView.frame.origin.x + 2,
                                         imageView.frame.origin.y + 2,
                                         imageView.frame.size.width - 4,
                                         imageView.frame.size.height - 4);
        }
        originalDistance = currentDistance;
    } break;
  }
}
```

14.2.2　实现拖拽手势

可以实现的另一个手势是拖拽，首先轻拍屏幕上的某一项，然后移动手指拖拽该项。下面的“试一试”就将介绍如何通过实现拖拽手势来拖拽屏幕上的图像视图。

试一试：　拖拽 ImageView

(1) 使用上一节的相同项目，调整 ImageView 视图的大小，使其适合图像的尺寸(如图 14-9 所示)。

图　14-9

(2) 向“touchesMoved:withEvent:”方法中添加如下粗体语句：

```
//---fired when the user moved his finger(s) on
the screen---
-(void) touchesMoved: (NSSet *) touches withEvent:
(UIEvent *) event {

    //---get all touches on the screen---
    NSSet *allTouches = [event allTouches];

    //---compare the number of touches on the
    screen---
    switch ([allTouches count])
    {

        //---single touch---
        case 1: {
            //---get info of the touch---
            UITouch *touch = [[allTouches
            allObjects] objectAtIndex:0];

            //---check to see if the image is being touched---
            CGPoint touchPoint = [touch locationInView:[self view]];

            if (touchPoint.x > imageView.frame.origin.x &&
                touchPoint.x < imageView.frame.origin.x +
                               imageView.frame.size.width &&
                touchPoint.y > imageView.frame.origin.y &&
                touchPoint.y < imageView.frame.origin.y +
                               imageView.frame.size.height) {
```

```
                [imageView setCenter:touchPoint];
            }
        } break;

        //---double-touch---
        case 2: {
            //---get info of first touch---
            UITouch *touch1 = [[allTouches allObjects] objectAtIndex:0];
            //---get info of second touch---
            UITouch *touch2 = [[allTouches allObjects] objectAtIndex:1];

            //...
            //...

        } break;
    }
}
```

(3) 按 Command＋组合键 R 在 iPhone Simulator 上测试应用程序。

(4) 现在轻拍图像视图，然后移动手指将图像移动到屏幕上的其他地方(如图 14-10 所示)。

图 14-10

示例说明

该示例所介绍的概念非常简单。当手指轻拍屏幕时，需要检查手指的位置是否落在图像视图的范围内：

```
CGPoint touchPoint = [touch
                      locationInView:[selfview]];

if (touchPoint.x > imageView.frame.origin.x &&
    touchPoint.x < imageView.frame.origin.x +
                   imageView.frame.size.width &&
    touchPoint.y > imageView.frame.origin.y &&
    touchPoint.y < imageView.frame.origin.y +
                   imageView.frame.size.height)
                   {
     [imageView setCenter:touchPoint];
}
```

如果它落在图像视图范围内，那么只需调用其 setCenter 属性重新调整图像视图的位置即可。

借助于该技术可以轻松编写智力拼图应用程序，用户只需在屏幕上拖拽拼图就可以重新排列它们。

14.3　小结

本章介绍了为了获悉用户是一次还是两次轻拍应用程序而需要处理的各种事件。还介绍了如何在应用程序中检测多点触摸操作并使用该技术创建了一些有趣的应用程序。

练习：

1. 列出在应用程序中检测触摸操作所需要的 4 个事件。
2. 多次轻拍与多点触摸有何区别？
3. 如何在 iPhone Simulator 上模拟多点触摸操作？

本章小结

主　　题	关 键 概 念
检测视图上的触摸操作	在视图或视图控制器中处理如下事件： ● “ touchesBegan:withEvent:” ● “touchesEnded:withEvent:” ● “touchesMoved:withEvent:” ● “touchesCancelled:withEvent:”
检测轻拍动作(一次、两次以及多次)	可以在“touchesBegan:withEvent”:或“touchesEnded:withEvent:”方法中检测轻拍动作
实现捏拉手势	比较两个触摸点之间的距离并推断手势是放大还是缩小
实现拖拽手势	确保触摸点落在目标视图范围内

第15章

简单动画

本章内容

- 如何使用 NSTimer 类创建定时器，每隔一段时间调用方法
- 如何使用 NSTimer 类实现简单的动画
- 如何在 ImageView 上进行仿射变换
- 如何使用 ImageView 为系列图像增加动画效果

到目前为止，编写的所有应用程序都使用了 iPhone SDK 提供的标准视图。Apple 曾反复重申，iPhone 与 iPod Touch 的功能早已超出了普通的手机。iPhone 还是一个音乐播放器，更重要的是，它还是一个游戏平台，本章就将介绍这一点。

本章将会创建一些可视化的内容，这很有趣，将会介绍如何使用定时器对象执行一些简单的动画，然后在视图上进行仿射变换。虽然介绍如何使用 OpenGL 来创建动画已经超出了本书的范围，但本章将会介绍一些有趣的技术，你可以使用他们让应用程序变得栩栩如生。

15.1 使用 NSTimer 类

学习动画最简单的一种方式就是使用 NSTimer 类。NSTimer 类会创建定时器对象，可以每隔一段时间调用方法。借助于 NSTimer 对象，可以定期更新图像，这就会造成一种感觉：图像是动态的。

下面的“试一试”将会介绍如何使用 NSTimer 类在屏幕上显示一个弹力球。当球触碰到屏幕边缘时，它会弹到相反的方向。还会介绍如何控制球滚动的频率。需要先下载本章“试一试”的代码文件。

试一试：创建连续滚动的小球

代码文件[Animation.zip]可从 Wrox.com 下载

(1) 使用 Xcode 创建一个新的 View-based Application 项目并把它命名为 Animation。

(2) 将名为 tennisball.jpg 的一幅图像拖拽到 Xcode 的 Resources 文件夹下。当弹出 Add 对话框时，根据需要选择 Copy Item into Destination Group' s Folder 复选框，这样图像的副本就会复制到该项目中。

(3) 双击 AnimationViewController.xib 文件，在 Interface Builder 中编辑它。

(4) 将 ImageView 拖放到 View 窗口中并将其 Image 属性设置为 tennisball.jpg(如图 15-1 所示)。

注意：请确保 ImageView 的尺寸适合网球图像。稍后将在屏幕上移动 ImageView，因此请不要将 ImageView 填满整个屏幕。

图 15-1

(5) 选择 View(在 ImageView 之外)并将背景色改为黑色(如图 15-2 所示)。

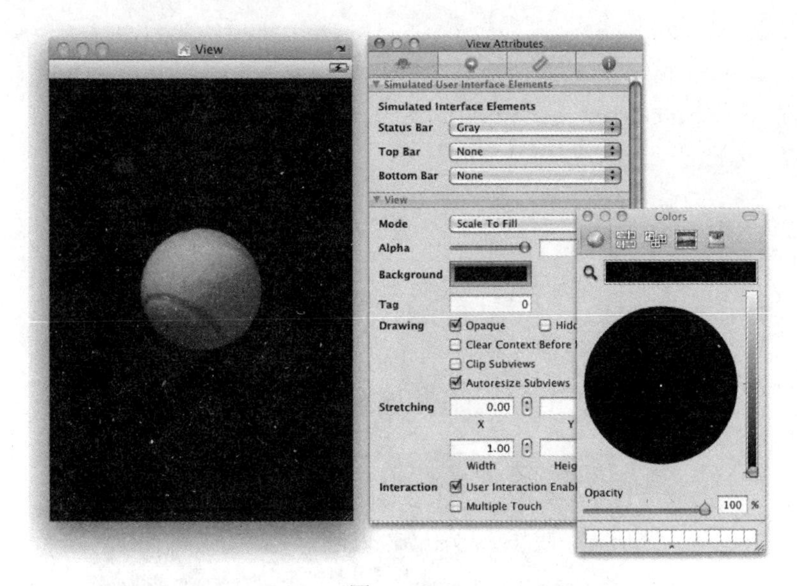

图 15-2

(6) 从 Library 中将一个 Label 视图与一个 Slider 视图添加到 View 窗口中(如图 15-3 所示)。将 Slider 视图的 Initial 属性设置为 0.01。

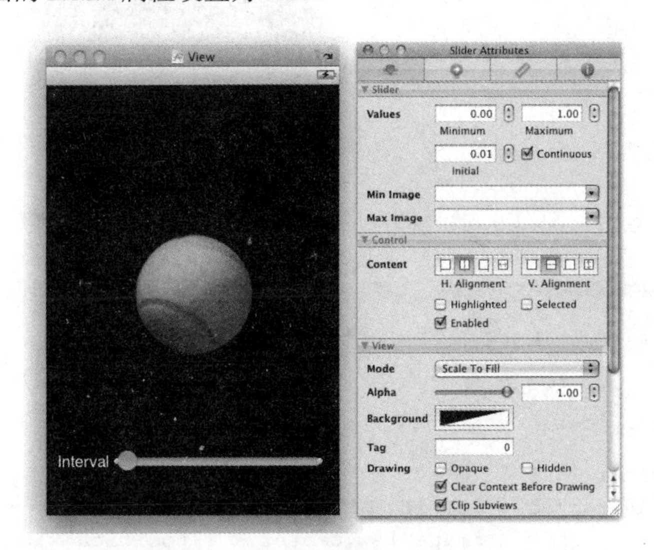

图 15-3

(7) 在 AnimationViewController.h 文件中，声明如下插座变量、动作与字段：

```
#import <UIKit/UIKit.h>

@interface AnimationViewController : UIViewController {
    IBOutlet UIImageView *imageView;
    IBOutlet UISlider *slider;

    CGPoint position;
    NSTimer *timer;
```

```
    float ballRadius;
}

@property (nonatomic, retain) UIImageView *imageView;
@property (nonatomic, retain) UISlider *slider;

-(IBAction) sliderMoved:(id) sender;

@end
```

(8) 回到 Interface Builder，连接插座变量与动作，如图 15-4 所示。

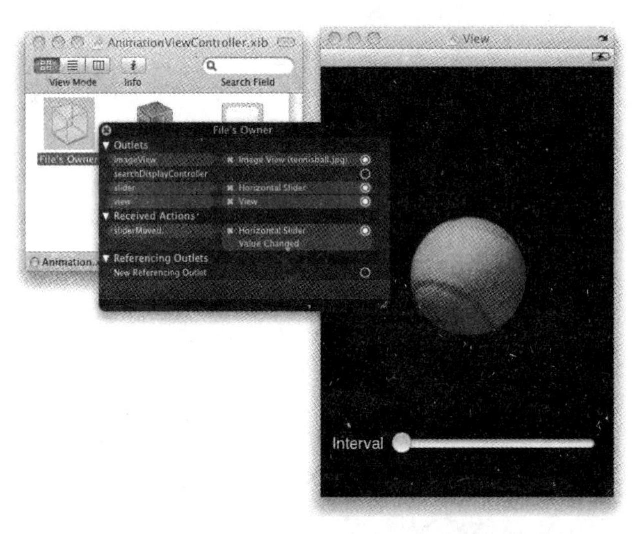

图　15-4

(9) 在 AnimationViewController.m 文件中，添加如下粗体语句：

```
#import "AnimationViewController.h"

@implementation AnimationViewController

@synthesize imageView;
@synthesize slider;

-(void) onTimer {
    imageView.center = CGPointMake(
                        imageView.center.x + position.x,
                        imageView.center.y + position.y);

    if (imageView.center.x > 320 - ballRadius || imageView.center.x < ballRadius)
        position.x = -position.x;
    if (imageView.center.y > 460 - ballRadius || imageView.center.y < ballRadius)
        position.y = -position.y;
}

- (void)viewDidLoad {
    ballRadius = imageView.frame.size.width/2;
    [slider setShowValue:YES];
```

```
    position = CGPointMake(12.0,4.0);
    timer = [NSTimer scheduledTimerWithTimeInterval:slider.value
            target:self
            selector:@selector(onTimer)
            userInfo:nil
            repeats:YES];

    [super viewDidLoad];
}

-(IBAction) sliderMoved:(id) sender {
    [timer invalidate];
    timer = [NSTimer scheduledTimerWithTimeInterval:slider.value
            target:self
            selector:@selector(onTimer)
            userInfo:nil
            repeats:YES];
}

- (void)didReceiveMemoryWarning {
[super didReceiveMemoryWarning];
}

- (void)dealloc {
    [timer invalidate];
    [imageView release];
    [slider release];
    [super dealloc];
}

@end
```

(10) 按 Command＋R 组合键在 iPhone Simulator 上测试应用程序。现在应该会看到网球在屏幕上滚动(如图 15-5 所示)。可以移动滑块来改变滚动的速度。将滑块右移会减慢滚动的速度，左移会加快滚动的速度。

图 15-5

示例说明

当加载视图后，所做的第一件事就是获得网球的半径，该示例中半径是图像宽度的一半：

```
ballRadius = imageView.frame.size.width/2;
```

这个值用于在网球滚动过程中检查网球是否触碰到屏幕边缘。

接下来使用“setShowValue:”方法来显示滑块的值：

```
    [slider setShowValue:YES];
```

注意： "setShowValue:"是未公开的方法，因此编译器会发出一个警告。

使用如下代码初始化 position 变量：

```
position = CGPointMake(12.0,4.0);
```

position 变量用于指定每次定时器触发时图像要移动的距离。上述代码说明每次图像会沿水平方向移动 12 个像素、沿垂直方向移动 4 个像素。

接下来调用 NSTimer 类的"scheduledTimerWithTimeInterval:target:selector:userInfo:repeats":类方法来创建 NSTimer 对象的一个新实例：

```
timer = [NSTimer scheduledTimerWithTimeInterval:slider.value
          target:self
          selector:@selector(onTimer)
          userInfo:nil
          repeats:YES];
```

"scheduledTimerWithTimeInterval:"指定定时器两次触发所间隔的秒数。这里将其设置为 Slider 视图的值，范围是 0.0~1.0。如果滑块的值是 0.5，那么 timer 对象就会每隔半秒触发一次。

"selector:"参数指定定时器触发时所调用的方法，"repeats:"参数表示 timer 对象是否会重复调度自身。在该示例中，当定时器触发时，它会调用后面定义的 onTimer 方法。

在 onTimer 方法中，通过将 ImageView 视图的 center 属性设置为新值来改变该视图的位置。重新定位后，会检查图像是否触碰到屏幕的边缘，如果触碰到，position 变量的值就是负数：

```
-(void) onTimer {
    imageView.center = CGPointMake(
                            imageView.center.x + position.x,
                            imageView.center.y + position.y);

    if (imageView.center.x > 320 - ballRadius || imageView.center.x < ballRadius)
        position.x = -position.x;
    if (imageView.center.y > 460 - ballRadius || imageView.center.y < ballRadius)
        position.y = -position.y;
}
```

当移动滑块时会调用"sliderMoved:"方法。在该方法中，首先会使 timer 对象无效，然后创建 NSTimer 类的另一个实例：

```
-(IBAction) sliderMoved:(id) sender {
    [timer invalidate];
```

```
    timer = [NSTimer scheduledTimerWithTimeInterval:slider.value
            target:self
            selector:@selector(onTimer)
            userInfo:nil
            repeats:YES];
}
```

移动滑块可以改变图像滚动的频率。

注意：启动 NSTimer 对象后，就不能改变其触发时间间隔。因此，改变时间间隔的唯一办法就是使当前的定时器对象无效，然后创建一个新的 NSTimer 对象。

创建连续变化的视觉效果

你可能已经注意到了，在向右移动滑块时，动画速度会变慢，网球的滚动也变得有些不连贯。

要想让动画变得更加流畅，可以创建连续变化的可视化效果，这种变化是因为在动画代码块中设置了视图的 center 属性。动画代码块的开始由 UIView 类的“beginAnimations:context:”类方法定义：

```
[UIView beginAnimations:@"my_own_animation" context:nil];
    imageView.center = CGPointMake(
                    imageView.center.x + position.x,
                    imageView.center.y + position.y);
[UIView commitAnimations];
```

要想结束动画，可以调用 UIView 类的 commitAnimations 类方法。上述代码会在 ImageView 视图从一个位置移动到另一个位置时添加动画(如图 15-6 所示)。这么做的结果是得到一幅更加流畅的动画。

图 15-6

15.2 变换视图

上一节介绍了如何使用 NSTimer 类通过不断变换 ImageView 的位置来模拟一些简单动画。除了重新定位视图外，还可以使用 iPhone SDK 提供的变换技术达到同样的效果。

变换是定义在 Core Graphics 中的，iPhone SDK 支持标准的 2D 仿射变换。可以使用 iPhone SDK 实现如下的 2D 仿射变换：

注意：所谓仿射变换，就是保持共线性与距离之间的比例的一种线性变换。这意味着起初在一条直线上的所有点在变换后还应该在一条直线上，同时点与点之间的距离对应的比例保持不变。

- 平移——根据 x 与 y 轴指定的距离移动视图的原点。
- 旋转——根据指定的角度移动视图。
- 缩放——根据指定的 x 与 y 因子改变视图的比例。

图 15-7 展示了上面介绍的各种变换的效果。

平移

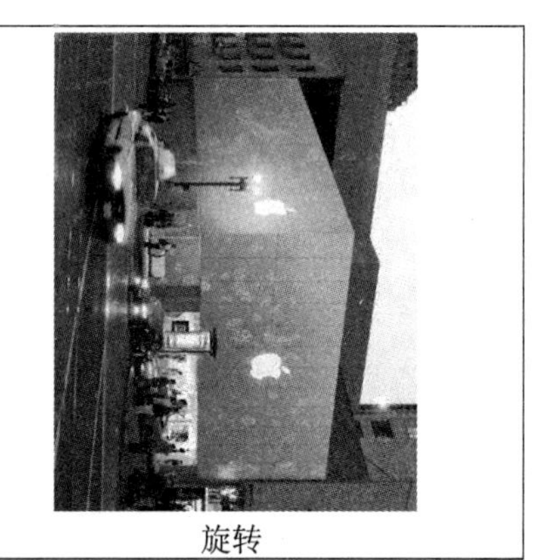
旋转

缩放

图　15-7

15.2.1　平移

要想在视图上进行仿射变换，只需使用其 transform 属性即可。回忆一下前面的示例，通过视图的 center 属性设置其新位置。

```
imageView.center = CGPointMake(
                       imageView.center.x + position.x,
                       imageView.center.y + position.y);
```

借助于 2D 变换，可以将其 transform 属性设置为 CGAffineTransformMakeTranslation()函数所返回的 CGAffineTransform 数据结构，如以下代码所示：

```
//---in the AnimationviewController.h file---
CGPoint position;
CGPoint translation;

//---in the viewDidLoad method---
position = CGPointMake(12.0,4.0);
translation = CGPointMake(0.0,0.0);

-(void) onTimer {
    imageView.transform = CGAffi neTransformMakeTranslation(
        translation.x, translation.y);

    translation.x = translation.x + position.x;
    translation.y = translation.y + position.y;

    if (imageView.center.x + translation.x > 320 - ballRadius ||
        imageView.center.x + translation.x < ballRadius)
        position.x = -position.x;

    if (imageView.center.y + translation.y > 460 - ballRadius ||
        imageView.center.y + translation.y < ballRadius)
        position.y = -position.y;
}
```

CGAffineTransformMakeTranslation()函数接收两个参数——沿 x 轴移动的距离与沿 y 轴移动的距离。

上述代码的作用与设置 ImageView 的 center 属性一样。

15.2.2 旋转

旋转变换可以根据指定的角度来旋转视图。下面的试一试会修改上一个示例的代码，让网球在屏幕上弹跳时能够旋转。

试一试： 旋转网球

(1) 在 AnimationViewController.h 文件中，添加对 angle 变量的声明：

```
#import <UIKit/UIKit.h>

@interface AnimationViewController : UIViewController {
    IBOutlet UIImageView *imageView;
    IBOutlet UISlider *slider;

    CGPoint position;
    NSTimer *timer;

    float ballRadius;
    float angle;
}

@property (nonatomic, retain) UIImageView *imageView;
```

```
@property (nonatomic, retain) UISlider *slider;

-(IBAction) sliderMoved:(id) sender;

@end
```

(2) 在 AnimationViewController.m 文件中，添加如下粗体语句：

```
-(void) onTimer {

    //---rotation---
    imageView.transform = CGAffi neTransformMakeRotation(angle);
    angle += 0.02;
    if (angle > 6.2857) angle = 0;

    imageView.center = CGPointMake(
                        imageView.center.x + position.x,
                        imageView.center.y + position.y);

    if (imageView.center.x > 320 - ballRadius || imageView.center.x < ballRadius)
        position.x = -position.x;
    if (imageView.center.y > 460 - ballRadius || imageView.center.y < ballRadius)
        position.y = -position.y;

}

- (void)viewDidLoad {

    //---set the angle to 0---
    angle = 0;

    ballRadius = imageView.frame.size.width/2;
    [slider setShowValue:YES];
    position = CGPointMake(12.0,4.0);
    timer = [NSTimer scheduledTimerWithTimeInterval:slider.value
             target:self
             selector:@selector(onTimer)
             userInfo:nil
             repeats:YES];
    [super viewDidLoad];
}
```

注意：如果在上一节已经添加了用于平移的代码，那么一定要在添加该步骤所需的代码前将这些代码移除。

(3) 按 Command＋R 组合键测试应用程序。现在，网球在屏幕上弹跳时就可以旋转了。

示例说明

本示例通过 CGAffineTransformMakeRotation()函数返回的 CGAffineTransform 数据结构来设置视图的 transform 属性，进而实现视图的旋转。CGAffineTransformMakeRotation()函数接收一个单独的参数，该参数包含了旋转的角度(用弧度表示)。每次旋转后都会将角度提高 0.02 弧度：

```
//---rotation---
imageView.transform = CGAffineTransformMakeRotation(angle);
angle += 0.02;
```

完整的旋转是 360°，即 2π 个弧度。因此，如果角度超过了 6.2857(=2×3.142857)弧度就应该将其重置为 0：

```
if (angle > 6.2857) angle = 0;
```

15.2.3　缩放

要想缩放视图，需要使用 CGAffineTransformMakeScale()函数来返回一个 CGAffineTransform 数据结构并将其设置为视图的 transform 属性：

```
imageView.transformCGAffineTransformMakeScale(angle,
angle);
```

CGAffineTransformMakeScale()函数接收两个参数：x 轴方向的缩放因子与 y 轴方向的缩放因子。

如果使用上述语句修改之前的示例，当它在屏幕上弹跳时网球就会变大(如图 15-8 所示)。接下来会恢复到初始大小，然后再变大。

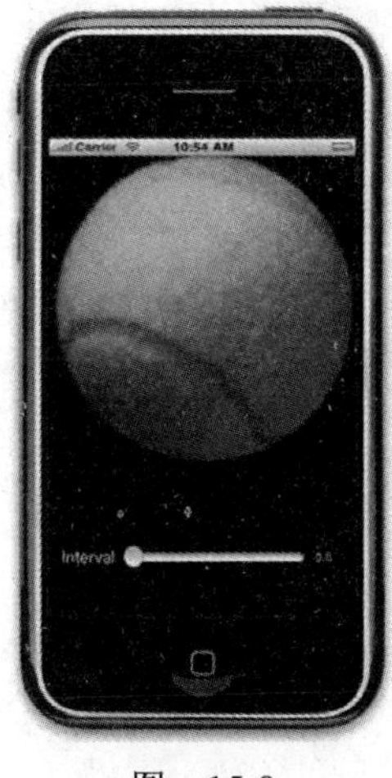

图　15-8

15.3　为一系列图像增加动画效果

到目前为止，可以使用 ImageView 视图显示一张静态图像。除此之外，还可以使用它显示一系列图像并不断在它们之间切换。

下面的“试一试”就将介绍如何使用 ImageView 实现这种效果。

试一试：显示一系列图像

代码文件[Animation2.zip]可以从 Wrox.com 下载

(1) 使用 Xcode 创建一个新的 View-based Application 项目并把它命名为 Animations2。

(2) 在 Xcode 中将一系列图像拖放到 Resources 文件夹中，从而添加这些图像。在出现 Add 对话框时，根据需要选择 Copy Item into Destination Group's Folder 复选框，这会将图像的一个副本复制到该项目中。图 15-9 展示了添加的图像。

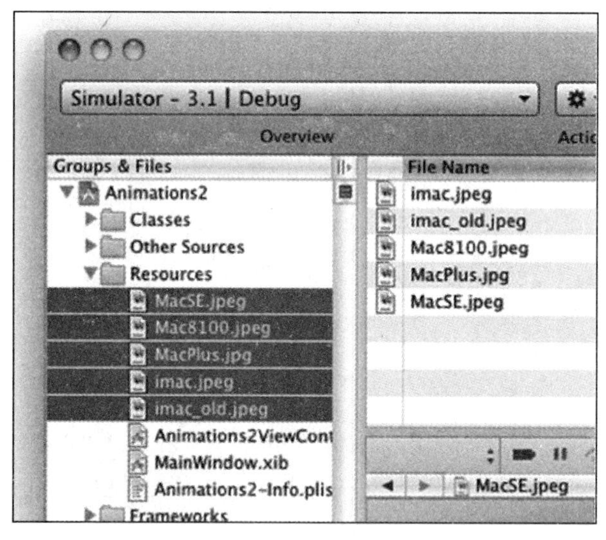

图　15-9

(3) 在 Animations2ViewController.m 文件中，添加如下粗体语句：

```
- (void)viewDidLoad {
    NSArray *images = [NSArrayarrayWithObjects:
                          [UIImage imageNamed:@"MacSE.jpeg"],
                          [UIImage imageNamed:@"imac.jpeg"],
                          [UIImage imageNamed:@"MacPlus.jpg"],
                          [UIImage imageNamed:@"imac_old.jpeg"],
                          [UIImage imageNamed:@"Mac8100.jpeg"],
                          nil];

    CGRect frame = CGRectMake(0,0,320,460);
    UIImageView *imageView = [[UIImageView alloc] initWithFrame:frame];
    imageView.animationImages = images;
    imageView.contentMode = UIViewContentModeScaleAspectFit;
    imageView.animationDuration = 3;      //---seconds to complete one set
                                          // of animation---
    imageView.animationRepeatCount = 0; //---continuous---

    [imageView startAnimating];
```

```
    [self.view addSubview:imageView];
    [imageView release];
    [super viewDidLoad];
}
```

(4) 按Command＋R组合键在iPhone Simulator上测试这一系列图像。这些图像会显示在ImageView视图上(如图15-10所示)，一次只显示一张。

图 15-10

示例说明

在本示例中，首先创建了一个NSArray对象并使用几个UIImage对象对其进行初始化：

```
NSArray *images = [NSArray arrayWithObjects:
                   [UIImage imageNamed:@"MacSE.jpeg"],
                   [UIImage imageNamed:@"imac.jpeg"],
                   [UIImage imageNamed:@"MacPlus.jpg"],
                   [UIImage imageNamed:@"imac_old.jpeg"],
                   [UIImage imageNamed:@"Mac8100.jpeg"],
                   nil];
```

接下来实例化一个UIImageView对象：

```
CGRect frame = CGRectMake(0,0,320,460);
UIImageView *imageView = [[UIImageView alloc]
initWithFrame:frame];
```

为了使ImageView显示一系列图像，将其animationImages属性设置为images对象。还需要设置ImageView的显示模式：

```
imageView.animationImages = images;
imageView.contentMode = UIViewContentModeScaleAspectFit;
```

为了控制图像的显示速度需要设置animationDuration属性的值。该值表示ImageView显示一组完整的图像所需要的秒数。凭借animationRepeatCount属性，可以指定动画显示的次数。如果要一直显示，就将其设置为0：

```
imageView.animationDuration = 3;     //---seconds to complete one set
                                     // of animation---
imageView.animationRepeatCount = 0; //---continuous---
```

最后，调用startAnimating方法开始播放动画。还需要调用“addSubView:”方法将ImageView视图添加到视图中：

```
[imageView startAnimating];
[self.view addSubview:imageView];
```

15.4　小结

本章介绍了 NSTimer 类的作用以及它如何有助于实现一些简单动画，还介绍了 iPhone SDK 支持的各种仿射变换。最后，介绍了如何使用 ImageView 在一定的时间间隔内显示一系列图像。

练习：

1. 列出 iPhone SDK 支持的 3 种仿射变换。
2. 如何暂停 NSTimer 对象，然后使它继续？
3. 将代码块包含在 UIView 类的 beginAnimations 方法与 commitAnimations 方法之间的作用？

```
[UIView beginAnimations:@"some_text" context:nil];
    //---code to effect visual change---
[UIView commitAnimations];
```

本章小结

主　题	关 键 概 念

使用 NSTimer 对象创建定时器	创建一个每隔半秒调用一次 onTimer 方法的定时器对象：
	`Timer = [NSTimer scheduledTimerWithTimeInterval:0.5`
	`target:self`
	`selector:@selector(onTimer)`
	`userInfo:nil`
	`repeats:YES];`

停止 NSTimer 对象	`[timer invalidate];`

创建连续变化的视觉效果	`[UIView beginAnimations:@"some_text" context:nil];`
	`//---code to effect visual change---`
	`[UIView commitAnimations];`

进行仿射变换	使用视图的 transform 属性
平移	使用 CGAffineTransformMakeTranslation()函数返回一个 CGAffineTransform 数据结构并将其设置为 transform 属性
旋转	使用 CGAffineTransformMakeRotation()函数返回一个 CGAffineTransform 数据结构并将其设给 transform 属性
缩放	使用 CGAffineTransformMakeScale()函数返回一个 CGAffineTransform 数据结构并将其设置为 transform 属性
使用 ImageView 为一系列图像增加动画效果	将 animationImages 属性设置为包含若干个 UIImage 对象的一个数组 设置 animationDuration 属性 设置 animationRepeatCount 属性 调用 startAnimating 方法

第16章 访问内置应用程序

本章内容

- 如何在应用程序中发送邮件
- 如何在应用程序中调用 Safari
- 如何在应用程序中调用电话
- 如何在应用程序中发送 SMS 消息
- 如何访问照相机与照片库
- 如何访问 Contacts 应用程序
- 如何在 Contacts 应用程序中添加或删除联系人信息

iPhone 自带了很多内置应用程序，这使得它一直以来都是最流行的移动设备之一。这其中的应用程序有 Contacts、Mail、Phone、Safari、SMS，以及 Calendar 等。这些应用程序可以执行期望移动电话所能完成的大多数任务。作为一名 iPhone 开发人员，还可以编程的方式使用 iPhone SDK 提供的各种 API 在自己的应用程序中调用这些应用程序。

本章将会介绍如何调用这些绑定到 iPhone 上的内置程序以及如何在自己的 iPhone 应用程序中与它们进行交互。

16.1 发送邮件

发送邮件是 iPhone 用户所要执行的众多任务中的一个。在 iPhone 上发送邮件通过内置的 Mail 应用程序完成，它是一个富 HTML 邮件客户端，支持 POP3、IMAP、Exchange 邮件系统，以及大多数基于 Web 的邮件(如 Yahoo!与 Gmail)。

很多时候都需要在 iPhone 应用程序中发送邮件。比如，在应用程序中嵌入一个反馈按钮，用户可以单击该按钮直接向你发送反馈信息。可以使用编程的方式发送邮件，方法有两种：

● 构建自己的邮件客户端并实现与邮件服务器通信所需的所有协议。
● 调用内置的 Mail 应用程序，使它帮你发送邮件。

除非非常精通网络通信并且熟悉所有的邮件协议，否则选择第二种方式才是明智之举——调用 Mail 应用程序实现邮件发送。下面的“试一试”将会介绍如何实现这一点(需要先下载示例中的代码文件)。

试一试：使用 Mail 应用程序发送邮件

代码文件[Emails.zip]可从 Wrox.com 下载

(1) 使用 Xcode 创建一个新的 View-based Application 项目并把它命名为 Emails。
(2) 双击 EmailViewController.xib 文件，在 Interface Builder 中编辑它。
(3) 向 View 窗口中添加如下视图(如图 16-1 所示)。

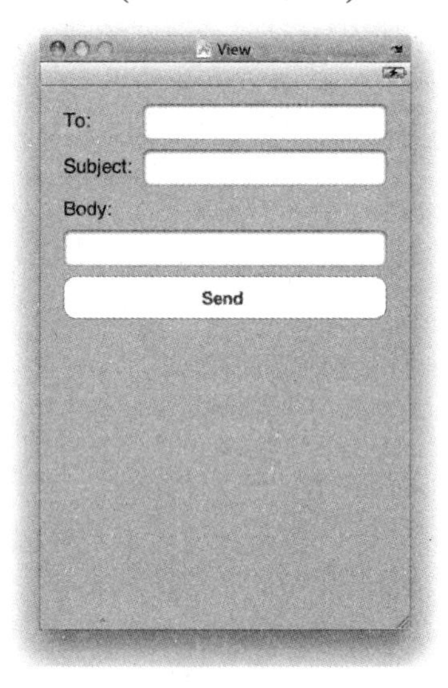

图 16-1

(4) 将如下粗体语句插入到 EmailsViewController.h 文件中：

```
#import <UIKit/UIKit.h>

@interface EmailsViewController : UIViewController {
    IBOutlet UITextField *to;
    IBOutlet UITextField *subject;
    IBOutlet UITextField *body;
}

@property (nonatomic, retain) UITextField *to;
@property (nonatomic, retain) UITextField *subject;
@property (nonatomic, retain) UITextField *body;
```

```
-(IBAction) btnSend: (id) sender;

@end
```

(5) 回到 Interface Builder，按住 Control 键单击并将 File's Owner 项拖拽到这 3 个 TextField 视图中的每一个视图上，分别选择 to、subject 与 body。

(6) 按住 Control 键单击并将 Button 视图拖曳到 File's Owner 项上，选择“btnSend:”。

(7) 将如下粗体代码插入到 EmailsViewController.m 文件中：

```
#import "EmailsViewController.h"

@implementation EmailsViewController
@synthesize to, subject, body;

- (void) sendEmailTo:(NSString *) toStr
    withSubject: (NSString *) subjectStr
    withBody: (NSString *) bodyStr {

    NSString *emailString = [[NSString alloc]
        initWithFormat:@"mailto:?to=%@&subject=%@&body=%@",
        [toStr stringByAddingPercentEscapesUsingEncoding:NSASCIIStringEncoding],
        [subjectStr
            stringByAddingPercentEscapesUsingEncoding:NSASCIIStringEncoding],
        [bodyStrstringByAddingPercentEscapesUsingEncoding:NSASCIIStringE
    ncoding]];

    [[UIApplication sharedApplication] openURL:[NSURLURLWithString: email
String]];
    [emailString release];
}

-(IBAction) btnSend: (id) sender{
    [self sendEmailTo:to.text withSubject:subject.textwithBody:body. text];
}

- (void)dealloc {
    [to release];
    [subject release];
    [body release];
    [super dealloc];
}
```

(8) 按 Command＋R 组合键在实际的 iPhone 上测试该应用程序。图 16-2 展示了该应用程序。向 TextField 视图填充必要的信息后，单击 Send 按钮调用 Mail 应用程序，将刚才输入的信息填充到 Mail 应用程序中。单击 Mail 应用程序中的 Send 按钮发送邮件。

注意：记住，该示例只能用在真实的设备上，没法用在 iPhone Simulator 上。附录 E 介绍了要想在 iPhone 上进行测试需要做哪些准备工作。

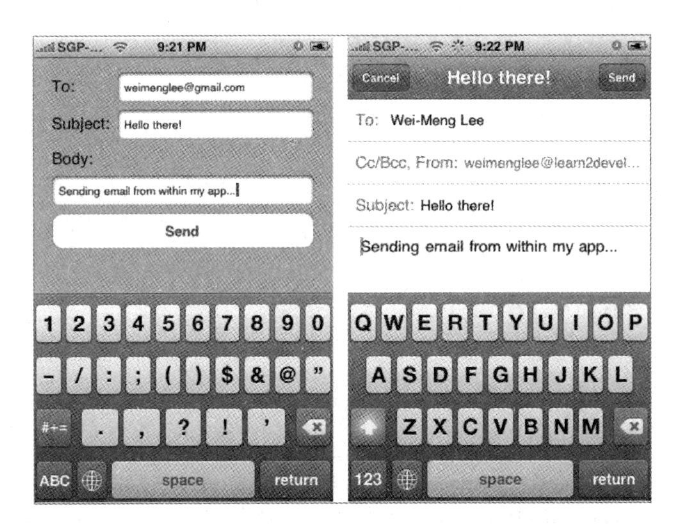

图　16-2

示例说明

调用 Mail 应用程序的神奇之处在于定义“sendEmailTo:withSubject:withBody:”方法时所创建的字符串：

```
NSString *emailString = [[NSString alloc]
    initWithFormat:@"mailto:?to=%@&subject=%@&body=%@",
    [toStr stringByAddingPercentEscapesUsingEncoding:NSASCIIStringEncoding],
    [subjectStr
       stringByAddingPercentEscapesUsingEncoding:NSASCIIStringEncoding],
    [bodyStr stringByAddingPercentEscapesUsingEncoding:NSASCIIStringEncoding]];
```

基本上，这是一个 URL 字符串，通过“mailto:”协议就能看出这一点，然后将 to、subject 以及 body 等各个参数插入到字符串中。注意到这里通过 NSString 类的“stringByAddingPercentEscapesUsingEncoding:”方法并使用恰当的转义字符来编码各个参数，这样最后的结果才是一个有效的 URL 字符串。

为了调用 Mail 应用程序，只需调用 sharedApplication 方法来返回单例的应用程序实例，然后使用“openURL:”方法调用 Mail 应用程序：

```
[[UIApplication sharedApplication] openURL:[NSURL URLWithString: emailSt
```

```
ring]];
[emailString release];
```

图　16-3

16.1.1　调用 Safari

如果想在自己的 iPhone 上调用 Safari Web 浏览器，那么还可以使用 URL 字符串，然后使用该应用程序实例的“openURL:”方法即可，如以下代码所示：

```
[[UIApplication sharedApplication]
        openURL:[NSURL URLWithString:
                                @"http://www.apple.com"]];
```

上述代码段会调用 Safari 打开 www.apple.com 页面(如图 16-3 所示)。

16.1.2　调用 Phone

要想使用 iPhone 的拨号程序打电话，只需使用如下的 URL 字符串即可：

```
[[UIApplication sharedApplication]
    openURL:[NSURL URLWithString:@"tel:1234567890"]];
```

上述语句会使用指定的电话号码调用 iPhone 的拨号程序。

16.1.3　调用 SMS

还可以通过 SMS 应用程序使用一个 URL 字符串发送 SMS 消息：

```
[[UIApplication sharedApplication]
        openURL:[NSURL URLWithString:
        @"sms:96924065"]];
```

上述语句会调用 SMS 应用程序(如图 16-4 所示)。

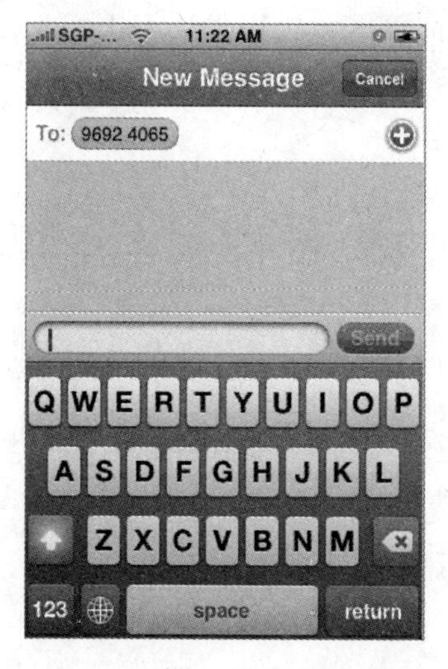

图　16-4

注意：上述语句只能用于 iPhone 而不能用于 iPod Touch，因为后者没有电话功能。同样，需要使用真实的设备进行测试；上述代码对 iPhone Simulator 不起作用。附录 E 将介绍要想在 iPhone 上进行测试需要做哪些准备工作。

拦截 SMS 消息

iPhone SDK 最让人期待的特性就是可以在 iPhone 应用程序中拦截收到的 SMS 消息的功能。但是，当前版本的 SDK 并没有提供这个功能。

与之类似，无法在应用程序中直接发送 SMS 消息；消息必须通过内置的 SMS 应用程序才能发送。这种机制防止了在用户不知情的情况下发送 SMS 消息的可能。

16.2　访问照相机与照片库

iPhone 与 iPod Touch 都提供了照相机，用于拍照或是录制视频。所有拍下的照片与录制的视频都保存在 Photos 应用程序中。作为一名开发人员，可以使用多种方式操纵照相机并访问存储在 Photos 应用程序中的照片与视频。

- 可以调用 Camera 拍照或是录制视频。
- 可以调用 Photos 应用程序让用户从相册中选择照片或是视频，然后在应用程序中使用所选的照片或是视频。

16.2.1　访问照片库

每个 iPhone 与 iPod Touch 设备都包含 Photos 应用程序，其中存储的是所有拍摄的照片与录制的视频。借助于 iPhone SDK，可以使用 UIImagePickerController 类以编程的方式显示一个 UI，从用户从 Photos 应用程序中选择照片与视频。下面的“试一试”就将介绍如何在应用程序中实现这个功能。

试一试：　访问照片库

代码文件[PhotoLibrary.zip]可从 Wrox.com 下载

(1) 使用 Xcode 创建一个 View-based Application 项目并把它命名为 PhotoLibrary。

(2) 双击 PhotoLibraryViewController.xib 文件，在 Interface Builder 中编辑它。

(3) 向视图窗口中添加如下视图(如图 16-5 所示)：

- Button
- ImageView

图　16-5

(4) 在 ImageView 视图的 Attributes Inspector 窗口中，将 Mode 设置为 Aspect Fit。

(5) 在 PhotoLibraryViewController.h 文件中，插入如下粗体语句：

```
##import <UIKit/UIKit.h>

@interface PhotoLibraryViewController :
UIViewController
    <UINavigationControllerDelegate,
    UIImagePickerControllerDelegate> {

    IBOutlet UIImageView *imageView;
    UIImagePickerController *imagePicker;
}

@property (nonatomic, retain) UIImageView *imageView;

-(IBAction) btnClicked: (id) sender;

@end
```

(6) 回到 Interface Builder，按住 Control 键单击并将 File's Owner 项拖曳到 ImageView 视图上，选择 imageView。

(7) 按住 Control 键单击并将 Button 视图拖曳到 File's Owner 项上，选择“btnClicked:”。

(8) 在 PhotoLibraryViewController.m 文件中，插入如下粗体语句：

```
#import "PhotoLibraryViewController.h"

@implementation PhotoLibraryViewController

@synthesize imageView;

- (void)viewDidLoad {
```

```
    imagePicker = [[UIImagePickerController alloc] init];
    [super viewDidLoad];
}

- (IBAction) btnClicked: (id) sender{
    imagePicker.delegate = self;
    imagePicker.sourceType = UIImagePickerControllerSourceTypePhotoLibrary;

    //---show the Image Picker---
    [self presentModalViewController:imagePicker animated:YES];
}

- (void)imagePickerController:(UIImagePickerController *)picker
    didFinishPickingMediaWithInfo:(NSDictionary *)info {

   UIImage *image;
   NSURL *mediaUrl;

   mediaUrl = (NSURL *)[info valueForKey:UIImagePickerControllerMediaURL];

   if (mediaUrl == nil)
   {
       image = (UIImage *) [info valueForKey:UIImagePickerControllerEditedImage];
       if (image == nil)
       {
           //---original image selected---
           image = (UIImage *)
               [info valueForKey:UIImagePickerControllerOriginalImage];

           //---display the image---
           imageView.image = image;
       }
       else //---edited image picked---
       {
           //---get the cropping rectangle applied to the image---
           CGRect rect =
               [[info valueForKey:UIImagePickerControllerCropRect]
                                                      CGRectValue ];

           //---display the image---
           imageView.image = image;
       }
     }
     else
     {
          //---video picked---
          //...
      }

      //---hide the Image Picker---
      [picker dismissModalViewControllerAnimated:YES];
}

- (void)imagePickerControllerDidCancel:(UIImagePickerController *)picker
```

```
{
    //---user did not select image/video; hide the Image Picker---
    [picker dismissModalViewControllerAnimated:YES];
}

- (void)dealloc {
    [imageView release];
    [imagePicker release];
    [super dealloc];
}
```

(9) 按 Command＋R 组合键在 iPhone Simulator 上测试应用程序。

(10) 当加载应用程序后，轻拍 Load Photo Library 按钮，这时在 iPhone Simulator 上会出现相册(如图 16-6 所示)。选择一张照片，之后选取这张的照片会显示在 ImageView 视图上。

图　16-6

示例说明

对照片库的访问权限由 UIImagePickerController 类提供，它提供了用于在 iPhone 上选择并拍摄照片与视频的 UI。所要做的只不过是创建该类的一个实例并提供遵循 UIImagePickerControllerDelegate 协议的一个委托即可。此外，委托必须要遵循 UINavigationControllerDelegate 协议，因为 UIImagePickerController 类使用导航控制器使用户从照片库中选择照片。因此，首先要在 PhotoLibraryViewController.h 文件中指定协议：

```
@interface PhotoLibraryViewController : UIViewController
    <UINavigationControllerDelegate, UIImagePickerControllerDelegate> {
. . .
```

当单击 Load Library 按钮时，设置 UIImagePickerController 类显示的选取界面的类型，然后以模态的方式显示它：

```
- (IBAction) btnClicked: (id) sender{
```

```
    //---the delegate that implements the methods defined in the protocols---
    imagePicker.delegate = self;

    //---type of source---
    imagePicker.sourceType = UIImagePickerControllerSourceTypePhotoLibrary;

    //---show the Image Picker---
    [self presentModalViewController:imagePicker animated:YES];
}
```

注意，如果在用户选择照片时希望照片是可编辑的，就可以添加如下语句：

```
    imagePicker.allowsImageEditing = YES;
```

默认情况下，源类型永远都是 UIImagePickerControllerSourceTypePhotoLibrary。然而，可以将其修改为如下几个值之一：

- UIImagePickerControllerSourceTypeCamera
- UIImagePickerControllerSourceTypeSavedPhotosAlbum

当用户选择对应照片/视频时就会触发“imagePickerController:didFinishPickingMediaWithInfo:”事件，然后通过检查用户选取的媒体类型对其进行处理：

```
- (void)imagePickerController:(UIImagePickerController *)picker
    didFinishPickingMediaWithInfo:(NSDictionary *)info {

    UIImage *image;
    NSURL *mediaUrl;

    mediaUrl = (NSURL *)[info valueForKey:UIImagePickerControllerMediaURL];

    if (mediaUrl == nil)
    {
        image = (UIImage *) [info valueForKey:UIImagePickerControllerEditedImage];
        if (image == nil)
        {
            //---original image selected---
            image = (UIImage *)
            [info valueForKey:UIImagePickerControllerOriginalImage];

        //---display the image---
        imageView.image = image;
     }
     else //---edited image picked---
     {
          //---get the cropping rectangle applied to the image---
          CGRect rect =
              [[info valueForKey:UIImagePickerControllerCropRect]
          CGRectValue ];

          //---display the image---
          imageView.image = image;
      }
```

```
    }
    else
    {
         //---video picked---
         //...
    }

    //---hide the Image Picker---
    [picker dismissModalViewControllerAnimated:YES];
}
```

用户所选的媒体类型封装在“didFinishPickingMediaWithInfo:”参数中。使用“valueForKey:”方法提取不同的媒体类型，然后将其强制转换为各自的类型：

```
mediaUrl = (NSURL *)[info valueForKey:UIImagePickerControllerMediaURL];
```

如果用户取消选择，就会触发“imagePickerControllerDidCancel:”事件。在本示例中，只需关闭图像选取器。

```
- (void)imagePickerControllerDidCancel:(UIImagePickerController *)picker
{
    //---user did not select image/video; hide the Image Picker---
    [picker dismissModalViewControllerAnimated:YES];
}
```

16.2.2　访问照相机

除了访问照片库之外，还可以访问 iPhone 上的照相机。虽然硬件访问是第 17 章的主要内容，但本章还是会介绍如何访问照相机，因为它也通过 UIImagePickerController 类完成。

要想访问照相机，需要修改上一节创建的已有项目。不过修改的内容并不多，因为编写的大多数代码都适用于本节内容。

试一试：激活照相机

(1) 使用上一节创建的相同项目，编辑 PhotoLibraryViewController.m 文件并将源类型由图像选取器 Picker 修改为照相机(参见下面的粗体代码)：

```
-(IBAction) btnClicked: (id) sender{
    imagePicker.delegate = self;

    //---comment this out---
    //imagePicker.sourceType = UIImagePickerControllerSourceTypePhotoLibrary;

    //---invoke the camera---
    imagePicker.sourceType = UIImagePickerControllerSourceTypeCamera;

    imagePicker.allowsImageEditing = YES;
    [self presentModalViewController:imagePicker animated:YES];
}
```

(2) 在 PhotoLibraryViewController.h 文件中，声明如下粗体代码突出显示的两个方法，这样就可以将照相机拍摄的照片保存到应用程序的 Documents 文件夹中(在设备上)：

```
#import <UIKit/UIKit.h>

@interface PhotoLibraryViewController : UIViewController
    <UINavigationControllerDelegate, UIImagePickerControllerDelegate> {

    IBOutlet UIImageView *imageView;
    UIImagePickerController *imagePicker;
}

@property (nonatomic, retain) UIImageView *imageView;

-(IBAction) btnClicked: (id) sender;

- (NSString *) filePath: (NSString *) fileName;
- (void) saveImage;

@end
```

(3) 在 PhotoLibraryViewController.m 文件中，定义上一步声明的两个方法：

```
- (NSString *) filePath: (NSString *) fileName {
    NSArray *paths = NSSearchPathForDirectoriesInDomains(
                     NSDocumentDirectory, NSUserDomainMask, YES);
    NSString *documentsDir = [paths objectAtIndex:0];
    return [documentsDirstringByAppendingPathComponent:fileName];
}

- (void) saveImage{
    //---get the date from the ImageView---
    NSData *imageData =
        [NSData dataWithData:UIImagePNGRepresentation(imageView.image)];
    //---write the date to file---
    [imageData writeToFile:[self fi lePath:@"MyPicture.png"] atomically:YES];
}
```

(4) 在 Xcode 中右击 Frameworks 组，选择 Add | Existing Frameworks 命令。选择 Frameworks/MediaPlayer.framework。

(5) 在 PhotoLibraryViewController.h 文件中，导入如下头文件：

```
#import <UIKit/UIKit.h>
#import <MediaPlayer/MediaPlayer.h>
```

(6) 插入如下粗体语句：

```
- (void)imagePickerController:(UIImagePickerController *)picker
    didFinishPickingMediaWithInfo:(NSDictionary *)info {
```

```
    UIImage *image;
    NSURL *mediaUrl;

    mediaUrl = (NSURL *)[info valueForKey:UIImagePickerControllerMediaURL];
    if (mediaUrl == nil)
    {
        image = (UIImage *) [info valueForKey:UIImagePickerControllerEditedImage];
        if (image == nil)
        {
            //---original image selected---
            image = (UIImage *)
                [info valueForKey:UIImagePickerControllerOriginalImage];

            //---display the image---
            imageView.image = image;

            //---save the image captured---
            [self saveImage];
        }
        else
        {
            //---edited image picked---
            //---get the cropping rectangle applied to the image---
            CGRect rect =
                [[info valueForKey:UIImagePickerControllerCropRect]
                CGRectValue ];

            //---display the image---
            imageView.image = image;

            //---save the image captured---
            [self saveImage];
        }
    }
    else
    {
            //---video picked---
            MPMoviePlayerController *player = [[MPMoviePlayerController alloc]
                                        initWithContentURL:mediaUrl];
            [player play];
    }

    //---hide the Image Picker---
    [picker dismissModalViewControllerAnimated:YES];
}
```

(7) 按 Command＋R 组合键在实际的 iPhone 上测试该应用程序。

注意： 附录 E 介绍了要想在 iPhone 上进行测试需要做哪些准备工作。

(8) 轻拍“Load Photo Library”按钮，现在可以使用 iPhone 的照相机拍摄照片并录制视频。如果拍摄照片，拍下的照片就会保存到应用程序的 Document 文件夹中。如果录制视频，就可以使用设备上的媒体播放器播放录制的视频。

示例说明

这个练习实现的操作是将图像选取器的源类型修改为照相机：

```
imagePicker.sourceType = UIImagePickerControllerSourceTypeCamera;
```

当照相机拍下照片时，照片会传递到“imagePickerController: didFinishPickingMediaWithInfo:”方法中并显示在 ImageView 视图上。然而，需要手动将照片存储到手机中。在该示例中，定义“filePath:”方法将照片保存到应用程序的 Document 文件夹中：

```
- (NSString *) filePath: (NSString *) fileName {
    NSArray *paths = NSSearchPathForDirectoriesInDomains(
                         NSDocumentDirectory, NSUserDomainMask, YES);
    NSString *documentsDir = [paths objectAtIndex:0];
    return [documentsDir stringByAppendingPathComponent:fileName];
}
```

“saveImage:”方法会在 ImageView 视图上提取图像数据，然后调用“filePath:”方法将数据保存到名为 MyPicture.png 的一个文件中：

```
- (void) saveImage{
    //---get the date from the ImageView---
    NSData *imageData =
    [NSData dataWithData:UIImagePNGRepresentation(imageView.image)];

    //---write the date to file---
    [imageData writeToFile:[self filePath:@"MyPicture.png"] atomically:YES];
}
```

对于视频录制，被 iPhone 的照相机所录制下来的视频会保存到设备上并返回一个 URL。可以使用 MPMoviePlayerController 类(位于 MediaPlayer framework 中)播放视频：

```
//---video picked---
MPMoviePlayerController *player = [[MPMoviePlayerController alloc]
                                   initWithContentURL:mediaUrl];
[player play];
[player release];
```

16.3　访问联系人应用程序

iPhone 与 iPod Touch 中另一个常用的内置应用程序是 Contacts 应用程序(如图 16-7 所示)。该应用程序包含已保存到设备上的联系人列表。

图　16-7

就像照片库一样，以编程的方式访问存储在 Contacts 应用程序中的联系人。这种访问很有用，因为应用程序可以依靠 Contacts 应用程序作为后端存储区域来存放联系人信息，为此无须创建自己的数据库。

下面的“试一试”将会介绍如何使用 AddressBookUI 框架中的 ABPeoplePickerNavigationController 类访问 Contacts 应用程序。不要忘记下载所需的代码文件。

试一试：　显示联系人详细信息

代码文件[AddressBook.zip]可从 Wrox.com 下载

(1) 使用 Xcode 创建一个 View-based Application 项目并把它命名为 AddressBook。

(2) 在 Xcode 中右击 Frameworks 组并选择 Add | Existing Frameworks 命令。

(3) 选择 Frameworks/AddressBook.framework 与 Frameworks/AddressBookUI.framework。在被询问到是否想将它们添加到项目中时，单击 Add 按钮。

(4) 右击 AddressBookViewController.xib 文件，在 Interface Builder 中编辑它。

(5) 向 View 窗口中添加一个 Button 视图(如图 16-8 所示)。

图　16-8

(6) 将如下粗体语句插入到 AddressBookViewController.h 文件中：

```
#import <UIKit/UIKit.h>
#import <AddressBook/AddressBook.h>
#import <AddressBookUI/AddressBookUI.h>

@interface AddressBookViewController :
UIViewController
    <ABPeoplePickerNavigationControllerDelegate> {
}

-(IBAction) btnClicked: (id) sender;

@end
```

(7) 在 Interface Builder 中，按住 Control 键单击并将 Button 视图拖拽到 File's Owner 项上，选择“btnClicked:”。

(8) 将如下粗体语句插入到 AddressBookViewController.m 文件中：

```
#import "AddressBookViewController.h"

@implementation AddressBookViewController

-(IBAction) btnClicked: (id) sender{
    ABPeoplePickerNavigationController *picker =
        [[ABPeoplePickerNavigationController alloc] init];
        picker.peoplePickerDelegate = self;
```

```
        //---display the People Picker---
        [self presentModalViewController:picker animated:YES];

        [picker release];
}

- (void)peoplePickerNavigationControllerDidCancel:
(ABPeoplePickerNavigationController *)peoplePicker {

    //---hide the People Picker---
    [self dismissModalViewControllerAnimated:YES];
}

- (BOOL)peoplePickerNavigationController:
    (ABPeoplePickerNavigationController *)peoplePicker

     shouldContinueAfterSelectingPerson:(ABRecordRef)person {

     //---get the First Name---
     NSString *str = (NSString *)ABRecordCopyValue(person,
         kABPersonFirstNameProperty);
     str = [str stringByAppendingString:@"\n"];

     //---get the Last Name---
     str = [str stringByAppendingString:(NSString *)ABRecordCopyValue(
     person, kABPersonLastNameProperty)];
     str = [str stringByAppendingString:@"\n"];

     //---get the Emails---
     ABMultiValueRef emailInfo = ABRecordCopyValue(person,
     kABPersonEmailProperty);

     //---iterate through the emails---
     for (NSUInteger i = 0; i < ABMultiValueGetCount(emailInfo); i++) {
         str = [str stringByAppendingString:
             (NSString *)ABMultiValueCopyValueAtIndex(emailInfo, i)];
         str = [str stringByAppendingString:@"\n"];
     }

     //---display the details---
     UIAlertView *alert = [[UIAlertView alloc] initWithTitle:@"Selected Contact"
                               message:str delegate:self
                               cancelButtonTitle:@"OK"
                               otherButtonTitles:nil];
     [alert show];
     [alert release];

     //---hide the People Picker---
     [self dismissModalViewControllerAnimated:YES];
     return NO;
}

- (BOOL)peoplePickerNavigationController:
    (ABPeoplePickerNavigationController *)peoplePicker
```

```
    shouldContinueAfterSelectingPerson:(ABRecordRef)person
    property:(ABPropertyID)property
    identifier:(ABMultiValueIdentifier)identifier {

    [self dismissModalViewControllerAnimated:YES];
    return NO;
}
```

图　16-9

(9) 如果想在 iPhone Simulator 上测试应用程序，那么请确保 Contacts 应用程序中至少有一个联系人并填写如下字段(图 16-9 是一个示例)：

- First Name
- Last Name
- Email

(10) 按Command＋R组合键在iPhone Simulator上测试应用程序。轻拍 Load Contacts 按钮打开 Contacts 应用程序。选择一个联系人，他的详细信息会出现在警告视图中(如图 16-10 所示)。

图　16-10

示例说明

与上一节使用 UIImagePickerController 类从照片库中选择一张照片一样，还可以使用 ABPeoplePickerNavigationController 类访问存储在 iPhone Contacts 应用程序中的联系人。在使用 ABPeoplePickerNavigationController 类之前，需要向项目中添加 AddressBook 与 AddressBookUI 框架。类似于 UIImagePickerController 类，需要遵循特定的协议，特别是 ABPeoplePickerNavigationControllerDelegate 协议。本质上，在从 Contacts 应用程序中选择了联系人后会调用下面的方法：

- “peoplePickerNavigationController:shouldContinueAfterSelectingPerson:”
- “peoplePickerNavigationController:shouldContinueAfterSelectingPerson:property:identifier:”

- “peoplePickerNavigationControllerDidCancel:”

从 Contacts 应用程序中选择联系人后，当轻拍 Cancel 按钮时会触发“peoplePickerNavigationControllerDidCancel:”方法。

当轻拍某个联系人时，会触发“peoplePickerNavigationController:shouldContinueAfterSelectingPerson:”方法。所选联系人的详细信息被封装到 ABRecordRef 类型的“shouldContinueAfterSelectingPerson:”参数中。

在该示例中，从联系人中提取各种属性并使用 AlertView 类显示它：

```
    //---get the First Name---
NSString *str = (NSString *)ABRecordCopyValue(person,
    kABPersonFirstNameProperty);
str = [str stringByAppendingString:@"\n"];

//---get the Last Name---
str = [str stringByAppendingString:(NSString *)ABRecordCopyValue(
person, kABPersonLastNameProperty)];
str = [str stringByAppendingString:@"\n"];

//---get the Emails---
ABMultiValueRef emailInfo = ABRecordCopyValue(person, kABPersonEmailProperty);

//---iterate through the emails---
for (NSUInteger i = 0; i < ABMultiValueGetCount(emailInfo); i++) {
    str = [str stringByAppendingString:
        (NSString *)ABMultiValueCopyValueAtIndex(emailInfo, i)];
    str = [str stringByAppendingString:@"\n"];
}

//---display the details---
UIAlertView *alert = [[UIAlertView alloc] initWithTitle:@"Selected Contact"
                        message:str delegate:self
                        cancelButtonTitle:@"OK"
                        otherButtonTitles:nil];
[alert show];
[alert release];
```

完成后，关闭联系人选取器并返回 NO(表示什么都不做)：

```
    //---hide the People Picker---
    [self dismissModalViewControllerAnimated:YES];
    return NO;
```

“peoplePickerNavigationController:shouldContinueAfterSelectingPerson:property:identifier:”事件的作用是什么呢？当轻拍联系人查看其属性时会触发该事件。只有在“peoplePickerNavigationController:shouldContinueAfterSelectingPerson:”方法返回 YES 时才会触发该事件。如果返回 YES，Contacts 应用程序就会继续显示所选联系人的属性。在选择某个属性时会触发“peoplePickerNavigationController:shouldContinueAfterSelectingPerson:property:identifier:”事件。在该事件中，返回 YES 来执行所选取属性对应的动作并关闭选取器。返回 NO 在拾取器中显

示联系人。

16.3.1　添加联系人

除了从 Contacts 应用程序中获取联系人的信息外，还可以直接添加新的联系人。通过下面的代码段可以实现：

```
-(void) addContact{

    ABAddressBookRef addressBook = ABAddressBookCreate();
    ABRecordRef person = ABPersonCreate();

    //---add the first name and last name---
    ABRecordSetValue(person, kABPersonFirstNameProperty, @"Wei-Meng" , nil);
    ABRecordSetValue(person, kABPersonLastNameProperty, @"Lee", nil);

    //---add the address---
    ABMutableMultiValueRef address =
        ABMultiValueCreateMutable(kABMultiDictionaryPropertyType);
    NSMutableDictionary *addressDictionary = [[NSMutableDictionary alloc] init];

    [addressDictionary setObject:@"Some Street Name" forKey:(NSString *)
        kABPersonAddressStreetKey];
    [addressDictionary setObject:@"New York" forKey:(NSString *)
        kABPersonAddressCityKey];
    [addressDictionary setObject:@"NY" forKey:(NSString *)
        kABPersonAddressStateKey];
    [addressDictionary setObject:@"12345" forKey:(NSString *)
        kABPersonAddressZIPKey];
    [addressDictionary setObject:@"United States" forKey:(NSString *)
        kABPersonAddressCountryKey];
    [addressDictionary setObject:@"US" forKey:(NSString *)
        kABPersonAddressCountryCodeKey];

    ABMultiValueAddValueAndLabel(address, addressDictionary, kABHomeLabel, NULL);
    ABRecordSetValue(person, kABPersonAddressProperty, address, nil);

    //---add the address book for the contact and save the addressbook---
    ABAddressBookAddRecord(addressBook, person, nil);
    ABAddressBookSave(addressBook, nil);
    CFRelease(person);
}
```

上面的-addContact 方法会向 Contacts 应用程序中添加联系人。它使用如下信息填充联系人：

- First Name
- Last Name
- Home address
    - Street

- City
- State
- Zip
- Country
- Country code

图 16-11 显示了添加的联系人信息。

图 16-11

注意：请参考 Apple 的 iPhone Reference Library 中的 ABAddressBook 详细了解用于添加联系人的各种方法。可以从 http://developer.apple.com/iphone/library/documentation/AddressBook/Reference/ABAddressBookRef_iPhoneOS/ABAddressBookRef_iPhoneOS.pdf 下载该参考指南。

16.3.2 删除联系人

可以使用如下代码段从 Contacts 应用程序中删除联系人：

```
-(void) removeContact: (NSString *) firstName andLastName:(NSString *) lastName {

    ABAddressBookRef addressBook = ABAddressBookCreate();
    CFArrayRef allContacts = ABAddressBookCopyArrayOfAllPeople(addressBook);

    CFIndex contactsCount = ABAddressBookGetPersonCount(addressBook);

    for (int i = 0; i < contactsCount; i++)
{
    ABRecordRef ref = CFArrayGetValueAtIndex(allContacts, i);
    NSString *contactFirstName = (NSString *) ABRecordCopyValue(
        ref, kABPersonFirstNameProperty);
    NSString *contactLastName = (NSString *) ABRecordCopyValue(
        ref, kABPersonLastNameProperty);

    if ( [firstName isEqualToString:contactFirstName] &&
         [lastName isEqualToString:contactLastName])
    {
        ABAddressBookRemoveRecord(addressBook, ref, nil);
        ABAddressBookSave(addressBook, nil);
    }
  }
}
```

上面的 removeContact 方法接收两个参数：firstName 与 lastName，它会在 Contacts 应用程序中搜索匹配这两个参数的联系人。如果找到一个联系人就将其从 Contacts 应用程序中删除。

注意：请参考 Apple 的 iPhone Reference Library 中的 ABAddressBook 详细了解用于删除联系人的各种方法。可以从 http://developer.apple.com/iphone/library/documentation/AddressBook/Reference/ABAddressBookRef_iPhoneOS/ABAddressBookRef_iPhoneOS.pdf 下载该参考指南。

16.4　小结

本章介绍了如何将各种内置应用程序集成到自己的 iPhone 应用程序中。特别介绍了如何通过 URL 字符串调用内置的 SMS、Mail、Safari 与手机拨号程序。还介绍了如何使用 iPhone SDK 提供的类来访问联系人与照片库。

练习：

(1) 列出用于调用 Safari、Mail、SMS 与手机拨号应用程序的各种 URL 字符串。

(2) 在 iPhone 中，用于调用图像选取器 UI 的类是什么？

(3) 在 iPhone 中，用于调用联系人选取器 UI 的类是什么？

本章小结

主　　题	关 键 概 念
在自己的应用程序中发送邮件	`NSString *emailString = @"mailto:?to=USER@EMAIL.COM&subject=SUBJECT&body=BODY OF EMAIL"; [[UIApplication sharedApplication] openURL:[NSURL URLWithString:emailString]];`
调用 Safari	`[[UIApplication sharedApplication] openURL:[NSURL URLWithString: @"http://www.apple.com"]];`
调用 Phone	`[[UIApplication sharedApplication] openURL:[NSURL URLWithString:@"tel:1234567890"]];`
调用 SMS	`[[UIApplication sharedApplication] openURL:[NSURL URLWithString: @"sms:96924065"]];`
访问照片库	使用 *UIImagePickerController* 类，确保视图控制器遵循 *UINavigationControllerDelegate* 协议
访问 Contacts 应用程序	使用 *AddressBookUI* 框架中的 *ABPeoplePickerNavigationController* 类

第 17 章

访问硬件

本章内容

- 如何在 iPhone 或 iPod Touch 中获取加速计数据
- 如何检测设备的摇动
- 如何在 iPhone 或 iPod Touch 中使用 Core Location 服务获取地理数据
- 如何在应用程序中显示地图

第 16 章介绍了在 iPhone 与 iPod Touch 中如何通过各种 URL 字符串以及 iPhone SDK 提供的专用类访问内置应用程序。本章将介绍如何访问设备上的硬件(如加速计)，并通过 GPS、手机基站与无线热点获取位置信息。

17.1 使用加速计

iPhone 与 iPod Touch 最具创新性的一个特性就是内置的加速计。凭借加速计，设备可以检测到自己的方向并使内容适合于新的方向。比如，当向侧面旋转设备时，Safari Web 浏览器会自动将屏幕切换到 landscape 模式，这样就会有更宽的浏览空间。类似地，照相机也依靠加速计来判断是在 portrait 还是 landscape 模式下拍摄照片。

iPhone 与 iPod Touch 中的加速计会度量设备相对于自由落体的加速度。数值 1 表示设备正处于 1g 的外力之下(1g 的力等于地球的引力大小，当设备静止不动时就处于这个力之下)。加速计会在 3 个不同的轴 x、y 与 z 上度量设备的加速度。图 17-1 展示了加速计所度量的不同的轴。

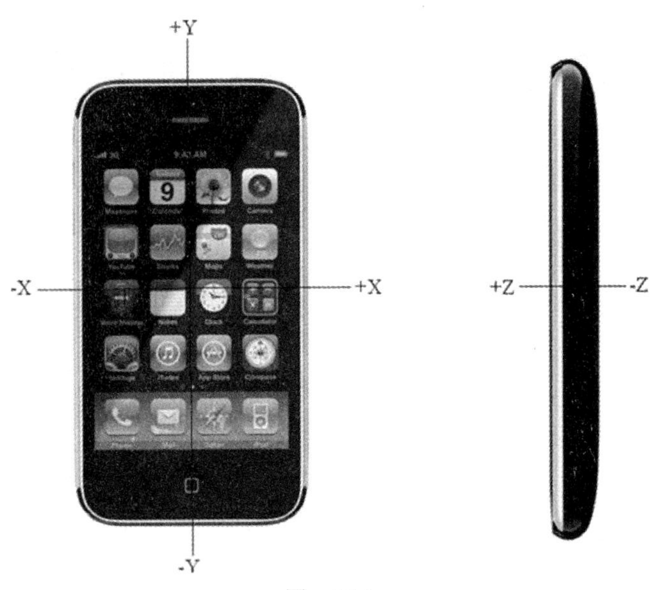

图　17-1

表 17-1 展示了当设备处于不同位置时这 3 个轴的读数。

表 17-1　X、Y 与 Z 轴的各种读数

位　　置	X	Y	Z
垂直放置	0.0	－1.0	0.0
Landscape 左	1.0	0.0	0.0
Landscape 右	－1.0	0.0	0.0
倒置	0.0	1	0.0
水平	0.0	0.0	－1.0
水平倒置	0.0	0.0	1.0

如果垂直拿着设备并向右迅速移动，X 轴的值就会从 0 增加到一个正值。如果向左迅速移动，X 轴的值就会从 0 减少到一个负值。如果向上迅速移动，Y 轴的值就会从－1.0 不断增加。如果向下迅速移动，Y 轴的值就会从－1.0 不断减小。

如果将设备水平放在桌子上，然后向下投掷，那么 Z 轴的值就会从－1.0 不断减小。如果向上移动，Z 轴的值就会从－1.0 不断增加。

注意：iPhone 与 iPod Touch 所用的加速计的最大读数大约是±2.3G，精确到大约 0.018 g。

下面的“试一试”将会介绍如何以编程的方式访问加速计所返回的数据。获取到加速计数据可以构建出非常有趣的应用程序，如水准仪以及需要进行动作检测的游戏。

试一试：访问加速计数据

代码文件[Accelerometer.zip]可从 Wrox.com 下载

(1) 使用 Xcode 创建一个新的 View-based Application 项目并把它命名为 Accelerometer。

(2) 双击 AccelerometerViewController.xib 文件，使用 Interface Builder 编辑它。

(3) 在视图窗口中添加 6 个 Label 视图，如图 17-2 所示。

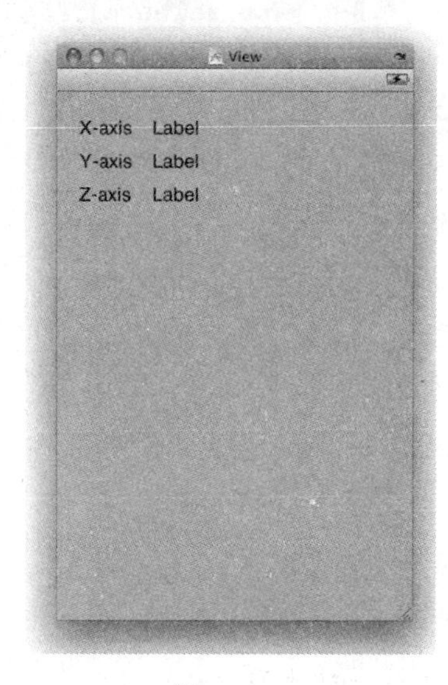

图 17-2

(4) 在 AccelerometerViewController.h 文件中，添加如下粗体语句：

```
#import <UIKit/UIKit.h>

@interface AccelerometerViewController :
UIViewController
    <UIAccelerometerDelegate> {

    IBOutlet UILabel *labelX;
    IBOutlet UILabel *labelY;
    IBOutlet UILabel *labelZ;
}

@property (nonatomic, retain) UILabel *labelX;
@property (nonatomic, retain) UILabel *labelY;
@property (nonatomic, retain) UILabel *labelZ;

@end
```

(5) 返回 Interface Builder，按住 Control 键单击并将 File's Owner 项拖拽到 3 个 Label 视图中的每一个视图上，分别选择 labelX、labelY 与 labelZ。

(6) 在 AccelerometerViewController.m 文件中，添加如下粗体语句：

```
#import "AccelerometerViewController.h"

@implementation AccelerometerViewController

@synthesize labelX, labelY, labelZ;

- (void)viewDidLoad {
    UIAccelerometer *acc = [UIAccelerometer sharedAccelerometer];
    acc.delegate = self;
    acc.updateInterval = 1.0f/60.0f;
    [super viewDidLoad];
}

- (void)accelerometer:(UIAccelerometer *) acc
    didAccelerate:(UIAcceleration *)acceleration {
```

```
        NSString *str = [[NSString alloc] initWithFormat:@"%g", acceleration.x];
        labelX.text = str;
        str = [[NSString alloc] initWithFormat:@"%g", acceleration.y];
        labelY.text = str;
        str = [[NSString alloc] initWithFormat:@"%g", acceleration.z];
        labelZ.text = str;
        [str release];
    }

    - (void)dealloc {
        [labelX release];
        [labelY release];
        [labelZ release];
        [super dealloc];
    }
```

(7) 按 Command＋R 组合键在 iPhone 设备上测试应用程序。图 17-3 表明当把 iPhone 放在 iPhone 支架上时应用程序所显示的数据。

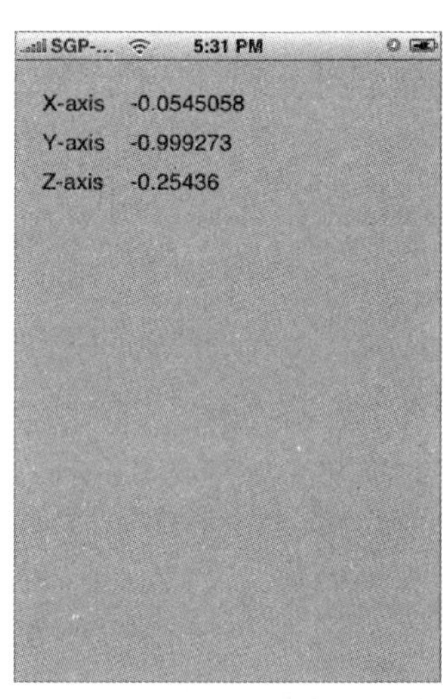

图 17-3

示例说明

要想在 iPhone 或 iPod Touch 中使用加速计，需要在委托中(如视图控制器)实现 UIAccelerometerDelegate 协议。

```
@interface AccelerometerViewController : UIViewController
    <UIAccelerometerDelegate> {
```

当加载视图后，首先使用 sharedAccelerometer 方法获取 UIAccelerometer 类的唯一一个实例。然后指定该实例的委托并更新从中获取加速计数据的间隔：

```
- (void)viewDidLoad {
    UIAccelerometer *acc = [UIAccelerometer sharedAccelerometer];
    acc.delegate = self;
    acc.updateInterval = 1.0f/60.0f;
    [super viewDidLoad];
}
```

updateInterval 属性指定间隔时间，单位是秒——也就是两次更新之间的秒数。在上述示例中，指定加速计数据每秒更新 60 次。

UIAccelerometerDelegate 协议定义唯一一个方法，即“accelerometer:didAccelerate:”，需要实现该方法以便获取加速计数据。在该示例中，提取 3 个轴的值并在 3 个 Label 视图中显示它们：

```
- (void)accelerometer:(UIAccelerometer *) acc
    didAccelerate:(UIAcceleration *)acceleration {

    NSString *str = [[NSString alloc] initWithFormat:@"%g", acceleration.x];
    labelX.text = str;
```

```
    str = [[NSString alloc] initWithFormat:@"%g", acceleration.y];
    labelY.text = str;
    str = [[NSString alloc] initWithFormat:@"%g", acceleration.z];
    labelZ.text = str;
    [str release];
}
```

17.2　iPhone OS 2 及早期版本的摇动检测

在 iPhone OS 3.0 中，Apple 提供了 Shake API(17.3 节将讨论)，这是一组用于检测设备摇动的方法。然而，如何在 iPhone OS 2.0 及早期版本中检测摇动呢？

答案其实非常简单。可以向“accelerometer:didAccelerate:”事件中添加一些代码，如下所示：

```
#import "AccelerometerViewController.h"

#define kAccelerationThreshold 2.2

//...

//...

- (void)accelerometer:(UIAccelerometer *) acc

    didAccelerate:(UIAcceleration *)acceleration {

    if (fabsf(acceleration.x) > kAccelerationThreshold)
    {
        NSLog(@"Shake detected");
    }
}
```

fabsf()函数会返回浮点型数字的绝对值。在这种情况下，如果 X 轴对应数字的绝对值大于 2.2，就表明用户在摇动设备。

17.3　在 OS 3.0 中使用 SHAKE API 检测摇动

在 iPhone OS 3.0 中，Apple 发布了一个新的 Shake API 用于帮助开发人员检测设备的摇动。实际上，这个新的 Shake API 是以 3 个事件的形式发布的，可以在代码中处理这 3 个事件：

- “motionBegan:”
- “motionEnded:”
- “motionCancelled:”

这 3 个事件定义在 UIResponder 类中，它是 UIApplication、UIView 及其子类(包括

UIWindow)的父类。下面的“试一试”将介绍如何使用这 3 个事件检测设备的摇动。

试一试：使用 Shake API

代码文件[Shake.zip]可从 Wrox.com 下载

(1) 使用 Xcode 创建一个新的 View-based Application 项目并把它命名为 Shake。

(2) 双击 ShakeViewController.xib 文件，在 Interface Builder 中编辑它。

(3) 将如下视图添加到 View 窗口中(如图 17-4 所示)：

- TextField
- DatePicker

(4) 将如下粗体语句插入到 ShakeViewController.h 文件中：

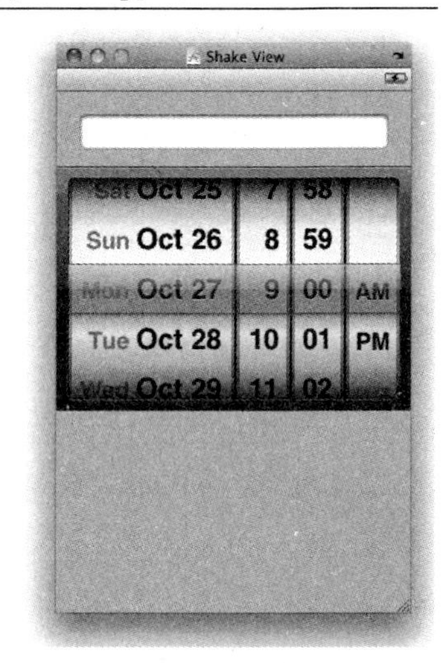

图　17-4

```
#import <UIKit/UIKit.h>

@interface ShakeViewController : UIViewController {
    IBOutlet UITextField *textField;
    IBOutlet UIDatePicker *datePicker;
}

@property (nonatomic, retain) UITextField
*textField;
@property (nonatomic, retain) UIDatePicker
*datePicker;

-(IBAction) doneEditing: (id) sender;

@end
```

(5) 在 Interface Builder 中，按住 Control 键单击并将 File's Owner 项拖拽到 TextField 视图上，选择 textField。

(6) 按住 Control 键单击并将 File's Owner 项拖拽到 DatePicker 视图上，选择 datePicker。

(7) 右击 TextField 视图，将其 Did End on Exit 事件连接到 File's Owner 项上(如图 17-5 所示)。选择“doneEditing:”。

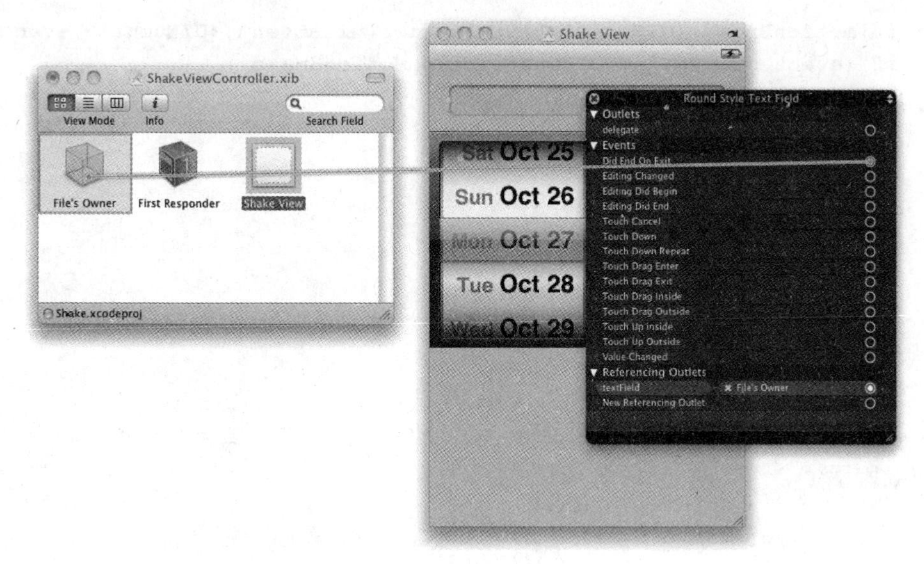

图　17-5

(8) 将如下粗体语句插入到 ShakeViewController.m 文件中：

```
#import "ShakeViewController.h"

@implementation ShakeViewController

@synthesize textField, datePicker;

- (void) viewDidAppear:(BOOL)animated
{
    [self.view becomeFirstResponder];
    [super viewDidAppear:animated];
}

- (IBAction) doneEditing: (id) sender {
    //---when keyboard is hidden, make the view the fi rst responder
    // or else the Shake API will not work---
    [self.view becomeFirstResponder];
}

- (void)motionBegan:(UIEventSubtype)motion withEvent:(UIEvent *)event {
     if (event.subtype == UIEventSubtypeMotionShake )
     {
         NSLog(@"motionBegan:");
     }
}

-(void)motionCancelled:(UIEventSubtype)motion withEvent:(UIEvent *)event {
   if (event.subtype == UIEventSubtypeMotionShake )
   {
       NSLog(@"motionCancelled:");
   }
}
```

```
-(void)motionEnded:(UIEventSubtype)motion withEvent:(UIEvent *)event {
    if (event.subtype == UIEventSubtypeMotionShake )
    {
        NSLog(@"motionEnded:");
    }
}

- (void)dealloc {
    [textField release];
    [datePicker release];
    [super dealloc];
}
```

(9) 在 Xcode 中右击 Classes 组并选择 Add | New File 命令。选择 UIView subclass 模板(如图 17-6 所示)。

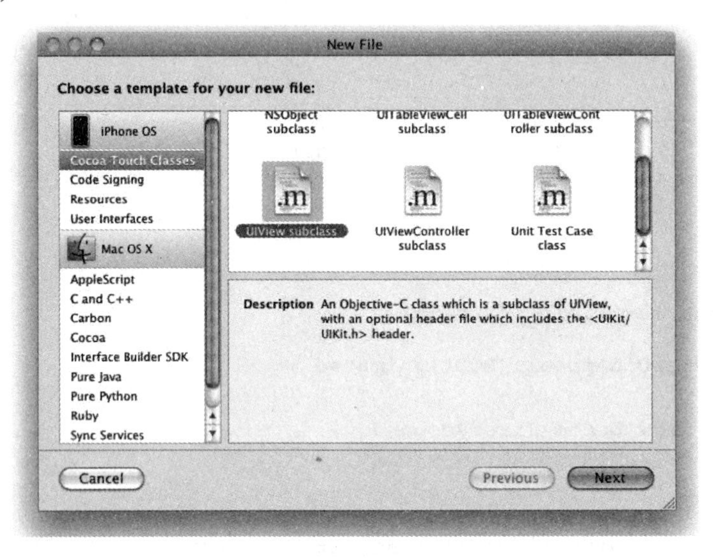

图　17-6

(10) 单击 Next 按钮，将文件命名为 ShakeView.m。

(11) 将如下粗体语句插入到 ShakeView.m 文件中：

```
#import "ShakeView.h"

@implementation ShakeView

- (id)initWithFrame:(CGRect)frame {
    if (self = [super initWithFrame:frame]) {
        // Initialization code
    }
    return self;
}
```

```
- (void)drawRect:(CGRect)rect {
    // Drawing code
}

- (void)dealloc {
    [super dealloc];
}

- (BOOL)canBecomeFirstResponder {
    return YES;
}

@end
```

(12) 在 Interface Builder 中，选择 View 窗口，打开其 Identity Inspector 窗口。选择 ShakeView 作为其类名(如图 17-7 所示)。

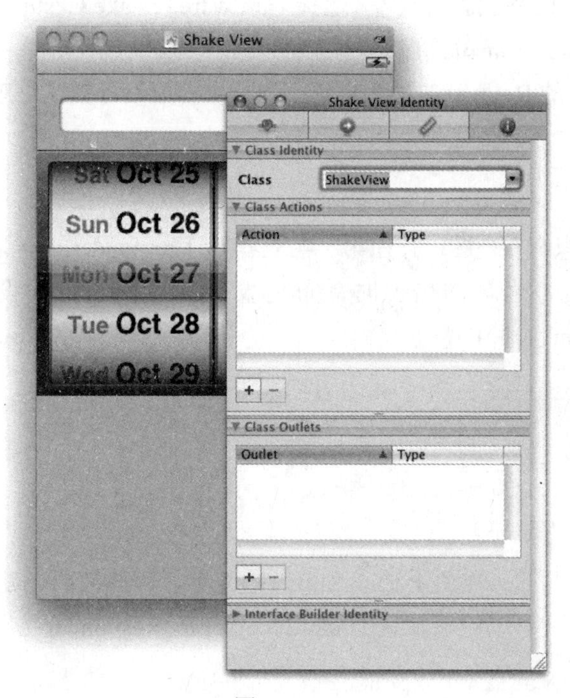

图 17-7

(13) 在 Interface Builder 中保存该文件。

(14) 按 Command+R 组合键在 iPhone Simulator 上测试应用程序。在 Xcode 中按 Command+Shift+R 组合键打开 Debugger Console 打开窗口。

(15) 当在 iPhone Simulator 中加载应用程序后，选择 Hardware | Shake Gesture 命令模拟设备摇动。观察 DebuggerConsole 窗口中输出的信息(如图 17-8 所示)。

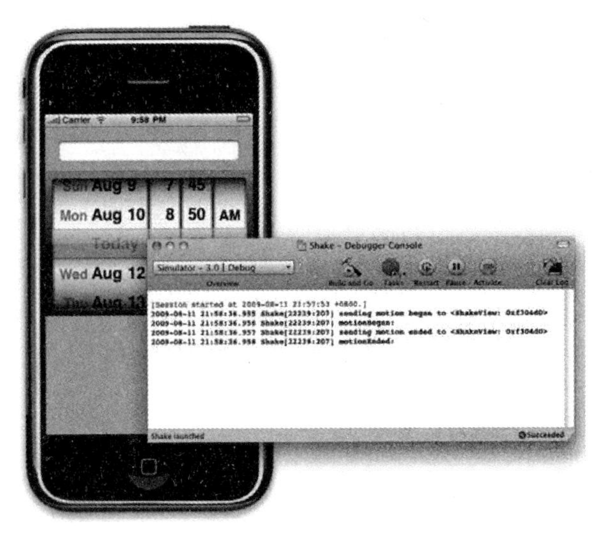

图 17-8

(16) 轻拍 TextField 视图打开键盘。选择 Hardware | Shake Gesture 命令以再一次模拟设备摇动。观察 Debugger Console 窗口中输出的值。

(17) 轻拍键盘上的 Return 键关闭键盘。再一次模拟设备摇动，观察 Debugger Console 窗口上的输出。

示例说明

需要注意的是，只有在视图中存在第一响应者(first responder)时，才会触发用于监控摇动的这 3 个事件。因此，当视图出现时，首先要做的事情是将其设置为第一响应者(在 ShakeViewController.m 文件中)：

```
- (void) viewDidAppear:(BOOL)animated
{
    [self.view becomeFirstResponder];
    [super viewDidAppear:animated];
}
```

然而，在默认情况下，视图无法成为第一响应者，因此需要创建 UIView 的一个子类(ShakeView.m)，这样就可以重写默认的 canBecomeFirstResponder 方法来返回 YES：

```
- (BOOL)canBecomeFirstResponder {
    return YES;
}
```

这么做可以使视图成为第一响应者。默认情况下，Interface Builder 会将视图与 UIView 基类(大多数时候不需要与它打交道)连接起来。现在需要告诉 Interface Builder 使用新创建的 ShakeView 子类。

接下来在 ShakeViewController.m 文件中处理这 3 个事件：

```
- (void)motionBegan:(UIEventSubtype)motion withEvent:(UIEvent *)event {
    if (event.subtype == UIEventSubtypeMotionShake )
```

```
    {
        NSLog(@"motionBegan:");
    }
}

- (void)motionCancelled:(UIEventSubtype)motion withEvent:(UIEvent *)event {
    if (event.subtype == UIEventSubtypeMotionShake )
    {
        NSLog(@"motionCancelled:");
    }
}

- (void)motionEnded:(UIEventSubtype)motion withEvent:(UIEvent *)event {
    if (event.subtype == UIEventSubtypeMotionShake )
    {
        NSLog(@"motionEnded:");
    }
}
```

对于每个事件，首先都要检查产生的动作实际上是个摇动动作，接下来在 Debugger Console 窗口中输出调试语句。

在“doneEditing:”方法中(当用户轻拍 Return 键关闭键盘时会触发该方法)使视图成为第一响应者：

```
-(IBAction) doneEditing: (id) sender {
    //---when keyboard is hidden, make the view the first responder
    // or else the Shake API will not work---
    [self.view becomeFirstResponder];
}
```

如果不这么做就不会触发这 3 个感知动作的事件。关键在于要让某个对象成为第一响应者。

当 OS 认为正摇动设备时会触发“motionBegan:”事件。如果最后 OS 认为这个动作并非是一个摇动动作就会触发“motionCancelled:”事件。当 OS 最终认为这个动作是一个摇动动作时就会触发“motionEnded:”事件。

17.4 当设备摇动时执行动作

既然理解了如何检测设备的摇动动作，现在就可以利用它发挥正面作用。使用 17.3 节的相同项目，修改一些内容，当设备摇动时将 DatePicker 视图重置为今天的日期。

试一试：当摇动时重置 DatePicker

(1) 在 ShakeViewController.m 文件中，添加如下粗体语句：

```
- (void)ResetDatePicker {
```

```
        [datePicker setDate:[NSDate date]];
    }

    - (void)motionEnded:(UIEventSubtype)motion withEvent:(UIEvent
    *)event {
        if (event.subtype == UIEventSubtypeMotionShake )
        {
            NSLog(@"motionEnded:");
            [self ResetDatePicker];
        }
    }
```

(2) 按Command＋R组合键在iPhone Simulator上测试该应用程序。将 DatePicker 视图设置为某个日期。选择 Hardware | Shake Gesture 命令以模拟设备摇动。注意，DatePicker 视图会重置为今天的日期(如图 17-9 所示)。

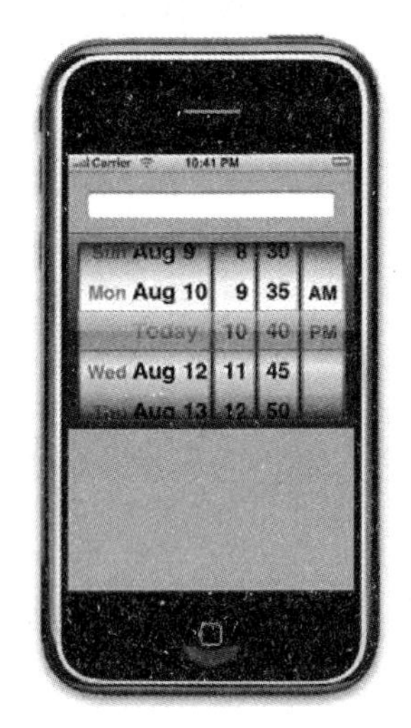

图　17-9

示例说明

在该示例中，首先添加一个 ResetDatePicker 方法，用于将 DatePicker 视图重置为今天的日期：

```
- (void)ResetDatePicker {
    [datePicker setDate:[NSDate date]];
}
```

当设备摇动时，调用 ResetDatePicker 方法将 DatePicker 视图重置为当前日期：

```
- (void)motionEnded:(UIEventSubtype)motion withEvent:(UIEvent *)event {
    if (event.subtype == UIEventSubtypeMotionShake )
    {
        NSLog(@"motionEnded:");
        [self ResetDatePicker];
    }
}
```

17.5　基于位置的服务

如今的移动设备大都装有 GPS 接收器。借助于 GPS 接收器，可以轻松找地到自己的位置。然而，GPS 需要晴朗的天空才行，因此没法在室内使用。第一代 iPhone 就不带 GPS 接收器。

除了 GPS，另一种高效的定位方式是使用手机基站三角测量来定位某人的位置。当打开移动电话时，它会不断与周围的基站进行联系。在确定了手机基站的身份后，就可以通过包含了手机基站的身份及其确切地址位置的各种数据库将这个信息与物理位置联系起来。相比于 GPS，手机基站三角测量有自己的优势，因为它可以用在室内，无须从卫星中获取信息。然而，它的精确度却不如 GPS，因为其精度取决于您所处的位置。手机基站三角测量在人口稠密区的效果最好，因为那里的基站数量多。但手机基站三角测量并不适用于 iPod Touch，因为它里面并没有移动电话。

第 3 种定位方式需要使用 Wi-Fi 三角测量。这种方式无须连接手机基站，设备会连接到 Wi-Fi 网络上并检查服务提供者与数据库以确定提供者所服务的位置。在这 3 种方法中，Wi-Fi 三角测量的精确度最差。

在 iPhone 上，Apple 提供了核心位置框架(Core Location framework)帮助你确定自己的物理位置。这个框架的美妙之处在于它使用到了上面提到的 3 种方法，到底使用的是哪一种对开发人员是透明的。您只需指定需要的精度，接下来 Core Location 就会使用最佳方式获取到结果。

下面的“试一试”就将介绍如何使用代码完成这个功能。

试一试：获取位置坐标

代码文件[GPS.zip]可从 Wrox.com 下载

(1) 使用 Xcode 创建一个新的 View-based Application 项目并把它命名为 GPS。

(2) 双击 GPSViewController.xib 文件，在 Interface Builder 中编辑它。

(3) 向视图窗口中添加如下视图(如图 17-10 所示)：

- Label
- TextField

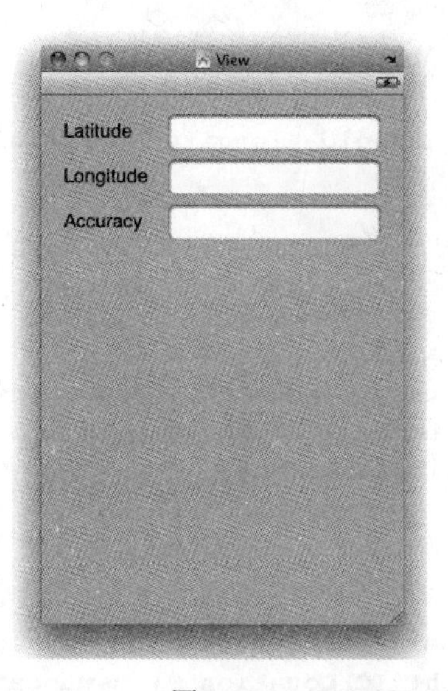

图　17-10

(4) 在 Xcode 中右击 Frameworks 组并选择 Add | Existing Frameworks 命令。选择 Framework/CoreLocation.framework。

(5) 将如下粗体语句插入到 GPSViewController.h 文件中。

```
#import <UIKit/UIKit.h>
#import <CoreLocation/CoreLocation.h>

@interface GPSViewController : UIViewController
    <CLLocationManagerDelegate> {

    IBOutlet UITextField *latitudeTextField;
    IBOutlet UITextField *longitudeTextField;
    IBOutlet UITextField *accuracyTextField;
    CLLocationManager *lm;
}

@property (retain, nonatomic) UITextField
*latitudeTextField;
@property (retain, nonatomic) UITextField
*longitudeTextField;
@property (retain, nonatomic) UITextField
*accuracyTextField;

@end
```

(6) 返回到 Interface Builder，按住 Control 键单击将 File's Owner 项拖拽到这 3 个 TextField 视图上，分别选择 latitudeTextField、longitudeTextField 以及 accuracyTextField。

(7) 将如下粗体语句插入到 GPSViewController.m 文件中：

```
#import "GPSViewController.h"

@implementation GPSViewController

@synthesize latitudeTextField, longitudeTextField, accuracyTextField;

- (void) viewDidLoad {
    lm = [[CLLocationManager alloc] init];
    if ([lm locationServicesEnabled]) {
        lm.delegate = self;
        lm.desiredAccuracy = kCLLocationAccuracyBest;
        lm.distanceFilter = 1000.0f
        [lm startUpdatingLocation];
    }
}

- (void) locationManager: (CLLocationManager *) manager
    didUpdateToLocation: (CLLocation *) newLocation
    fromLocation: (CLLocation *) oldLocation{

    NSString *lat = [[NSString alloc] initWithFormat:@"%g",
        newLocation.coordinate.latitude];
    latitudeTextField.text = lat;
```

```
    NSString *lng = [[NSString alloc] initWithFormat:@"%g",
        newLocation.coordinate.longitude];
    longitudeTextField.text = lng;

    NSString *acc = [[NSString alloc] initWithFormat:@"%g",
        newLocation.horizontalAccuracy];
    accuracyTextField.text = acc;

    [acc release];
    [lat release];
    [lng release];
}

- (void) locationManager: (CLLocationManager *) manager
    didFailWithError: (NSError *) error {

    NSString *msg = [[NSString alloc] initWithString:@"Error obtaining location"];
    UIAlertView *alert = [[UIAlertView alloc]
                            initWithTitle:@"Error"
                            message:msg
                            delegate:nil
                            cancelButtonTitle: @"Done"
                            otherButtonTitles:nil];
   [alert show];
   [msg release];
   [alert release];
}

- (void) dealloc{
    [lm release];
    [latitudeTextField release];
    [longitudeTextField release];
    [accuracyTextField release];
    [super dealloc];
```

(8) 按Command＋R组合键在iPhone Simulator上测试该应用程序。图 17-11 表明模拟器显示了已返回位置的经纬度。它还显示了结果的精度。

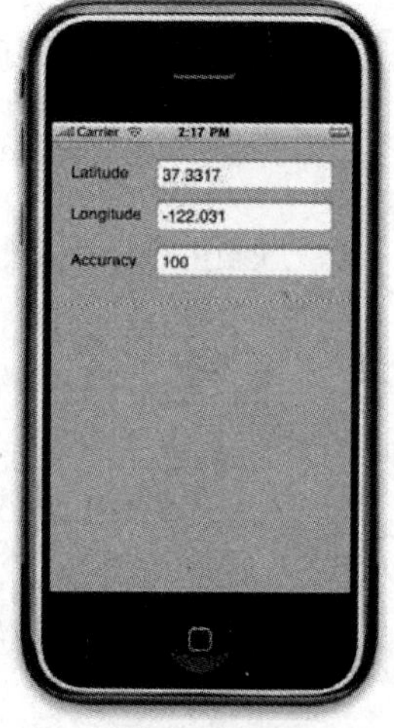

图 17-11

注意：可以在 iPhone Simulator 上测试该应用程序。但要注意的是，对于模拟器，设备总会报告一个固定的位置。没必要猜测这个位置到底是哪里。

示例说明

首先，为了使用 CLLocationManager 类，需要在视图控制器类中实现 CLLocationManagerDelegate 协议：

```
@interface GPSViewController : UIViewController
    <CLLocationManagerDelegate> {
```

当加载视图后，首先创建 CLLocationManager 类的一个实例：

```
- (void) viewDidLoad {
    lm = [[CLLocationManager alloc] init];
    if ([lm locationServicesEnabled]) {
        lm.delegate = self;
        lm.desiredAccuracy = kCLLocationAccuracyBest;
        lm.distanceFilter = 1000.0f;
        [lm startUpdatingLocation];
    }
}
```

在继续使用该对象前，需要判断用户是否在设备上启用了位置服务。如果启用了位置服务，就使用 desiredAccuracy 属性值作为期望的精度。可以使用如下常量指定希望的精度：

- kCLLocationAccuracyBest
- kCLLocationAccuracyNearestTenMeters
- kCLLocationAccuracyHundredMeters
- kCLLocationAccuracyKilometer
- kCLLocationAccuracyThreeKilometers

虽然可以指定希望的最佳精度，但实际的精度却没法保证。还有，使用更高的精度来指定位置会花费大量的时间，还会消耗设备的电量。

distanceFilter 属性可以指定在更新产生前设备必须横向移动的距离。该属性的单位是米，相对于上一次的位置。如果想获得所有移动的通知，就使用 kCLDistanceFilterNone 常量。最后，使用 startUpdatingLocation 方法启动位置管理器。

为了获得位置信息，需要处理两个事件：

- locationManager:didUpdateToLocation:fromLocation:
- locationManager:didFailWithError:

当新位置值可用时就会触发"locationManager:didUpdateToLocation:fromLocation:"事件。如果位置管理器无法定位位置值，它就会触发"locationManager:didFailWithError:"事件。在获取到位置值后，使用 CLLocation 对象显示其经纬度与精度：

```
- (void) locationManager: (CLLocationManager *) manager
    didUpdateToLocation: (CLLocation *) newLocation
    fromLocation: (CLLocation *) oldLocation{

    NSString *lat = [[NSString alloc] initWithFormat:@"%g",
        newLocation.coordinate.latitude];
```

```
    latitudeTextField.text = lat;

    NSString *lng = [[NSString alloc] initWithFormat:@"%g",
        newLocation.coordinate.longitude];
    longitudeTextField.text = lng;

    NSString *acc = [[NSString alloc] initWithFormat:@"%g",
        newLocation.horizontalAccuracy];
    accuracyTextField.text = acc;

    [acc release];
    [lat release];
    [lng release];
}
```

CLLocation 对象的 horizontalAccuracy 属性以米为单位指定精度的半径。

显示地图

虽然获取位置的对应值很有趣，但如果不能将其以可视化的形式显示在地图上就没什么用。因此，最理想的情况是使用位置信息并将其显示在地图上。幸好 iPhone SDK 3.0 自带了 Map Kit API，可以在应用程序中轻松显示 Google 地图。下面的“试一试”将会介绍如何实现这个功能。

试一试：　使用 Map Kit 显示位置

(1) 使用上一节创建的相同项目，在 GPSViewController.xib 文件中向 View 窗口中添加一个 Button 视图(如图 17-12 所示)。

图　17-12

(2) 在 Xcode 中右击 Frameworks 组并添加名为 MapKit.framework 的已有框架。

(3) 将如下粗体语句插入到 GPSViewController.h 文件中：

```
#import <UIKit/UIKit.h>
#import <CoreLocation/CoreLocation.h>
#import <MapKit/MapKit.h>

@interface GPSViewController : UIViewController
    <CLLocationManagerDelegate> {
    IBOutlet UITextField *accuracyTextField;
    IBOutlet UITextField *latitudeTextField;
    IBOutlet UITextField *longitudeTextField;
    CLLocationManager *lm;

    MKMapView *mapView;
}

@property (retain, nonatomic) UITextField
*accuracyTextField;
```

```
@property (retain, nonatomic) UITextField
*latitudeTextField;
@property (retain, nonatomic) UITextField
*longitudeTextField;

-(IBAction) btnViewMap: (id) sender;

@end
```

(4) 返回 Interface Builder，按住 Control 键单击并将 Button 视图拖拽到 File's Owner 项上，选择 “btnViewMap:”。

(5) 在 GPSViewController.m 文件中，添加如下粗体语句：

```
-(IBAction) btnViewMap: (id) sender {
    [self.view addSubview:mapView];
}

- (void) viewDidLoad {
    lm = [[CLLocationManager alloc] init];
    lm.delegate = self;
    lm.desiredAccuracy = kCLLocationAccuracyBest;
    lm.distanceFilter = 1000.0f;
    [lm startUpdatingLocation];

    mapView = [[MKMapView alloc] initWithFrame:self.view.bounds];
    mapView.mapType = MKMapTypeHybrid;
}

- (void) locationManager: (CLLocationManager *) manager
    didUpdateToLocation: (CLLocation *) newLocation
    fromLocation: (CLLocation *) oldLocation{

NSString *lat = [[NSString alloc] initWithFormat:@"%g",
    newLocation.coordinate.latitude];
latitudeTextField.text = lat;

NSString *lng = [[NSString alloc] initWithFormat:@"%g",
    newLocation.coordinate.longitude];
longitudeTextField.text = lng;

NSString *acc = [[NSString alloc] initWithFormat:@"%g",
    newLocation.horizontalAccuracy];
accuracyTextField.text = acc;

[acc release];
[lat release];
[lng release];

MKCoordinateSpan span;
span.latitudeDelta=.005;
span.longitudeDelta=.005;

MKCoordinateRegion region;
region.center = newLocation.coordinate;
```

```
    region.span=span;

    [mapView setRegion:region animated:TRUE];
    }

    - (void) dealloc{
        [mapView release];
        [lm release];
        [latitudeTextField release];
        [longitudeTextField release];
        [accuracyTextField release];
        [super dealloc];
    }
```

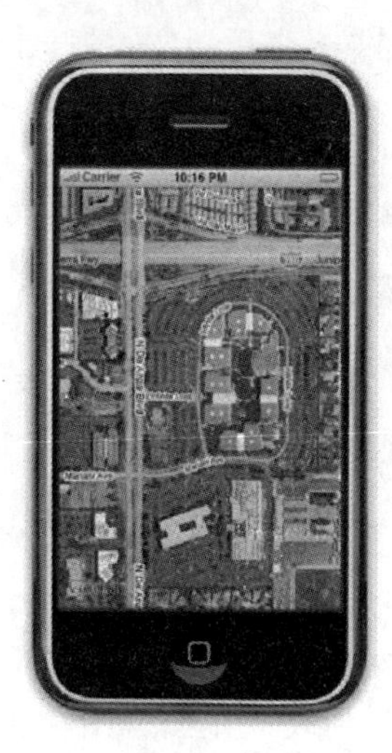

图　17-13

(6) 按 Command＋R 组合键在 iPhone Simulator 上测试该应用程序。轻拍 View Map 按钮打开地图，上面会显示位置管理器报告的位置(如图 17-13 所示)。

> **注意**：如果在实际设备上测试该应用程序，就会看到当移动时地图会不断动态地更新自己。请确保将 distanceFilter 属性调到较小的数值以便可以跟踪微小的距离变化。

示例说明

为了在应用程序中使用 Map Kit，首先需要将 MapKit.framework 添加到项目中。

当加载视图后，创建 MKMapView 类的一个实例并设置将要显示的地图类型(混合型——包含地图与卫星)：

```
- (void) viewDidLoad {
    lm = [[CLLocationManager alloc] init];
    lm.delegate = self;
    lm.desiredAccuracy = kCLLocationAccuracyBest;
    lm.distanceFilter = 1000.0f;
    [lm startUpdatingLocation];

    mapView = [[MKMapView alloc] initWithFrame:self.view.bounds];
    mapView.mapType = MKMapTypeHybrid;
}
```

当轻拍 View Map 按钮时，向当前视图中添加 mapView 对象：

```
-(IBAction) btnViewMap: (id) sender {
    [self.view addSubview:mapView];
}
```

当更新位置信息时，使用 mapView 对象的“setRegion:”方法放大该位置：

```
- (void) locationManager: (CLLocationManager *) manager
    didUpdateToLocation: (CLLocation *) newLocation
    fromLocation: (CLLocation *) oldLocation{

    //...
    //...

    MKCoordinateSpan span;
    span.latitudeDelta=.005;
    span.longitudeDelta=.005;

    MKCoordinateRegion region;
    region.center = newLocation.coordinate;
    region.span=span;

    [mapView setRegion:region animated:TRUE];
}
```

注意：请参考 Apple 的文档以了解关于 MKMapView 类的更多信息，文档地址是 http://developer.apple.com/iphone/library/navigation/Frameworks/CocoaTouch/MapKit/index.html。

17.6　小结

本章介绍了如何操纵设备上的各类硬件：加速计、Shake API，以及使用 Core Location 实现的基于位置的服务。联合使用这些技术可以创建引人入胜的应用程序。

练习：

1. 要想在 iPhone 与 iPod Touch 上使用加速计，委托需要遵循的协议是什么？
2. 列出 iPhone SDK 3.0 的 Shake API 中的 3 个事件。
3. Core Location 使用 3 种不同方式获取设备的位置。简述 iPhone 与 iPod Touch 所用的各种方式。

本章小结

主　　题	关 键 概 念
访问加速计	确保视图控制器遵循 UIAccelerometerDelegate 协议并创建 UIAccelerometer 类的一个实例 实现“accelerometer:didAccelerate:”方法以使听加速计的变化
摇动检测	要么使用加速计数据，要么使用 iPhone OS 3.0 中新的 Shake API。对于 Shake API，要处理如下事件：“motionBegan:“、”motionEnded:”以及“motionCancelled:”
获取位置数据	向项目中添加 Core Location 框架。确保视图控制器遵循 CLLocationManagerDelegate 协议并创建 CLLocationManager 类的一个实例 实现“locationManager:didUpdateToLocation:fromLocation:”方法以侦听位置的变化
指定位置数据的精度	使用如下常量之一： ● kCLLocationAccuracyBest ● kCLLocationAccuracyNearestTenMeters ● kCLLocationAccuracyHundredMeters ● kCLLocationAccuracyKilometer ● kCLLocationAccuracyThreeKilometers
显示地图	向项目中添加 MapKit 框架 创建 MKMapView 类的一个实例并使用各种属性指定位置

第V部分

附　　录

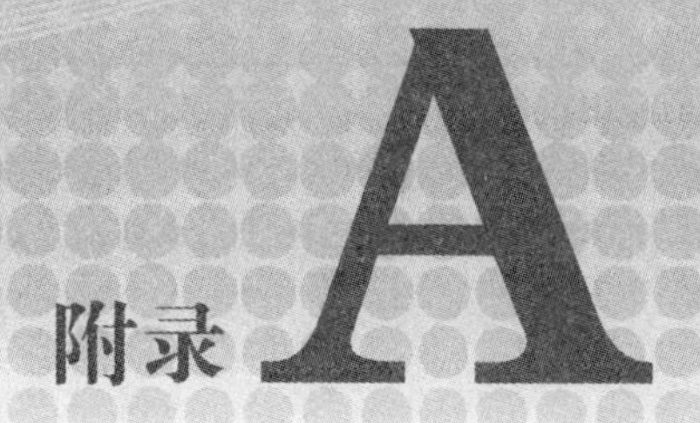

附录A 答　　案

该附录提供了每章末尾的习题答案，除了第 1 章。

第 2 章　习题答案

问题 1　答案

设计的最小图像尺寸应当是 57×57 像素。更大一点没关系，iPhone 会自动调整大小。通常要设计更大一点的图像，这样对应应用才能为 Apple 日后发布的新设备做好准备。

问题 2　答案

应该实现“shouldAutorotateToInterfaceOrientation:”方法并编写适当的语句来支持想要的方向。要想支持所有方向，只需让方法返回 YES 即可，如以下代码所示：

```
- (BOOL)shouldAutorotateToInterfaceOrientation:(UIInterfaceOrientation)
interfaceOrientation {
   // Return YES for supported orientations
   return YES;
}
```

第 3 章　习题答案

问题 1　答案

在.h 文件中：

```
//---declare an outlet---
IBOutlet UITextField *nameTextField;
//...
```

```
//...
//---expose the outlet as a property---
@property (nonatomic, retain) UITextField *nameTextField;
```

在.m 文件中：

```
@implementation BasicUIViewController
//---generate the getters and setters for the property---
@synthesize nameTextField;
```

问题 2　答案

在.h 文件中：

```
- (IBAction)btnClicked:(id)sender;
```

在.m 文件中：

```
@implementation BasicUIViewController
//...
//...
- (IBAction)btnClicked:(id)sender {
    //---your code for the action here---
}
```

第 4 章　习题答案

问题 1　答案

要想将视图连接到视图控制器上，在.xib 文件中完成如下操作：

- 在 File's Owner 项中将类指定为视图控制器的名称。
- 将 File's Owner 项连接到视图上。

问题 2　答案

使用警告视图向用户显示一条消息。如果有几个选项供用户选择，就应该使用动作表单。

问题 3　答案

```
- (void)loadView {

    //---create a UIView object---
    UIView *view =
        [[UIView alloc] initWithFrame:[UIScreen mainScreen].applicationFrame];
    view.backgroundColor = [UIColor lightGrayColor];

    //---create a Button view---
    frame = CGRectMake(10, 70, 300, 50);

    UIButton *button = [UIButton buttonWithType:UIButtonTypeRoundedRect];
    button.frame = frame;
```

```
    [button setTitle:@"Click Me, Please!" forState:UIControlStateNormal];
    button.backgroundColor = [UIColor clearColor];
    button.tag = 2000;
    [button addTarget:self action:@selector(buttonClicked:)
        forControlEvents:UIControlEventTouchUpInside];

    [view addSubview:button];

    self.view = view;

}
```

第 5 章　习题答案

问题 1　答案

首先，处理 Did End on Exit 事件(或在视图控制器中实现“textFieldShouldReturn:”方法)。然后调用 UITextField 对象的 resignFirstResponder 方法释放其第一响应者状态。

问题 2　答案

注册 UIKeyboardWillShowNotification 与 UIKeyboardWillHideNotification 这两个通知。

问题 3　答案

```
//---gets the size of the keyboard---
NSDictionary *userInfo = [notification userInfo];
NSValue *keyboardValue = [userInfo objectForKey:UIKeyboardBoundsUserInfoKey];
[keyboardValue getValue: & keyboardBounds];
```

第 6 章　习题答案

问题 1　答案

```
-(BOOL)shouldAutorotateToInterfaceOrientation:
(UIInterfaceOrientation)interfaceOrientation {

  return (interfaceOrientation == UIInterfaceOrientationLandscapeLeft ||
          interfaceOrientation == UIInterfaceOrientationLandscapeRight);

}
```

问题 2　答案

frame 属性定义了视图相对于父视图(包含该视图的视图)所占据的矩形区域。使用 frame 属性可以设置视图的位置与尺寸。除了使用 frame 属性外，还可以使用 center 属性，它用于设置视图相对于父视图的中心位置。在执行某些动画或是仅仅想改变视图的位置时通常使用 center 属性。

第7章　习题答案

问题1　答案

```
mySecondViewController = [[MySecondViewController alloc]
                                 initWithNibName:nil
                              bundle:nil];
```

问题2　答案

```
- (void)viewDidLoad {

    //---create a CGRect for the positioning---
    CGRect frame = CGRectMake(10, 10, 300, 50);

    //---create a Label view---
    label = [[UILabel alloc] initWithFrame:frame];
    label.textAlignment = UITextAlignmentCenter;
    label.font = [UIFont fontWithName:@"Verdana" size:20];
    label.text = @"This is a label";


    //---create a Button view---
    frame = CGRectMake(10, 250, 300, 50);
    button = [[UIButton buttonWithType:UIButtonTypeRoundedRect]
            initWithFrame:frame];
    [button setTitle:@"OK" forState:UIControlStateNormal];
    button.backgroundColor = [UIColor clearColor];

    [self.view addSubview:label];
    [self.view addSubview:button];

    [super viewDidLoad];
}
```

问题3　答案

```
//---add the action handler and set current class as target---
[button addTarget:self
    action:@selector(buttonClicked:)
    forControlEvents:UIControlEventTouchUpInside];


//...
//...
//...

-(IBAction) buttonClicked: (id) sender{
    //---do something here---
}
```

第8章 习题答案

问题1 答案

可从
Wrox.com
下载源代码

代码文件[TabBarAndNav.zip]

(1) 使用 Xcode 创建一个新的 Tab Bar Application 项目并把它命名为 TabBarAndNav。

(2) 双击 MainWindow.xib 文件，在 Interface Builder 中编辑它。

(3) 选择 Tab Bar Controller 项并打开其 Attribute Inspector 窗口(如图 A-1 所示)。将 Second 视图控制器设置为 Navigation Controller。

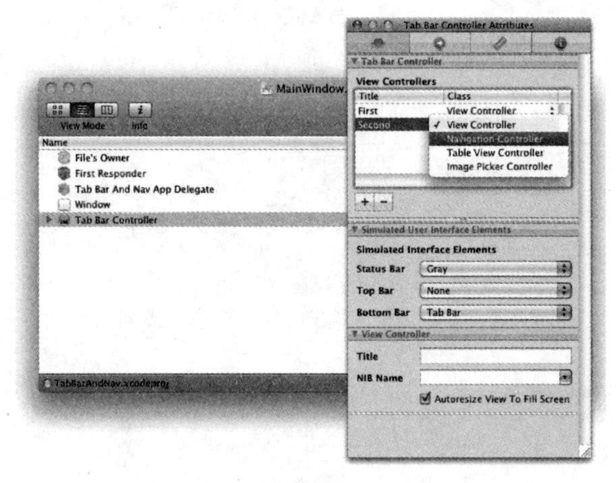

图 A-1

(4) 双击 Tab Bar Controller 项(如图 A-2 所示)并单击位于视图底部的第二个 Tab Bar Item 视图。您应该会看到该视图顶部有一个导航栏。

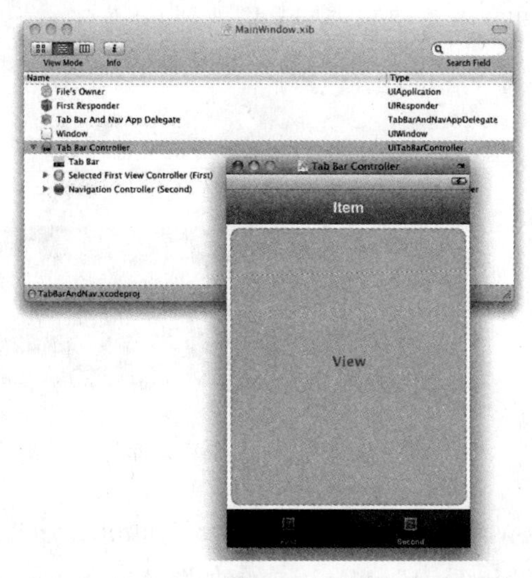

图 A-2

(5) 回到 Xcode，右击 Classes 并添加一个新的 UITableViewController subclass 项，把它命名为 MoviesListViewController.m。

(6) 右击 Resources group，添加一个新的 View .xib 文件并把它命名为 MoviesListView.xib。

(7) 双击 MoviesListView.xib 文件，将其 Class 名称设置为 MoviesListViewController(如图 A-3 所示)。

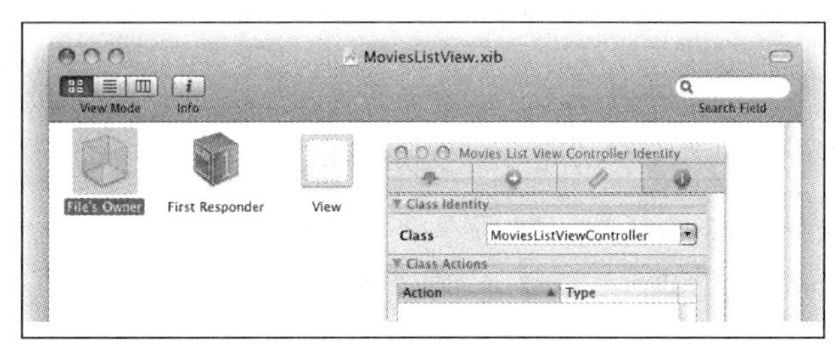

图　A-3

(8) 从 Library 中将 Table View 视图拖放到 MoviesListView.xib 窗口上(如图 A-4 所示)。从这个窗口中删除 View 项。

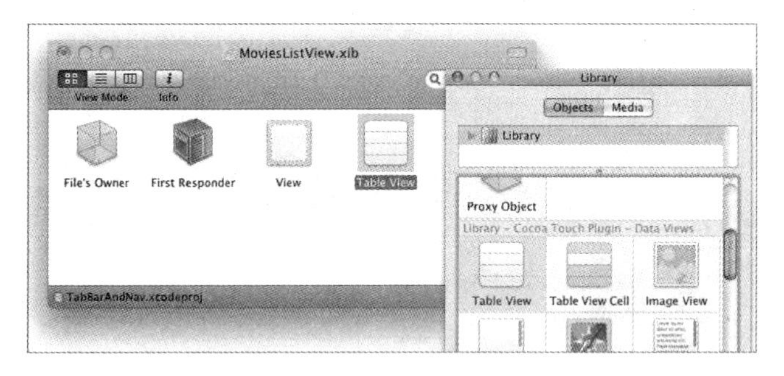

图　A-4

(9) 按住 Control 键单击并将 File's Owner 项拖拽到 Table View 上，选择 view。

(10) 按住 Control 键单击并将 Table View 拖拽到 File's Owner 项上，选择 datasource。

(11) 按住 Control 键单击并将 Table View 拖拽到 File's Owner 项上，选择 delegate。

(12) 右击 Table View 验证它的连接。图 A-5 展示了必要的连接。

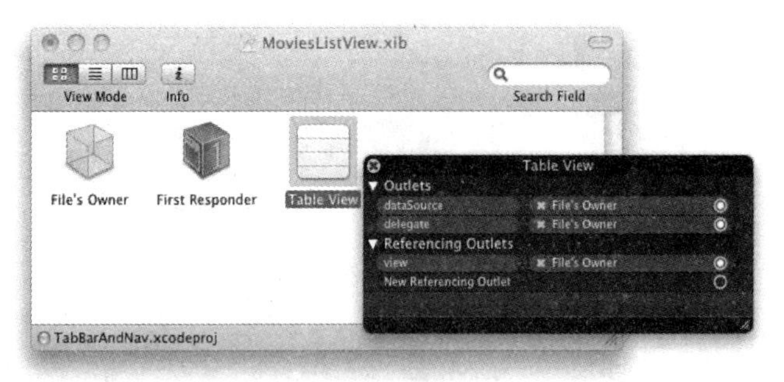

图　A-5

(13) 回到 MainWindow.xib 窗口，展开 Tab Bar Controller 项并选择第二个视图控制器。将其 Class 名称设置为 MoviesListViewController(如图 A-6 所示)。

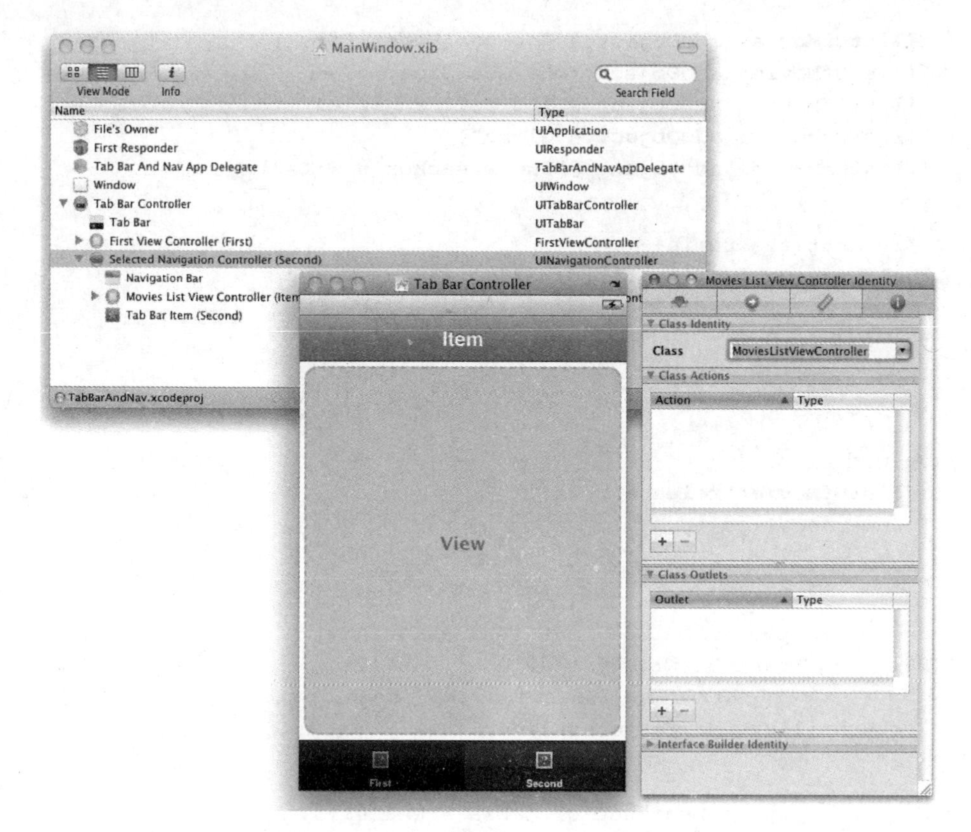

图　A-6

(14) 在 Xcode 中双击 SecondView.xib 文件，在 Interface Builder 中编辑它。选择 File's Owner 项，在身份查看器窗口中将其 Class 更改为 MovieListViewController。

(15) 在 Interface Builder 中保存该项目。

(16) 回到 Xcode，将如下粗体代码插入到 MoviesListViewController.m 文件中：

```
#import "MoviesListViewController.h"

@implementation MoviesListViewController
NSMutableArray *listOfMovies;

- (void)viewDidLoad {
    //---initialize the array---
    listOfMovies = [[NSMutableArray alloc] init];

    //---add items---
    [listOfMovies addObject:@"Training Day"];
    [listOfMovies addObject:@"Remember the Titans"];
    [listOfMovies addObject:@"John Q."];
    [listOfMovies addObject:@"The Bone Collector"];
    [listOfMovies addObject:@"Ricochet"];
    [listOfMovies addObject:@"The Siege"];
    [listOfMovies addObject:@"Malcolm X"];
    [listOfMovies addObject:@"Antwone Fisher"];
```

```
    [listOfMovies addObject:@"Courage Under Fire"];
    [listOfMovies addObject:@"He Got Game"];
    [listOfMovies addObject:@"The Pelican Brief"];
    [listOfMovies addObject:@"Glory"];
    [listOfMovies addObject:@"The Preacher's Wife"];

    //---set the title---
    self.navigationItem.title = @"Movies";

    [super viewDidLoad];
}

- (void)dealloc {
    [listOfMovies release];
    [super dealloc];
}

// Customize the number of rows in the table view.
- (NSInteger)tableView:(UITableView *)tableView
            numberOfRowsInSection:(NSInteger)section {
    return [listOfMovies count];
}

// Customize the appearance of table view cells.
- (UITableViewCell *)tableView:(UITableView *)tableView
                cellForRowAtIndexPath:(NSIndexPath *)indexPath {

    static NSString *CellIdentifi er = @"Cell";

    UITableViewCell *cell = [tableView
        dequeueReusableCellWithIdentifi er:CellIdentifi er];
    if (cell == nil) {
        cell = [[[UITableViewCell alloc] initWithStyle:
        UITableViewCellStyleDefault
                                    reuseIdentifi er:CellIdentifi er]
                                    autorelease];
}

NSString *cellValue = [listOfMovies objectAtIndex:indexPath.row];
cell.labelText. text = cellValue;

return cell;
}
```

(17) 按Command+R组合键在iPhone Simulator上测试应用程序。单击Second Tab Bar项会显示一个电影列表(如图A-7所示)。

图 A-7

(18) 如果想在一个单独的视图中显示所选的电影，就只需向其中再添加一个.xib 文件与视图控制器。这一步在 8.2.1 节中介绍过。

第 9 章 习题答案

问题 1 答案

可以在 Interface Builder 中选择 Info 按钮并在 Attribute Inspector 窗口中查看其属性，取消选择 Show Touch On Highlight 选项即可关闭突出显示效果。

问题 2 答案

假设想从 FlipsideViewController 向 MainViewController 传递一个字符串，下面的粗体语句展示了如何使用一个属性将数据从一个视图传递到另一个视图：

FLIPSIDEVIEWCONTROLLER.H

```
#import "AddCountryViewController.h";

@protocol FlipsideViewControllerDelegate;

@interface FlipsideViewController : UIViewController
<AddCountryViewControllerDelegate> {
id <FlipsideViewControllerDelegate> delegate;

//---internal member---
    NSString *str;

}

@property (nonatomic, assign) id <FlipsideViewControllerDelegate> delegate;
```

```
//---expose the member as a property---
@property (nonatomic, retain) NSString *str;

- (IBAction)done;
- (IBAction)add;
@end

@protocol FlipsideViewControllerDelegate
- (void)flipsideViewControllerDidFinish:(FlipsideViewController *)controller;
@end
```

FLIPSIDEVIEWCONTROLLER.M

```
#import "FlipsideViewController.h"

@implementation FlipsideViewController

@synthesize delegate;

//---generates the getter and setter for the property---
@synthesize str;

- (IBAction)done {

    //---set a value to the property---
    self.str = @"Some text";

    [self.delegate flipsideViewControllerDidFinish:self];
}
```

MAINVIEWCONTROLLER.M

```
- (void)flipsideViewControllerDidFinish:(FlipsideViewController *)controller {

    //---prints out the string obtained in the Debugger Console window---
    NSLog(controller.str);

    [self dismissModalViewControllerAnimated:YES];
}
```

第10章　习题答案

问题1　答案

这两个协议是UITableViewDataSource与UITableViewDelegate。

UITableViewDataSource协议包含一些事件，可以在这些事件中使用各种项装配表视图。

UITableViewDelegate协议包含一些事件，可以在这些事件中处理表视图中的行选择。

问题2　答案

要想向表视图中添加索引列表需要实现“sectionIndexTitlesForTableView:”方法。

问题3 答案

这3个详情显示与选取标记图像是：

- UITableViewCellAccessoryDetailDisclosureButton
- UITableViewCellAccessoryCheckmark
- UITableViewCellAccessoryDisclosureIndicator

UITableViewCellAccessoryDetailDisclosureButton 图像用于处理用户的轻拍事件。事件名是“tableView:accessoryButtonTappedForRowWithIndexPath:”。

第11章 习题答案

问题1 答案

需要使用“objectForKey:”方法获取首选项设置值，使用“setObject:forKey:”方法保存首选项设置值。

问题2 答案

可以从设备或模拟器中删除应用程序，或是从模拟器的 application 目录中删除以 *application_name* .plist 结尾的文件。

问题3 答案

Add Child 按钮由3条水平线表示。它会将子项添加到当前选中的项上。另一方面，Add Sibling 按钮由一个加号(+)表示。它所添加的项与当前选中的项位于一个层次上。

第12章 习题答案

问题1 答案

sqlite3_exec()函数实际上是如下3个函数一个的一个包装器：sqlite3_prepare()、sqlite3_step()与 sqlite3_finalize()。对于非查询的 SQL 语句(如创建表、插入行等)，最好使用 sqlite3_exec()函数。

问题2 答案

要想从 NSString 对象中获取 C 风格的字符串，请使用 NSString 类的 UTF8String 方法。

问题3 答案

```
NSString *qsql = @"SELECT * FROM CONTACTS";
sqlite3_stmt *statement;

if (sqlite3_prepare_v2( db, [qsql UTF8String], -1, &statement, nil) ==
```

```
    SQLITE_OK) {

        while (sqlite3_step(statement) == SQLITE_ROW)
        {
            char *field1 = (char *) sqlite3_column_text(statement, 0);
            NSString *field1Str = [[NSString alloc] initWithUTF8String: field1];

            char *field2 = (char *) sqlite3_column_text(statement, 1);
            NSString *field2Str = [[NSString alloc] initWithUTF8String: field2];

            NSString *str = [[NSString alloc] initWithFormat:@"%@ - %@",
                                field1Str, field2Str];
            NSLog(str);

            [field1Str release];
            [field2Str release];
            [str release];
        }
        //---deletes the compiled statement from memory---
        sqlite3_finalize(statement);
}
```

第 13 章　习题答案

问题 1　答案

这 3 个文件夹分别是 Documents、Library 与 tmp。开发人员可以使用 Documents 文件夹存储与应用程序相关的数据。Library 文件夹存储特定于应用程序的设置，如 NSUserDefaults 类所使用的那些设置。tmp 文件夹用于存储临时数据，iTunes 不会备份这些数据。

问题 2　答案

NSDictionary 类会创建一个字典对象，其中的项不可变，也就是说，一旦填充字典对象就无法再向其中添加项。NSMutableDictionary 类则会创建一个可变的字典对象，对象加载后可以向其中添加项。

问题 3　答案

在实际设备上 Documents 目录的位置是：

```
/private/var/mobile/Applications/<application_id>/Documents/
```

在实际设备上 tmp 目录的位置是：

```
/private/var/mobile/Applications/<application_id>/tmp/
```

第 14 章 习题答案

问题 1 答案

这 4 个事件是:

- "touchesBegan:withEvent:"
- "touchesEnded:withEvent:"
- "touchesMoved:withEvent:"
- "touchesCancelled:withEvent:"

问题 2 答案

当多次轻拍时，将接二连三地轻拍同一个点。这类似于 Mac OS X 中的双击。当使用多点触摸时，将触摸屏幕上的多个点。

问题 3 答案

按 Option 键可以在 iPhone Simulator 上模拟多点触摸。

第 15 章 习题答案

问题 1 答案

3 种仿射变换分别是平移、旋转与缩放。

问题 2 答案

暂停 NSTimer 对象的唯一途径就是调用其 invalidate 方法。要想继续，只能创建新的 NSTimer 对象。

问题 3 答案

可以使用 UIView 类的 beginAnimations 与 commitAnimations 方法将导致视觉变化的代码块包装起来，这样就可以创建连续变化的视觉效果，使之不骤然变化。

第 16 章 习题答案

问题 1 答案

对于调用 Safari:

```
@"http://www.apple.com"
```

对于调用 Mail：

```
@"mailto:?to=weimenglee@gmail.com&subject=Hello&body=Content of email"
```

对于调用 SMS：

```
@"sms:96924065"
```

对于调用 Phone：

```
@"tel:1234567890"
```

问题 2　答案

类名是 UIImagePickerController。

问题 3　答案

类名是 ABPeoplePickerNavigationController。

第 17 章　习题答案

问题 1　答案

协议是 UIAccelerometerDelegate。

问题 2　答案

3 个事件是：

- motionBegan:
- motionEnded:
- motionCancelled:

问题 3　答案

对于第一代 iPhone，Core Location 使用手机基站三角测量与 Wi-Fi 三角测量进行定位。这是因为第一代 iPhone 并没有内置的 GPS 接收器。对于第二代与第三代设备，Core Location 使用 3 种不同的方法。iPod Touch 只使用了 Wi-Fi 三角测量，因为它既没有 GPS 接收器，也没有手机连接。

附录 B

Xcode 快速入门

Xcode 是 Apple 用于开发 Mac OS X 与 iPhone 应用程序的集成开发环境(IDE)。它是一个应用程序套件，包含了一整套编译器与文档，还有 Interface Builder(将在附录 C 中介绍)。

借助于 Xcode，可以使用智能的文本编辑器来构建 iPhone 应用程序，还可以使用各种工具来调试 iPhone 应用程序。如果你是 Xcode 新手，那么这个附录可以让你快速入门 Xcode。附录 C 将详细介绍 Interface Builder。

B.1 启动 XCODE

启动 Xcode 最简单的办法就是在 Spotlight 中输入 Xcode。此外还可以定位到 \Developer\iPhone OS <version_no> \Applications\文件夹下，双击 Xcode 图标，从而启动 Xcode。

注意：为了方便起见，还可以将 Xcode 图标拖拽到 Dock 上，这样以后就能直接从 Dock 中启动 Xcode。

在编写本书之际，Xcode 的版本是 3.1。

B.1.1 Xcode 支持的项目类型

Xcode 支持 iPhone 与 Mac OS X 应用程序的构建。当在 Xcode 中新建项目时(通过 File | New Project 命令)，您会看到 New Project 对话框，如图 B-1 所示。

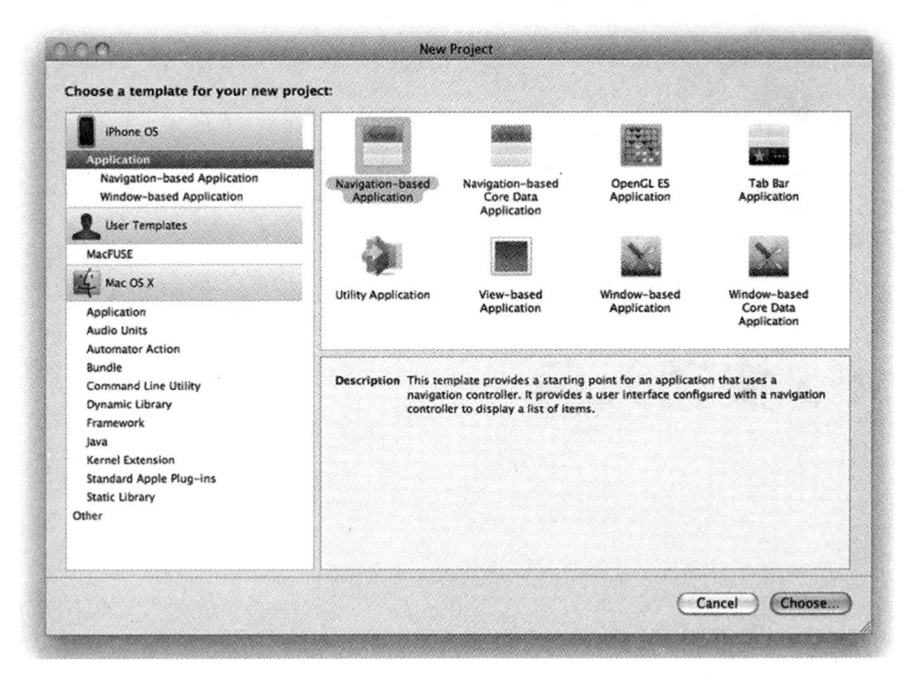

图 B-1

如图 B-1 所示，一共可以创建两大类项目(iPhone OS 与 Mac OS X)。在 iPhone OS 类别下，还有 Application 项，它下面又有两类：Navigation-based Application 与 Window-based Application。单击 Application 项会显示可以创建的所有项目类型，如下所示：

- Navigation-based Application
- Navigation-based Core Data Application
- OpenGL ES Application
- Tab Bar Application
- Utility Application
- View-based Application
- Window-based Application
- Window-based Core Data Application

选择想要创建的项目类型并单击 Choose 按钮。接下来需要为该项目命名。

当创建项目之后，Xcode 会显示项目中的所有文件(如图 B-2 所示)。

Xcode 窗口分为 5 大部分：

- 工具栏——显示常用的动作按钮。
- 组与文件列表——显示项目中的文件。文件按文件夹与类别分组以便更好地管理。
- 状态栏——显示与当前动作相关的状态信息。
- 详细视图——在组与文件列表部分中选择某一项后会显示该文件夹与组下的文件。
- 编辑器——显示当前选中的文件对应的编辑器。

要想编辑代码文件，请单击文件名以打开编辑器。根据单击的文件类型，会启动恰当的编辑器。比如，如果单击某个.h 或.m 文件，就会显示可以在其中编辑源代码的代码编辑器(如图 B-3 所示)。

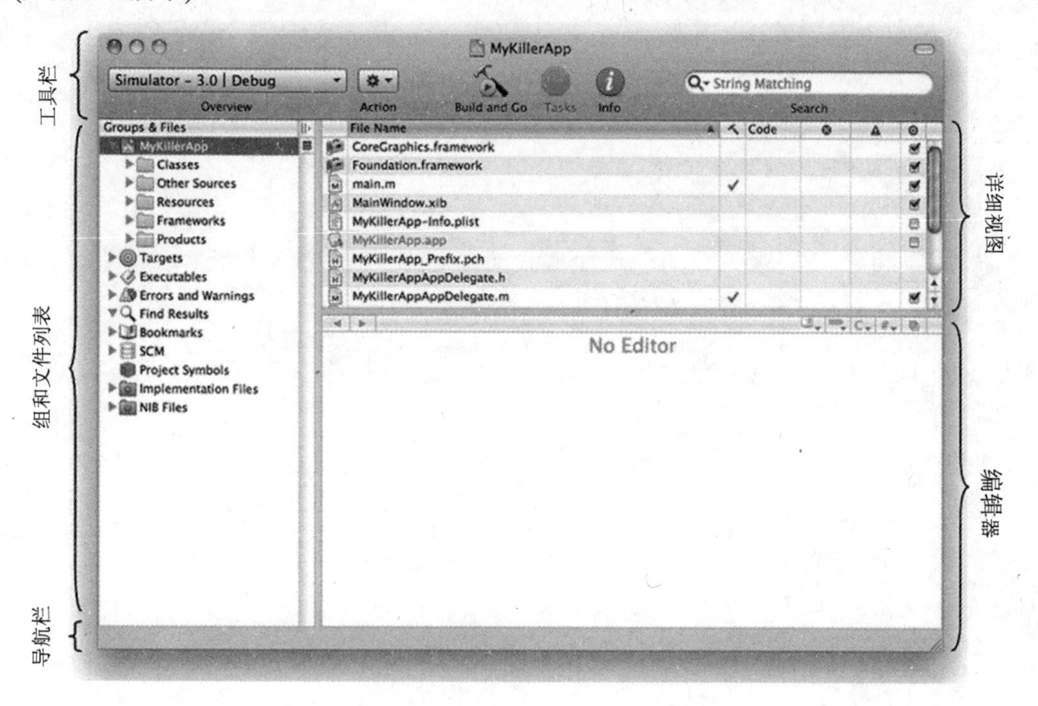

图　B-2

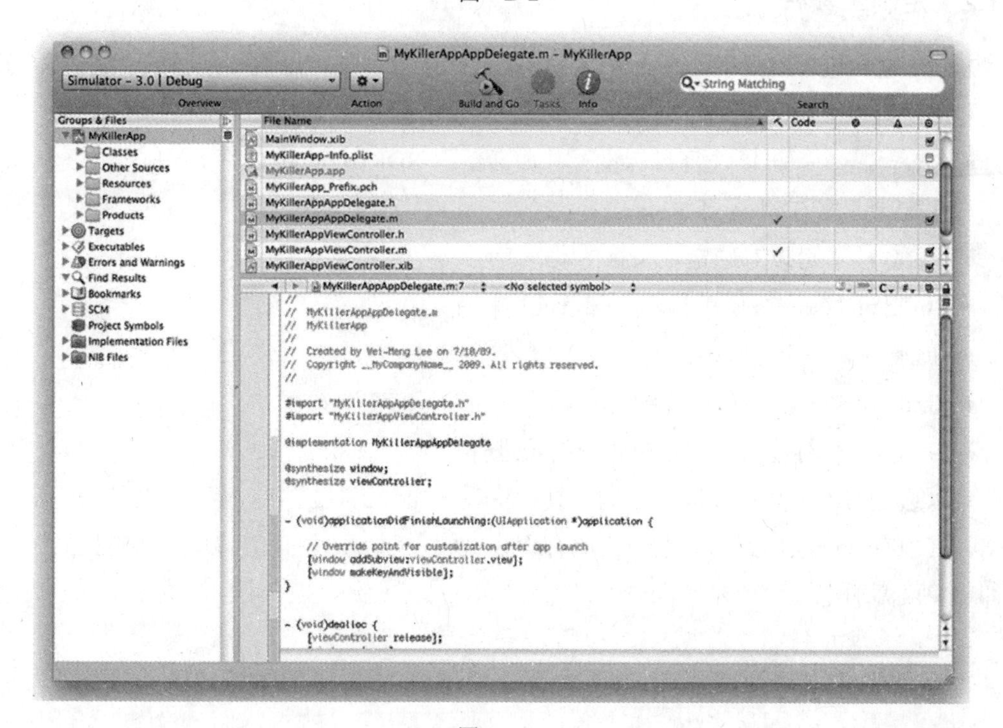

图　B-3

如果单击某个.plist 文件，就会启动 XML 属性列表编辑器(如图 B-4 所示)。

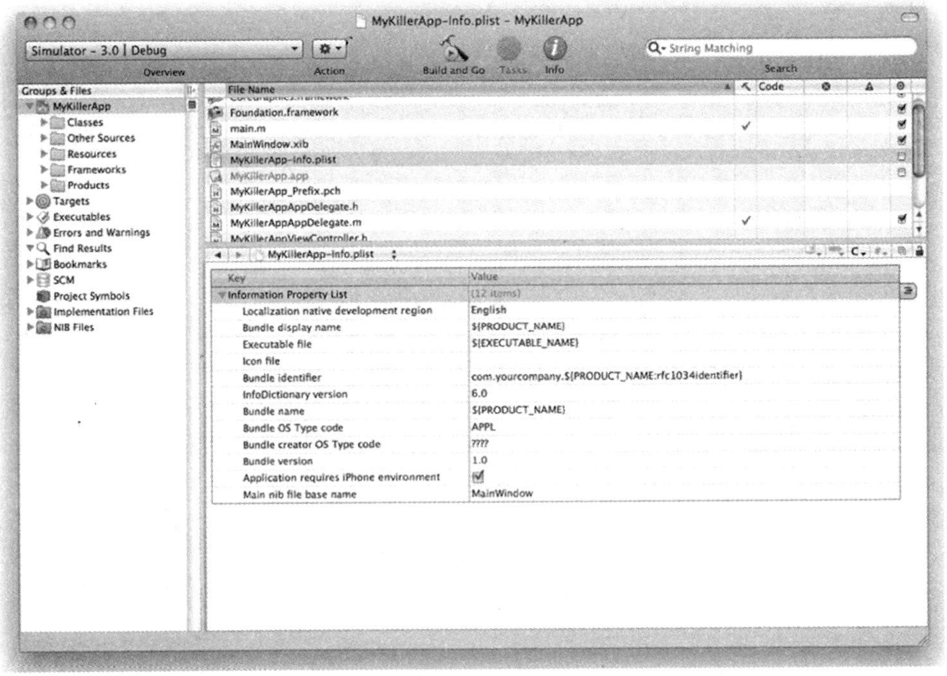

图　B-4

B.1.2　定制工具栏

Xcode 窗口包含工具栏区域，可以将感兴趣的项放到其中以便快速访问。默认情况下，工具栏中包含以下项：

- Overview——可以选择目标设置，如活动的 SDK(iPhone OS 版本与设备及模拟器)与活动配置(Debug 或 Release)。
- Action——可以对选定项执行的动作。
- Build and Go——用于构建与部署应用程序。
- Tasks——停止进行中的操作。
- Info——查看所选项的详细信息。
- Search——对显示在详细视图中的项进行筛选。

可以通过右击工具栏并选择定制工具栏将项添加到工具栏中。接下来会看到一个下拉窗格，其中有可以添加到工具栏中的所有项(如图 B-5 所示)。只需将项直接拖拽到工具栏中即可完成添加。

图　B-5

B.1.3　代码感知

现代 IDE 最常用的一个特性就是代码完成，IDE 会根据当前上下文自动完成输入的语句。在 Xcode 中，这个代码完成特性叫做代码感知。比如，当在 viewDidLoad()方法中输入字母 UIA 时，Xcode 会自动提示 UIAlertView 类(如图 B-6 所示，注意到建议的字母以灰色显示)。如果接受建议的单词，就只需按 Tab 键或是回车键即可。

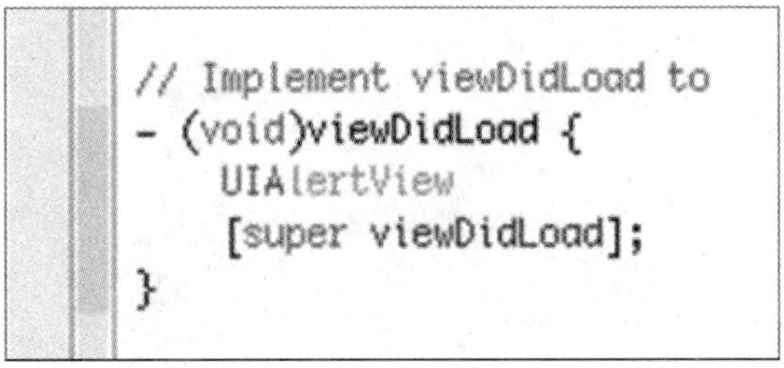

```
// Implement viewDidLoad to
- (void)viewDidLoad {
    UIAlertView
    [super viewDidLoad];
}
```

图　B-6

除了 Xcode 有助于完成单词外，还可以通过按 Esc 键(或是 F5)使用代码感知特性。无论输入什么内容，代码感知都会显示与已输入内容匹配的一个单词列表(如图 B-7 所示)。

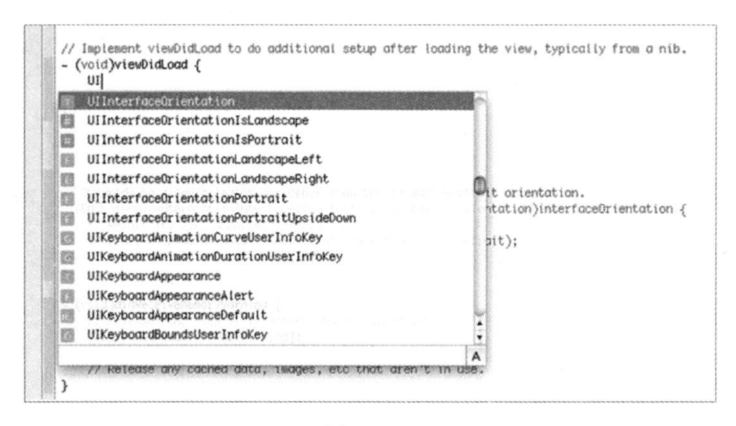

图 B-7

当在 Xcode 中输入时，Xcode 会自动识别代码并插入相关参数的占位符。比如，如果调用对象的某个方法，Xcode 就会插入各个参数的占位符。图 B-8 展示了在输入完 ini 之后，Xcode 为 UIAlertView 对象插入的占位符。按 Tab 键即可接受各个参数的占位符。

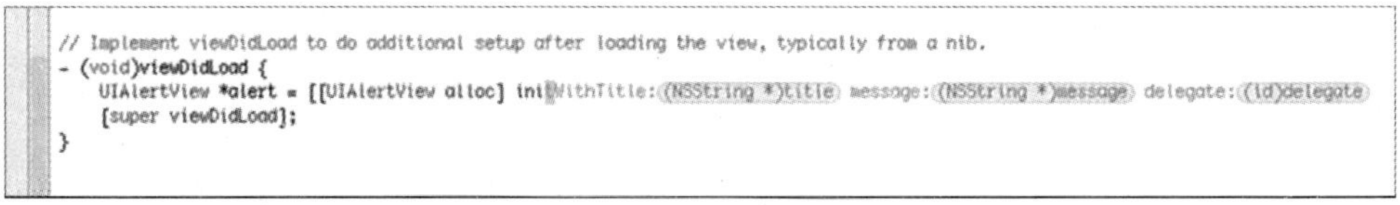

```
// Implement viewDidLoad to do additional setup after loading the view, typically from a nib.
- (void)viewDidLoad {
    UIAlertView *alert = [[UIAlertView alloc] initWithTitle:(NSString *)title message:(NSString *)message delegate:(id)delegate
    [super viewDidLoad];
}
```

图 B-8

要想为每个参数输入值，只需移到对应的参数即可。此外，还可以单击每个占位符在上面进行输入。

B.1.4 运行应用程序

要想执行应用程序，首先需要选择使用的活动 SDK。还需要选择是否想在实际设备或是 iPhone Simulator 上测试它。可以从 Overview 列表中进行选择(如图 B-9 所示)。

图 B-9

要想运行应用程序，请按 Command＋R 组合键，Xcode 会构建并将应用程序部署到所选的设备或模拟器上。

B.2　调试应用程序

iPhone 应用程序的调试是整个开发之旅中的必要组成部分。Xcode 包含调试工具，有助于在执行应用程序时跟踪并检查代码。下面几节就将介绍在开发 iPhone 应用程序时会用到的一些小技巧。

B.2.1　错误

当运行应用程序时，Xcode 在将应用程序部署到实际设备或模拟器前会先构建项目。Xcode 检测的任何语法错误都会以红色突出显示。图 B-10 展示了 Xcode 突出显示的一个语法错误。该代码块的错误原因是由于[[UIAlertView alloc]语句缺少左右括号([ ):

```
UIAlertView *alert = [UIAlertView alloc]
                         initWithTitle:@"Hello World!"
                         message:@"Hello, my World"
                         delegate:self
                         cancelButtonTitle:@"OK"
                         otherButtonTitles:nil];
```

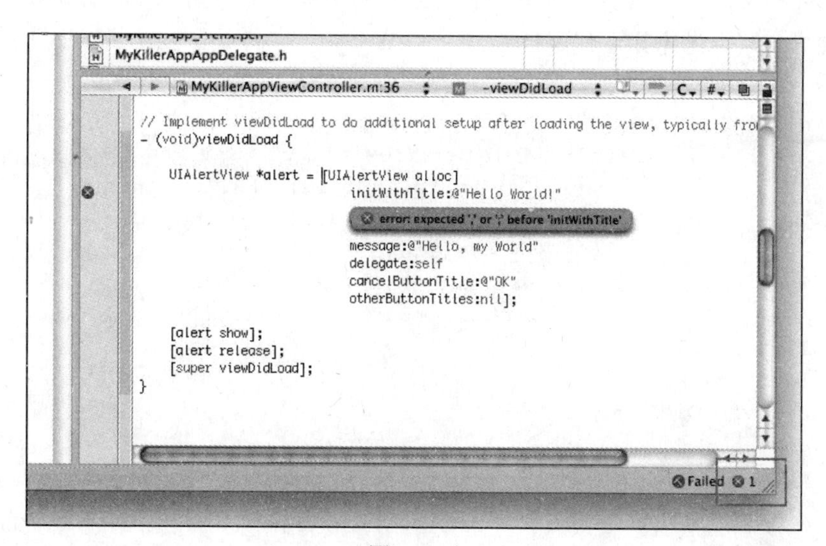

图　B-10

如果有多个错误，那么还可以单击错误图标以查看错误列表(如图 B-11 所示)。

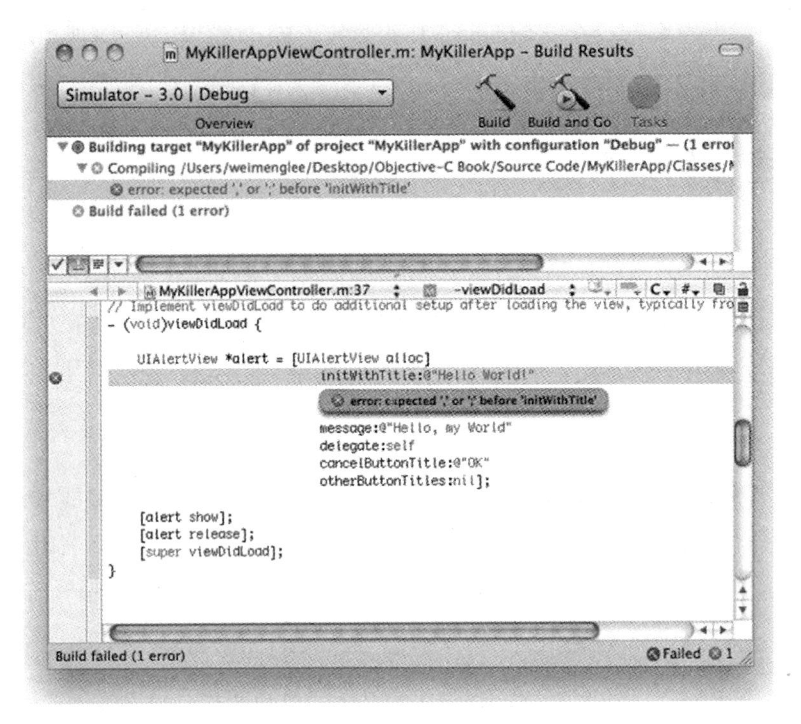

图 B-11

B.2.2 警告

Objective-C 是一门区分大小写的语言，因此初学者经常会犯的一个错误就是会混淆一些方法名的大小写。考虑如下代码：

```
- (void)viewDidLoad {
    UIAlertView *alert = [[UIAlertView alloc]
                          initwithTitle:@"Hello World!"
                          message:@"Hello, my World"
                          delegate:self
                          cancelButtonTitle:@"OK"
                          otherButtonTitles:nil];
    [alert show];
    [alert release];
   [super viewDidLoad];
}
```

能发现错误吗？从语法上来看，上面的语句并没有问题。但其中一个参数的大小写却搞错了。经验证明“initwithTitle:”需要写为“initWithTitle:”。当编译该程序时，Xcode 并不认为上面这段代码有错误，相反，它会显示一条黄色的警告消息(如图 B-12)。

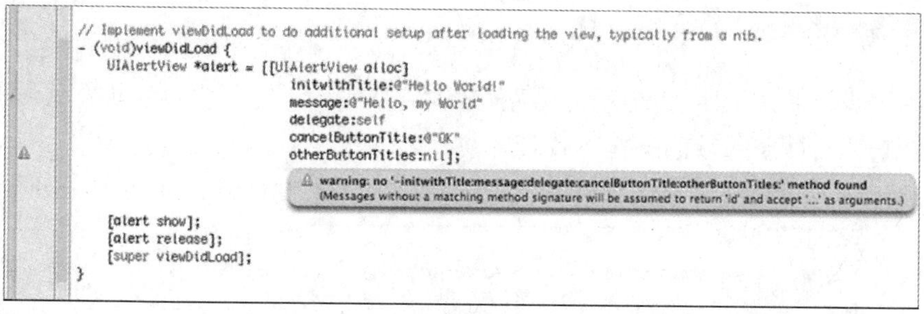

```
// Implement viewDidLoad to do additional setup after loading the view, typically from a nib.
- (void)viewDidLoad {
    UIAlertView *alert = [[UIAlertView alloc]
                          initwithTitle:@"Hello World!"
                          message:@"Hello, my World"
                          delegate:self
                          cancelButtonTitle:@"OK"
                          otherButtonTitles:nil];
                          warning: no '-initwithTitle:message:delegate:cancelButtonTitle:otherButtonTitles:' method found
                          (Messages without a matching method signature will be assumed to return 'id' and accept '...' as arguments.)
    [alert show];
    [alert release];
    [super viewDidLoad];
}
```

图　B-12

当在 Xcode 中看到一条警告消息时，就需要注意并检查方法名是否拼写正确，包括大小写。如果不这么做则会导致运行时异常。图 B-13 展示了当发生运行时异常时 Xcode 所显示的运行时异常消息。

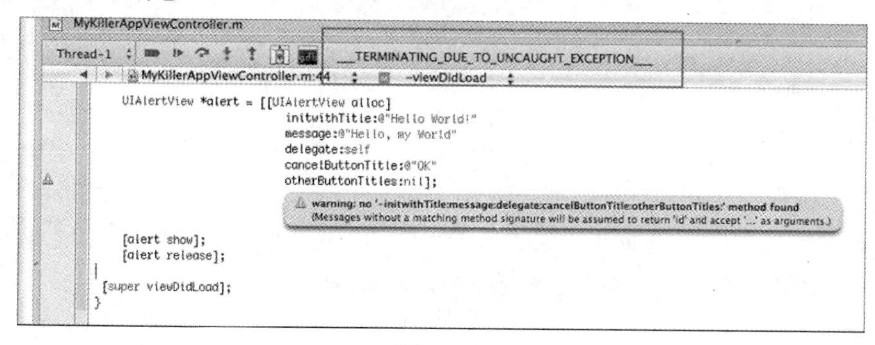

图　B-13

当出现运行时异常时，最好的故障排除手段是按 Shift+Command+R 组合键以打开调试控制台窗口。当 Xcode 在调试应用程序时，调试控制台窗口会输出所有的调试信息。这个窗口通常包含一些线索，可以帮助您确定背后所产生的问题。图 B-14 展示了当出现异常时调试控制台窗口中的内容。要想找到问题的根源，请将窗口滚动到底部并查看粗体部分。在该示例中，请注意显示的原因，很明显问题出在 UIAlertView 对象上。

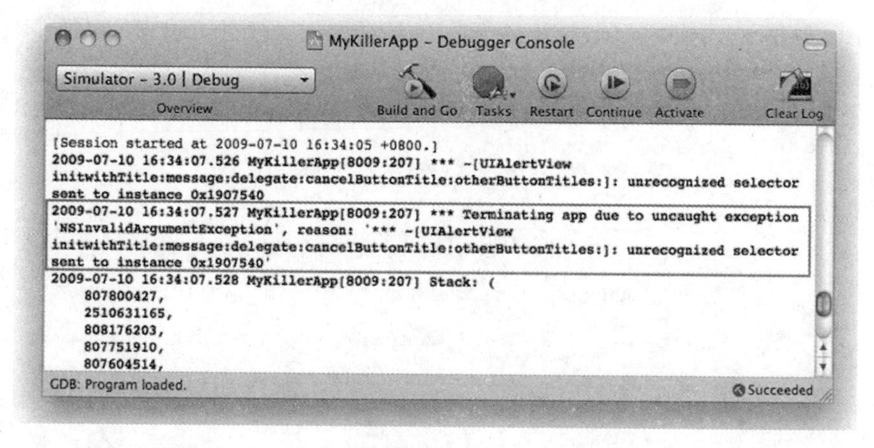

图　B-14

B.2.3　设置断点

在代码中设置断点对于程序调试非常有帮助。凭借断点，可以逐行执行代码并检查变量值，以便它们与期望执行的操作一致。

在 Xcode 中，可以通过单击代码编辑器的左侧边栏来设置断点(如图 B-15 所示)。

```
- (void)willRotateToInterfaceOrientation:
    (UIInterfaceOrientation) toInterfaceOrientation
    duration: (NSTimeInterval) duration {

    UIInterfaceOrientation destOrientation = toInterfaceOrientation;
    if (destOrientation == UIInterfaceOrientationPortrait)
    {
        btn.frame = CGRectMake(20,20,280,37);
    }
    else
    {
        btn.frame = CGRectMake(180,243,280,37);
    }
}
```

图　B-15

注意：可以单击断点以启用或禁用它，从而切换它的状态。深蓝色的断点处于启用状态，淡蓝色的断点则处于禁用状态。

在应用程序中设置断点后，需要按 Command＋Y 组合键来调试应用程序，这样当程序执行到断点时就会停止。

注意：如果按 Command + R 组合键来运行应用程序，那么应用程序不会在断点处停止。

当应用程序执行到设置的断点处时，Xcode 会使用一个红色箭头显示当前执行的行(如图 B-16 所示)。

```
- (void)willRotateToInterfaceOrientation:
    (UIInterfaceOrientation) toInterfaceOrientation
    duration: (NSTimeInterval) duration {

    UIInterfaceOrientation destOrientation = toInterfaceOrientation;
    if (destOrientation == UIInterfaceOrientationPortrait)
    {
        btn.frame = CGRectMake(20,20,280,37);
    }
    else
    {
        btn.frame = CGRectMake(180,243,280,37);
    }
}
```

图　B-16

此时，可以执行如下操作：

- 进入(Shift＋Command＋I 组合键)——进入到函数/方法中的语句。
- 跨过(Shift＋Command＋O 组合键)——执行函数/方法中的所有语句并继续执行下一条语句。
- 跳出(Shift＋Command＋T 组合键)——执行完函数或方法中的所有语句并继续执行函数调用后面的下一条语句。
- 如果想要重新执行应用程序，请按 Option＋Command＋P 组合键。
- 还可以单击 Show Debugger 按钮查看变量与对象的值(如图 B-17 所示)。可以将鼠标移动到感兴趣的对象与变量上来查看它们的值。

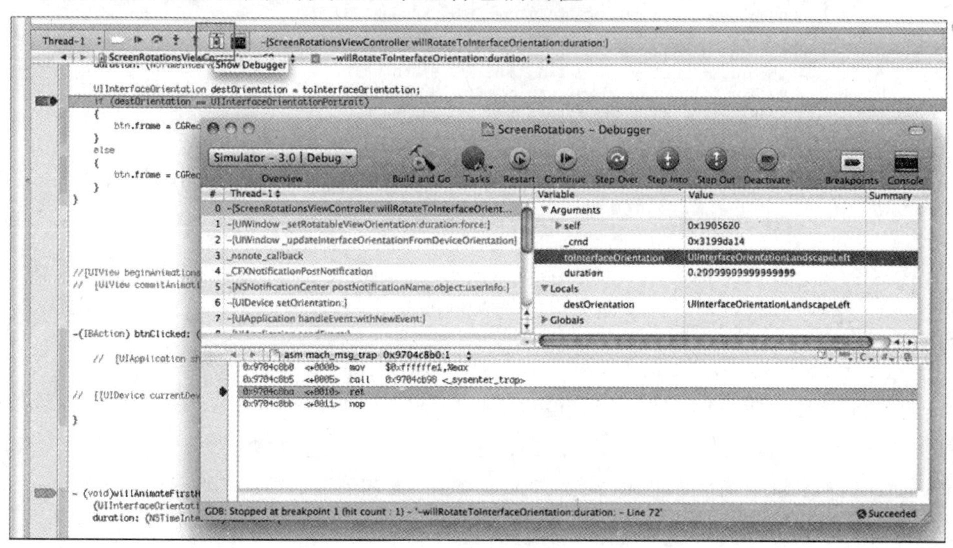

图　B-17

B.2.4　使用 NSLog()方法

除了设置断点来跟踪应用程序的流程外，还可以使用 NSLog()方法将调试信息输出到调试控制台窗口中。下面的 NSLog()语句会在应用程序改变方向时向调试控制台窗口输出一条消息。

```
- (void)willRotateToInterfaceOrientation:
    (UIInterfaceOrientation) toInterfaceOrientation
    duration: (NSTimeInterval) duration {

    NSLog(@"In the willRotateToInterfaceOrientation: event handler");

    UIInterfaceOrientation destOrientation = toInterfaceOrientation;
    if (destOrientation == UIInterfaceOrientationPortrait)
    {
       btn.frame = CGRectMake(20,20,280,37);
    }
    else
    {
```

```
        btn.frame = CGRectMake(180,243,280,37);
    }
}
```

图 B-18 展示了调试控制台窗口的输出(按 Shift＋Command＋R 组合键显示该窗口)。

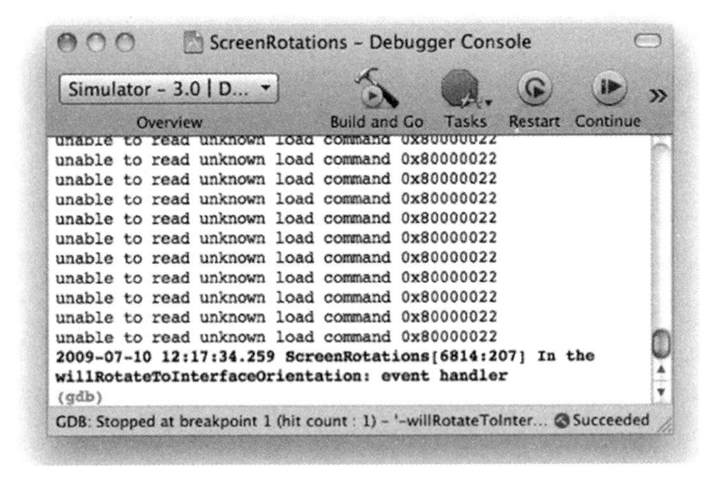

图　B-18

B.2.5　文档

在开发过程中，经常需要核对 iPhone SDK 中使用的各种方法、类与对象。最好的核对方法就是参照文档。凭借 Xcode，可以使用 Option 键快速且轻松地浏览类、属性与方法的定义。要想查看某一项的帮助文档，只需按 Option 键即可，这时的鼠标会变成十字交叉状。双击想要查看的项就会显示 Developer Documentation 窗口(如图 B-19 所示)。

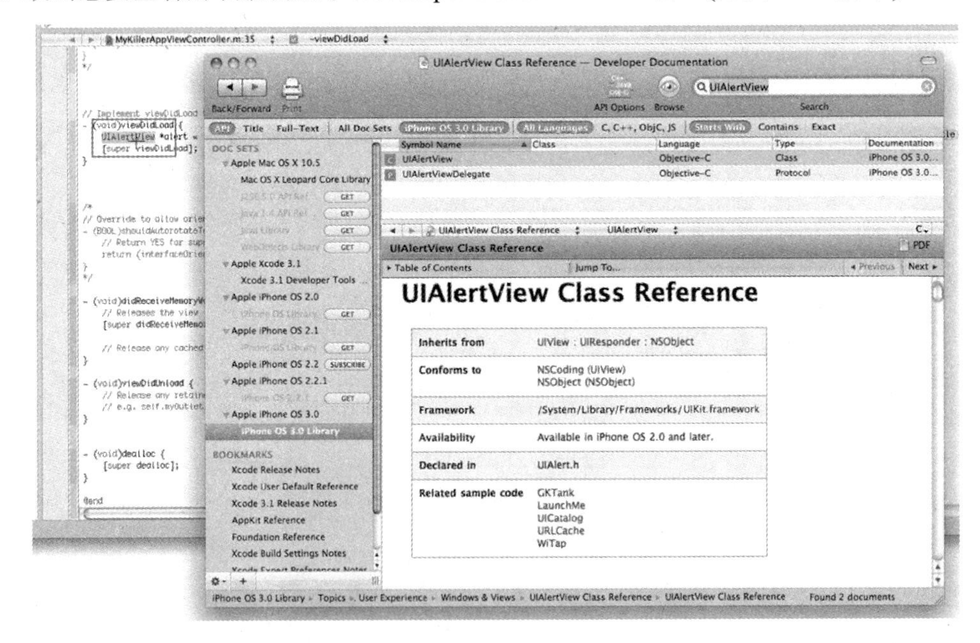

图　B-19

B.2.6　Research Assistant

Research Assistant 是文档中的一个有用工具(Help | Show Research Assistant 命令)。Research Assistant 是一个窗口，当在 Xcode 中编写代码时，它能够根据上下文显示帮助信息。当把鼠标放在特定的关键字/语句上时，Research Assistant 就会显示关于当前关键字/语句的如下信息(如图 B-20 所示)：

- 声明
- 摘要
- 可用性
- 相关 API
- 相关文档
- 示例代码

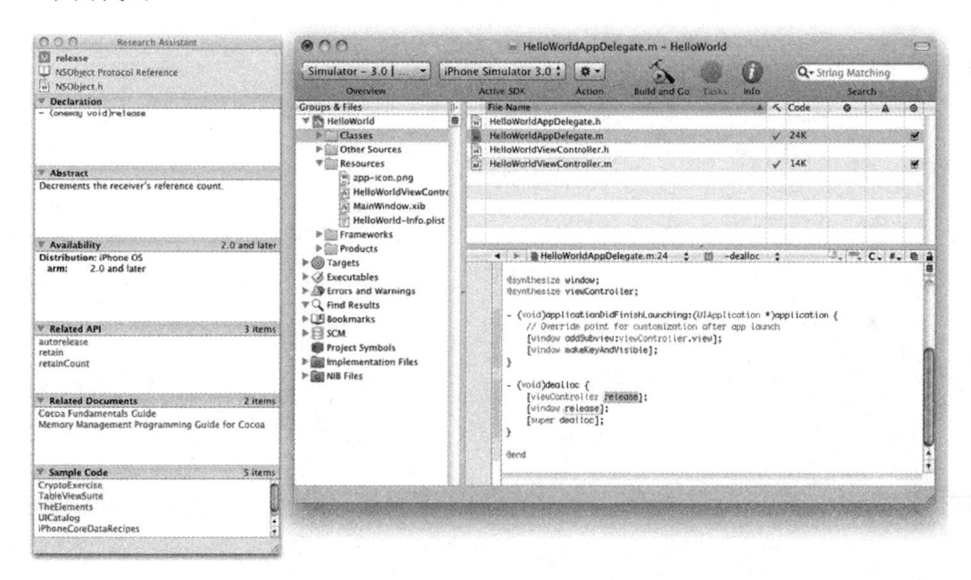

图　B-20

B.3　小结

本附录概述了如何使用 Xcode 开发 iPhone 应用程序，当程序正在运行时如何使用 Debugger Console 窗口查看 Xcode 产生的输出，如何在应用程序中设置断点以单步调试代码。

Interface Builder 快速入门

Interface Builder 是随 iPhone SDK 发布的一个工具。它是一个可视化的设计工具，用于构建 iPhone 应用程序的用户界面。虽然开发 iPhone 应用程序时并不会强制要求使用 Interface Builder，但它却是 iPhone 应用程序开发之旅中不可或缺的工具。本附录将会介绍 Interface Builder 的一些重要特性。

C.1 .XIB 窗口

启动 Interface Builder 最直接的方式就是在 Xcode 项目中双击任何.xib 文件。比如，如果已经创建了一个 View-based Application 项目，在 Xcode 的 Resources 文件夹中就会有两个.xib 文件。双击任何一个都会启动 Interface Builder。

当 Interface Builder 启动后，所看到的第一个窗口与.xib 文件同名(如图 C-1 所示)。

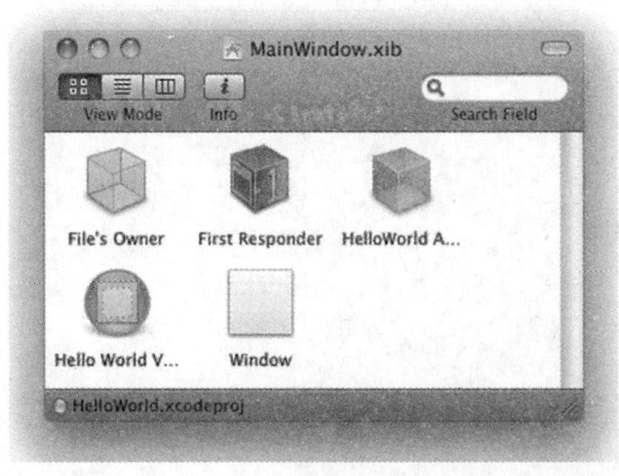

图 C-1

该窗口中有几项，根据双击内容的不同可以看到如几项：

- File's Owner
- First Responder
- 视图、表视图、窗口等
- 一些视图控制器与委托

在默认情况下，.xib 窗口以图标模式显示，但还可以切换到列表模式，这样就能更详细地查看某些项。比如，图 C-2 就展示了在列表模式下，View 项会以显示其中一个层次结构的视图。

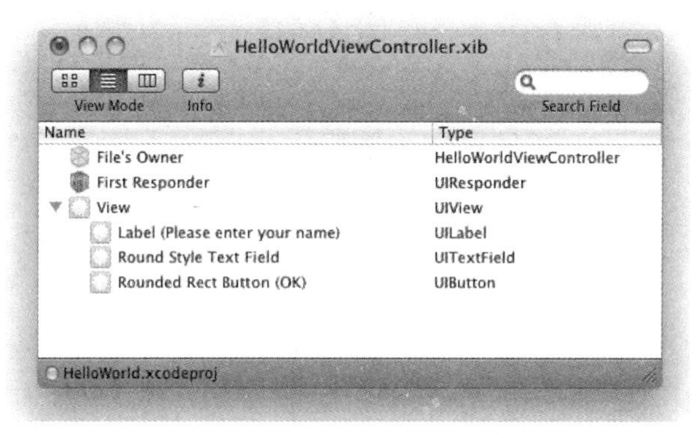

图 C-2

C.2 设计视图

要想设计应用程序的用户界面，通常需要在.xib 窗口中双击视图(或表视图等)项以可视化的形式来显示窗口，这样就能将视图拖拽到 View 窗口上。

为了使用视图来装配视图窗口，需要拖放 Library 窗口(请查看 Library 部分以详细了解 Library 窗口)中的对象。图 C-3 显示了正在被拖放到 View 窗口中的一个 Label 视图。

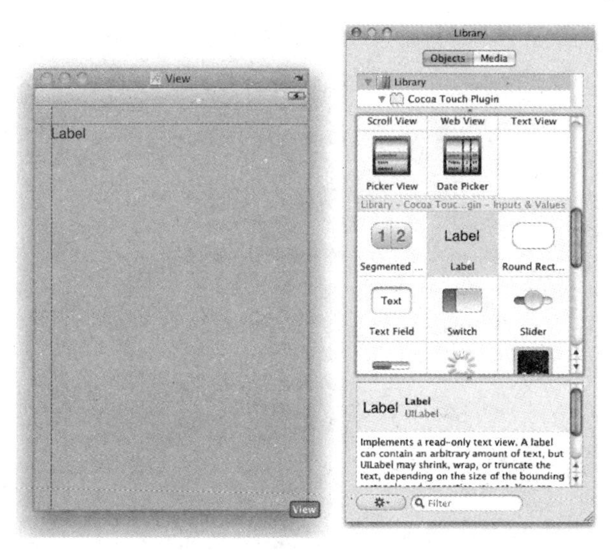

图 C-3

当在窗口中定位视图时，显示的网格线会起到一定的帮助作用。

View 窗口还可以旋转视图的方向，这样就能看到视图旋转到 landscape 方向时它的外观(如图 C-4 所示)。

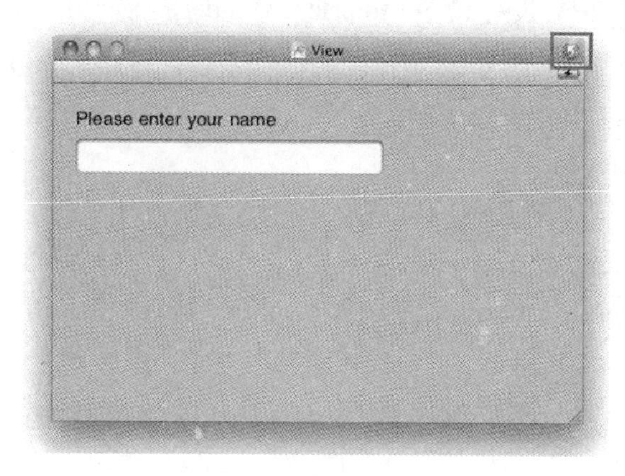

图　C-4

INTERFACE BUILDER 快捷键

在向 View 窗口添加更多的视图时，会发现自己要花很多时间计算它们的实际尺寸及相对于其他视图的位置。下面是一些提高工作效率的小技巧：

- 要想复制 View 窗口中的某个视图，只需按住 Option 键单击并拖拽视图即可。
- 如果当前没有选中视图，那么按 Option 键并将鼠标移到某个视图上时会显示该视图的布局与尺寸信息(如图 C-5 左半部分所示)。
- 如果当前选中某个视图，那么按 Option 键并将鼠标移到某个视图上时会显示该视图的尺寸信息。如果将鼠标移到另一个视图上，那么会显示该视图与所选视图之间的距离(如图 C-5 右半部分所示)。

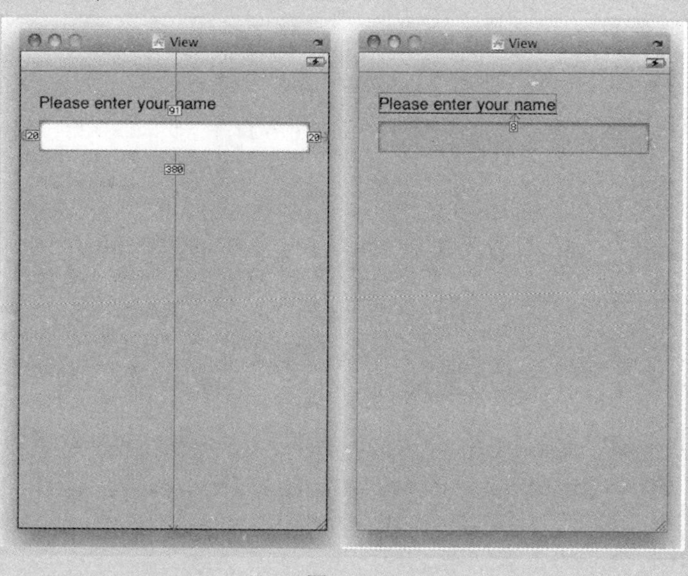

图　C-5

C.3　查看器窗口

为了定制视图的各种特性与属性，Interface Builder 提供了 Inspector 窗口。查看器窗口划分为 4 个窗格：

- Attributes Inspector
- Connection Inspector
- Size Inspector
- Identity Inspector

可以通过选择 Tools | Library 命令打开 Inspector 窗口。下面几节将会详细介绍每一个查看器窗格。

C.3.1　Attributes Inspector 窗口

Attributes Inspector 窗口(如图 C-6 所示)用于在 Interface Builder 中配置视图的属性。Attributes Inspector 窗口的内容是动态的，会根据 View 窗口中所选项的变化而变化。

可以通过选择 Tools | Attributes Inspector 命令打开 Attributes Inspector 窗口。

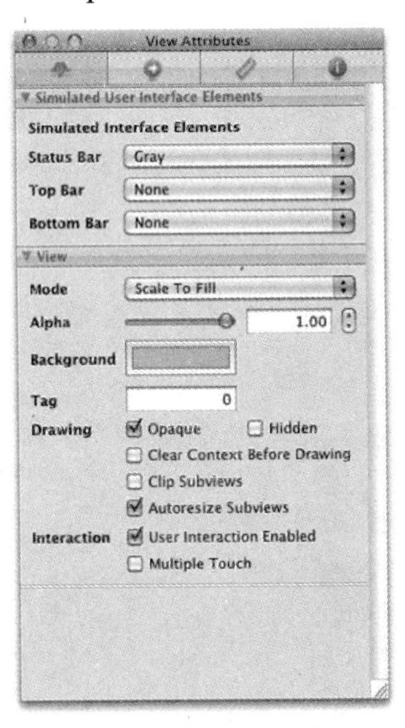

图　C-6

C.3.2　Connection Inspector 窗口

Connection Inspector 窗口(如图 C-7 所示)用于在 Interface Builder 中将插座变量与动作连接到视图控制器上。Connection Inspector 窗口的内容是动态的，会根据 View 窗口中所选项的变化而变化。

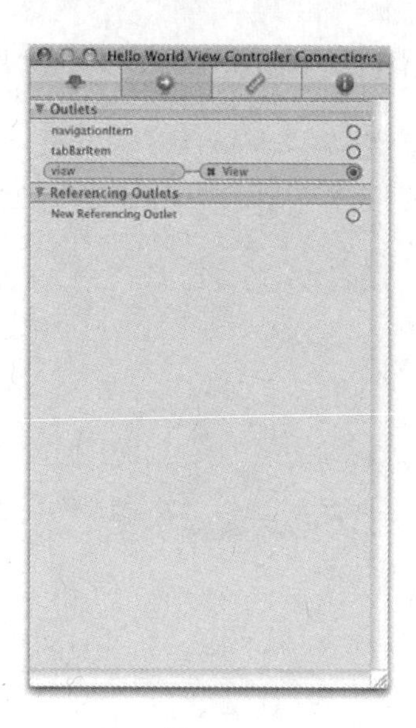

图　C-7

可以通过选择 Tools | Connections Inspector 命令打开 Connections Inspector 窗口。

C.3.3　Size Inspector 窗口

Size Inspector 窗口(如图 C-8 所示)用于在 Interface Builder 中配置视图的尺寸与位置。

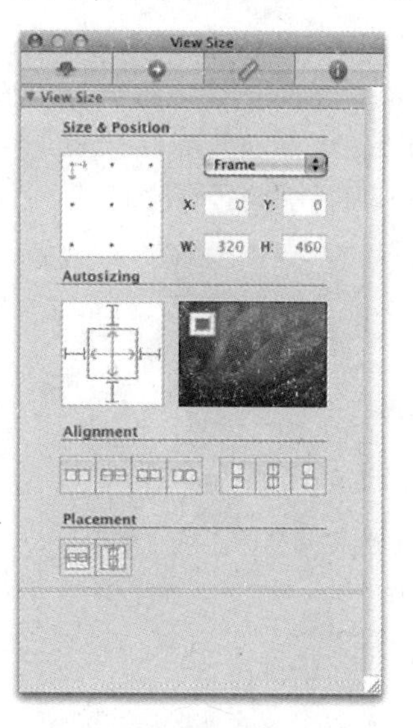

图　C-8

可以通过选择 Tools | Size Inspector 命令打开 Size Inspector 窗口。

C.3.4　Identity Inspector 窗口

Identity Inspector 窗口(如图 C-9 所示)用于配置视图控制器的插座变量与动作。可以通过单击加号(+)按钮来添加动作与插座变量；还可以使用减号(−)按钮将其删除。C.5.1 节将会详细介绍如何在 Interface Builder 中创建插座变量与动作。

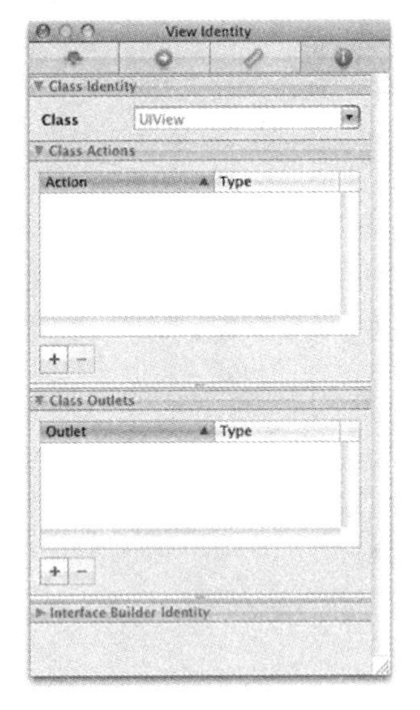

图　C-9

可以通过选择 Tools | Identity Inspector 命令打开 Identity Inspector 窗口。

C.4　Library

Library(Tools | Library 命令)包含一组视图，这些视图可用于构建 iPhone 应用程序的用户界面。图 C-10 展示了 Library 和其中的部分视图。

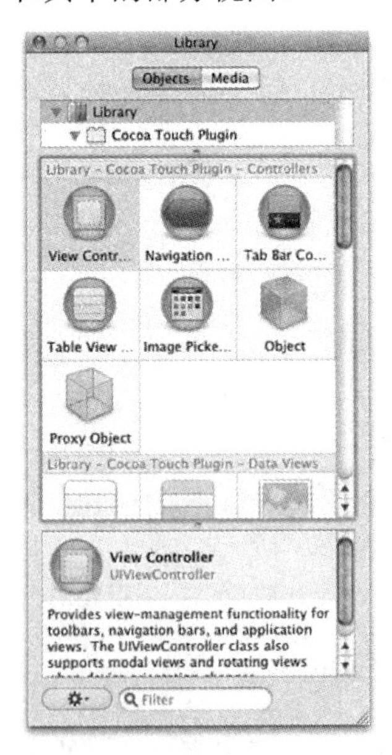

图　C-10

可以对 Library 进行配置，以不同模式显示其中的视图(如图 C-11 所示)：

- 图标
- 图标与标签(也就是图 C-10 所显示的模式)
- 图标与说明

图 C-12 展示了以图标与说明模式显示的 Library。

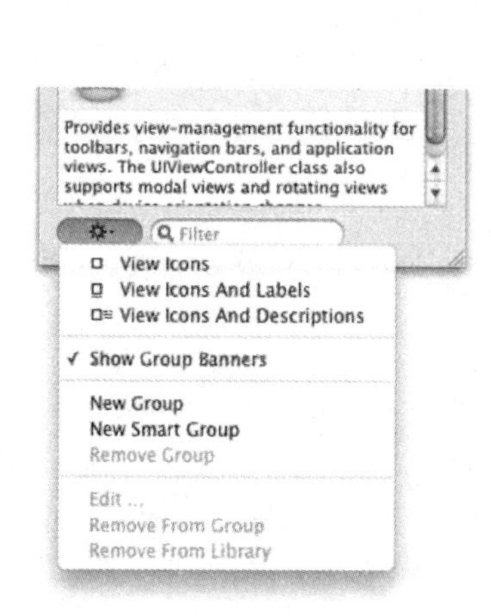

图　C-11

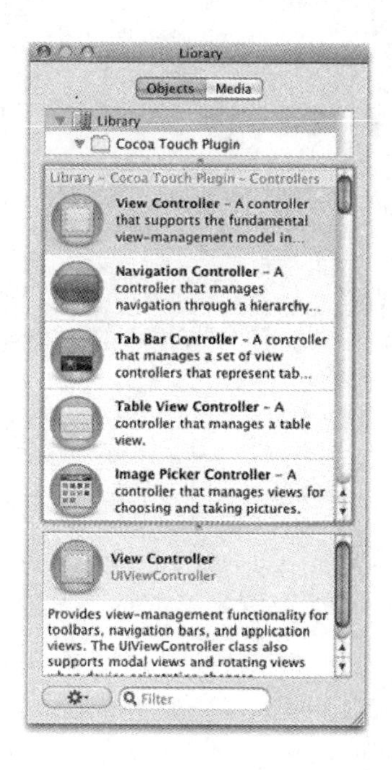

图　C-12

C.5　插座变量与动作

插座变量与动作是 iPhone 编程中的基本机制，代码通过它们连接到用户界面(UI)中的视图上。在使用插座变量时，可以编程的方式在代码中引用 UI 上的视图，动作则作为事件处理程序，用于处理各种视图所触发的各种事件。

虽然可以编程的方式连接动作与插座变量，但 Interface Builder 则简化了这个过程，我们可以拖放的方式连接插座变量与动作。

C.5.1　创建插座变量与动作

为了创建动作，可以单击 Identify Inspector 窗口的 Class Actions 部分中的加号(+)按钮(如图 C-13 左侧所示)。不要忘记包含动作名结尾的冒号(:)字符。这个字符可以使动作拥有一个 id 类型的输入参数，如下所示：

```
-(IBAction) myAction:(id) sender;
```

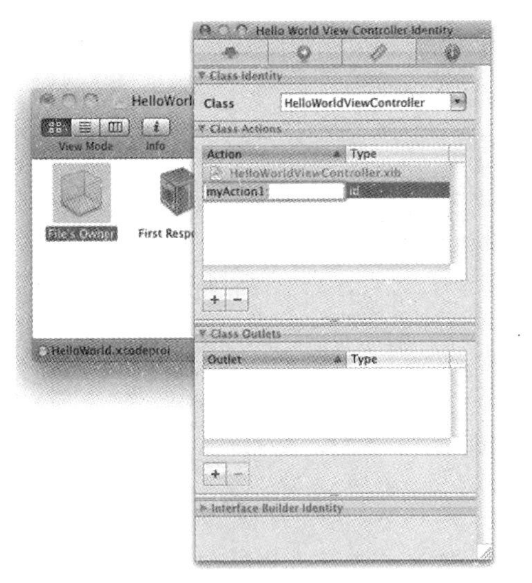

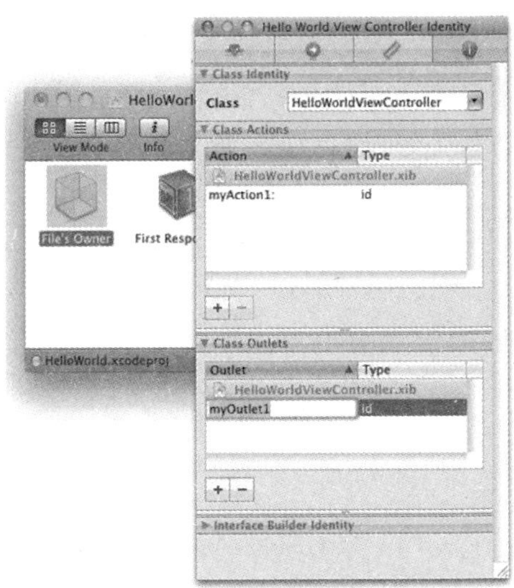

图 C-13

注意在图C-13中，插座变量与动作都列在了HelloWorldViewController.xib头文件下面。这是因为它们都定义在Interface Builder中。

类似地，单击身份查看器窗口的Class Outlets部分中的加号(+)按钮可以创建插座变量。最好指定所定义的插座变量的类型。对于上面的示例，如果想将插座变量连接到UITextField视图上，就应该将myOutlet1的类型指定为UITextField而非id。

使用Interface Builder创建插座变量与动作后，仍旧需要将它们定义在.h文件中，如以下代码所示：

```
#import <UIKit/UIKit.h>

@interface HelloWorldViewController : UIViewController {

IBOutlet UITextField *myOutlet1;

}

-(IBAction) myAction1:(id) sender;

@end
```

注意：无论在Xcode还是在Interface Builder中，修改完文件后都不要忘记保存文件。

回到Interface Builder中的Identity Inspector窗口，注意到插座变量与动作现在都列在

HelloWorldViewController.h 头文件中(如图 C-14 所示)。如果现在再一次单击加号(+)按钮，那么插座变量或动作将会出现在 HelloWorldViewController.xib 头文件中，直到在.h 文件中定义它们。

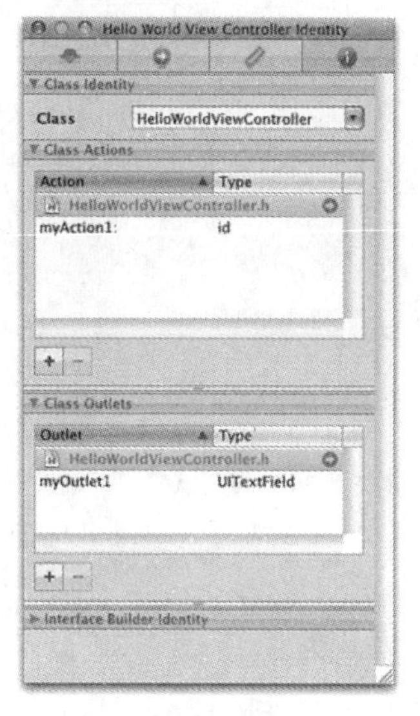

图　C-14

注意：通过单击减号(－)按钮无法在 Identify Inspector 窗口中删除在.h 文件中定义的插座变量与动作。

事实上，更简单的方式是首先在视图控制器的.h 文件中直接定义插座变量与动作。这样就不必在 Interface Builder 的 Identify Inspector 窗口中定义它们。

此外，如果不想在 View Controller 类中手动声明插座变量与动作，那么可以在 Identify Inspector 窗口中创建它们，选择 File's Owner 项，然后选择 File | Write Class Files 命令。这样 Interface Builder 就会为添加到 Identify Inspector 窗口中的插座变量与动作生成代码。在使用这种方式时，Interface Builder 首先会询问是要替换还是合并视图控制器文件(如果已经存在此类文件)。替换文件会导致现有的文件被替换掉——这样，对文件进行的所有修改都会丢失。因此并不推荐使用这种方式。合并文件则可以选择想要合并到现有文件中的代码段。这是安全的做法。

注意，Interface Builder 所生成的代码不会将插座变量公开为属性。必须使用@property 关键字手动添加代码以公开属性，并使用@synthesize 关键字为属性生成 getters 与 setters。

注意：通常，手动定义插座变量与动作总会比通过 Interface Builder 定义要简单一些。

C.5.2 连接插座变量与动作

有两种方法可以将插座变量与动作连接到视图上，下面几节将会详细介绍这两种方法。

1. 第 1 种方法

要想连接插座变量，请按住 Control 键单击并将 File's Owner 项拖拽到想要连接的视图上(如图 C-15 所示)。

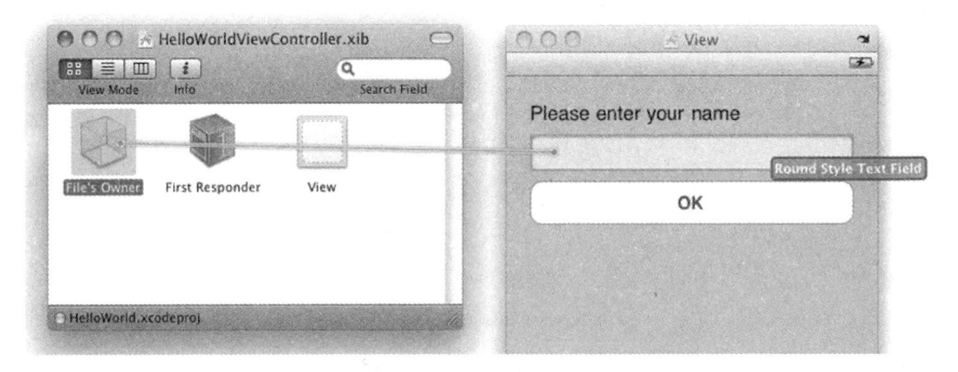

图 C-15

当释放鼠标时会出现一个列表，可以从中选择正确的插座变量。在定义插座变量时(在身份查看器窗口或在代码中)，请记住，可以指定插座变量所引用的视图类型。当释放鼠标时，Interface Builder 只会列出与所选视图类型匹配的插座变量。比如，如果将 myOutlet1 定义为 UIButton 类型，当按住 Control 键单击并将 File's Owner 项拖拽到 View 窗口中的 Text Field 视图上时，myOutlet1 不会出现在插座变量列表中。

要想连接动作，请按住 Control 键单击并将该视图拖拽到.xib 窗口中的 File's Owner 项上(如图 C-16 所示)。

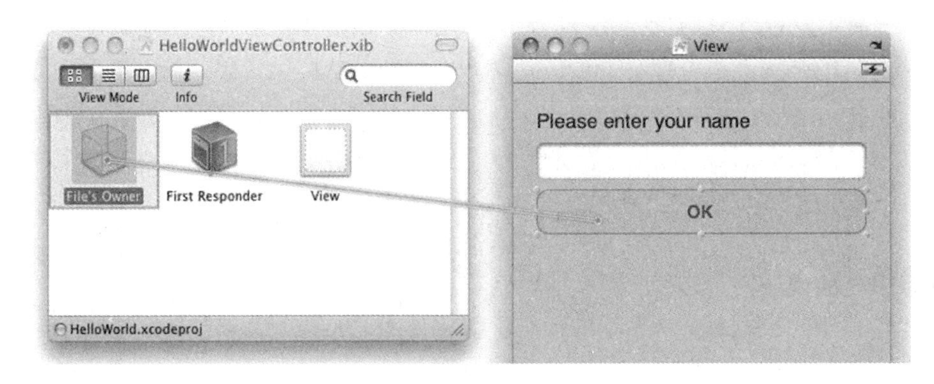

图 C-16

当释放鼠标时会出现一个列表，可以从中选择正确的动作。

当连接插座变量与动作后，好的习惯是通过右击它查看 File's Owner 项中的所有连接。图 C-17 表明 File's Owner 项已经通过 myOutlet1 插座变量连接到 Text Field 视图上，同时

OK 按钮的 Touch Up Inside 事件连接到“myAction1:”动作上。

图 C-17

在按住 Control 键单击并将 OK 按钮拖拽到 File's Owner 项上时，OK 按钮是如何知道 Touch Up Inside 事件(而不是其他事件)应该连接到“myAction1:”动作上呢？Touch Up Inside 事件使用得非常频繁，在按住 Control 键单击并拖拽动作时它就是默认选择的事件。如果想要连接到其他事件而不是默认事件该怎么办呢？第 2 种方法将揭示该如何解决上述问题。

2. 第 2 种方法

连接插座变量的另一个方法是右击 File's Owner 项并直接将插座变量连接到视图上(如图 C-18 所示)。

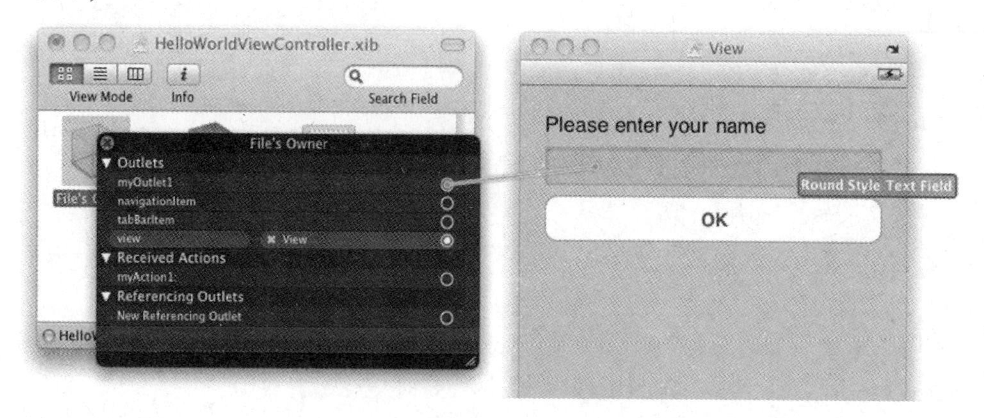

图 C-18

对于动作的连接，可以将相关的动作连接到想要连接的视图上(如图 C-19 所示)。当释放鼠标时会出现一个可用的事件列表，从中选择需要的事件即可。

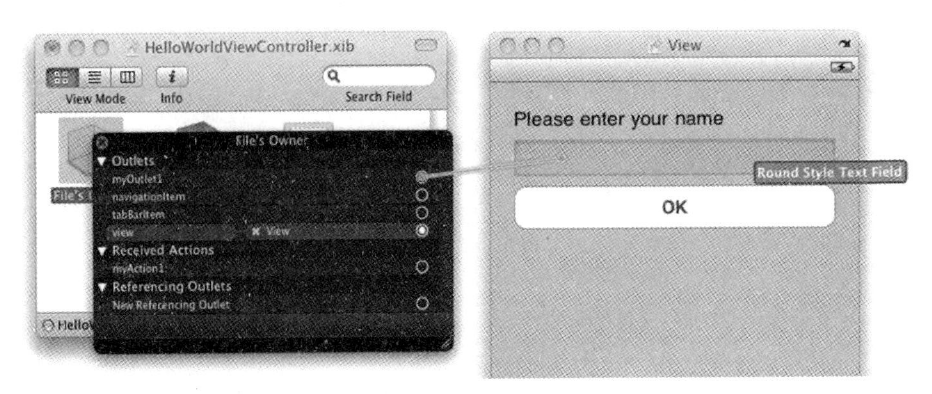

图　C-19

此外，可以右击目标视图并将相关的事件连接到 File's Owner 项上(如图 C-20 所示)。当释放鼠标时会出现一个动作列表，从中选择需要连接的动作即可。

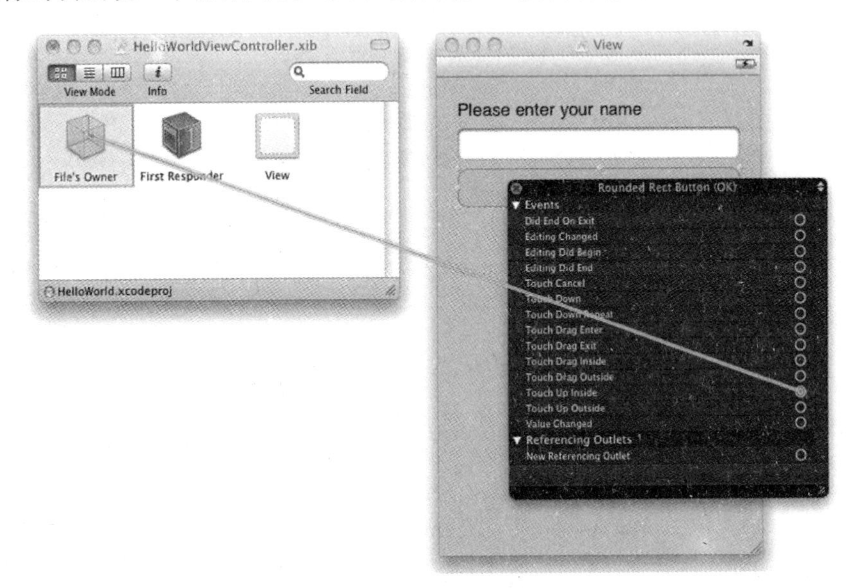

图　C-20

C.6　小结

本附录概述了如何使用 Interface Builder 构建 iPhone 应用程序的用户界面。C.5.2 节介绍了将插座变量与动作连接到应用程序视图上的各种方法。

附录D

Objective-C 快速教程

Objective-C 是一门面向对象的编程语言，Apple 主要用它开发 Mac OS X 与 iPhone 应用程序。它是对标准的 ANSI C 语言的扩展，因此如果熟悉 C 编程语言，掌握 Objective-C 就是轻而易举的事情了。本附录假设你已经了解 C 编程，将重点关注 Objective-C 的面向对象方面。如果你有 Java 或.NET 的知识背景，就会很熟悉 Objective-C 的众多概念；你只需要学习 Objective-C 的语法，特别要关注内存管理部分即可。

Objective-C 的源代码文件有两种类型：

- .h——头文件
- .m——实现文件

下面的介绍假设你已经使用 Xcode 创建了一个 View-based Application 项目并向项目中添加了一个空的名为 SomeClass 的类。

D.1 指令

观察 SomeClass.h 文件的内容就会发现，在该文件上面是一条#import 语句：

```
#import <Foundation/Foundation.h>
@interface SomeClass : NSObject {
}
@end
```

#import 语句叫做预处理指令。在 C 与 C++中，使用#include 预处理指令在当前源代码中包含某个文件的内容。在 Objective-C 中，则使用#import 完成同样的事情，只不过编译器会确保文件最多只会包含一次。要想从其中框架中导入头文件，需要在#import 语句中使用尖括号(<>)指定头文件名。要想从项目中导入头文件，需要在#import 语句中使用字符左

双引号与右双引号，如 SomeClass.m 文件所示：

```
#import "SomeClass.h"
@implementation SomeClass
@end
```

D.2 类

在 Objective-C 中，经常会与类和对象打交道。因此理解如何在 Objective-C 中声明与定义类非常重要。

D.2.1 @interface

需要使用@interface 编译器指令来声明类，如下所示：

```
@interface SomeClass : NSObject {
}
```

这在头文件(.h)中完成，类声明并不包含实现方式。上述代码声明一个名为 SomeClass 的类，它继承自 NSObject 基类。

注意：虽然通常将代码声明放在.h 文件中，但也可以放到.m 文件中。小项目通常这么做。

注意：NSObject 是大多数 Objective-C 类的根类。它定义了类的基本接口，包含继承自它的所有类共有方法。NSObject 还提供了 Objective-C 中大多数对象都会用到的标准内存管理与初始化框架，以及反射与类型操作。

在典型的视图控制器类中，HelloWorldViewController 类继承自 UIViewController 类，如以下代码所示：

```
@interface HelloWorldViewController : UIViewController {
}
```

D.2.2 @implementation

要想实现头在文件中声明的类，需要使用@implementation 编译器指令，如以下代码所示：

```
#import "SomeClass.h"

@implementation SomeClass

@end
```

这在不同于头文件的另一个文件中实现。在 Objective-C 中，类在.m 文件中定义。注意到类定义以@end 编译器指令结束。

注意：如前所述，还可以将声明放在.m 文件中。因此，.m 文件既可以包含@interface 指令，也可以包含@implementation 指令。

D.2.3　@class

如果类引用在另一个文件中定义的类，就需要在使用另一个类前导入该文件的头文件。考虑如下示例：定义了两个类——SomeClass 与 AnotherClass。如果从 SomeClass 类中使用了 AnotherClass 类的一个实例，就需要导入 AnotherClass.h 文件，如以下代码段所示：

```
//---SomeClass.h---
#import <Foundation/Foundation.h>
#import "AnotherClass.h"

@interface SomeClass : NSObject {
    //---an object from AnotherClass---
    AnotherClass *anotherClass;
}

@end

//---AnotherClass.h---
#import <Foundation/Foundation.h>
#import "SomeClass.h"

@interface AnotherClass : NSObject {

}

@end
```

然而，如果在 AnotherClass 类中想要创建 SomeClass 类的一个实例，就不能只是在 AnotherClass 类中导入 SomeClass.h 文件，如以下代码所示：

```
//---SomeClass.h---
#import <Foundation/Foundation.h>
#import "AnotherClass.h"

@interface SomeClass : NSObject {
    AnotherClass *anotherClass;
}
```

```
 @end

//---AnotherClass.h---
#import <Foundation/Foundation.h>
#import "SomeClass.h" //---cannot simply import here---

@interface AnotherClass : NSObject {
    SomeClass *someClass; //---using an instance of SomeClass---
}

@end
```

这么做会导致循环包含。为了防止这种情况的发生，Objective-C 使用@class 编译器指令作为前置声明以通知编译器所指定的类是有效的。通常在头文件中使用@class 编译器指令，在实现文件中使用@import 编译器指令告诉编译器关于所使使用类的更多信息。

使用了@class 编译器指令的程序如下所示：

```
//---SomeClass.h---
#import <Foundation/Foundation.h>
@class AnotherClass; //---forward declaration---

@interface SomeClass : NSObject {
    AnotherClass *anotherClass;
}

@end

//---AnotherClass.h---
#import <Foundation/Foundation.h>
@class SomeClass;    //---forward declaration---

@interface AnotherClass : NSObject {
    SomeClass *someClass;
}

@end
```

注意：使用前置声明的另一个原因在于它可能会减少编译次数，因为编译器不需要遍历包含的所有头文件。

D.2.4　类实例化

要想创建类的实例，通常使用 alloc 关键字(在 D.3 节会详细介绍该关键字)为对象分配内存，然后将其返回给该类对应类型的变量：

```
SomeClass *someClass = [SomeClass alloc];
```

在 Objective-C 中，声明对象时需要在对象名前加上“*”前缀。如果声明的是原生类型的变量(如 float、int、CGRect、NSInteger 等)，就不需要“*”字符。下面是几个示例：

```
CGRect frame; //---CGRect is a structure---
int number;   //---int is a primitive type---
NSString *str //---NSString is a class
```

除了指定返回类对应类型的变量外，还可以使用 id 类型，如以下代码所示：

```
id someClass = [SomeClass alloc];
id str;
```

id 类型表示变量可以指向任何类型的对象，因此“*”字符是隐式包含的。

D.2.5　字段

字段就是对象的数据成员。例如，下面的代码表明 SomeClass 类有 3 个字段——anotherClass、rate 与 name：

```
#import <Foundation/Foundation.h>
@class AnotherClass;

@interface SomeClass : NSObject {
  AnotherClass *anotherClass;
  float rate;
  NSString *name;
}

@end
```

D.2.6　访问权限

默认情况下，所有字段的访问权限都是@protected。然而，访问权限还可以是@public 或@private。如下列表列出了各种访问权限：

- @private——只对声明字段的当前类可见
- @public——对所有类均可见
- @protected——仅对声明字段的当前类以及继承它的类可见

使用上一节的示例，如果想在另一个类中(如 AnotherClass)访问 SomeClass 类中的字段，这是不行的：

```
SomeClass *someClass = [SomeClass alloc];
someClass->rate = 5; //---rate is declared protected---
someClass->name = @"Wei-Meng Lee"; //---name is declared protected---
```

注意：观察到为了直接访问类中的字段，这里使用了“->”操作符。

要想使 rate 与 name 变量对外部可见，需要添加@public 编译器指令来修改 SomeClass.h

文件：

```
#import <Foundation/Foundation.h>
@class AnotherClass;

@interface SomeClass : NSObject {
    AnotherClass *anotherClass;
@public
    float rate;
@public
    NSString *name;
}

@end
```

下面两个声明是有效的：

```
someClass-> rate = 5; //---rate is declared protected---
someClass-> name = @"Wei-Meng Lee"; //---name is declared protected---
```

虽然可以直接访问字段，但这么做违背了面向对象编程中的封装规律的设计原则。更好的方式是将想要公开的两个字段封装为属性。请参考 D.2.9 节了解详细信息。

D.2.7　方法

方法就是在类中定义的函数。Objective-C 支持两种方法——实例方法与类方法。

实例方法只能通过类的实例调用。实例方法需要使用减号字符作为前缀。

类方法可以直接使用类名来调用，并且不需要类的实例就可以运行。类方法使用加号字符作为前缀。

注意：在某些编程语言中(如 C#与 Java)，类方法也叫做静态方法。

如下代码示例在 SomeClass 类中声明 3 个实例方法与 1 个类方法：

```
#import <Foundation/Foundation.h>
@class AnotherClass;

@interface SomeClass : NSObject {
    AnotherClass *anotherClass;
    float rate;
    NSString *name;
}

//---instance methods---
-(void) doSomething;
-(void) doSomething:(NSString *) str;
-(void) doSomething:(NSString *) str withAnotherPara:(float) value;
```

```
//---class method---
+(void) alsoDoSomething;

@end
```

如下代码展示了在头文件中声明的方法的实现：

```
#import "SomeClass.h"

@implementation SomeClass

-(void) doSomething {
    //---implementation here---
}
-(void) doSomething:(NSString *) str {
    //---implementation here---
}
-(void) doSomething:(NSString *) str withAnotherPara:(float) value {
    //---implementation here---
}
+(void) alsoDoSomething {
    //---implementation here---
}

@end
```

要想调用这 3 个方法，首先需要创建类的实例，然后使用已创建的实例调用它们：

```
SomeClass *someClass = [SomeClass alloc];
[someClass doSomething];
[someClass doSomething:@"some text"];
[someClass doSomething:@"some text" withAnotherPara:9.0f];
```

可以直接使用类名调用类方法，如以下代码所示：

```
[SomeClass alsoDoSomething];
```

通常，在需要执行与类的特定实例(也就是对象)相关的某些动作时创建实例方法。比如，假设定义了一个代表雇员信息的类。可能会公开实例方法以便计算某个雇员的加班费。在这种情况下，需要使用实例方法，因为计算过程涉及针对于特定雇员对象的数据。

类方法则常用于定义辅助方法。比如，创建一个名为“GetOvertimeRate:”的类方法来返回加班率。因为所有雇员的加班率都是一样的(假设你的公司就是这种情况)，所以这样就没必要创建实例方法，类方法就足够了。

下一节将会介绍如何使用各种参数来调用方法。

D.2.8　消息发送(调用方法)

在 Objective-C 中，使用如下语法来调用方法：

```
[object method];
```

严格来讲，在 Objective-C 中，并不调用方法，而是向对象发送一条消息。传递给对象的消息在运行期间而非编译期间得到解析。这就说明了即便拼错了方法名，编译器也并不会阻止程序运行的原因，但它会警告您目标对象可能不会响应对应消息，因为目标对象只不过是忽略该消息而已。图 D-1 展示了当 UIAlertView 的初始化器中的一个参数拼错时编译器发出的警告(“cancelButtonsTitle:”应该是“cancelButtonTitle:”)。

```
-(IBAction) buttonClicked: (id) sender{
    UIAlertView *alert = [[UIAlertView alloc] initWithTitle:@"Action invoked!"
                                                    message:@"Button clicked!"
                                                   delegate:self
                                          cancelButtonsTitle:@"OK"
                                          otherButtonTitles:nil];
    warning: no '-initWithTitle:message:delegate:cancelButtonsTitle:otherButtonTitles:' method found
    (Messages without a matching method signature will be assumed to return 'id' and accept '...' as arguments.)
```

图　D-1

注意：为了便于理解，这里使用更通俗的术语“调用方法”来表示 Objective-C 的消息发送机制。

使用上一节的示例，doSomething 方法没有参数：

```
-(void) doSomething {
    //---implementation here---
}
```

因此，这样调用它：

```
[someClass doSomething];
```

如果方法有一个或多个输入，就使用如下语法调用它：

```
[object method:input1]; //---one input---
[object method:input1 andSecondInput:input2]; //---two inputs---
```

Objective-C 有趣的一点是使用多个输入调用方法的方式。还使用之前的示例：

```
-(void) doSomething:(NSString *) str withAnotherPara:(float) value {
    //---implementation here---
}
```

上面的方法名是“doSomething:withAnotherPara:”。

值得注意的是方法名以及如何区别有参数与无参数的方法。比如，doSomething 指没有参数的方法，而“doSomething:”指有一个参数的方法，“doSomething:withAnotherPara”:指有两个参数的方法。方法名中是否有冒号表示运行期间会调用哪个方法。将方法名作为参数传递很重要，尤其是使用@selector(将在 D.5 节中介绍)符号将它们传递给委托或通知事件时更是如此。

方法调用还可以嵌套，如以下示例所示：

```
NSString *str = [[NSString alloc] initWithString:@"Hello World"];
```

这里，首先调用 NSString 类的 alloc 类方法，然后调用 alloc 方法的返回结果(id 类型，Objective-C 所用的一个通用 C 类型，可以用于任意对象)中的“initWithString:”方法。

通常，嵌套层次不应该超过 3 层，因为超过 3 层会导致代码的可读性变差。

D.2.9　属性

凭借属性，可以在类中公开属性，这样就可以控制值的设置与返回方式。在之前的示例中(D.2.6 节)，可以使用“->”操作符直接访问类中的字段。然而，这并非理想的方式，理想的方式是将字段公开为属性。

在 Objective-C 2.0 之前，程序员只能通过声明方法才能使字段对于其他类是可访问的，如以下代码所示：

```
#import <Foundation/Foundation.h>
@class AnotherClass;

@interface SomeClass : NSObject {
    AnotherClass *anotherClass;
    float rate;
    NSString *name;
}

//---expose the rate field---
-(float) rate;                                //---get the value of rate---
-(void) setRate:(float) value;                //---set the value of rate

//---expose the name field---
-(NSString *) name;                           //---get the value of name---
-(void) setName:(NSString *) value;           //---set the value of name---

@end
```

这些方法叫做 getters 与 setters(有时也叫做 accessors 与 mutators)。这些方法的实现如下所示：

```
#import "SomeClass.h"

@implementation SomeClass

-(float) rate {
     return rate;
}

-(void) setRate:(float) value {
    rate = value;
}

-(NSString *) name {
```

```
        return name;
    }

    -(void) setName:(NSString *) value {
        [value retain];
        [name release];
        name = value;
    }

    @end
```

要想为这些属性设置值，需要调用前缀是 set 关键字的方法：

```
SomeClass *sc = [[SomeClass alloc] init];
[sc setRate:5.0f];
[sc setName:@"Wei-Meng Lee"];
```

此外，还可以使用 Objective-C 2.0 中引入的点符号：

```
SomeClass *sc = [[SomeClass alloc] init];
sc.rate = 5;
sc.name = @"Wei-Meng Lee";
```

要想获取属性的值，可以直接调用方法，也可以使用 Objective-C 2.0 中的点符号：

```
NSLog([sc name]); //---call the method---
NSLog(sc.name);   //---dot notation
```

要想使属性只读，只需删除前缀是 set 关键字的方法即可。

注意到在“setName:”方法中，有不少语句使用了 retain 与 release 关键字。这些关键字与 Objective-C 中的内存管理有关；D.3 节将详细介绍这个主题。

在 Objective-C 2.0 中，要想将字段公开为属性，不必再定义 getters 与 setters。可以通过@property 与@synthesize 编译器指令实现。还使用之前的示例，这里可以使用@property 编辑器指令将 rate 与 name 字段公开为属性，如以下代码所示：

```
#import <Foundation/Foundation.h>
@class AnotherClass;

@interface SomeClass : NSObject {
    AnotherClass *anotherClass;
    float rate;
    NSString *name;
}

@property float rate;
@property (retain, nonatomic) NSString *name;

@end
```

第一条@property 语句将 rate 定义为属性。第二条语句将 name 也定义为属性，但它还指定了属性的行为。在该示例中，它将行为标识为 retain 与 nonatomic，D.3 节将详细介绍这个主题。特别地，nonatomic 表示属性无法以线程安全的方式访问。如果在编写多线程应用程序这就没问题了。大多数时候，在声明属性时都会使用 retain 与 nonatomic 的组合。

在实现文件中，不必定义 getter 与 setter 方法，只需使用@synthesize 关键字让编译器自动生成 getters 与 setters 即可：

```
#import "SomeClass.h"

@implementation SomeClass
@synthesize rate, name;

@end
```

如上所示，可以将单个@synthesize 关键字用在多个属性上。然而也可以将它们放到单独的语句中：

```
@synthesize rate;
@synthesize name;
```

现在可以像以前一样使用属性了：

```
//---setting using setRate---
[sc setRate:5.0f];
[sc setName:@"Wei-Meng Lee"];

//---setting using dot notation---
sc.rate = 5;
sc.name = @"Wei-Meng Lee";

//---getting---
NSLog([sc name]); //---using the name method
NSLog(sc.name);   //---dot notation
```

要想使属性只读，使用 readonly 关键字即可。下面的语句使得 name 属性变为只读：

```
@property (readonly) NSString *name;
```

D.2.10　初始化器

在创建类的实例时，一般会同时对其进行初始化。比如，在上面的示例中(在 D.2.4 节)，就使用了如下语句：

```
SomeClass *sc = [[SomeClass alloc] init];
```

alloc 关键字为对象分配内存，当返回对象时会，调用对象上的 init 方法来初始化对象。回忆一下，在 SomeClass 类中，并没有定义名为 init 的方法。那么这个方法是哪里来的呢？它实际上定义在 NSObject 类中，NSObject 类是 Objective-C 中大多数类的基类。init 方法也叫做初始化器。

如果想创建更多的初始化器，就可以定义以 init 单词开头的方法(init 单词的用法更像是一种规范而非必须遵守的准则)。

```
#import <Foundation/Foundation.h>
@class AnotherClass;

@interface SomeClass : NSObject {
    AnotherClass *anotherClass;
    float rate;
    NSString *name;
}

-(void) doSomething;
-(void) doSomething:(NSString *) str;
-(void) doSomething:(NSString *) str withAnotherPara:(float) value;
+(void) alsoDoSomething;

- (id)initWithName:(NSString *) n;
- (id)initWithName:(NSString *) n andRate:(float) r;

@property float rate;
@property (retain, nonatomic) NSString *name;

@end
```

上述示例包含两个初始化器："initWithName:"与"initWithName:andRate:"。可以像下面这样为这两个初始化器提供实现方式：

```
#import "SomeClass.h"
@implementation SomeClass
@synthesize rate, name;

- (id)initWithName:(NSString *) n
{
    return [self initWithName:n andRate:0.0f];
}

- (id)initWithName:(NSString *) n andRate:(float) r
{
    if (self = [super init]) {
        self.name = n;
        self.rate = r;
    }
    return self;
}

-(void) doSomething {
}

-(void) doSomething:(NSString *) str {
}

-(void) doSomething:(NSString *) str withAnotherPara:(float) value {
}

+(void) alsoDoSomething {
}
```

```
@end
```

注意到在“initWithName:andRate:”这个初始化器的实现中，首先调用了父类(基类)的 init 初始化器，这样它的基类也会正确地初始化，而这是在初始化当前类之前的必要操作。

```
- (id)initWithName:(NSString *) n andRate:(float) r
{
    if (self = [super init]) {
      //...
      //...
    }
    return self;
}
```

定义初始化器的规则非常简单：如果类正确地初始化，它就应该返回对 self 的引用(因此是 id 类型)。如果失败，则它应该返回 nil。

对于“initWithName:”初始化器的实现，注意到它调用了“initWithName:andRate:”初始化器：

```
- (id)initWithName:(NSString *) n
{
    return [self initWithName:n andRate:0.0f];
}
```

通常，如果有多个初始化器，每个都有不同的参数，就应该确保有单独一个初始化器会调用父类的 init 初始化器，而其他初始化器则会调用这个单独的初始化器以形成链式调用。在 Objective-C 中，调用父类的 init 初始化器的初始化器叫做指定初始化器(designated initializer)。

注意：一般来说，指定初始化器应该是参数个数最多的那个初始化器。

要使用初始化器，可以在实例化期间调用初始化器：

```
SomeClass *sc1 = [[SomeClass alloc] initWithName:@"Wei-Meng Lee" andRate:35];
SomeClass *sc2 = [[SomeClass alloc] initWithName:@"Wei-Meng Lee"];
```

D.3　内存管理

Objective-C 编程(特别是 iPhone)中的内存管理是个非常重要的话题，每个开发人员都应该重视起来。与其他的流行语言类似，Objective-C 也支持垃圾回收，这有助于删除不再使用的对象，于是释放内存并加以重用。然而，由于实现垃圾回收涉及的系统开销很高，iPhone 并不支持垃圾回收。这样，当不再需要对象时，开发人员只能手动分配与释放它们所占据的内存。

本节将介绍 iPhone 内存管理的方方面面。

D.3.1　引用计数

为了帮助你分配与释放对象的内存，iPhone OS 使用了名为引用计数的方案来跟踪对象以确定是保留还是释放他们。基本上，引用计数对于每个对象使用一个计数器，创建每个对象后，该计数值递增 1。当释放对象后，计数值递减 1。当计数值为 0 时，对象所占据的内存就会被 OS 回收。

在 Objective-C 中，有一些关键字与内存管理关系密切。下面几节将会介绍这些关键字。

1. alloc

alloc 关键字会在创建对象时为其分配内存。本书中几乎所有的示例都用到了这个关键字。比如下面这段代码：

```
NSString *str = [[NSString alloc] initWithString:@"Hello"];
```

在该示例中，创建一个 NSString 对象并使用默认字符串实例化它。当创建对象之后，对象的引用计数为 1。由于对象是您创建的，因此它属于你，当使用完毕后您需要负责释放对象占据的内存。

注意：请参看本节后面的内容以了解如何释放对象。

那么怎么知道何时拥有对象，谁拥有的呢？看看下面的示例：

```
NSString *str = [[NSString alloc] initWithString:@"Hello"];
NSString *str2 = str;
```

在该示例中，对于 str 使用了 alloc 关键字，因此就拥有 str。这样，当不再需要它时您就地释放它。然而，由于 str2 只是指向 str，因此并不拥有 str2.，这意味着当使用完毕后不需要释放 str2。

2. new

除了使用 alloc 关键字为对象分配内存外，还可以使用 new 关键字，如以下代码所示：

```
NSString *str = [NSString new];
```

new 关键字在功能上等价于以下语句：

```
NSString *str = [[NSString alloc] init];
```

与 alloc 关键字一样，使用 new 关键字可以成为对象的拥有者，因此当使用完毕后需要释放该对象。

3. retain

retain 关键字会将对象的引用计数递增 1。考虑之前的示例：

```
NSString *str = [[NSString alloc] initWithString:@"Hello"];
NSString *str2 = str;
```

在该示例中，并不拥有 str2，因为没有在该对象上使用 alloc 关键字。当释放 str 时，str2 将不再有效。

注意：该如何释放 str2 呢？它是自动释放的。请参看 D.3.2 一节以了解详细信息。

如果希望在释放 str 时仍确保 str2 可用，就需要使用 retain 关键字：

```
NSString *str = [[NSString alloc] initWithString:@"Hello"];
NSString *str2 = str;
[str2 retain];
[str release];
```

在上面的示例中，str 的引用计数现在是 2,。当释放 str 时，str2 仍旧有效。当使用完 str2 时，您需要手动释放它。

注意：作为通用的准则，如果拥有某个对象(使用 alloc 或是 retain)，就需要释放它。

4. release

当使用完对象后，需要使用 release 关键字手动释放它：

```
NSString *str = [[NSString alloc] initWithString:@"Hello"];

//...do what you want with the object...

[str release];
```

当在某个对象上使用 release 关键字时，它会导致对象的引用计数递减 1,。当引用计数归 0 时，就释放对象所使用的内存。

在使用 release 关键字时需要记住的一点是不能释放不属于你的对象。考虑上一节使用的示例：

```
NSString *str = [[NSString alloc] initWithString:@"Hello"];
```

```
NSString *str2 = str;
[str release];
[str2 release]; //---this is not OK as you do not own str2---
```

尝试释放str2会导致运行时错误，因为不能释放不属于你的对象。然而，如果使用retain关键字获得对象的所有权，就需要使用release关键字：

```
NSString *str = [[NSString alloc] initWithString:@"Hello"];
NSString *str2 = str;
[str2 retain];
[str release];
[str2 release]; //---this is now OK as you now own str2---
```

回忆一下D.2.9的内容，其中定义了“setName:”方法，在该方法中设置name字段的值：

```
-(void) setName:(NSString *) value {
    [value retain];
    [name release];
    name = value;
}
```

注意到首先需要保留value对象，之后释放name对象，最后将value对象赋予name。这为什么与下面的写法相反呢?

```
-(void) setName:(NSString *) value {
    name = value;
}
```

如果使用垃圾回收，上面的语句就是有效的。然而，由于iPhone OS不支持垃圾回收，上面的语句会导致name对象所引用的原始对象丢失，因此这会导致内存泄露。为了防止内存泄露，首先需要保留value对象以表明您希望获得它的所有权；然后释放name引用的原始对象。最后，将value赋予name。

```
[value retain];
[name release];
name = value;
```

通过类比来理解引用计数

在思考使用引用计数实现的内存管理时，使用真实世界的类比会加深理解。

想象图书馆中有一个房间，您可以预订下来用于学习。一开始，房间是空的，因此灯是灭的。当预订房间时，图书管理员会将使用房间的人数递增1。这与使用alloc关键字创建对象类似。

当您离开房间时，图书管理员会将计数值递减1，如果计数值为0就表示房间不再使用，可以把灯关了。这与使用release关键字释放对象类似。

有时你预订了房间，而房间中只有你一个人(因此，计数值为1)直到你的一个朋友也过来了。他可能只是过来看看，并没有在图书管理员那儿登记。因此，计数值并没有递增。

由于他只是过来看看你，并没有预订房间，他就无权决定灯是否应该关闭。这类似于不使用 alloc 关键字将一个对象赋予另一个变量。在这种情况下，如果你离开了房间(release)，灯就应该关闭，你的朋友也得离开。

考虑另一种情况，你正在使用该房间，另一个人也预订了房间并与你一起使用。在这种情况下，计数值是 2。如果你离开了房间，数字就递减到 1，但灯依旧是开着的，因为房间里还有一个人。这类似于创建对象并使用 retain 关键字将其赋予另一个变量。在这种情况下，只有当两个对象都释放它时，才会释放这个对象。

D.3.2　便捷方法与自动释放

到目前为止，你已经知道了使用 alloc 或 new 关键字创建的所有对象都属于你。考虑如下示例：

```
NSString *str = [NSString stringWithFormat:@"%d", 4];
```

在上面的语句中，你拥有 str 对象吗？答案是否定的。这是因为该对象是使用便捷方法之一——静态方法创建的，静态方法用于直接创建并初始化对象。在这个示例中，你创建了对象，但你却不拥有它。因为你不拥有它，所以你就无法手动释放它。事实上，使用这种方式创建的对象叫做自动释放对象。所有的自动释放对象都是临时对象，会被添加到一个自动释放池当中。当前方法退出时，其中的所有对象都会被释放。如果你只是想使用某些临时变量而不想自己分配与释放它们时，自动释放对象就很有用。

使用 alloc(或 new)与使用便捷方法创建对象的主要差别在于对象的所有权问题，如以下代码所示：

```
NSString *str1 = [[NSString alloc] initWithFormat:@"%d", 4];
[str1 release]; //---this is ok because you own str1---

NSString *str2 = [NSString stringWithFormat:@"%d", 4];
[str2 release]; //---this is not ok because you don't own str2---
//---str2 will be removed automatically when the autorelease pool is activated---
```

在使用便捷方法时如果想获得对象的所有权，就可以使用 retain 关键字完成：

```
NSString *str2 = [[NSString stringWithFormat:@"%d", 4] retain ];
```

要想释放对象，可以使用 autorelease 或 release 关键字。之前曾介绍过 release 关键字会立刻将引用计数递减 1，当引用计数归 0 时，会立刻释放该对象。与之相反，autorelease 关键字并不是立刻将引用计数递减 1，而是在未来的某一时刻。好像在说，“我现在还需要该对象，但一会儿我会释放它”。如下代码清楚地说明了这一点：

```
NSString *str = [[NSString stringWithFormat:@"%d", 4] retain];
[str autorelease]; //you don't own it anymore; still available
NSlog(str);        //still accessible for now
```

注意：在自动释放某个对象后，就不要再释放它。

考虑如下语句：

```
NSString *str2 = [NSString stringWithFormat:@"%d", 4];
```

与下面的语句等价：

```
NSString *str2 = @"4";
```

虽然自动释放对象会自动释放不再需要的对象，这好像简化了你的工作，但在使用它时还是得多加小心。考虑如下示例：

```
for (int i=0; i < =99999; i++){
    NSString *str = [NSString stringWithFormat:@"%d", i];
    //...
    //...
}
```

每次循环迭代都会创建一个NSString对象。由于直到函数退出时才会释放该对象，因此在自动释放池开始释放对象前内存可能会耗尽。

解决这个问题的一个办法是使用自动释放池，下一节将会介绍这个主题。

引用计数：继续类比

继续图书馆房间这个类比，假设你正要与图书管理员办理签离手续，突然发现书落在了房间里。你告诉管理员房间已经使用完毕，现在想要签离，但因为书落在了房间里，因此请管理员不要关灯，你打算回去拿书。之后，管理员可以自己决定何时关灯。这就是自动释放对象的行为。

D.3.3 自动释放池

所有的自动释放对象都是临时对象，并且会被添加到自动释放池中。在当前方法退出时，会释放方法中的所有对象。然而，有时你希望控制何时清空自动释放池而不是等待OS来调用它。要实现这个目标，可以创建NSAutoreleasePool类的一个实例，如以下代码所示：

```
for (int i=0; i < =99999; i++){
    NSAutoreleasePool *pool = [[NSAutoreleasePool alloc] init];
    NSString *str1 = [NSString stringWithFormat:@"%d", i];
    NSString *str2 = [NSString stringWithFormat:@"%d", i];
    NSString *str3 = [NSString stringWithFormat:@"%d", i];
    //...
    //...
    [pool release];
}
```

在上述示例中，每次循环迭代都会创建一个 NSAutoreleasePool 对象，所有的自动释放对象都在循环中创建——str1、str2 与 str3——我们来看看这部分。在每次迭代的末尾，都会释放 NSAutoreleasePool 对象，这样也会自动释放其中的所有对象。这确保了在任意时刻内存中至多拥有 3 个自动释放对象。

D.3.4 dealloc

你已经知道通过 alloc 或 new 关键字拥有自己创建的对象。还知道了如何使用 release 或 autorelease 关键字来释放你所拥有的对象。那么什么时候释放对象好呢？

一般来说，对象只要使用完毕就应该释放。如果对象是在方法中创建的，就应该在方法退出该方法前释放它。对于属性，可以联合使用@property 编译器指令与 retain 关键字：

```
@property (retain, nonatomic) NSString *name;
```

由于属性的值会被保留，因此必须在退出应用程序前释放它们。比较合适的位置是在某个类(如视图控制器)的 dealloc 方法中释放它们。

```
-(void) dealloc {
    [self.name release]; //---release the name property---
    [super dealloc];
}
```

当对象的引用计数归 0 时会触发某个类的 dealloc 方法。考虑如下示例：

```
SomeClass *sc1 = [[SomeClass alloc] initWithName:@"Wei-Meng Lee" andRate:35];
//...do something here …
[sc1 release]; //---reference count goes to 0; dealloc will be called---
```

上述示例表明当 sc1 的引用计数归 0 时(在调用 release 语句时)，会调用该类中定义的 dealloc 方法。如果没有在类中定义该方法，就会调用它在基类中的实现。

D.3.5 内存管理小贴士

iPhone 编程中的内存管理是个棘手的问题。虽然可以使用很多工具来测试内存泄露，但本节还将介绍一些简单的方法来检测可能会影响应用程序的内存问题。

首先，请确保在视图控制器中实现 didReceiveMemoryWarning 方法：

```
- (void)didReceiveMemoryWarning {
    //---insert code here to free unused objects---
    [super didReceiveMemoryWarning];
}
```

当 iPhone 内存不足时会调用 didReceiveMemoryWarning 方法。应该将代码插入到这个方法中以便不需要资源/对象时将其释放掉。

此外，还应该在应用程序委托中处理“applicationDidReceiveMemoryWarning:”方法：

```
- (void)applicationDidReceiveMemoryWarning:(UIApplication *)application
```

```
{
    //---insert code here to free unused objects---
    [[ImageCache sharedImageCache] removeAllImagesInMemory];
}
```

在该方法中，应该停止所有内存密集的活动，如音频与视频播放。还应该删除内存中的所有图像。

D.4 协议

在 Objective-C 中，一个协议声明一个编程接口，任何类都可以选择实现这个接口。协议可以声明一组方法，类可以实现其中声明的一个或多个方法。定义协议的类可以调用协议中的方法，这些方法由采用的类实现。

理解协议最简单的方式就是查看 UIAlertView 类。本书前面的不同章节已经介绍过了，可以通过创建 UIAlertView 类的实例来使用它，然后调用它的 show 方法：

```
UIAlertView *alert = [[UIAlertView alloc]
                        initWithTitle:@"Hello"
                        message:@"This is an alert view"
                        delegate:self
                        cancelButtonTitle:@"OK"
                        otherButtonTitles:nil];
[alert show];
```

上述代码会显示出一个警告视图，其中有一个 OK 按钮。轻拍 OK 按钮会自动关闭警告视图。如果想显示更多的按钮，就可以像下面这样设置"otherButtonTitles:"参数：

```
UIAlertView *alert = [[UIAlertView alloc]
                        initWithTitle:@"Hello"
                        message:@"This is an alert view"
                        delegate:self
                        cancelButtonTitle:@"OK"
                        otherButtonTitles:@"Option 1", @"Option 2", nil];
```

现在，警告视图会显示 3 个按钮——OK、Option 1 与 Option 2。但怎么知道用户轻拍的是哪个按钮呢？当用户单击按钮时会触发警告视图的相关方法，可以通过处理这些方法确定用户轻拍的哪个按钮。这组方法由 UIAlertViewDelegate 协议定义。该协议定义了如下方法：

- "lertView:clickedButtonAtIndex:"
- "willPresentAlertView:"
- "didPresentAlertView:"
- "alertView:willDismissWithButtonIndex:"
- "alertView:didDismissWithButtonIndex:"

- “alertViewCancel:”

如果想实现 UIAlertViewDelegate 协议中的任意方法，就需要确保类(本示例中就是视图控制器)要遵循该协议。使用尖括号(<>)表示某个类遵循某个协议，如以下代码所示：

```
@interface UsingViewsViewController : UIViewController
<UIAlertViewDelegate> { //---this class conforms to the UIAlertViewDelegate
                         // protocol---
    //...
}
```

注意：要想遵循多个协议，请使用逗号将协议分开，如<UIAlertViewDelegate, UITableViewDataSource>。

当该类遵循协议后，就可以在类中实现对应的方法：

```
- (void)alertView:(UIAlertView *)alertView
clickedButtonAtIndex:(NSInteger)buttonIndex {

    NSLog([NSString stringWithFormat:@"%d", buttonIndex]);

}
```

D.4.1　委托

在 Objective-C 中，委托只不过是负责处理事件的对象，它由另一个对象赋值。考虑之前的 UIAlertView 示例：

```
UIAlertView *alert = [[UIAlertView alloc]
                         initWithTitle:@"Hello"
                         message:@"This is an alert view"
                         delegate:self
                         cancelButtonTitle:@"OK"
                         otherButtonTitles:nil];
```

UIAlertView 类的初始化器包含一个名为 delegate 的参数。将该参数设置为 self 表示当前对象负责处理 UIAlertView 类的实例所触发的所有事件。如果不需要处理该实例触发的事件，那么只需将其设置为 nil 即可：

```
UIAlertView *alert = [[UIAlertView alloc]
                         initWithTitle:@"Hello"
                             message:@"This is an alert view"
                             delegate:nil
                             cancelButtonTitle:@"OK"
                             otherButtonTitles:nil];
```

当警告视图上有多个按钮时，如果想知道用户轻拍的是哪一个，就需要处理在

UIAlertViewDelegate 协议中定义的方法。可以在 UIAlertView 类实例化时所在的同一个类中实现它(参见上一节)，也可以创建新的类来实现它，如以下代码所示：

```
//---SomeClass.m---
@implementation SomeClass

- (void)alertView:(UIAlertView *)alertView
clickedButtonAtIndex:(NSInteger)buttonIndex {

    NSLog([NSString stringWithFormat:@"%d", buttonIndex]);
}

@end
```

创建 SomeClass 类的实例，然后将其设置为 delegate 来确保警告视图知道去哪里寻找对应方法：

```
SomeClass *myDelegate = [[SomeClass alloc] init];

UIAlertView *alert = [[UIAlertView alloc]
                         initWithTitle:@"Hello"
                         message:@"This is an alert view"
                         delegate:myDelegate
                         cancelButtonTitle:@"OK"
                         otherButtonTitles:@"Option 1", @"Option 2", nil];
[alert show];
```

D.5 选择器

在 Objective-C 中，选择器就是从对象中选择要执行的方法时使用的名称。它用于标识某个方法。本书的某些章节已经使用过选择器。下面是其中一个示例：

```
    //---create a Button view---
    CGRect frame = CGRectMake(10, 50, 300, 50);
    UIButton *button = [UIButton buttonWithType:UIButtonTypeRoundedRect];
    button.frame = frame;
    [button setTitle:@"Click Me, Please!" forState:UIControlStateNormal];
button.backgroundColor = [UIColor clearColor];
[button addTarget:self action: @selector(buttonClicked:)
       forControlEvents:UIControlEventTouchUpInside];
```

上述代码表示动态创建了一个 UIButton 对象。为了处理该按钮触发的事件(如 Touch Up Inside 事件)，需要调用 UIButton 类的 “addTarget:action:forControlEvents:” 方法：

```
[button addTarget:self action:@selector(buttonClicked:)
       forControlEvents:UIControlEventTouchUpInside];
```

“action:” 参数接收一个类型为 SEL(选择器)的参数。在上面的代码中，传递了它定义的方法的名称—— “buttonClicked:” ——它定义在下面这个类中：

```
-(IBAction) buttonClicked: (id) sender{
   //...
}
```

此外，可以创建类型为 SEL 的对象，然后使用 NSSelectorFromString()函数(它接收一个包含方法名的字符串参数)实例化它：

```
NSString *nameOfMethod = @"buttonClicked:";
SEL methodName = NSSelectorFromString(nameOfMethod);
```

对“addTarget:action:forControlEvents:”方法的调用变成下面这样：

```
[button addTarget:self action:methodName
forControlEvents:UIControlEventTouchUpInside];
```

注意：当命名选择器时，请确保指定了方法的全名。比如，某个方法名有一个或多个参数，就应该在选择器中添加一个冒号“:”，如下所示：

```
NSString *nameOfMethod = @"someMethod:withPara1:andPara2:";
```

注意：由于 Objective-C 是 C 的扩展，因此在 Objective-C 应用程序中看到 C 函数很常见。C 函数使用圆括号来传递参数。

D.6　类别

凭借 Objective-C 中的类别，可以向现有类中添加方法而不必继承它。还可以使用类别重写现有类的实现。

注意：在某些语言中(如 C#)，类别叫做扩展方法。

例如，假设想测试某个字符串是否包含一个有效的 E-mail 地址。可以向 NSString 类中添加一个 isEmail 方法，这样就可以调用任意 NSString 实例的 isEmail 方法，如下所示：

```
NSString *email = @"weimenglee@gmail.com";
if ([email isEmail])
 {
     //...
}
```

要想实现这个目标，只需创建一个新的类文件并编写如下代码：

```
//---utils.h---
#import <Foundation/Foundation.h>

//---NSString is the class you are extending---
@interface NSString (stringUtils)

//---the method you are adding to the NSString class---
- (BOOL) isEmail;

@end
```

基本上，这看起来与声明一个新类大同小异，只不过它没有继承自任何类。stringUtils是用于标识添加的类别的一个名称，这里可以使用任意名称。

接下来，需要实现正在添加的方法：

```
//---utils.m---
#import "Utils.h"
@implementation NSString (Utilities)

- (BOOL) isEmail
{
    NSString *emailRegEx =
        @"(?:[a-z0-9!#$%\\&'*+/=?\\^_`{|}~-]+(?:\\.[a-z0-9!#$%\\&'*+/=?\\^_`{|}"
        @"~-]+)*|\"(?:[\\x01-\\x08\\x0b\\x0c\\x0e-\\x1f\\x21\\x23-\\x5b\\x5d-\\"
        @"x7f]|\\\\[\\x01-\\x09\\x0b\\x0c\\x0e-\\x7f])*\")@(?:(?:[a-z0-9](?:[a-"
        @"z0-9-]*[a-z0-9])?\\.)+[a-z0-9](?:[a-z0-9-]*[a-z0-9])?|\\[(?:(?:25[0-5"
        @"]|2[0-4][0-9]|[01]?[0-9][0-9]?)\\.){3}(?:25[0-5]|2[0-4][0-9]|[01]?[0-"
        @"9][0-9]?|[a-z0-9-]*[a-z0-9]:(?:[\\x01-\\x08\\x0b\\x0c\\x0e-\\x1f\\x21"
        @"-\\x5a\\x53-\\x7f]|\\\\[\\x01-\\x09\\x0b\\x0c\\x0e-\\x7f])+)\\])";

NSPredicate *regExPredicate = [NSPredicate
                                predicateWithFormat:@"SELF MATCHES %@",
                                emailRegEx];

return [regExPredicate evaluateWithObject:self];
}

@end
```

注意：使用正则表达式用于验证E-mail地址有效性的代码改编自http://cocoawithlove.com/2009/06/verifying-that-string-is-email-address.html。

接下来可以使用新添加的方法测试E-mail地址的有效性：

```
NSString *email = @"weimenglee@gmail.com";
if ([email isEmail])
    NSLog(@"Valid email");
else
```

```
    NSLog(@"Invalid email");
```

D.7　小结

本附录概述了 Objective-C 语言。虽然本附录没有全面介绍该语言，但却提供了足够的信息用于快速入门 iPhone 编程。

在实际的 iPhone 或 iPod Touch 上进行测试

虽然 iPhone Simulator 是一个非常方便的工具，可以让我们无需实际设备就能测试 iPhone 应用程序，但最好在实际设备上进行测试。尤其是准备将应用程序向全球发布时更是如此——必须确保应用程序能在实际设备上正常工作。此外，如果应用程序需要访问 iPhone/iPod Touch 上的硬件功能(如加速计与 GPS)，就需要在实际设备上测试它——仅有 iPhone Simulator 还不够。

本附录将会介绍在实际设备(无论是 iPhone 还是 iPod Touch)上测试 iPhone 应用程序时的步骤。

E.1 注册 iPhone 开发人员计划

在实际设备上测试应用程序的第一步需要在 http://developer.apple.com/iphone/program/ 上注册 iPhone 开发人员计划。其中有两种计划：标准与企业。对于想在 App Store 发布应用程序的大多数开发人员，费用为 99 美元的标准计划足够了。请在 http://developer.apple.com/iphone/program/apply.html 上详细了解关于标准计划与企业计划之间的差别。

如果只想在实际的 iPhone/iPod Touch 上测试应用程序，就请注册标准计划。

E.2 启动 Xcode

要想在设备上测试 iPhone 应用程序，需要从 iPhone 开发人员计划门户中获得一个 iPhone 开发证书。下面几节将会介绍获取证书以将应用程序部署到设备上的必要步骤。

首先，获得长度为 40 个字符的标识符以唯一地标识 iPhone/iPod Touch。为此，请将设备连接到 Mac 上，并启动 Xcode。选择 Window | Organizer 命令来启动 Organizer 应用程序。图 E-1 展示的 Organizer 应用程序显示了作者的 iPhone 的标识符。复制获取到的标识符并保存它，稍后还会用到它。

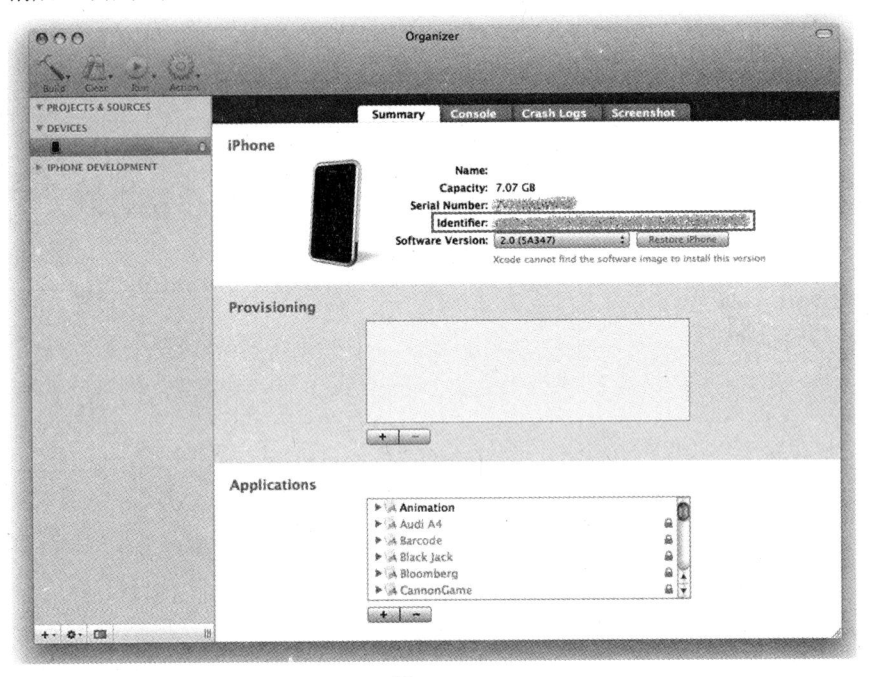

图　E-1

E.3　生成证书签名申请

要想从 Apple 中申请开发证书，需要生成一个证书签名申请。可以使用位于 Applications/Utilities/文件夹中的 Keychain Access 应用程序生成一个证书签名申请(如图 E-2 所示)。

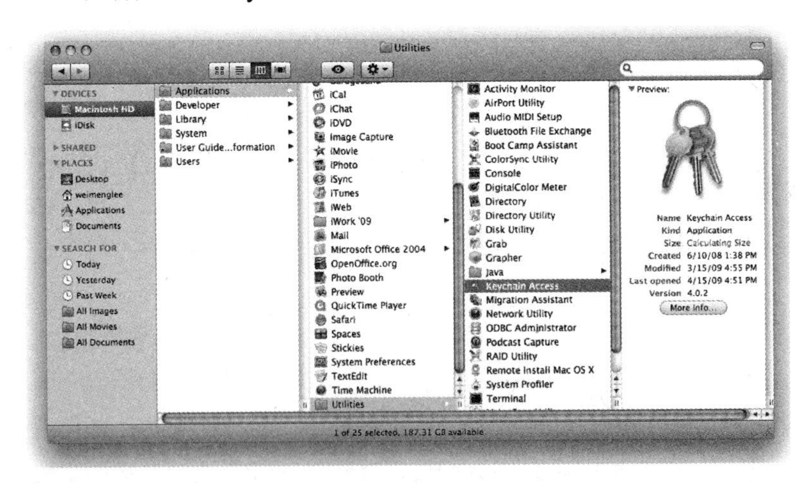

图　E-2

在 Keychain Access 应用程序中，选择 Keychain Access | Certificate Assistant 命令，然后选择 Request a Certificate From a Certificate Authority 选项(如图 E-3 所示)。

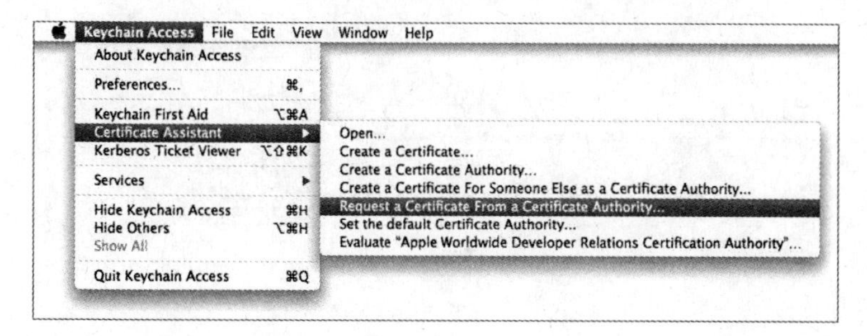

图　E-3

在 Certificate Assistant 窗口中(如图 E-4 所示)，输入 E-mail 地址，选择 Saved to Disk 单选按钮，然后勾选 Let Me Specify Key Pair Information 复选框。单击 Continue 按钮。

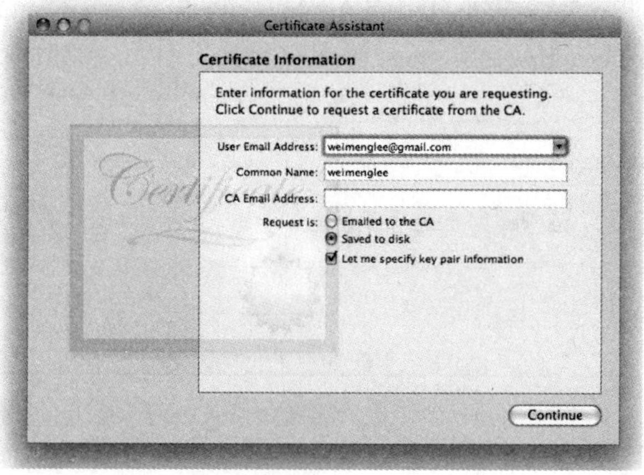

图　E-4

选择 2048 位的键大小并选择 RSA 算法(如图 E-5 所示)。单击 Continue 按钮。

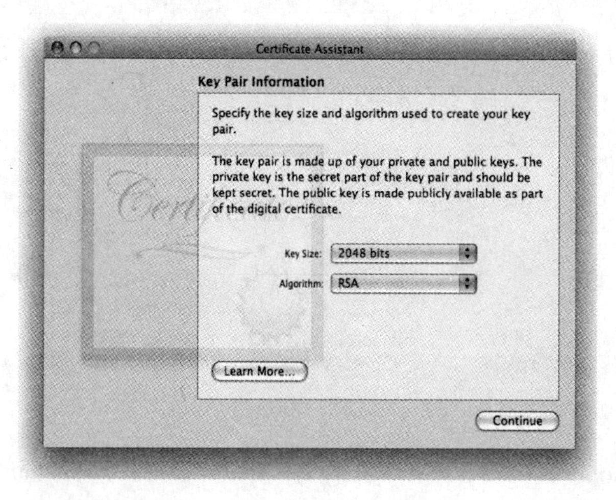

图　E-5

这时会出现一个对话框，询问是否将申请保存到某个文件中。使用建议的默认名称并单击 Save 按钮(如图 E-6 所示)。

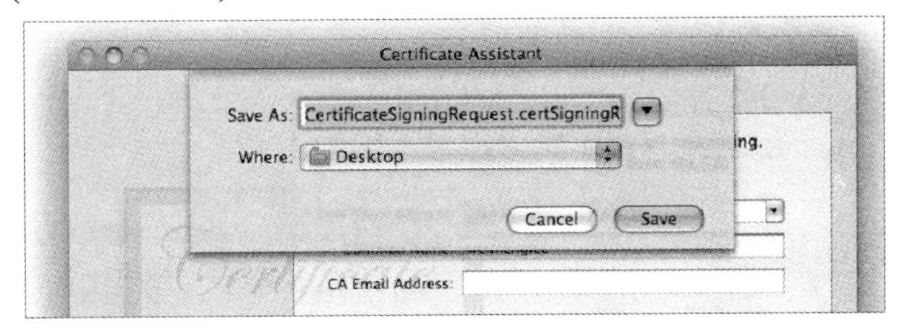

图　E-6

E.4　登录到 IPHONE 开发人员计划门户

在生成证书签名申请后，需要登录到 Apple 的 iPhone Dew Center(如图 E-7 所示)。单击页面右侧的 iPhone Developer Program Portal 链接。记住，需要支付 99 美金才有权限访问该页面。

警告：请提早注册，因为审批过程需要一些时间——从几小时到几天不等。

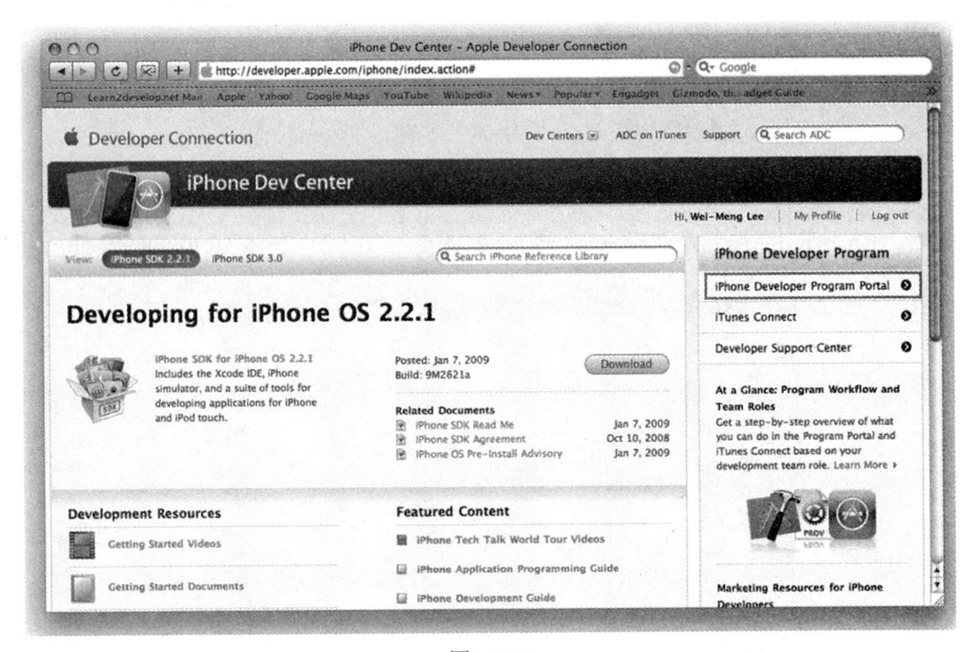

图　E-7

在 iPhone Developer Program Portal 页面上，单击 Launch Assistant 按钮(如图 E-8 所示)进入到配置 iPhone 与生成开发证书的流程。

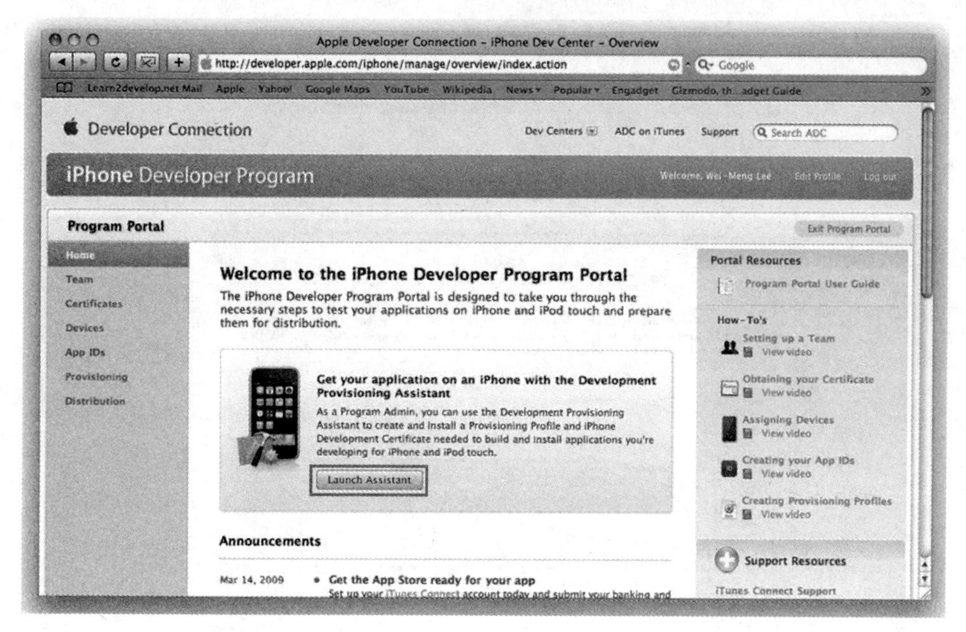

图　E-8

你应该会看到一个欢迎页面，单击 Continue 按钮。

首先，需要创建一个 App ID(如图 E-9 所示)。App ID 是用于唯一地标识 iPhone 应用程序的一系列字符。输入能够恰当地描述 App ID(将由 Apple 生成)的名称，单击 Continue 按钮。

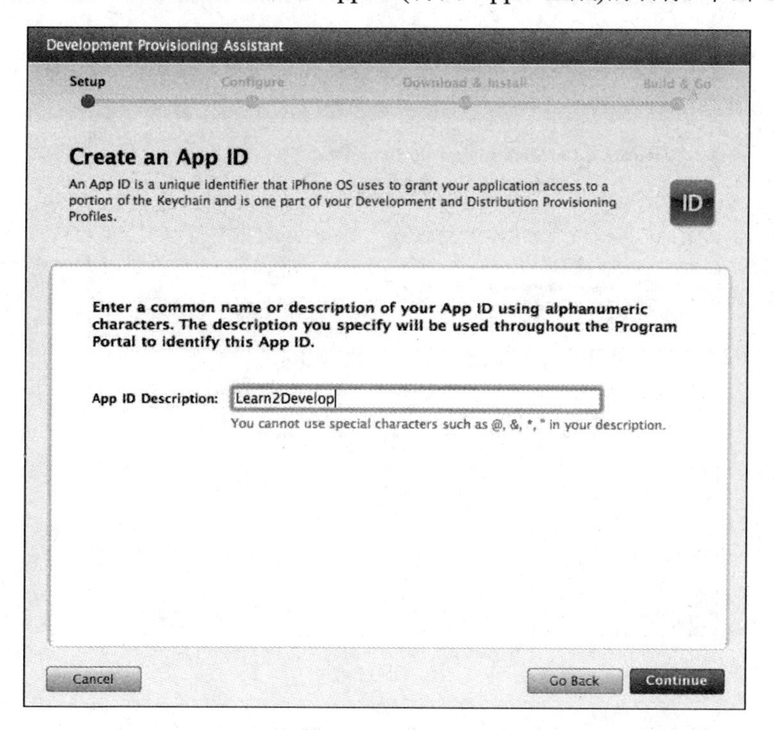

图　E-9

可以在接下来的界面中描述 iPhone/iPod Touch。需要提供之前获取的设备 ID(如图 E-10

所示)，单击 Continue 按钮。

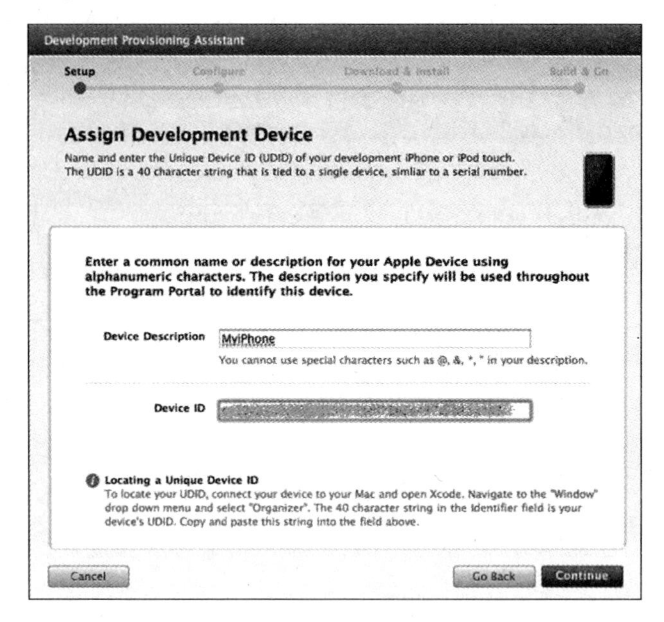

图 E-10

现在准备将证书签名申请提交给 Apple(如图 E-11 所示)。屏幕上的说明展示了之前所执行的步骤，单击 Continue 按钮。

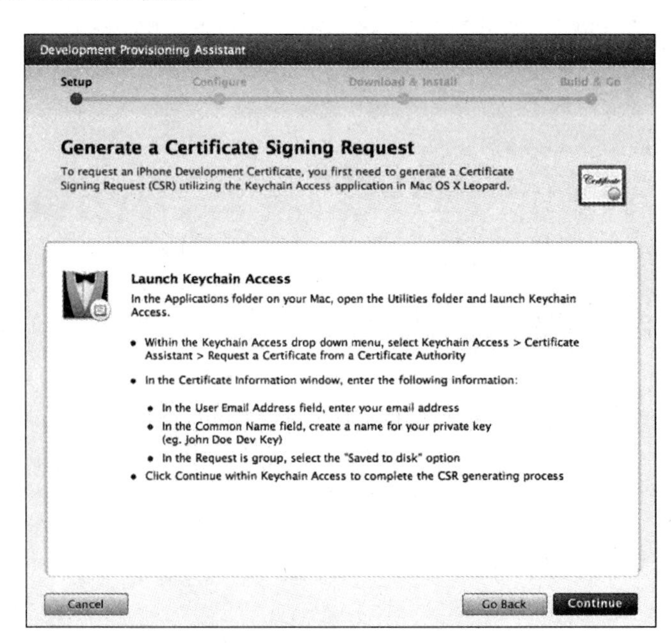

图 E-11

在该界面上，单击 Choose File 按钮选择之前创建的证书签名申请文件。选择文件后，单击 Continue 按钮。

为配置文件提供一个描述性名称(如图 E-12 所示)。然后就会生成配置文件，接下来可以下载它并把它安装到设备上。单击 Generate 按钮。

Development Provisioning Assistant
Setup
Configure
Download & Install
Build & Go
Name your Provisioning Profile
A Provisioning Profile is a collection of your App ID, Apple device UDID, and iPhone Development Certificate that allows you to install your application on your device.
PROV
Enter a common name or description for your Provisioning Profile using alphanumeric characters. The description you specify will be used throughout the Program Portal to identify this Provisioning Profile.
Profile Description: Learn2DevelopProfile
You cannot use special characters such as @, &, *, " in your description.
App ID: Learn2Develop
Device: MyiPhone
Certificate Name: Wei-Meng Lee
Cancel
Go Back
Generate

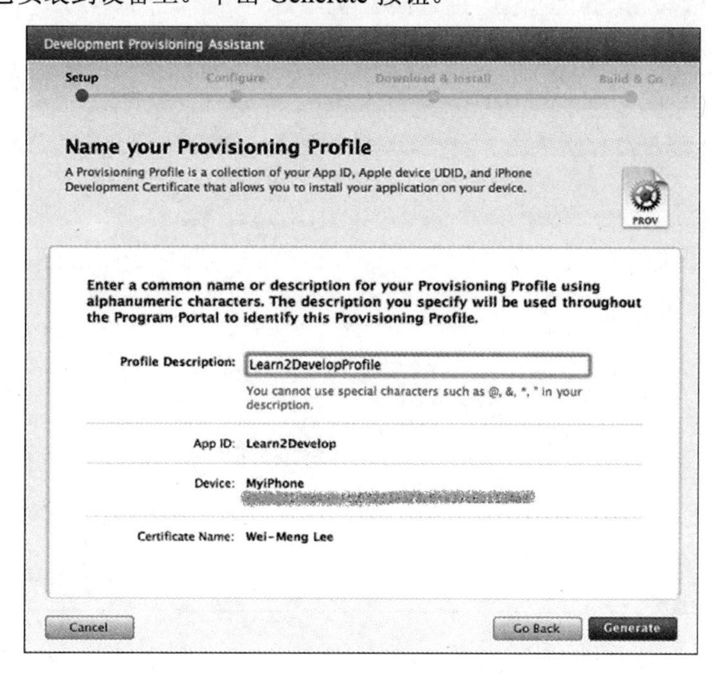

图　E-12

配置文件生成了(如图 E-13 所示)。完成后单击 Continue 按钮。

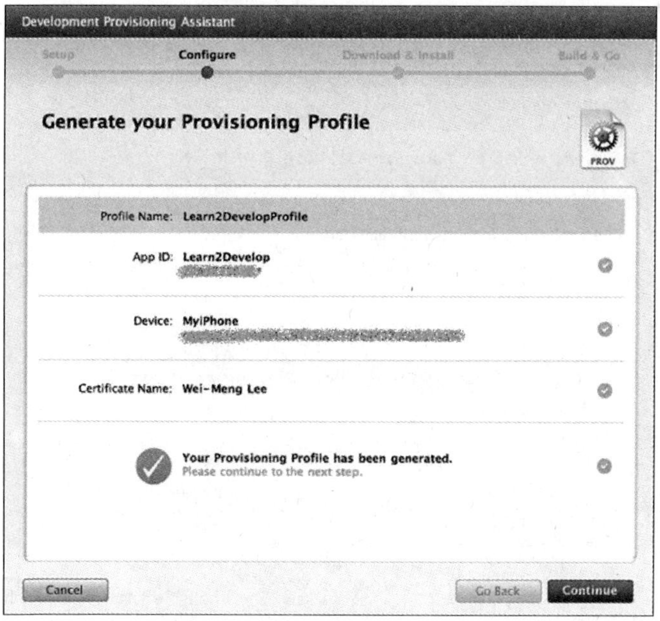

Development Provisioning Assistant
Setup
Configure
Download & Install
Build & Go
Generate your Provisioning Profile
PROV
Profile Name: Learn2DevelopProfile
App ID: Learn2Develop
Device: MyiPhone
Certificate Name: Wei-Meng Lee
Your Provisioning Profile has been generated.
Please continue to the next step.
Cancel
Go Back
Continue

图　E-13

可以单击 Download Now 按钮将生成的配置文件下载到 Mac 上(如图 E-14 所示)，然后单击 Continue 按钮。

图 E-14

将下载的配置文件(默认情况下，把它保存在 Mac 的 Downloads 文件夹中)拖放到 Xcode 中。这样就会将配置文件安装到连接到的 iPhone 或 iPod Touch 上。单击 Continue 按钮(如图 E-15 所示)。

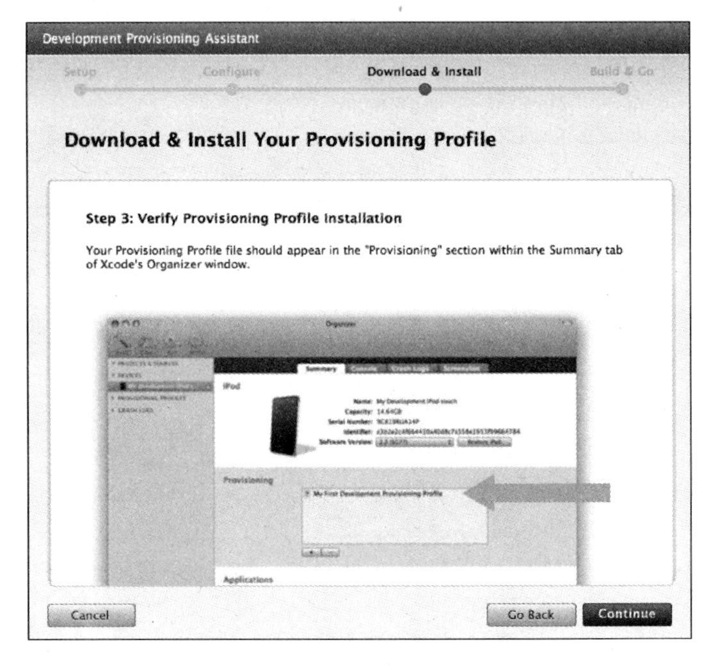

图 E-15

可以在 Organizer 应用程序中查看 Provisioning 部分来验证配置文件是否安装正确(如图 E-16 所示)。

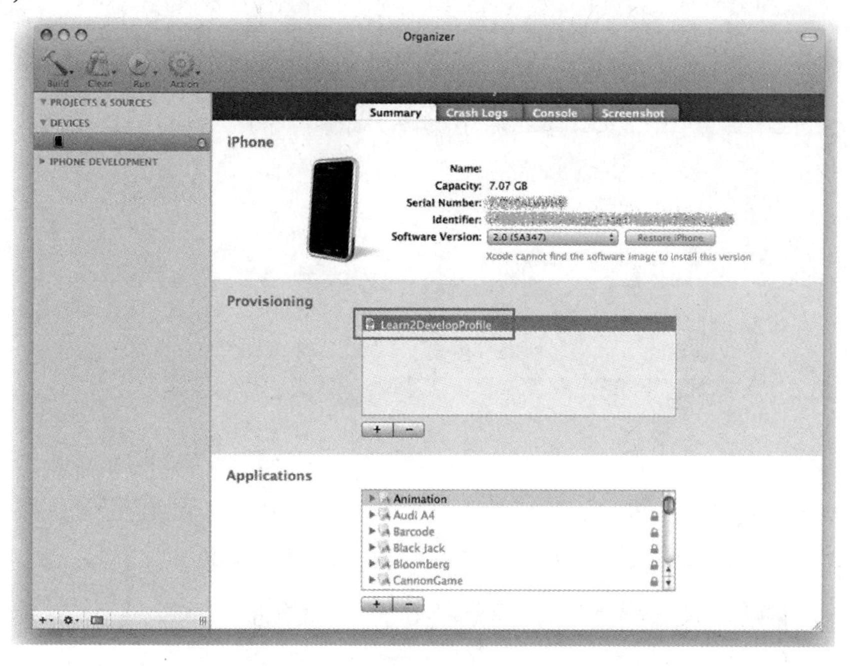

图　E-16

回到 iPhone Developer Program Portal，现在可以将开发证书下载并安装到 iPhone 或 iPod Touch 上。单击 Download Now 按钮(如图 E-17 所示)将开发证书下载到 Mac 上。单击 Continue 按钮。

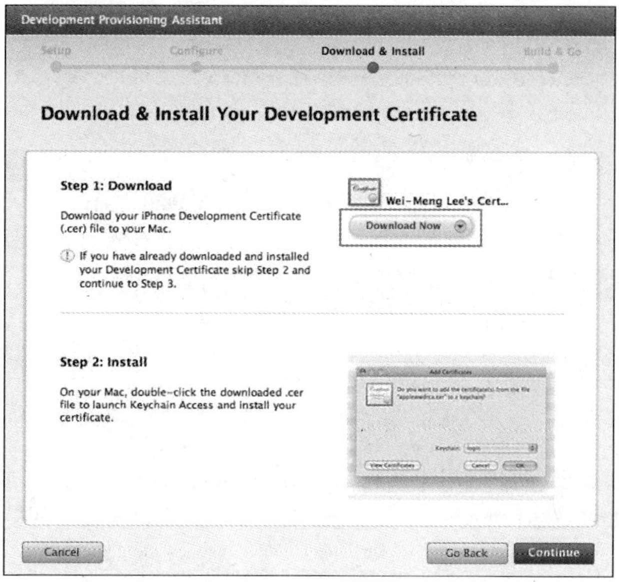

图　E-17

在 Mac 的 Downloads 文件夹中，双击刚刚下载的 developer_identity.cer 文件以安装到 Mac 的 keychain 上。当出现提示时(如图 E-18 所示)，单击 OK 按钮。

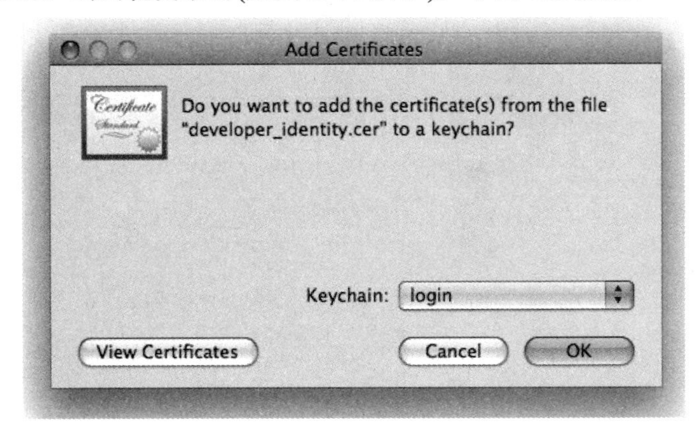

图　E-18

回到 iPhone Developer Program Portal，现在会看到其中显示了如何验证证书已经正确安装到了 Keychain Access 应用程序中(如图 E-19 所示)，单击 Continue 按钮。

图　E-19

在 Keychain Access 应用程序中，选择 Keychains 下面的 login 并查找名为“iPhone Developer: your name”的证书(如图 E-20 所示)。如果看到它，就说明证书安装没问题。

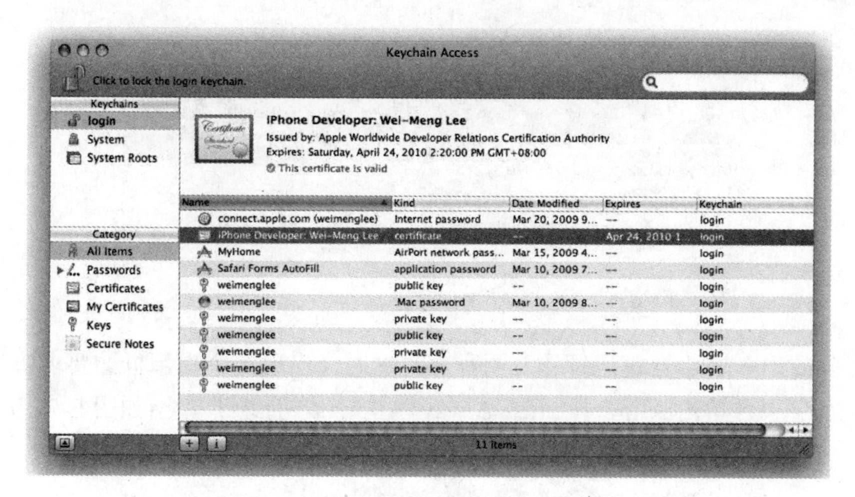

图 E-20

现在基本可以将 iPhone 应用程序部署到 iPhone 或 iPod Touch 上。单击 Continue 按钮(如图 E-21 所示)。

图 E-21

单击 Done 按钮关闭该对话框。

在 Xcode 中，查找 Active SDK 项。如果该项不在工具栏上，就请选择 View | Customize Toolbar 命令将它添加到工具栏上。然后，在 Active SDK 下面，选择当前连接到 Mac 上的设备的 OS 版本号。由于作者 iPhone 运行的是旧版本的 iPhone OS 2.0，因此这里选择 iPhone Device (2.0)(如图 E-22 所示)。

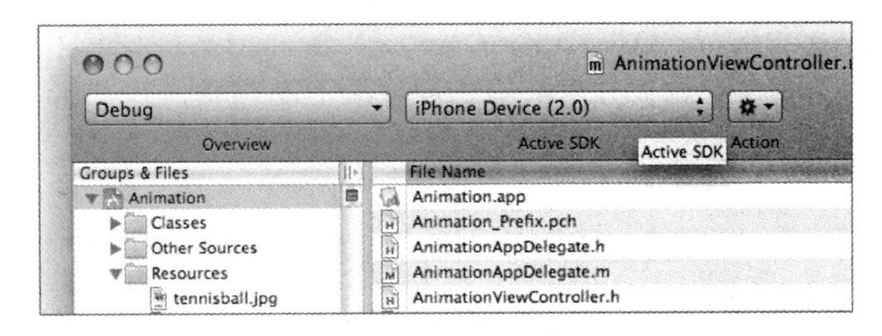

图　E-22

按 Command＋R 组合键运行该应用程序。这时会出现一个提示框，要求访问保存在 keychain 中的证书。单击 Allow 按钮(或 Always Allow 按钮)继续签名(如图 E-23 所示)。

图　E-23

现在应用程序将部署到设备上。你会在 Organizer 应用程序的 Summary 页签上看到对应的进度(如图 E-24 所示)。

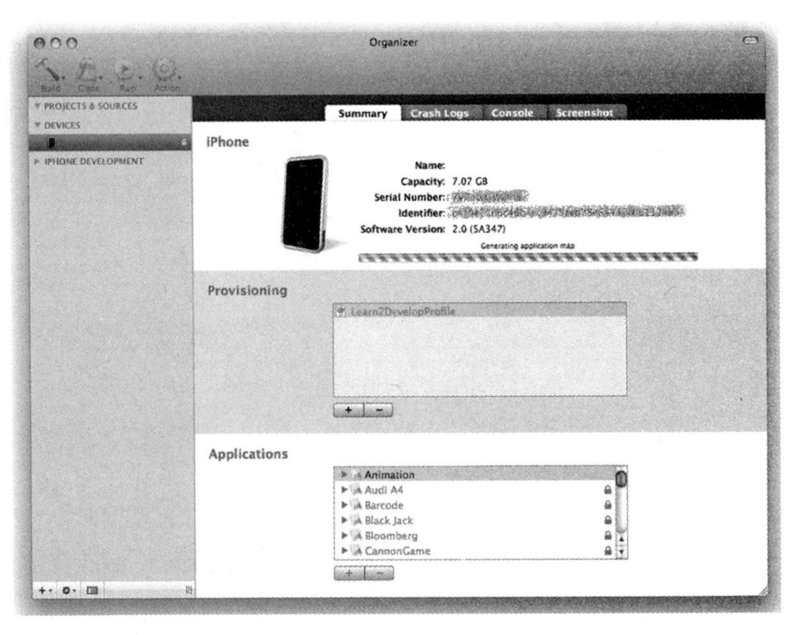

图　E-24

当应用程序部署到设备上后，它会自动启动。可以通过单击 Organizer 应用程序的 Screenshot 页签捕获设备的截图(如图 E-25 所示)。

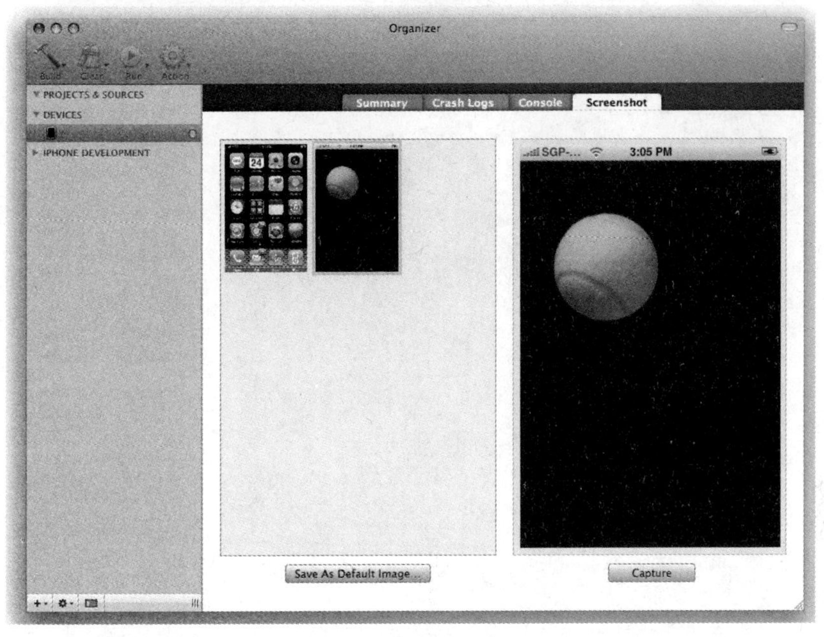

图　E-25

E.5　小结

本附录介绍了将应用程序部署到 iPhone 或 iPod Touch 上的步骤。虽然这么多步骤看起来有点恐怖，但实际上整个过程非常简单明了。iPhone 开发人员计划允许一个用户配置 100 台设备进行测试。当配置设备之后，就可以使用开发证书将应用程序部署到其中。

书名：Android 2 高级编程(第 2 版)

ISBN：978-7-302-24102-7　　定价：68.00 元

主要内容：本书讲述如何有效利用 Android 2 的功能来改进当前产品或创建新产品。作者 Reto Meier 是 Android 权威专家，本书是使用 Android 编写移动应用程序的实用精品指南，穿插了一系列示例项目来深入分析 Android 的新功能和技术。

书名：iPhone SDK 编程入门经典：使用 Objective-C

ISBN：978-7-302-24808-8　　定价：58.00 元

主要内容：本书提供了关于 Apple iPhone SDK 示例驱动的简易指南，透彻地揭示了如何使用 Objective-C 进行 iPhone 应用开发。当阅读完本书后，您将能够自信地迎接今后的 iPhone 编程挑战。

书名：智能手机 Web 标准开发实战——为 iPhone、Android、Palm Pre、BlackBerry、Windows Mobile 及 Nokia S60 开发通用的基于 JavaScript、CSS、HTML 和 Ajax 的 Web 应用

ISBN：978-7-302-24103-4　　定价：39.00 元

主要内容：本书介绍了如何针对智能手机使用优化的 Web 技术构建交互式移动网站，探讨了 W3C、dotMobi 等适用于移动 Web 的跨平台标准和最佳实践，以及最常用的移动浏览器。

书名：Windows CE 6.0 嵌入式高级编程

ISBN：978-7-302-21157-0　　定价：50.00 元

主要内容：本书全面深入地介绍了 Windows Embedded CE 6.0 开发环境，通过一系列的示例练习揭示了 CE 6.0 的开发和应用。全书包括：基础部分、程序开发部分和项目开发部分。

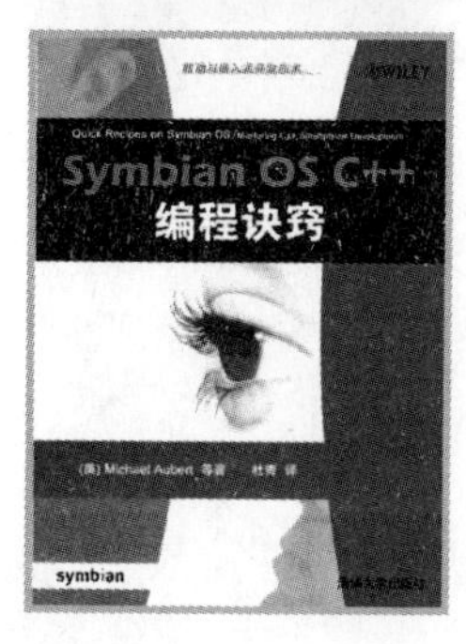

书名：Symbian OS C++编程诀窍

ISBN：978-7-302-21613-1　　定价：39.00 元

主要内容：本书是了解和学习 Symbian OS 的首选参考书，它从 Symbian OS 移动开发基础知识入手，向读者展示了基于 Symbian 开发手机应用程序的知识和技巧。

书名：Symbian OS 通用设计模式

ISBN：978-7-302-21297-3　　定价：48.00 元

主要内容：本书旨在帮助您解决在智能手机平台软件开发中经常遇到的各种难题。了解潜在问题，同时掌握用来解决这些问题的模式，您就能够在设计和实现健壮高效的 Symbian OS 应用和服务程序方面具有抢先起步的优势。

中文书名：iPhone 游戏开发入门经典——也适用于 iPad(暂定)

EISBN：978-1-4302-2599-7

主要内容：随着 iPhone 游戏的不断涌现，越来越多的应用程序向游戏方向发展。本书是 Apress 出版社倍受青睐的畅销书，概述了 iPhone 和 iPad 的基本游戏开发技术，揭示了某些深入的编程技术。

中文书名：智能手机跨平台开发高级教程——适用于 iPhone、BlackBerry、Windows Mobile 及 Android(暂定)

EISBN：978-1-4302-2868-4

主要内容：使用本书提供的有用信息，可以学习跨平台开发背后的理论知识，理论联系实际。通过深入概述 iPhone、BlackBerry、Windows Mobile 和 Android 的开发和相关技术，读者将学会如何创建跨平台运行的应用程序。

中文书名：iPhone 高级编程——使用 MonoTouch 和.NET/C#(暂定)

EISBN：978-0-470-63782-1

主要内容：本书是第一本涵盖开源的 MonoTouch 的参考书籍，本书适合使用.NET/C#.创建 iPhone 应用程序的开发人员，使他们也可以参与到 iPhone 应用程序的开发领域中。

中文书名：iPhone & iPad 高级编程(暂定)

EISBN：978-0-470-87819-4

主要内容：本书适合于使用最新版本的 iPhone 和 iPad SDK 开发应用程序的开发人员，本书探讨了许多开发工具和图，以及如何把学习的技术应用到移动开发中。

Web 开发系列

不光.NET 编程图书深受广大开发人员喜爱，Wrox 的 Web 开发技术方面的图书也同样异彩纷呈，深受欢迎。近年来，Wrox 公司不仅及时推陈出新原有的经典之作，还根据技术市场的变化研发了很多优秀的新品，纷纷得到市场和广大读者的高度认可和推崇，相信它们能够帮助广大的 Web 开发人员适应穷出不尽的各种 Web 新技术。

中文版书号	中文书名	英文书名	定价
9787302194194	《JavaScript 入门经典（第 3 版）》	Beginning JavaScript ,3rd Edition	98.00 元
9787302202080	《Spring Framework 2 入门经典》	Beginning Spring Framework 2	58.00 元
9787302215974	《Web 编程入门经典——HTML、XHTML 和 CSS（第 2 版）》	Beginning Web Programming with HTML, XHTML, and CSS，2nd Edition	79.80 元
9787302203759	《Web 开发入门经典——使用 PHP6、Apache 和 MySQL》	Beginning PHP 6, Apache, MySQL 6 Web Development	88.00 元
9787302194644	《VBScript 程序员参考手册（第 3 版）》	VBScript Programmer's Reference, third edition	98.00 元
9787302203117	《CSS Web 设计高级教程（第 2 版）》	Professional CSS: Cascading Style Sheets for Web Design，2nd Edition	68.00 元
9787302179511	《搜索引擎优化高级编程（PHP 版）》	Professional Search Engine Optimization with PHP: A Developer's Guide to SEO	48.00 元
9787302185536	《搜索引擎优化高级编程（ASP.NET 版）》	Professional Search Engine Optimization with ASP.NET: A Developer's Guide to SEO	48.00 元
9787302180036	《Ajax 入门经典》	Beginning Ajax	58.00 元
9787302179542	《CSS 入门经典》（第 2 版）	Beginning CSS: Cascading Style Sheets for Web Design,2nd Edition	68.00 元
9787302189220	《Rich Internet Applications 高级编程：后 Ajax 时代》	Professional Rich Internet Applications: AJAX and Beyond	68.00 元
9787302208822	《Adobe AIR 实例精解》	Adobe Air: Create-Modify-Reuse	59.80 元
9787302163114	《XML 案例教程：提出问题－分析问题－解决方案》	XML Problem Design Solution	36.00 元
9787302194781	《XML 高级编程》	Professional XML	98.00 元
9787302194651	《XML 入门经典（第 4 版）》	Beginning XML ,4th Edition	118.00 元
9787302166948	《Mashups Web 2.0 开发技术——基于 Amazon.com》	Amazon.com Mashups	48.00 元
7302125449	《Eclipse 3 高级编程》	Professional Eclipse 3 for Java Developers	58.00 元
9787302160502	《Ruby on Rails 入门经典》	Beginning Ruby on Rails	39.99 元
9787302247838	《JavaScript 框架高级编程——应用 Prototype、YUI、Ext JS、Dojo、MooTools》	Professional JavaScript Frameworks: Prototype, YUI, Ext JS, Dojo and MooTools	98.00 元
9787302244066	《Apache+MySQL+memcached+Perl 开发高速开源网站》	Developing Web Applications with Perl，memcached，MySQL and Apache	98.00 元
9787302247845	《精通 ASP.NET Web 程序测试》	Testing ASP.NET Web Applications	58.00 元

后续将要出版的……

英文版书号	英文书名	中文书名(暂定)	预计出版日期
978-0470434529	Professional Refactoring in C# & ASP.NET	《代码重构（C# & ASP.NET 版）》	2011.3
978-0470540701	Beginning HTML, XHTML, CSS, and JavaScript	《HTML XHTML CSS JavaScript 入门经典》	2011.7
978-0470743652	Beginning ASP.NET Security	《ASP.NET 安全编程入门经典》	2011.7
978-0470540718	Professional XMPP Programming with JavaScript and jQuery	《XMPP 高级编程——使用 JavaScript 和 jQuery》	2011.8

移动与嵌入式开发技术

中文版书号	中文书名	英文书名	定价
9787302211570	《Windows CE 6.0 嵌入式高级编程》	Professional Microsoft Windows Embedded CE 6.0	50.00 元
9787302241027	《Android 2 高级编程（第 2 版）》	Professional Android 2 Application Development	68.00 元
9787302248088	《iPhone SDK 编程入门经典：使用 Objective-C》	Beginning iPhone SDK Programming with Objective-C	58.00 元

Visual Studio 2008 与.NET 3.5 编程开发系列

中文版书号	中文书名	英文书名	定价
9787302194637	《Visual C++ 2008 入门经典》	Ivor Horton's Beginning Visual C++ 2008	128.00 元
9787302228417	《ASP.NET 3.5 网站开发全程解析（第 3 版）》	ASP.NET 3.5 Website Programming: Problem-design-solution	69.00 元
9787302215486	《ASP.NET 3.5 SP1 高级编程（第 6 版）》	Professional ASP.NET 3.5 SP1 Edition: In C# and VB	158.00 元
9787302185833	《ASP.NET 3.5 入门经典——涵盖 C#和 VB.NET（第 5 版）》	Beginning ASP.NET 3.5 In C# and VB	88.00 元
9787302228929	《开发安全可靠的 ASP.NET 3.5 应用程序——涵盖 C#和 VB.NET》	Professional ASP.NET 3.5 Security, Membership, and Role Management with C# and VB	118.00 元
9787302194828	《ASP.NET AJAX 编程参考手册（涵盖 ASP.NET 3.5 及 2.0）》	ASP.NET AJAX Programmer's Reference	168.00 元
9787302213581	《ASP.NET 3.5 AJAX 高级编程》	Professional ASP.NET 3.5 AJAX	68.00 元
9787302194736	《Visual Basic 2008 入门经典（第 5 版）》	Beginning Microsoft Visual Basic 2008	98.00 元
9787302221906	《ADO.NET 3.5 高级编程——应用 LINQ&Entity Framework》	Professional ADO.NET 3.5 with LINQ and the Entity Framework	79.00 元
9787302198857	《LINQ 高级编程》	Professional LINQ	48.00 元
9787302200840	《代码重构（Visual Basic 版）》	Professional Refactoring with Visual Basic	68.00 元
9787302200864	《Visual Basic 2008 高级编程（第 5 版）》	Professional Visual Basic 2008	139.00 元
9787302207665	《Visual Basic 2008 编程参考手册》	Visual Basic 2008 Programmer's Reference	128.00 元
9787302212317	《Visual Studio 2008 高级编程》	Professional Visual Studio 2008	98.00 元
9787302188674	《Windows PowerShell 高级编程》	Professional Windows PowerShell Programming	48.00 元
9787302188667	《ASP.NET&IIS 7 高级编程》	Professional IIS 7 and ASP.NET Integrated Programming	79.80 元
9787302203773	《IIS 7 开发与管理完全参考手册》	Professional IIS 7	99.00 元
9787302222439	《ASP.NET MVC 1.0 高级编程》	Professional ASP.NET MVC 1.0	58.00 元
9787302206095	《SharePoint 2007 入门经典》	Beginning Sharepoint 2007: Building Team Solutions with Moss 2007	58.00 元
9787302 219569	《SharePoint 2007 高级开发编程》	Professional SharePoint 2007 Development	86.00 元